国家科学技术学术著作出版基金资助出版

空气污染气象学

蒋维楣　刘红年　张　宁　彭　珍　编著

南京大学出版社

图书在版编目（CIP）数据

空气污染气象学 / 蒋维楣等编著. — 南京：南京
大学出版社，2021.7
　ISBN 978 – 7 – 305 – 24672 – 2

　Ⅰ. ①空… Ⅱ. ①蒋… Ⅲ. ①空气污染 – 环境气象学
Ⅳ. ①X51

中国版本图书馆 CIP 数据核字（2021）第 125394 号

出版发行　南京大学出版社
社　　址　南京市汉口路 22 号　　　　邮　编　210093
出 版 人　金鑫荣
书　　名　**空气污染气象学**
编　　著　蒋维楣　刘红年　张　宁　彭　珍
责任编辑　王南雁　　　　　　　　编辑热线　025 – 83595840
照　　排　南京南琳图文制作有限公司
印　　刷　徐州绪权印刷有限公司
开　　本　787×1092　1/16　印张 25　字数 546 千
版　　次　2021 年 7 月第 1 版　2021 年 7 月第 1 次印刷
ISBN 978 – 7 – 305 – 24672 – 2
定　　价　98.00 元

网址：http://www.njupco.com
官方微博：http://weibo.com/njupco
官方微信号：njupress
销售咨询热线：(025) 83594756

前　　言

　　进入 21 世纪,随着经济建设的高速发展和城市化进程的加剧,由自然因素变化和人类活动影响的介入带来的各种因子对大气环境的作用不时显现。这种情况下,随着人们对居住环境和高质量生活条件及优良健康状况的需求日增,转而对气象和大气状况(空气质量)及其变化愈加关注,并期待有更加良好的响应和处理。同时,科学技术及其研究应用有着很大发展,尤其像计算机技术、电子信息技术、遥感探测等都因其迅猛发展而不断提升,创造并提供了各种有力手段,都对气象和大气环境的观测与监控进步有很大的推动。

　　空气污染气象学作为一个新兴学科,它既是大气科学的一个分支,又是环境科学与环境工程学的一个重要组成部分。它的研究对象是大气环境中由自然因子和人为因子及其与大气系统的相互作用构成的大气污染系统。运用大气科学的原理与方法,研究空气污染物由排放源进入大气层的散布规律,其核心是大气输送与湍流扩散,即研究发生在一个多维、多尺度的,具有相互联系与反馈作用的复杂系统中,包括大气物理和大气化学,乃至地质、地理及生物等过程中产生的诸多综合性问题。旨在能对大气污染的发生、发展实施有效的预测、控制和防治,以改善环境空气质量。空气污染气象学处于交叉学科地位,涉及面很广,应用性很强。当今的空气污染气象学研究必须关注到上述这些对象与任务。本书旨在着重研究空气污染气象学数学模拟预测及其在实际应用中的运用,以求能有效应对处理上述问题和任务。本书撰写正是从这一视角出发采集材料并展开论述的。

　　二十世纪后期至本世纪的数十年时间里,对大气污染问题的关注、认识和评估水平不断增长。尤其是发生在大气环境中,有太多的具有比较严重影响的问题需要对近源的局地范围(Local-scale),以及中尺度(Mesoscale)和天气尺度(Synoptic-scale)区域性大气污染问题进行评估,诸如局地工业和工程的污染物排放、大小城市和超大城市群大气污染以及大工业城市下风方城市尺度排放烟流的影响,区域性霾(haze)污染,光化学烟雾,酸雨,对流层臭氧,事故性有毒气体排放,以及由放射性活性物质排放及泄漏造成的大范围无组织释放和空气污染,以致介入到全球变化与气候变化的研究领域等,都会受到大量的公众关注。

　　我国空气污染气象学学科的发展至今大致可分三个阶段。第一阶段,可追溯至二十世纪七八十年代,主要源于工业发展和工程的兴建,由燃煤燃油等能源利用可能滋生的以硫、氮氧化物等为主要污染物的排放。在空气污染管理、控制和工程环境影响评价及区域规划决策中,需要运用空气污染气象学的基本原理与方法,对局地空气污染物可能的散布规律作出计算预测及应用处理。开始阶段研究并处理的问题的气流条件基本上限于气象学意义上的均匀、定常条件和一二十千米的水平范围,空气污染物的扩散计算则为求大气扩散方程的解析解的技术方法,俗称为高斯模型扩散曲线(参数)法时代。第二阶段,随着大气污染问题研究与处理范围的扩大,上述气流均匀、定常条件假定的处理,因评估范围突破了水平一二十千米的范围,于是就引入了气流非均匀(如山地、水陆等)、非定常等条件,并引入不同的大气层结稳定度条件下的大气输送与扩散问题,从而发展到八九十年代的第二阶段,进入了对高斯模型的必要的修正处理的阶段。最具代表性的有如:对流边界层和稳定边界层条件下的扩散,以及山地地形和水陆交界下垫面条件下的扩散计算,水平范围大致扩大到50千米以内。第三阶段,随着计算机技术的进展,我国也开始出现在初建的每秒百次运行速度的计算机上开发建立大气扩散方程数值解的模式(气象学报,47(1),1989)。同时,这阶段随着边界层气象学,含内边界层的概念的提出及其分析处理有所进展。这一领域研究成果的引入,有效地推进了局地空气污染物的扩散计算及应用。从此随着大气边界层气象学实验和理论研究的进一步发展,尤其是计算机技术发展的大力推进,大气扩散三维数值模拟技术开始日渐引入并取得长足进展,使得空气污染气象学研究和应用处理,有条件进入到各种条件下大气动力学方程组(含大气扩散方程)的数值求解,实施有效的数值模拟处理的数值模拟模式大量涌现,并日趋成熟。

在处理中尺度(水平20~200 km)大气输送与大气扩散的条件下,一方面,定常、水平均匀气流的近似假设不再成立,应代之以大量中尺度气流流动模型,又有着相当宽的时空尺度,会有更为另类的物理过程、化学过程和生物过程所致的种种复杂过程和稀释机制掺入。另一方面,高效而又比较经济的大气环境模拟手段和监测分析装置也比较成熟并有长足发展,包括计算机数值模拟及其模拟运用产生独到的、细致的洞察力。观测手段已可实施由地空、空地,并运用气球、飞艇、无人机、飞机、激光雷达、声雷达、微波仪、火箭、卫星的探测,可以获取足够精细有效的数据信息,以弄清大气及空气污染物的性状,其结果可能实施更为有效的预测规划和排放控制与管理。所有这些都需要对空气污染过程及其可能后果拥有良好的、思路清晰的相关知识,包括对其排放、输送和扩散及其变换的过程以及其机制的认识。这些研究和应用领域包括,例如:空气污染及大气环境影响评价,数值模拟预测的试验比较与检验,中尺度大气湍流与扩散模拟及其数据分析和观测检验,排放源调查、追踪与管理,生态环境监测、管理和预测规划模拟等,尤其是对城市以及城市与城郊空气污染的监测、预测和规划,交通与交通工程空气污染监测与模拟等。

中尺度气象学和中尺度气象模拟技术的建立与发展,促进了空气污染气象学进展到有条件开创中尺度空气污染气象学新领域的时代,并成为空气污染气象学发展进程进入第三阶段的重要标志。这一进展尤其为城市空气污染气象学问题的研究和应用赋予了强大的生命力。对于城市空气污染气象学问题的新型数值模拟研究与应用处理,得以运用更加全面、高效又精细的数值模拟技术,如多尺度模拟系统的耦接以及城市下垫面及城市陆面过程的引入、建筑物与绿化冠层的引入处理及相应的模拟技术方法等等开始得到相当完善的处理。多种湍流闭合技术的采用,乃至直接实现体积平均的大涡模拟(LES)技术,也开始被引进入空气污染模拟实践的应用领域。二十世纪七十年代开始问世的大涡数值模拟的基本思路是：大尺度湍流直接使用数值求解，通过数值模拟获取，只对小尺度（实用中通常就指小于计算网格的尺度）湍流脉动建立系统模型模拟获取。这种新方法的优点是：对获取高空间分辨率的要求远低于直接数值模拟方法；同时它可以获得比雷诺平均模拟更多、更精细的信息，很多情况里具有相当显著的优越性。二十世纪末开始，大涡模拟的数值计算技术逐步成为许多湍流数值模拟研究和应用领域的热门，以湍流支配为基础和核心的空气污染气象学的数值预测模拟自然也不例外。随着对大气污染问题的认识不断深入，其研究面不断拓展，这一阶段发展有很大进展的另一重点研究领域是空气污染与大气化学变化关系及其机制问题的研究拓展，以及细颗粒大气气溶胶的大气物理过程研究等。这也是这个阶段空气污染气象学发展有许多重要研究进展和特点的一个内容。

　　从学科发展出发并按上述学科发展的历史进程和思路安排选材，本书内容也就是遵照这一思路设置的。在此认识基础上，我们试图创建一个空气污染气象学的新体系。当今的重点是：适时建立并提出以中尺度大气扩散为核心的中尺度空气污染气象学理念并建立预测模拟系统，以及空气污染与大气化学和气溶胶物理过程耦接处理的研究。创建城市空气污染气象学发展建立城市实用的多尺度空气质量预测模拟，同时拓展区域性尺度的研究与应用范围，并把属于科学技术学术性层面的研究作更加全面深入的展开。本书重点论述了这些内容的基本原理、方法和技术思路的要领并力图引入近期我们所取得的一些研究成果。

　　为此，本书共设七章，第一章作为绪论，简要给出了空气污染气象学问题及其由来、影响因子和研究内容、研究意义及研究方法。在此基础上，论述了如何运用气象学原理，对空气污染气象学的核心问题作基本描述和基本理论处理。

　　第二章阐述了空气污染气象学的两个基础内容，即与空气污染气象学密切相关的大气物理过程和大气化学过程及它们的相互联系与影响，以及又如何由它们支配着进入大气的空气污染物的散布规律，包括其源的排放、污染影响和归宿的支配关系。正是由这些因素构成了空气污染气象学学科的问题和控制与防治处理的两个重要方面的核心过程。它们不仅是空气污染气象学问题中，认识大气环境空气污染过程中不可或缺，也是认识本质机理和作用及影响关系的重要过程，理所当然也就是各种计算处理和预测模拟的立足所在。

　　第三章专门论述用于空气污染物散布计算预测数值模拟处理，因为它是当今空气污染气象学最重要和最常用的处理方法和技术。本章就此项技术从基本原理、方法和各项新的技术处理及其对空气污染气象学领域不同尺度的应用处理作了梳理，并引入了一些行之有效的实用模式的新技术、新成果。

　　第四章依次阐述了局地尺度到中尺度再到区域和全球尺度的空气污染气象学问题的研究处理，这是本书空气污染气象学问题及其处理的核心内容。本章回顾论述局地尺度各种条件下空气污染物扩散计算处理的原理、方法和计算模式。

　　第五章作为专例，比较充分地阐述了各种城市空气污染气象学问题及其应用处理的内容。作为中尺度空气污染气象学发展的一个重要领域，我们突出当今城市空气污染气象学迅猛发展特点,着重围绕城市多尺度特点建立模拟系统及其应用。这主要是由于城市空气污染气象学问题具有的特殊性,如多尺度性,即从米量级尺度到局地尺度、中尺度乃至更大的区域尺度,以及它的城市陆面特征诱生的陆面过程和人为活动带来的种种影响以及它们在迅猛的经济发展各方面的重要性和影响决定的。本章在以上这些方面都作了比较细致地阐述和讨论,并引入了一些新进展、新成果。

第六章中,从局地尺度到水平 20～200 km 范围是中尺度大气扩散与空气污染气象学研究的尺度范围,是空气污染气象学发展极其重要的第三阶段。这是近二三十年内开创发展起来的中尺度范围大气扩散与空气污染气象学研究新领域,也是空气污染气象学研究发展新历程中出现的重点研究和应用内容,更侧重于新技术的发展和学术研究进展。这一章作者强调了中尺度气象学对中尺度空气污染气象学问题的作用和重要影响,以及中尺度气象学的基本方法对中尺度空气污染气象学问题处理的重要性和实际应用,这是非常重要的。

第七章的设置主要是因为空气污染气象学问题及其研究发展历史从一开始就具有区域和全球性背景及归宿的背景。就某种意义而言,也是我们空气污染气象学(问题),包含天气学、气候学和大气物理学与大气环境学的出发领域以及背景和最终归宿。虽然它并非完全是由严格意义上的空气污染和气象学问题引起的,但是,应该作为相关科学可以提供给读者一个全面的了解和深入认识的基础。希望能对整个地球系统的大气环境问题有个更加全面和比较完善的认识。

本书第一、四、六、七章由刘红年和蒋维楣撰写,第二章由刘红年撰写,第三章由刘红年、张宁、彭珍、蒋维楣撰写,第五章由张宁撰写。全书由蒋维楣进行了校核。

本书有幸获得2019 年度国家科学技术学术著作出版基金项目资助并由南京大学出版社出版,这也成为我们认真努力写作的重要动力。作为一本学术基础理论著作,我们力求能引入更多最新的学科发展理念和具有国际前沿性特色的丰富内容,包括我们自己的一些研究和应用的新成果。为实现这一高目标和高要求,在本书立项和撰写过程中,曾经得到过许多专家教授和诸多同行合作者的悉心指教和帮助,在此我们一一表示由衷的感谢。限于我们的水平和经验,存在问题和不足乃至缺点、错误实属难免。一旦本书面世,仍然希望得到更多的批评指正,以便不断完善。

蒋维楣

南京大学 2020.9

目　　录

第一章　空气污染气象学问题和大气扩散的基本理论

空气污染气象学是近代大气科学一个重要的分支学科,它以污染物在大气中的输送、扩散、清除与转化过程为研究对象,并重点研究空气污染物散布与气象因子的关系,预测空气污染物的浓度分布及其对环境空气质量的影响。空气污染气象学是大气环境研究与应用的一个重要领域,对大气环境保护有重要意义。

§1　空气污染问题与空气污染的影响

1.1　空气污染与空气污染物

1.1.1　空气污染

了解空气污染问题要从了解大气污染和空气污染物的概念开始。大气污染一般是指:由于人为或自然的因素,使大气组成的成分、结构和状态发生变化,与原本情况相比增加了有害物质(称之为空气污染物),使环境空气质量恶化,扰乱并破坏了人类的正常生活环境和生态系统,从而构成大气污染。显然,要产生空气污染需要有污染源,并且污染源要向大气中排放污染物。图1.1给出了大气污染系统与途径。其中最核心的是大气输送和扩散过程,这也是空气污染气象学需要研究的主要对象。

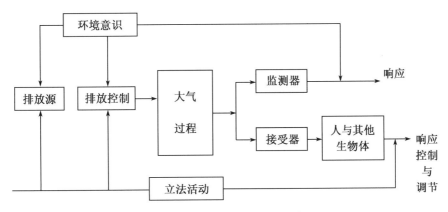

图1.1　大气污染系统与途径示意图

近年来,随着空气污染的加剧,大气污染问题已经受到各方面的重视。从最小范围的污染到全球性的污染都时刻影响着人类的生存和发展。在多数情况下,排放进入大气层的污染物质总是被不断的输送、稀释、清除,正是由于大气的输送和稀释作用,使得污染物浓度逐渐降低,直至被完全清除。但大气的稀释扩散与输送率随时空变化很大,受到多种因素支配,这是一个很复杂的问题。有时大气自然通风与输送很有限,环境空气质量会受到很大损害,有时甚至会使相当大的范围受到污染并造成危害,但也可能由于大气的自净能力强,即使排放的污染物较多,却并没有造成严重的污染。污染物排放到大气当中,是否会造成严重污染与气象条件关系非常密切,也就是说大气对污染物的输送、扩散能力强烈地依赖于气象条件。例如,风速很小时,少量的大气污染物就可能会造成比较严重的污染,但是风速很大时,较多的污染物才能造成同样的影响。从这个意义上说,要研究和解决大气污染问题,首先要从研究气象条件对污染的影响入手。

气象学中把未受污染的大气称为洁净大气,它主要是由氮、氧、氩、水汽、二氧化碳等成分构成的混合物,并且其中还含有一些悬浮的固态或液态气溶胶粒子。大气的主要成分在离地面几十千米高度以下,比例基本不变。此外,自然大气中也含有其他气体成分,如氦、氖、氙等惰性气体及臭氧、二氧化硫、二氧化氮、一氧化碳等,这些气体在大气中含量很少,不到空气总容积的 0.01%,通常被称为痕量气体。由于人为原因使自然大气成分与结构改变,一旦一些杂质气体量达到并超过一定限度,就构成空气污染的危害。另一方面,大气圈通常具有一定的自净能力,即大气环境具有一定的容量。大气环境容量是指在自然净化能力以内,所容许的污染物排放量,也就是不至于破坏自然界物质循环的极限量。当污染物排放量超过大气环境容量时才构成空气污染。可见,并不是一旦有污染物质存在,就会构成空气污染。大气环境容量与地形、气象条件密切相关,在不同地点、不同时间是会发生变化的。通过对空气污染气象学的研究,一方面要减少乃至消除空气污染物的排放,另一方面则要摸清大气对污染物的输送、扩散、清除规律,充分利用大气环境的自净能力,做到既发展生产又保护环境。要运用空气污染气象学的原理和方法研究并解决空气污染问题。

1.1.2　空气污染物及其浓度

1. 空气污染物

以各种方式排放进入大气,有可能对人和生物、建筑材料以及整个大气环境构成危害或带来不利影响的物质称为空气污染物。目前认为对人类危害较大的,已被人们注意的空气污染物就有 100 多种。排放进入大气的污染物质,在与空气成分的混合过程中,还会发生各种物理变化与化学变化。这样,把原始排放的直接污染大气的污染物质称之为一次污染物,而把经化学反应生成的新的污染物质称之为二次污染物。这种产生二次污染物的过程称为二次污染。根据空气污染物的物理形态和化学成分,将其分为以下几类:

① 颗粒污染物。指以固体或液体微粒形式存在于空气介质中的分散体,从分子尺度大小到大于 10 微米粒径的各种微粒,总称总悬浮颗粒物(TSP),其中动力学等效直径小于等于 10 μm 的称为 PM_{10},小于等于 2.5 μm 的称为 $PM_{2.5}$。颗粒污染物的成分非常多样,有地面扬尘、植物花粉、海盐粒子、黑碳、有机碳以及大气化学反应的产物如硫酸盐、硝酸盐等。由于

颗粒物的存在,使大气能见度下降,空气污浊,并且一些粒径较小的粒子还能被人类吸入到呼吸系统中,引发呼吸系统疾病和心血管系统疾病。大气中的颗粒物还能影响地气系统的辐射收支,参与非均相的化学反应。总体上看,颗粒物来源复杂,成分各异,危害也不尽相同,是大气科学、环境科学研究的一个重点和难点问题。

② 碳的氧化物。主要有二氧化碳(CO_2)、一氧化碳(CO)等气体污染物。CO_2无毒,主要由各类燃料燃烧过程产生,也有人类、动物、植被和土壤的呼吸作用释放。高浓度CO_2在地下室和通风不良的房间积累将减少氧气的置换。CO主要来自于机动车、工业、家用燃料的不完全燃烧过程。CO会干扰血红蛋白吸收氧气,导致缺氧。中低剂量会导致头痛、损害大脑功能,高浓度剂量会导致死亡。

③ 氮氧化物。主要有一氧化氮(NO)和二氧化氮(NO_2)等气体污染物,以及由此可能产生的二次污染物。氮氧化物主要来自于汽油的燃烧,尤其是机动车的废气排放。氮氧化物能与大气中的一些物质反应,并能在太阳紫外线作用下发生光化学反应,生成一些有强烈刺激性和毒性的有机物,形成光化学烟雾,严重污染环境,损害人类健康,严重暴露会导致呼吸道疾病(咳嗽、咽喉痛),高浓度氮氧化物会导致气管炎,并降低肺功能,可加重支气管炎、哮喘和肺气肿。

④ 硫化物。最主要是二氧化硫(SO_2)。二氧化硫主要来自于含硫煤炭的大量燃烧、自然界的火山爆发等。二氧化硫被排放进大气后,会参与氧化过程,与一些氧化性比较强的物质发生化学反应,能转变为三氧化硫,溶解于降水中形成酸雨。此外,还有硫化氢等气体污染物以及由二氧化硫通过化学转化生成的其他酸性污染物。二氧化硫可导致哮喘、气促、咳嗽和呼吸道炎症。

⑤ 臭氧。臭氧是一种强氧化剂,可使大多数有机色素褪色,高浓度臭氧对人体有损伤作用,会损伤呼吸道,损害肺功能。长期暴露可能导致肺活量减少和过早死亡,对植被也有伤害,会导致植物生长减缓。平流层臭氧来自于自然过程,对流层臭氧主要来自于氮氧化物和挥发性有机物等气体通过光化学过程产生。

⑥ 卤化物。主要有氟化氢、氯气和氯化氢等气体污染物。

⑦ 碳氢化合物。主要包括烷烃、烯烃和芳烃类复杂多样的含碳含氢化合物。苯(C_6H_6)和苯并芘(BaP)是最重要的多环芳烃,由机动车、居民供暖、有机材料(木材)和石油精炼等过程中的不完全燃烧产生。多环芳烃刺激眼睛、鼻子、喉咙和支气管。苯和BaP对人体具有致癌作用,会对免疫系统、中枢神经系统、血液系统产生损害,可导致白血病和出生缺陷。

⑧ 氧化剂。主要是指在空气中具有高度氧化性质的一些化学物质,例如臭氧及其他过氧化物。

⑨ 铅(Pb)。有毒金属,作为石油添加剂使用时会在燃烧过程中释放出来,也有工业来源。铅成分会影响人体神经系统、肾脏、肝脏和造血器官;会导致脑损伤,使智力发育受损和生长发育迟缓;能长期沉积在陆地或水生生态系统中,影响生态系统功能及动物繁殖并在食物链中积累。

⑩ 放射性物质。除了上述常见的空气污染物外,还可能由于一些偶然事件使大气受到放射性污染物的污染,例如由于核装置的事故能使大气受到放射性污染。

图 1.2 中列出了常见的空气污染源和污染物。

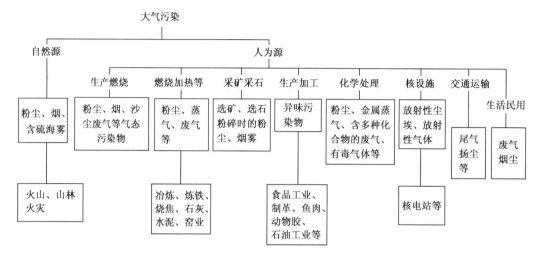

图 1.2　空气污染源与空气污染物

2. 空气污染物浓度

空气污染物浓度有两种表示法,一是质量浓度,单位体积空气中含污染物质量,mg/m³,一是体积浓度,污染物体积与整个空气容积之比,以 ppm 为单位,即污染物体积占空气容积的百万分之一,亦可用 ppb 和 ppt 等。显然,它适用于气体污染物计量浓度。两种浓度单位可以相互转换:

$$X = Y * A/22.4 \qquad mg/m^3$$
$$Y = 22.4 * X/A \qquad ppm$$

式中:X 表示质量浓度单位,Y 表示体积浓度单位,A 表示污染物的摩尔质量。

1.1.3　空气污染的影响

污染源、污染物(达到一定浓度)以及对人类及其生存环境造成危害与影响,这是构成空气污染问题的基本要素。当今的人们已经比较充分地认识到了空气污染的各方面危害和影响,主要归结于以下方面:

① 对人体健康的危害,例如,由于人体受光化学烟雾刺激,可能使呼吸道粘膜受损,严重的能引起气管、肺部疾病。由于可吸入颗粒物会导致许多种呼吸系统病变,目前国际上对如何减少、如何预报可吸入颗粒物的研究非常关注。

② 对生物体的危害,包括对动物与植物的危害。例如,放射性污染物发出的高能射线能破坏动植物的正常生理过程,甚至使基因产生突变。

③ 对各类物品的危害,如建筑材料、金属制品、纺织、橡胶、皮革、纸品以及各类文化艺术和文物的危害。例如,长期的酸雨能使建筑物表层剥落、褪色,并会造成钢结构的桥梁腐蚀,

缩短使用寿命。

④ 对全球气候变化的影响,这是近一二十年来特别令人关注的课题,包括如温室效应、气溶胶颗粒物作用和臭氧层破坏等方面的作用和危害。由于二氧化碳和甲烷等温室气体排放量增加,使大气温度上升、海平面升高、大气环流发生改变,导致气候异常。

⑤ 对酸雨威胁的作用,降水酸化和其他酸性沉积物的生成都是空气污染的直接后果。对降水酸化的控制是各国环境领域的主要任务之一,因为酸雨对土壤、农作物、森林植被乃至整个生态系统都有非常显著,而且长期的影响。

1.1.4 空气质量标准

空气质量标准是为了保护和改善生活环境、生态环境,保障人体健康制定的标准。标准规定了环境空气功能区分类、标准分级、污染物项目、平均时间及浓度限值、监测方法、数据统计的有效性规定及实施与监督等内容。空气质量标准是各国政府依据本国国情制定的标准,因此各国标准不尽相同。

中国环境空气质量标准首次发布于 1982 年,历经多次修订,现在执行的是 GB3095—2012 环境空气质量标准,其中基本限值浓度如表 1.1 所示。

表 1.1 环境空气污染物基本项目浓度限值(GB3095—2012)

序号	污染物项目	平均时间	浓度限值		单位
			一级	二级	
1	二氧化硫(SO₂)	年平均	20	60	μg/m³
		24 小时平均	50	150	
		1 小时平均	150	500	
2	二氧化氮(NO₂)	年平均	40	40	
		24 小时平均	80	80	
		1 小时平均	200	200	
3	一氧化碳(CO)	24 小时平均	4	4	mg/m³
		1 小时平均	10	10	
4	臭氧(O₃)	日最大 8 小时平均	100	160	
		1 小时平均	160	200	
5	颗粒物(粒径小于等于 10 μm)	年平均	40	70	μg/m³
		24 小时平均	50	150	
6	颗粒物(粒径小于等于 2.5 μm)	年平均	15	35	
		24 小时平均	35	75	

1.2　空气污染源

　　排放空气污染物进入大气的源称为空气污染源,它分为自然源和人为源两大类。按照不同情况和研究目的,可以从不同角度对空气污染源进行分类。

1.2.1　按照人类生产活动内容分类

　　1. 工业污染源

指在工业生产过程中排放出废气污染物的源,主要是各种工厂的烟囱。

　　2. 农业污染源

指农田在使用农药和化肥过程中产生或残留在地面和土壤中,并经大气输送和扩散进入大气层的污染物的源。

　　3. 城市生活污染源

指城市商业、交通、生活活动中排放废气污染物,如居民生活用炉灶和采暖锅炉排放出大量烟尘和有害气体、交通运输的废气排放源等。

1.2.2　按污染源排放方式分类

　　1. 连续源

污染物以持续、定常的方式向大气层排放的污染源,例如持续生产的工厂的烟囱。

　　2. 间歇源

污染物以规则或不规则的间歇性方式排放的污染源,例如非连续生产的工厂烟囱。

　　3. 瞬时源

污染物以突发性的方式在短时间内排放的污染源,例如爆炸。

1.2.3　按污染源排放位置分类

　　1. 固定源

位置固定不变的污染源,如烟囱排放源,居民生活排放源。

　　2. 移动源

位置是移动的污染源,如车、船、飞机等排放源。

　　3. 无组织排放源

大气污染物不经过排气筒的无规则排放,包括开放式作业场所逸散、以及通过缝隙、通风口、敞开门窗和类似开口(孔)的排放等。

1.2.4　按污染物排放高度分类

　　1. 高架源

污染物通过离地一定高度的排放口排放污染物的源,例如工厂烟囱。

　　2. 地面源

污染物通过位于地面或低矮高度上的排放口排放的源,例如居民生活排放。

1.2.5 按污染物排放口的形式分类

1. 点源

污染物的排放口是一定口径的点状排放的污染源,例如烟囱。

2. 线源

污染物排放口构成线状排放源,如工厂车间天窗排气,或由移动源构成线状排放的源,如道路车辆的废气排放。

3. 面源

在一定区域范围,以低矮密集的方式自地面或不大的高度排放污染物的源。

4. 体源

由源本身或附近建筑物的空气动力学作用使污染物呈一定体积向大气层排放的源,如楼房的通风排气设施等。

在空气污染气象学领域,为计算污染物浓度及其自源排放后在空间的分布,常以点、线、面、体源的形式分类选用适当的大气扩散模式进行计算。同时常以源强来表示污染源排放污染物质量的速率,也就是污染物的排放率。对于点源,源强是单位时间排放污染物的质量,其单位为 g/s、kg/h 等;对于线源,源强是单位时间、单位长度排放的污染物质量,单位为 $g/(s \cdot m)$;对于面源,源强是单位时间、单位面积所排放污染物质的量,单位为 $g/(s \cdot m^2)$ 或 $kg/(h \cdot km^2)$,以上是指连续源。对瞬时源则是以一次排放污染物的总质量表示源强。

1.2.6 按污染物排放的物理过程分类

1. 直接排放

地面扬尘、建筑扬尘、工业粉尘等直接排放颗粒物等污染物。

2. 燃烧过程排放

大多数室内和室外空气污染物是在燃烧过程中排放。化石燃料(例如天然气、汽油、柴油和煤)和生物燃料(例如木材、生物乙醇和生物柴油)的燃烧过程会排放大量污染物。如果燃烧过程中氧气供应不足,燃烧过程将是不完全的,一部分碳的转化产物是有毒气体 CO,而不是 CO_2。如果在非常高温的环境中发生燃烧(例如内燃机),大气中氮气(N_2)将和 O_2 发生反应,生成二氧化氮(NO_2)和一氧化氮(NO)。此外,燃料中的非碳和非氢的杂质元素例如氮、硫也会生成 NO、NO_2 和 SO_2 排放进大气中。

3. 泄漏与蒸发排放

泄漏排放是指在压力容器(例如存储罐和管道)中的气体因设备维护不善或使用不当导致的泄漏,它们是碳氢化合物和甲烷的重要排放源。蒸发排放是指低沸点的液体挥发时所排放出污染物的过程。在城市中,挥发性有机化合物(VOC)可以从溶剂、油漆、汽车加油站、燃料储存等设施中蒸发。蒸发排放量随环境温度的增加而增加。

4. 生物源排放

所有的生物,包括人类、动物和植物,在新陈代谢活动中都不断地排放一些气体。在呼吸过程中,人类、动物、植物和微生物释放无毒的温室气体 CO_2。一些微生物和真菌会产生一些毒素,导致室内空气质量下降;许多树种会排放特定的 VOCs,如异戊二烯以及更复杂的萜烯,促进化学反应,导致 O_3 的形成。树木排放萜烯的过程取决于树木种类、树木的生理状态、气温和有效辐射,因此表现出明显的日变化和季节变化特征。主要的排放树种有橡树、杨树、桉树、松树、梧桐树和金钟柏等。

1.3 大气污染的控制与管理

空气污染问题与排放源和气象条件有关,是一个比较复杂的问题。因而为了改善大气环境状况,就必须综合考虑各种可能影响大气环境质量的因素,实行一定的管理和控制标准。我国现阶段实行浓度控制和总量控制的对策。

浓度控制就是通过控制污染源排放口排出的污染物浓度,来控制大气环境质量的方法。国家制订统一的污染物排放浓度标准,任何排放源排出的污染物都要求在国家标准规定以内。浓度控制办法有效地推动了污染源的技术改造,对煤烟型的大气污染治理起到了明显的推动作用。但是,它也存在一些缺陷,主要表现在国家排放标准无法考虑大气污染的局域性,无法结合不同地点大气污染的特征和经济技术现状,可能会对一些地区显得过于严格,而对另一些地区又过于宽松。此外,浓度控制的方法还无法考虑无规则的居民生活污染源。在实际实行过程中,会出现某些地区的污染源是达到浓度控制国家标准的,但是由于排放源多,仍然使大气环境质量状况恶化,原因是虽然每个排放源都达标,但排放总量却超过了大气的自净能力,即大气环境容量。这就需要在推行浓度控制的方法基础上,还要对污染物排放的总量也进行控制。

总量控制就是通过给定被控制区域内污染源允许排放总量,并优化分配到源,来保证大气环境质量的办法。通过总量控制,可以从总体上控制某地区的大气环境质量状况,并且可以制定出大气污染物排放总量控制的削减量与大气环境质量改变的关系,建立最低限度的污染物削减与最低治理投资费用的关系。对大气污染综合防治进行总体优化,降低污染治理投资费用,避免盲目控制污染源的被动局面,逐步控制大气污染,并逐步改善大气环境质量。与浓度控制所不同的是,实施总量控制以后,对任何一个污染源来说,除了排放浓度要达到国家标准之外,它的排放总量还必须在所分摊得的数量以内,不能不加控制地排放。

实行浓度控制与总量控制的政策,使环境保护管理部门有足够的依据来控制和管理当地的大气环境,同时也能相对容易地制定地方性排放法规,在促进经济发展的同时最大限度地保护大气环境。

§2 空气污染气象学研究

空气污染气象学是一门研究空气污染问题与气象学的相互关系的学科。在空气污染气象学研究工作中,常利用气象学的原理和方法来研究不同气象要素对空气污染物输送、扩散的作用以及在各种条件下的影响,并预测空气污染物的散布及其变化规律,目的在于能找到及时处理解决空气污染问题的正确途径,以保护环境。空气污染问题的核心是大气湍流扩散,关心的尺度从几百米的局地污染、小尺度污染到中尺度和大尺度范围的污染问题。

2.1 空气污染气象学研究的内容及其发展

空气污染气象学主要的研究内容包括:

① 各种气象条件下,空气污染物的散布规律,包括污染物排放以后的输送、扩散、化学反应、清除过程和这些条件下空气污染物浓度的观测试验与计算分析。

② 不同区域范围,不同下垫面条件和不同尺度大气过程支配与影响评估所需的定性与定量分析。

③ 各种大气环境规划与管理所需的科学依据和局地工程大气环境影响评价分析。

④ 空气污染气象学的大气环境风洞和水槽模拟实验研究。

在空气污染气象学的发展过程中,早期,和平利用原子能与防核战争、化学和生物战争的需要成为推动学科发展的重要动力。在 20 世纪 50—60 年代,第二次世界大战结束后,冷战局势逐渐形成,国际上一直被战争的阴云所笼罩,开始进行防止化学、生物、核战争的研究工作。由于军事上需要了解生化武器在大气中的输送、扩散、清除过程,进行了一系列的外场实验。在实验中布置了许多采样点,采集不同地点的污染物浓度,并配合同时进行的气象观测获得的气象资料,分析空气污染物输送与扩散的特征,并对均匀平坦下垫面的高斯扩散模式进行修正,给出合适的扩散参数。同时结合不同天气条件,进行大气稳定度的分级,使解析的高斯扩散公式能适用于不同的层结条件。这一时期空气污染气象学的理论核心是湍流扩散统计理论,运用范围是局地尺度、小尺度。

20 世纪 60—70 年代,随着全球工业化加剧,世界环境问题日趋恶化,各种环境危害酸雨危害比较普遍,从这一时期开始,对环境的治理由被动逐渐转变为综合治理。对大气环境空气质量的关注无疑首先集中到对空气污染物的产生及其变化的了解,从而需要熟知支配它的变化的各种因子,其中气象因子是核心条件。为寻求治理办法需要掌握预测污染状况的能力并获得正确结果,这就对空气污染气象学的原理、方法的认知掌握和应用提出了较高的要求。由此,极大地推动了空气污染气象学的发展,主要表现在污染物浓度的计算已经不完全局限于经典的高斯公式,而是结合不同层结、不同下垫面特征进行了各种合理的修正,推广了经典高斯扩散公式的使用范围,提高了计算结果的可信度,突破了原有理论只能用于均匀平坦下垫面的限制,但是各种改进的高斯公式适用范围仍然是局地尺度到小尺度。

到 20 世纪 80 年代,随着计算机技术的发展,运行速度加快,存储量加大,使得利用计算机解决空气污染气象学问题有了可能。同时由于数值天气预报的理论和方法也有显著进展,科学工作者开始尝试空气污染问题的数值解法。与高斯公式解析解法不同的是,利用计算机可以通过求解包含污染物扩散方程在内的大气动力学方程组,获得不同地点、不同时间的污染物浓度分布状况,并且可以将气象要素也一同求解。这就突破了均匀定常的限制,可以求解非均匀、非定常的污染物散布问题,能够获得污染物分布变化的连续图象,而且数值解的适用范围不再局限于局地尺度,可以扩展到中尺度范围。

20 世纪 90 年代,随着高性能计算机的普及、大气科学数值模拟的理论和应用研究进一步发展,空气污染问题气与大扩散处理的数值解已经成为空气污染气象学领域的主流技术。尽管还存在许多有待完善的地方,但是数值模拟的方法已经显示出统计方法、经典解析方法所不具备的优越性。在这一时期,中尺度数值模式得到很大发展,推出了著名的 MM4、MM5 等多种版本,通过在中尺度气象模式中连接污染物输送及扩散模式,乃至大气化学模式,可以计算污染物自源排放后在大气中的行为,并进行污染物浓度的计算和预测,全面进入数值模拟阶段,所能研究的尺度范围也全面拓展到中尺度,时间尺度也由原来的几分钟、几小时延长到日。

20 世纪 90 年代后期开始,气候变化受到广泛关注,其中气溶胶和大气痕量气体的变化更受到重视。目前,空气污染气象学研究方法仍然以数值模拟为主导方法,空间尺度和时间尺度都有进一步扩展。污染物的跨国输送、区域性和全球性的空气污染问题成为了一个新的研究热点。

近代,随着酸雨、沙尘、对流层臭氧、气溶胶等污染物质的增加,全球环境变化(主要是微量气体与气候变化问题)和平流层臭氧破坏等大气环境问题的产生和研究的推动,使空气污染气象学的研究向更大范围和更为复杂的大气过程及其相互影响的领域进展。主要研究热点集中在大气污染化学、非均相大气化学过程、污染物的区域和全球输送问题、气溶胶的形成和气候效应等方面。研究手段主要采用数值模拟和实验相结合的方法。

在空气污染气象学的发展进程中,一方面对宏观的污染状况进行监测调查与分析评价,另一方面深入探索空气污染的微观机制及其存在形态、物理和化学性质、动力学和运动学规律以及生态效应,研究它们与气象条件的关系和相互影响。因此,随着环境科学、生态学、大气化学和大气边界层研究的进展,空气污染气象学必将会有更大的发展。为促进气象学与大气环境学科研究的发展,世界气象组织多次制定了大气科学和大气环境研究计划,为监测分析和评价大气的化学成分和有关物理特性变化,设计布置了全球环境污染监测和研究系统,如全球臭氧观测系统、全球大气成分背景监测、污染物的输送与扩散、大气中污染物与环境其他部分的交换和综合监测。目的是提供公认的权威性的全球大气化学成分和影响这些成分变化的原因的数据和分析报告,建立并协调确定全球和区域空气质量、自然的和人为引起的大气成分长期变化趋势的业务系统,预测环境变化,加强对大气环境保护和管理的国际协调。

纵观空气污染气象学的发展可以看到,研究方法从经验、半经验向数值方法发展,不断推进。研究范围从局地尺度向中尺度、大尺度拓展,研究内容从单纯的大气扩散研究向汇合大气化学、气候变化内容扩展。学科的研究从手段、方法、内容、成果都将进一步与环境科学、大气化学、气候变化等相关学科交叉渗透、共同发展。

2.2 空气污染气象学的研究意义和应用

空气污染气象学是一门具有较强实验性,并具有广泛应用面的新兴交叉学科。近些年来,它的基本理论发展并没有取得突破性的重大进展,但是其应用却十分活跃并具有多方面的明显进展。空气污染气象学研究的理论意义主要在于它将大气湍流运动与扩散的基本理论引入来处理空气污染物的散布问题。梯度输送理论和湍流统计理论长期以来对空气污染物散布的理论分析和浓度预测起到了重要作用,尽管它们各自具有一些理论局限性,但在它们各自适用的范围内可以用来比较准确地预测空气污染物浓度并在应用中取得进展。近年来由于空气污染气象学研究与应用范围的扩展,尤其需要处理非均匀、非定常和较大尺度天气过程的作用与影响,也由于大气湍流和大气边界层研究领域取得了一些进展,于是在对流边界层扩散、稳定边界层扩散和中远距离大气输送与扩散,以及大气化学转换,干湿清除等研究领域具有重大的理论和实际意义。

空气污染气象学研究具有广泛的应用领域,它在以下领域取得许多进展并发挥了重要作用,这些领域主要包括:

1. 在规划设计工作中,为发展经济保护环境而提供污染气象学条件的分析和科学依据

① 城市建设和工业区规划——如何使城市建设与工业区规划布局能够保证对居民和农作物、城市环境的污染影响及危害减到最小,这是规划与设计工作中需考虑的诸多因素之一。例如,对风向频率和不利气象条件的分析,可以从布局上避免重复污染和高污染浓度的发生。

② 厂址选择与工程环境影响的评价——通过污染气象学测试,对拟建厂址地区提供有关通风稀释和扩散能力的分析,从大气环境和空气质量角度做出选址结论和评估。例如,除考虑风向外,污染气象条件中,重点分析风速和低层逆温层,包括其出现时间与出现频率、强度与出现高度。考虑工程排放源可能造成的最大污染物浓度及其影响范围等。

③ 烟囱高度设计——加高烟囱可以减少邻近地区地面污染物浓度,但需增加投资并造成较远距离和长远的污染影响,例如区域污染和酸雨影响等。因此需要确定合适的烟囱高度。

2. 发展大气污染预测业务,实施各种环境多种尺度的污染物浓度预测

① 区域预测——预测尺度在几百千米以上,时间为 1~2 天的区域污染状况,着重研究可能形成大范围严重污染的天气形势并利用现有的天气预报结果。

② 城市空气质量预测——预测尺度在 10~100 千米范围,时间在几小时到 1~2 日。由于城市下垫面复杂,城市的情况也各异,因而问题很复杂。随着经济的发展,人们对环境质量的要求越来越高,所以这是一个新的有发展潜力的方向。

③ 局地空气污染和特定污染源污染物排放的预测——预测范围在几十米到数万米,时间为几小时到 1 天的局地污染物浓度分布。这是应用最为广泛,研究相对成熟的应用领域。

④ 大气环境质量评价——即对大气环境从空气质量角度评价其污染状况。例如,根据

不同的目的和要求,按照一定的原则与方法,对区域环境的空气质量作出分析评估,反映现状,并研究发展趋势,实施日常的空气污染控制与大气环境管理、综合防治。

⑤ 监测全球环境变化——空气污染气象学近些年来确立的一个新研究领域,即由于空气污染而产生的酸性沉积物、微量气体及二氧化碳的增加,带来全球环境变化的可能性和发展趋势,成为当代空气污染气象学研究与应用的热点。

2.3　空气污染气象学研究的基本方法

空气污染气象学研究的基本任务是,运用气象学原理与方法研究空气污染问题,模拟预测空气污染物的浓度分布状况。因此,可以采用理论研究和实验研究两种基本途径。

一方面,空气污染气象学是一门实验性很强的学科,实验研究是空气污染气象学领域的最本质的研究方法。在将气象学的基本原理运用到空气污染问题中,最受关注的是不同地点、不同时间污染物浓度如何发生变化,具体数值有多大。要回答这个问题就必需获得污染物的时空分布规律,而这些规律与气象条件密切相关,实际大气又是一个高度复杂的系统,其中的各种过程几乎都是不可重复的,因而利用实验方法研究气象条件对空气污染物输送、扩散的影响就成为这个学科领域内最基本的研究方法。

另一方面,由于大气科学的理论还不足以有效地解决一切实际问题。尤其现阶段对大气湍流的起源、发展变化规律的理论还非常不完善,所以对于以大气湍流为核心的空气污染气象学问题的实验研究就显得特别重要了。因而实验研究方法既是一种可以解决实际问题、满足实际需要的研究方法,又是一种可以促进学科理论发展的有效途径,是至关重要的。空气污染气象学领域的实验研究方法主要包括三种:外场观测、实验室内流体物理模拟、数值模拟研究。

1. 空气污染气象学的外场观测实验研究方法

外场观测是实验研究的最基本方法,观测的核心是污染物浓度变化与气象条件的关系。所获得的数据能真实地反映实际大气对污染物的输送、扩散能力,可以从中分析天气形势、降水、温度层结等气象条件对污染物输送的影响,总结出的规律可以作为建立理论模型的基础,同时所测量得到的数据又可以用来验证理论模型的正确性,现场观测是不可缺少的,也是空气污染气象学发展的基础所在。

早期,国内外曾经进行过几次著名的外场观测实验,这些观测以大气边界层物理特征为主,同时进行示踪剂采样。通过对气象条件和污染物浓度的联合分析,揭示了一些影响污染物输送与扩散的物理机制,其实验结果至今被广泛引用。实施外场观测存在的困难和问题主要有:

① 实验条件不易控制。外场观测实验必须在野外进行,因而强烈地受到地形地物、天气状况等外部因素影响,能否按计划顺利实施取决于外部条件是否满足实验要求。

② 无法再现和无法重复。实际大气中的物理过程为不可逆过程,因而外场观测无法在严格同等的条件下重复多次进行,也就无法仿照可重复实验,在实验室中通过重复多次实验

以减小误差。

③ 试验周期较长,花费代价昂贵并受到观测仪器和技术条件的限制等。要组织大规模的外场观测,需要进行方案设计、仪器标定、人员培训等方面的组织工作,需要花费较长时间和大量财力、物力,并且结果好坏还受到观测水平、仪器性能等制约,是一件十分复杂的庞大工作。

尽管外场观测存在很多困难,但它仍然是空气污染气象学的最基本的研究方法。

2. 空气污染气象学的室内流体物理模拟研究方法

室内流体物理模拟手段则是借助于一定的实验模拟装置,主要有大气环境风洞、水槽和对流室等。流体物理模拟的依据是流体力学的相似原理,运用相似原理把大气实际原型搬至室内实施模型研究。在模拟时要求模型和原型之间要满足:

① 几何相似。就是模型必须依据实际原型的几何尺寸,缩小或放大以后制作,一般情况下是模型比原型小。模型长度尺度与原型长度尺度之比称为缩比,例如1∶100,1∶250等。

② 运动学相似。要求实验流场的风速、风向、风的垂直分布等运动学特征要与实际原型所处的大气运动条件一致。

③ 动力学相似。要求实验流场的湍流特征要与实际原型大气一致。

室内流体物理模拟手段可以不受天气状况等试验条件的限制,并易于再现或设置一定试验条件,试验周期短,花费代价小,所以适宜于作机理性探索并为理论研究和观测试验提出线索或试验布置依据。但是它亦有一些固有的局限性,例如,模拟装置的人为边界和相似条件的限制等。

3. 空气污染气象学的数值模拟研究方法

数值模式包括经验统计模式:例如湍流统计理论得到的统计模式。统计模式使用条件和范围受到建立模式时所进行的简化、假定等条件的限制,应用范围有限,但是统计模型在其应用范围内精度比较高,具有相当的可信度。近年来,随着计算数学理论的日益完善,尤其是非线性偏微分方程数值解法的理论得到发展,同时计算机技术迅速发展,使计算条件有根本性的改善,在这样的背景下,利用数值模式求解空气污染气象学问题的研究方法得到迅速发展,目前已经成为解决空气污染气象学领域计算问题的主导手段,它几乎渗透于空气污染气象学研究的各个领域,而且随着计算机技术的迅速发展正越益发挥良好作用。通常它是建立于一定的物理模型和一些基本假定的基础上的,所建立的微分方程与实际问题之间存在一定的模拟误差,另外,由于数值解本身是在有限位字长条件下进行有限次运算得到的解,带有一定的近似性,所以利用数值模拟手段尽管应用范围比统计模式广,但仍然是一种近似解,在计算速度和存储量允许的情况下,可以求得比较精确的结果。因此数学模式手段总具有一定的局限性,而且所得结果必须经过观测或实验验证才是有效的、可靠的,这一点往往会在不少场合限制数学模型的实用性。但是,它的试验条件非常容易控制、可以重复进行计算,且运算周期短、花费代价小。数值模拟是现今污染预测计算的最主要手段。

§3　大气结构与大气动力学基本特征

3.1　大气组成与热力结构

3.1.1　大气组成

地球大气是由多种物质组成的混合体,其中主要是气态物质,有氮气、氧气、二氧化碳、臭氧、以及一些惰性气体。除此之外,还有许多固态、液态的颗粒物。大气科学中通常称不含水汽和悬浮颗粒物的大气为干洁大气,简称干空气。在 $80 \sim 90$ km 以下,干空气成分(除臭氧和一些污染气体外)的比例基本不变,可视为单一成分,其平均分子量为 28.966。组成干洁空气的所有成分在大气中均呈气体状态,不会发生相变。讨论大气组成时,人们经常将所有成分按其浓度分为三类:

① 主要成分,其浓度在百分之一以上,它们是氮(N_2)、氧(O_2)和氩(Ar);

② 微量成分,其浓度在 1 ppm ~ 1% 之间,包括二氧化碳(CO_2)、甲烷(CH_4)、氦(He)、氖(Ne)、氪(Kr)等干空气成分以及水汽;

③ 痕量成分,其浓度在 1 ppm 以下,主要有氢(H_2)、臭氧(O_3)、氙(Xe)、一氧化二氮(N_2O)、一氧化氮(NO)、二氧化氮(NO_2)、氨气(NH_3)、二氧化硫(SO_2)、一氧化碳(CO)等。此外,还有一些人为产生的污染气体,它们的浓度多为 ppt 量级。

大气的气体成分中氮气含量最大,所占分子数比值约为 78.1%。氮气化学性质不太活泼,只有在发生闪电时能与氧气结合生成一氧化氮,然后会被雨水吸收,最终到达土壤中,生成硝酸盐。大气中的氮对氧起着冲淡作用,使氧不致太浓、氧化作用不过于激烈;对植物而言,大量的氮可以通过豆科植物的根瘤菌固定到土壤中(称为固氮),成为植物体内不可缺少的养料。

氧气是含量仅次于氮气的气体,占全部大气分子数的 21.0%。氧气是大气中最重要的气体,可以供给生命的呼吸作用、支持燃烧,可以参与多种化学过程,性质比较活泼。空气中的氧气来自于绿色植物的光合作用。并且氧气的消耗量和生成量是平衡的,使空气中氧的含量不发生变化。

氮和氧是大气的主要成分,但是它们对天气现象却几乎没有影响,而二氧化碳、臭氧、甲烷、氮氧化物(NO、NO_2)和硫化物(SO_2、H_2S)等的含量虽很少,却是重要的气体成分,它们的分布及其变化对气候及人类生活产生较大的影响。其中二氧化碳和臭氧最为人们所关注。二氧化碳也是一种重要气体,虽然含量只有 0.03%,但是可以供给绿色植物进行光合作用产生氧气,并且能强烈地吸收红外辐射,使地球大气热量不至于损失过多使地面和低层大气温度升高,产生温室效应,对全球气候变化产生影响,是温室气体的一种。近年来,由于大量燃烧含碳化合物,使排放进入大气中二氧化碳逐渐增多,增加的二氧化碳大约一半被海洋吸收或被植物利用,一半则滞留在大气中,使大气中积聚的二氧化碳增多。科学家预计,到 21 世纪后半期,二氧化碳的含量将达到 20 世纪早期的两倍。尽管这种升高的后果很难确知,但绝大多数科学家相信,低层大气的温度会由此而升高,从而引起全球气候的变化。

臭氧是大气中含量非常稀少的一种气体,如果将全球大气中的臭氧都收集起来,在海平面附近形成铺满整个地球表面的一层,那么这个臭氧气层的厚度大约只有 3 mm。虽然臭氧在大气中含量很少,但是却发挥了非常重要的作用,它吸收了太阳辐射光谱中几乎全部的紫外线,使地球上的动植物不至于受到过量紫外辐射而发生病变。大气中臭氧含量稀少,而且分布很不均匀。从垂直方向看,臭氧主要分布在平流层,在 10 km 以上开始增加,在 25 km 处最大,再往上又逐渐减少,至 50 km 则含量极小,因此,通常称 10 ~ 50 km 这一层为臭氧层。对流层中的臭氧只占臭氧总量的大约只有 4%。从水平方向来看,低纬度地区臭氧含量比高纬度地区少。臭氧主要在低纬度地区平流层中通过光化学反应产生,随大气环流向高纬度地区输送,并在高纬堆积。臭氧是一种有强氧化性的物质,容易与其他物质发生化学反应。平流层臭氧由于在与来自于人类空调、冰箱中挥发出的制冷剂氟利昂发生化学反应的过程中,被大量消耗,在南极等地出现了臭氧异常低值区,称为臭氧洞。这是人类破坏环境的典型事例。臭氧减少一方面将导致到达地面的紫外辐射增加,对动植物和人类自身产生危害;另一方面,会使平流层温度产生扰动,对大气环流、全球气候产生不可预见的影响。

大气中还有一种重要成分是水汽。水汽来自江、河、湖、海及潮湿物体表面的水分蒸发和植物的蒸腾。空气的垂直运动使水汽向上输送,同时又可能使水汽发生凝结而转换成水滴,因此,大气中的水汽含量一般随高度的增加而明显减少。观测证明,在 1.5 ~ 2 km 高度上,水汽含量已减少为地面的一半;到 5 km 高度处,只有地面的 1/10;再向上含量就更少了。显然,大气中的水汽含量还与地理纬度、海岸分布、地势高低、季节以及天气条件等密切相关。在温暖潮湿的热带地区、低纬暖水洋面上,低空水汽含量最大,其体积混合比可达 4%,而干燥的沙漠地带和极地,水汽含量极少,仅为 0.1% ~ 0.002%。

大气中的水汽在天气变化和地球系统的水循环中起着重要角色。水汽是云和降水的源泉。随着大气的垂直运动,空气中的水汽会发生凝结或凝华,形成水滴或冰晶,进而产生云和降水(雨、雪、冰雹等)。当水发生相变时伴随有潜热交换,这种潜热是许多天气系统发生发展的能量来源。水汽在红外线波段有强烈的吸收带,能强烈地吸收和放出长波辐射。因此,它通过改变地气系统辐射收支,影响地面和空气的温度,也影响大气的垂直运动。水汽也是一种重要的温室气体。通过水的相态变化,海洋、河流、江湖以及潮湿土壤等的蒸发向大气输送水汽,大气中的水汽通过凝结或凝华形成降水,又回到海洋、河流、土壤,使不同部分的水不断发生更替,形成水循环,将地球的四圈紧密地联系在一起。在空气污染气象学中,由于水汽存在,使大气污染物能参与液相和非均相的化学反应、能被湿清除,污染物在输送、扩散过程中的行为被复杂化了。

3.1.2   大气的热力结构

大气按热力结构不同,在垂直方向上可以分为:对流层、平流层、中层、热层、外层,如图 1.3 所示。

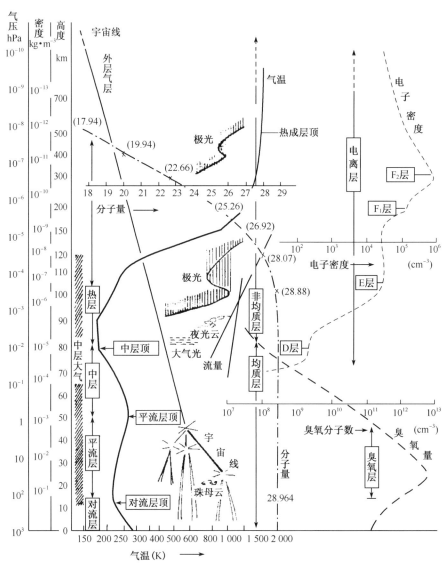

图 1.3   大气垂直结构

对流层是指从地面到 10 km 左右的大气层。对流层的主要特征是受到地面强烈的影响。在对流层内,空气温度随高度上升而减小,温度递减率一般为 0.65 ℃/100 m。对流层集中了大气质量 3/4 和几乎全部的水汽。有云、雨、霜、雪、雷电等天气现象。垂直方向的对流运动强烈。对流层高度随季节和纬度变化,在低纬度地区一般为 17 ~ 18 km,中纬度为 11 ~ 12 km,高纬度为 7 ~ 8 km。在对流层最下方的大气受到地面的影响最多,表现出一些与其上方大气所不同的特征,经常把对流层最下层约 1~2 km 厚的气层称为大气边界层。大气边界层是地气系统进行物质、能量交换的通道,也是大气受人类活动影响最剧烈的一层。大气污染物被排放到边界层中,在风和湍流的作用下,向四处输送、扩散,因而大气边界层是空气污染气象学研究的主要对象之一,尤其对局地和中小尺度大气污染预报、大气环境规划管理、城市大气环境等领域的研究有决定性的作用。

从对流层顶到 55 km 高度的大气层称为平流层。平流层受地面影响较小,因而几乎没有对流运动,气流主要在水平方向平稳地流动。平流层内的温度随高度上升,开始时变化不大,但到 30 km 高度以上,气温增加很快,到平流层顶附近气温可以达到 270~290 K,这主要是由于臭氧吸收太阳紫外线所导致。平流层几乎不含水汽,也就没有天气现象,大气很洁净,能见度好,适合飞行。平流层内也可能因为一些严重的污染排放而受到污染,例如,有火山强烈爆发时,大量的火山灰随着高温气体上升,可以进入平流层,并且会停留在其中数月甚至数年。平流层内如果存在大量诸如火山灰一样的气溶胶,将会散射和吸收太阳短波辐射,同时自身也发射红外辐射,从而改变地气系统的辐射收支,影响气候变化。因而平流层的环境也是十分重要的。

从平流层顶到离地 80~85 km 高的气层被称为中层。在这一层中,温度随高度上升而下降,中层顶附近温度降低到 160~190 K。由于气温垂直递减率很大,使得该层处于强烈的不稳定状态,容易发生垂直对流运动,存在强烈的热力湍流。同时,由于太阳辐射强,在中层中的气体容易发生电离,并且有强烈的光化学反应。

热层位于中层顶到 500~600 km 高度之间。在这一层中,波长短于 0.175 μm 的紫外线被气体吸收,所以温度随高度上升迅速增加,可以到 1 000~2 000 K。热层中的气体处于高度电离状态,温度日变化非常大。

热层以上的大气被称为外层大气。这是大气向星际空间的过渡带,空气分子数密度非常小,自由程很大,气体分子容易从地球引力场中逃逸。

3.2 大气状态变量与大气热力学

3.2.1 大气的状态变量

在大气科学中对大气状态的描述与物理学中对理想气体的描述是一致的,也采用温度 T、气压 p、体积 V 作为状态变量。并且,近似把实际大气作为理想气体看待,不考虑分子之间的相互作用,状态变量满足理想气体的状态方程,即

$$pV = nRT \tag{1.1}$$

其中 n 为摩尔数,R 为气体常数。利用空气的组成成分,可以求出空气的平均分子量为 28.96,因此得到单位质量干空气的状态方程为:

$$pV = R_d T \tag{1.2}$$

式中 R_d 为干空气的气体常数,287 J·K^{-1}·kg^{-1}。

由于大气中所含水汽量随时间和地点有很大变化,因而上述方程中不包括水汽作用,大气科学中考虑水汽的单位质量湿空气状态方程为:

$$pV = R_d T\left(1 + 0.378\frac{e}{p}\right) = R_d T_v \qquad (1.3)$$

式中 e 为水汽分压,T_v 为虚温。

3.2.2 大气热力学

1. 大气热流量方程

大气热力学的基础是热力学第一定律:

$$\Delta Q = \Delta U + \Delta W \qquad (1.4)$$

ΔQ 为系统从外界吸收的热量,ΔU 为系统内能增加,ΔW 为系统对外所做的功。

将热力学第一定律运用到大气中得到大气热流量方程,对单位质量的空气有:

$$\frac{\delta h}{\delta t} = c_p \frac{\mathrm{d}T}{\mathrm{d}t} - \frac{R_d T}{p}\frac{\mathrm{d}p}{\mathrm{d}t} \qquad (1.5)$$

2. 不饱和湿空气绝热变化方程与位温

不饱和湿空气在绝热过程中有 $\delta h = 0$,于是单位质量空气的热流量方程为:

$$c_p \mathrm{d}T - \frac{R_d T}{p}\mathrm{d}p = 0 \qquad (1.6)$$

积分得到:

$$Tp^{-\frac{R_d}{c_p}} = T_0 p_0^{-\frac{R_d}{c_p}} \qquad (1.7)$$

其中 T_0、p_0 为初始状态的温度和气压。此式是不饱和湿空气的状态方程,常被称为泊松(Poisson)方程。

大气科学中把不饱和湿空气从某一高度出发,经过绝热过程,上升或下降到气压为 1 000 hPa 高度处的温度称为位温。即

$$\theta = T\left(\frac{1\,000}{p}\right)^{\frac{R_d}{c_p}} \qquad (1.8)$$

式中 θ 为位温。可以看到,在不饱和湿空气的绝热过程中,位温是守恒的。位温经常用来追踪气团,因为同一来源的气团位温相近。

3. 大气热流量方程的位温形式

对位温表达式 $\theta = T\left(\dfrac{1\,000}{p}\right)^{\frac{R_d}{c_p}}$ 取对数,并微分得,

$$\frac{\mathrm{d}\theta}{\theta} = \frac{\mathrm{d}T}{T} - \frac{R_d}{c_{pd}}\frac{\mathrm{d}p}{p} \qquad (1.9)$$

两边乘以 $c_{pd}T$ 得:

$$c_{pd}T\mathrm{d}(\ln\theta) = c_{pd}\mathrm{d}T - R_d T\frac{\mathrm{d}p}{p} \qquad (1.10)$$

又利用(1.5)得:

$$dh = c_{pd}Td(\ln\theta) \tag{1.11}$$

此式为位温表达的大气热流量方程。说明湿空气中的干空气在没有热量交换时,位温不变。

4. 干绝热温度递减率

气象学中把不饱和湿空气绝热上升单位高度温度降低的数值叫做干绝热温度直(递)减率。由绝热时的大气热流量方程有,

$$c_p dT - \frac{R_d T}{p} dp = 0 \tag{1.12}$$

所以

$$\frac{dT}{dz} = \frac{R_d T}{c_{pd} p} \frac{dp}{dz} = -\frac{g}{c_{pd}} \tag{1.13}$$

于是

$$\gamma_d = -\frac{dT}{dz} = \frac{g}{c_{pd}} = 0.976 \text{ K}/100 \text{ m} \tag{1.14}$$

式中 γ_d 表示干绝热直减率。

5. 饱和湿空气绝热变化方程和湿绝热温度直减率

不饱和的湿空气在上升过程中,由于周围环境和自身温度降低,使饱和水汽压也降低,因而到达某一高度后,将出现饱和。现在就来研究饱和湿空气绝热过程的描述。气象学中的饱和空气绝热过程分为两类,第一类被称为可逆凝结绝热过程,指空气饱和以后所凝结出的液态水仍然保留在原气块中;第二类被称为假绝热过程,指凝结出来的液态水立即脱离原气块。

首先推导可逆凝结过程的方程。设上升空气的饱和混合比为 w_s,饱和水汽和已凝结出的液态水的总混合比为 w_0,E 为上升空气的饱和水汽压,c_w, c_s 分别为液态水和水汽在绝热过程中的比热,那么,对上升气块中单位质量的干空气有热流量方程:

$$-Ldw_s - c_s w_s dT - c_w(w_0 - w_s)dT = c_{pd}dT - R_d T\frac{d(p-E)}{p-E} \tag{1.15}$$

利用发生凝结前后系统的熵变可以求得:

$$c_s = c_w + T\frac{d}{dT}\left(\frac{L}{T}\right) \tag{1.16}$$

把上式代入热流量方程中得到:

$$(c_{pd} + w_0 c_w)\frac{dT}{T} - R_d\frac{d(p-E)}{p-E} + d\left(\frac{Lw_s}{T}\right) = 0 \tag{1.17}$$

积分得:

$$\frac{c_{pd} + w_0 c_w}{R_d}\ln\frac{T}{T_0} + \frac{1}{R_d}\left(\frac{Lw_s}{T} - \frac{Lw_{s0}}{T_0}\right) = \ln\frac{p-E}{p_0-E_0} \tag{1.18}$$

此式为可逆凝结绝热过程的状态方程。对于假绝热过程,只需在上式中令 $c_w = 0$,表示上升

气块中没有液态水。

　　两种饱和湿空气的绝热过程在气块做上升运动阶段,可以不加区分,因为液态水含量毕竟是很少的,因而液态水变温放出的热量可以忽略,所以上升阶段两种过程可以不加区别。但是在饱和湿空气块做下沉运动时,可逆凝结绝热过程中已经凝结出的液态水可以再次蒸发,吸收热量,而假绝热过程由于凝结出的液态水已经全部脱离气块,所以没有液态水蒸发,也就不存在潜热交换。因此,两种饱和湿绝热过程在下沉阶段有非常大的区别,增温率不相同,必须分别考虑。具体地说,可逆凝结绝热过程下沉阶段仍然满足上面推导出的方程,假绝热过程下沉阶段由于气块自身温度逐渐上升,又没有水汽供给,所以是不饱和湿空气的绝热过程,按干绝热直减率增温。

　　类似于干绝热直减率,同样可以定义饱和湿空气的温度直减率,通常称为湿绝热直减率,用 γ_m 表示。可以求得:

$$\gamma_m = -\frac{\mathrm{d}T}{\mathrm{d}z} = \gamma_d \frac{p+a}{p+b} \qquad (1.19)$$

其中 $a = 0.622\frac{LE}{R_\mathrm{d}T}$, $b = 0.622\frac{L}{c_p}\frac{\mathrm{d}E}{\mathrm{d}T}$,并且有 $p+a < p+b$, $\gamma_m < \gamma_d$。

　　6. 假相当位温

　　在出现水汽凝结和降水的过程中位温不再守恒。对干空气有, $\mathrm{d}h = c_{pd}T\mathrm{d}(\ln\theta)$,在饱和湿空气的绝热过程中,由于潜热释放,使干空气得到的热量为, $\mathrm{d}h = -L\mathrm{d}q_s$, q_s 为饱和比湿。因而,对处于饱和湿空气中的干空气而言有热流量方程:

$$-L\mathrm{d}q_s = c_{pd}T\frac{\mathrm{d}\theta}{\theta} \qquad (1.20)$$

所以有凝结时位温不再守恒。

　　因为 $\mathrm{d}\left(\dfrac{q_s}{T}\right) = \dfrac{\mathrm{d}q_s}{T} - \dfrac{q_s\mathrm{d}T}{T^2} = \dfrac{q_s}{T}\left(\dfrac{\mathrm{d}q_s}{q_s} - \dfrac{\mathrm{d}T}{T}\right)$,并且,在一般情况下有 $\dfrac{\mathrm{d}q_s}{q_s} \gg \dfrac{\mathrm{d}T}{T}$,所以热流量方程简化为 $-\mathrm{d}\left(\dfrac{Lq_s}{c_{pd}T}\right) = \dfrac{\mathrm{d}\theta}{\theta}$,对此式积分,并将下限取在凝结高度,上限取在 $q_s = 0$ 处得到:

$$\theta_{se} = \theta_c \exp\left(\frac{Lq_s}{c_{pd}T_c}\right) \qquad (1.21)$$

式中的 θ_{se} 表示湿空气上升到水汽全部凝结完,所有潜热释放后可以得到的最大位温,被称为假相当位温, T_c 表示湿空气在凝结高度时的气温。θ_c 表示湿空气在凝结高度处的位温。可以看到,在干湿绝热过程中假相当位温都是守恒的。

3.3　大气层结与稳定度

　　气象学中把大气中温度和湿度随高度的分布称为大气层结。依据层结是否有利于垂直方向对流的发展,将大气层结分为稳定、中性、不稳定三种状态。不稳定层结有利于对流运动的存在和发展,稳定层结抑制对流运动,中性层结介于两者之间。气象学中用于判断大气层结的方法有气块法、薄层法、整层升降法,其中气块法判据比较常用。下面分别推导出适用于不饱和湿空气、饱和湿空气的气块法层结稳定度判据。

首先考虑不饱和湿空气的情况。设单位体积的空气块在垂直方向上被提升了 dz 的高度,并且提升前(初态)的状态参量为 T_0、ρ_0、p_0,提升后(末态)的状态参量为 T'、ρ'、p',并且在末态高度上周围环境空气的状态为 T、ρ、p。气块末态时受力状况为:重力 $g\rho'$,浮力 $g\rho$。

于是对单位体积的气块有垂直方向的动力学方程:

$$\frac{\mathrm{d}w'}{\mathrm{d}t} = \frac{g(\rho - \rho')}{\rho'} \tag{1.22}$$

设提升过程进行得足够缓慢,可以看作准静态过程,满足准静力条件 $p = p'$,其中 p 表示末态所处高度环境空气的压强。又因为:

$\rho = \dfrac{p}{R_d T}$,所以 $\rho' = \dfrac{p'}{R_d T'} = \dfrac{p}{R_d T'}$,于是有:

$$\frac{\mathrm{d}w'}{\mathrm{d}t} = g\frac{T' - T}{T} \tag{1.23}$$

$T' = T_0 - \gamma_d \mathrm{d}z$,$T = T_0 - \gamma \mathrm{d}z$,其中 γ 为周围环境空气的温度直减率。将这两式代入(1.23)得:

$$\frac{\mathrm{d}w'}{\mathrm{d}t} = g\frac{\gamma - \gamma_d}{T}\mathrm{d}z \tag{1.24}$$

① $\gamma > \gamma_d$ 时,$\dfrac{\mathrm{d}w'}{\mathrm{d}t} \cdot \dfrac{1}{\mathrm{d}z} > 0$,如果从初态到末态是向上提升,即 $\mathrm{d}z > 0$,有 $\dfrac{\mathrm{d}w'}{\mathrm{d}t} > 0$,所以气块将在净浮力作用下继续向上升,远离原来的平衡位置;如果从初态到末态是向下降低,即 $\mathrm{d}z < 0$,有 $\dfrac{\mathrm{d}w'}{\mathrm{d}t} < 0$,所以气块将在负的净浮力作用下继续向下降,远离原来的平衡位置;因此,不论是提升还是下降,都将使气块无法再回到初态时的平衡位置,这种情况的大气层结有利于垂直方向对流,称为不稳定层结。

② $\gamma < \gamma_d$ 时,$\dfrac{\mathrm{d}w'}{\mathrm{d}t} \cdot \dfrac{1}{\mathrm{d}z} < 0$,如果从初态到末态是向上提升,即 $\mathrm{d}z > 0$,有 $\dfrac{\mathrm{d}w'}{\mathrm{d}t} < 0$,所以气块将在负的净浮力作用下回到初态的位置;如果从初态到末态是向下降低,即 $\mathrm{d}z < 0$,有 $\dfrac{\mathrm{d}w'}{\mathrm{d}t} > 0$,所以气块将在净浮力作用下向上升,回到原来的平衡位置;因此,不论是提升还是下降,都将使气块再次回到初态时的平衡位置,这种情况的大气层结不利于垂直方向对流,称为稳定层结。

③ $\gamma = \gamma_d$ 时,$\dfrac{\mathrm{d}w'}{\mathrm{d}t} \cdot \dfrac{1}{\mathrm{d}z} = 0$,不论初始位移向上或者向下,气块在新高度上受到的合力始终为零,将在新高度上平衡。这种大气层结称为中性层结。

类似于不饱和湿空气的情况,可以得到饱和湿空气的垂直方向动力学方程:

$\dfrac{\mathrm{d}w'}{\mathrm{d}t} = g\dfrac{\gamma - \gamma_m}{T}\mathrm{d}z$,其中 γ_m 为湿绝热温度直减率。

可以得到饱和湿空气块的稳定度判据：

① $\gamma > \gamma_m$ 为不稳定层结；

② $\gamma < \gamma_m$ 为稳定层结；

③ $\gamma = \gamma_m$ 为中性层结。

以上是利用气块法得到的大气层结的温度递减率判据，以上层结稳定度判据也可以用位温和假相当位温的形式表达。

对不饱和湿空气，设初始高度为 $z - dz$，被提升到高度 z。在初始高度时气块和周围环境空气处于静力平衡状态，位温都为 $\theta - \dfrac{\partial \theta}{\partial z}dz$，被提升到新高度上，气块的位温为 θ'，由于上升过程是不饱和的绝热过程，所以 $\theta' = \theta - \dfrac{\partial \theta}{\partial z}dz$。新高度处周围环境空气的位温为 θ，则将位温表达式 $\theta = T\left(\dfrac{1\,000}{p}\right)^{R_d/c_{pd}}$ 代入不饱和湿空气垂直方向的动力学方程(1.23)。

得到：

$$\frac{dw'}{dt} = -\frac{g}{\theta}\frac{\partial \theta}{\partial z}dz \tag{1.25}$$

① 当 $\dfrac{\partial \theta}{\partial z} > 0$ 时，$\dfrac{dw'}{dt}$ 与 dz 异号，大气稳定；

② 当 $\dfrac{\partial \theta}{\partial z} < 0$ 时，$\dfrac{dw'}{dt}$ 与 dz 同号，大气不稳定；

③ 当 $\dfrac{\partial \theta}{\partial z} = 0$ 时，$\dfrac{dw'}{dt} = 0$，大气中性。

对于饱和湿空气，因为从 $z - dz$ 移动到 z 按照湿绝热状态方程变化，利用湿绝热空气的热流量方程有：

$$d\theta = -\theta d\left(\frac{Lq_s}{c_{pd}T}\right) = -\theta\frac{\partial}{\partial z}\left(\frac{Lq_s}{c_{pd}T}\right)dz \tag{1.26}$$

所以垂直方向的动力学方程为：

$$\frac{dw'}{dt} = -g\left[\frac{1}{\theta}\frac{\partial \theta}{\partial z} + \frac{\partial}{\partial z}\left(\frac{Lq_s}{c_{pd}T}\right)\right]dz = -\frac{g}{\theta_{se}}\frac{\partial \theta_{se}}{\partial z}dz \tag{1.27}$$

其中用到了 $\theta_{se} = \theta_c \exp\left(\dfrac{Lq_s}{c_{pd}T_c}\right)$

① 当 $\dfrac{\partial \theta_{se}}{\partial z} > 0$ 时，$\dfrac{dw'}{dt}$ 与 dz 异号，大气稳定；

② 当 $\dfrac{\partial \theta_{se}}{\partial z} < 0$ 时，$\dfrac{dw'}{dt}$ 与 dz 同号，大气不稳定；

③ 当 $\dfrac{\partial \theta_{se}}{\partial z} = 0$ 时，$\dfrac{dw'}{dt} = 0$，大气中性。

综合上述温度递减率的判据得到：

① $\gamma > \gamma_d$，对不饱和湿空气与饱和湿空气都不稳定，称为绝对不稳定；

② $\gamma < \gamma_m$，对不饱和湿空气与饱和湿空气都稳定，称为绝对稳定；

③ $\gamma = \gamma_d$，对不饱和湿空气为中性，对饱和湿空气为不稳定；

④ $\gamma = \gamma_m$，对不饱和湿空气为稳定，对饱和湿空气为中性；

⑤ $\gamma_m < \gamma < \gamma_d$，对不饱和湿空气稳定，但对饱和湿空气为不稳定，这种情况被称为条件性不稳定。

3.4 大气动力学与守恒定律

大气是一种流体，因而它的运动满足流体力学的基本方程组，即纳维-斯托克斯（Navier-Stokes）方程。这套方程由一系列的守恒方程构成，有质量守恒、能量守恒、动量守恒。

质量守恒方程包括流体的质量连续性方程和污染物扩散方程。

质量连续性方程为：

$$\frac{\partial \rho}{\partial t} = -\left[\frac{\partial(\rho u)}{\partial t} + \frac{\partial(\rho v)}{\partial t} + \frac{\partial(\rho w)}{\partial t}\right] \tag{1.28}$$

其中 ρ 为空气的密度，u、v、w 分别为 x、y、z 方向上的风速分量。该方程描述了密度随时间的变化是由于质量在三个坐标方向上的辐合与辐散造成的。如果近似认为大气的密度是常数，那么上述方程简化为不可压缩的连续性方程：

$$\frac{\partial u}{\partial t} + \frac{\partial v}{\partial t} + \frac{\partial w}{\partial t} = 0 \tag{1.29}$$

在不可压缩性方程中，要求速度在空间各处的辐合与辐散为零，尽管实际大气不是严格的不可压缩性流体，但是在中小尺度问题中不可压缩近似有很高的精度，尤其在低层大气中，因而常用于研究大气边界层内的物理过程，包括污染物输送扩散问题。

扩散方程是描述标量物质在大气中输送、扩散过程中质量守恒的性质：

$$\frac{\partial c_i}{\partial t} + u\frac{\partial c_i}{\partial x} + v\frac{\partial c_i}{\partial y} + w\frac{\partial c_i}{\partial z} = D_i \nabla^2 c_i + R_i + S_i \tag{1.30}$$

其中 c_i 表示大气中第 i 种物质的浓度，D_i 是大气分子的扩散系数，R_i 表示物质的化学反应产生率，S_i 表示由于存在物质的源和汇造成的产生率或损失率。该方程也可以用于描述大气中的水汽输送、扩散过程。

能量守恒方程主要是热量传输方程：

$$\frac{\partial T}{\partial t} + u\frac{\partial T}{\partial x} + v\frac{\partial T}{\partial y} + w\frac{\partial T}{\partial z} = \kappa \nabla^2 T + S_H \tag{1.31}$$

其中 κ 是大气的热传导系数，S_H 是相变、辐射等作用产生的热量交换。热量传输方程也可以用位温的形式表示出来：

$$\frac{\partial \theta}{\partial t} + u\frac{\partial \theta}{\partial x} + v\frac{\partial \theta}{\partial y} + w\frac{\partial \theta}{\partial z} = \kappa \nabla^2 \theta + S_H \tag{1.32}$$

动量守恒方程就是大气的运动方程：

$$\frac{\partial u}{\partial t} + u\frac{\partial u}{\partial x} + v\frac{\partial u}{\partial y} + w\frac{\partial u}{\partial z} = -\frac{1}{\rho}\frac{\partial p}{\partial x} + fv + \nu\,\nabla^2 u \tag{1.33}$$

$$\frac{\partial v}{\partial t} + u\frac{\partial v}{\partial x} + v\frac{\partial v}{\partial y} + w\frac{\partial v}{\partial z} = -\frac{1}{\rho}\frac{\partial p}{\partial y} - fu + \nu\,\nabla^2 v \tag{1.34}$$

$$\frac{\partial w}{\partial t} + u\frac{\partial w}{\partial x} + v\frac{\partial w}{\partial y} + w\frac{\partial w}{\partial z} = -\frac{1}{\rho}\frac{\partial p}{\partial z} - g + \nu\,\nabla^2 w \tag{1.35}$$

其中 ν 是动量的分子输送系数，f 是柯氏参数：$f = 2\omega\sin\varphi$，ω 为地球自转角速度，φ 为地理纬度。

由以上的质量、动量和能量守恒方程共同组成了求解大气问题的基本方程组，这是一个包含所有空间尺度在内的方程组，从 10^{-3} 米量级到 10^6 米量级的运动都包括在其中，在实际使用时还需要求系综平均，把大气湍流的运动从方程中单独分出一项，有关问题将在下一节中详细讨论。

3.5　粘性流与非粘性流

大气运动有各种尺度，近似可以认为水平范围小于 10^5 米的是小尺度运动，$10^5 \sim 10^6$ 米是中尺度，10^6 米以上的是大尺度。在这么大的跨度范围内，大气运动方程中的粘性并不都是重要的。在小尺度范围，尤其在大气边界层内由于大气受到地面影响，垂直范围不大，流动速度较小，所以粘性的作用相对其他尺度来说是大的。因此可以认为，小尺度或局地尺度的运动是粘性运动，称为粘性流。对于边界层以上的大气来说，由于几乎不受到地面的制约，流速很快，水平运动的范围比较大。在这种条件下，大气可以看作是没有分子粘性的，称为非粘性流。

§4　大气边界层

4.1　大气边界层与地球—大气交换过程

在大气科学中，通常把受到下垫面影响最剧烈的一层称为大气边界层，也就是大气最靠近地面的一层，如图 1.4 所示。边界层的厚度在 $1 \sim 2$ 千米之间，随不同地点、不同时间会发生变化。

当气流经过地球表面时，由于会受到地面的影响，通常把气流划分成为两层：一层是紧贴地面的边界层；另一层是边界层上面的自由大气。从流体力学的角度看，大气边界层的产生是由于大气具有粘性，并且是一种连续介质。由于大气的粘性使地面处的很薄一层大气始终保持与地面粘附，因而不会发生水平运动，即风速为零，这一薄层大气处于边界层的最下部，常被称为贴地层。在贴地层上方的大气，由于它们离地面的距离不同，因而在做水平运动时受到地面的影响也不同，离地越远影响越小，最终形成从地面往上水平风速逐渐加大的现象。到了某一高度，地面对大气水平运动的制约作用可以忽略，这个高度就是大气边界

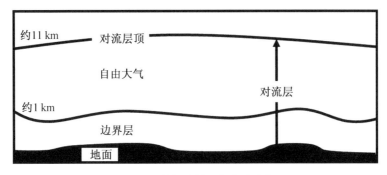

图 1.4 大气边界层与自由大气

层顶。

　　大气边界层中的主要运动形式除了宏观上容易觉察到的水平运动外,更主要的是湍流运动特性。大气边界层是整个大气层中湍流度最高的一层。湍流在大气边界层中几乎是无处不在,水平尺度从百米到毫米量级,范围很大,并且不同尺度的湍流运动既有共同性质,也有比较显著的差异。

　　大气边界层是大气与地面发生物质能量交换的通道,大气中所有的水汽、绝大部分的污染物、多数气溶胶等都是通过大气边界层从地面输送进入大气的,所以对大气边界层的研究是研究大气中物质能量循环的主要内容,占有十分重要的地位。

　　大气边界层作为地面与大气进行物质、能量等交换的唯一通道,对大气层的物质组成、热力分布,以及天气变化都起到非常重要的作用。

4.1.1 地表能量平衡

　　地面与大气是相互影响的,其中非常重要的方面是它们之间进行着热量的交换。地面对大气边界层最主要的影响是由于地面大量吸收太阳辐射,并且自身不断释放长波辐射,使地面温度有显著的日变化,因此大气边界层的温度也存在明显的日变化。如果将地表看作一个界面,那么在这个界面上不应该有能量积累,即地表处应该处于能量平衡状态:

$$R - G = H + \lambda E \tag{1.36}$$

其中 R 表示地面的净辐射收入,G 表示从地面向深层土壤传输的热量,H 为地面供给大气的感热,λE 为供给大气的潜热。R 可以具体表示为:

$$R = R_{s0}(1 - \alpha_s) + \varepsilon_s R_{LO}^d - R_{LO}^u \tag{1.37}$$

式中 $R_{s0}(1 - \alpha_s)$ 表示地面吸收的短波辐射,$\varepsilon_s R_{LO}^d$ 表示地面吸收的大气逆辐射,R_{LO}^u 表示地面发射的长波辐射。以上每项都可以利用辐射传输的理论或一些经验公式进计算。

　　白天日出后,地面大量吸收太阳的短波辐射,使 R 为正值,地面温度上升很快。由于地面是没有厚度的一层,因此能量是不能在地表累积的,因此地面在温度上升的同时开始向深层土壤和大气传热。进入大气层的热量有感热和潜热两种方式。无论哪种方式,由空气分子组成的湍涡都是热量传递的主要媒介,这使大气的温度也逐渐上升。

近日落时开始,地面不能大量吸收太阳短波辐射,同时还在不断释放长波辐射,R 很快变为负值,此时热量仍然通过感热和潜热途径从大气向地面传输,同时从温度较高的深层土壤也向地面传输,以补充地面的热量亏损。由于热量从大气向地面输送,导致大气温度逐渐降低,白天被地面加热的大气又冷下来,从而形成了大气边界层气温明显的日循环。

4.1.2　地气物质交换

大气层中许多物质是来自于地面的,例如水汽,多数气溶胶。边界层作为大气与地面的接触界面,所有进入大气层的物质必然首先进入边界层,通过边界层再向自由大气中输送。

大气与地面的许多物质交换过程会对气候、天气变化、环境变化产生深远的影响。例如,在亚洲和非洲的一些地区,由于地面植被遭破坏,土壤沙化日益严重,大量沙尘在一定的天气条件和地面含水量条件下会被气流夹带到大气中,严重时形成沙尘暴,对下风向地区的环境质量产生严重影响。同时大量半径很小的沙尘粒子以气溶胶的形式存在于大气中数十天,甚至数年,而这些沙尘气溶胶对地气系统的辐射收支会产生影响,从而对这些地区的天气、气候变化起扰动作用,有可能进一步加剧干旱化。又如,大气中所有水汽都来自地面的蒸发,边界层作为水汽进入大气的唯一通道,在研究天气、气候变化时必须充分细致地描述水分的循环过程。这对于预测降水、地面湿度、土壤含水量是十分重要的。

4.1.3　地气动量交换

地面作为大气层的下边界对大气的运动有显著的制约作用,主要表现在实际大气中水平风速随高度升高而加大,在地面附近风速为零。从能量的角度看,大气运动的动能在边界层和地面附近被逐渐耗损。这种耗损主要有两种途径,一是边界层中湍流运动的能量一部分是来自于平均运动的,也就是大气边界层中杂乱无章的湍流的产生和维持所需要的能量有平均风场的贡献;另一方面,地面的机械阻挡、摩擦作用也在很大程度上消耗了平均风场的能量。因而大边界层中动量是向下传输的。动量传输的主要载体是湍流,通过不同尺度湍涡的运动,将平均场的动量转变为湍流的动量,并且在地面摩擦和大气分子间粘性的共同作用下被转变为热能。

4.1.4　地表植被对陆气交换的影响

有植被的地面与裸露地面在陆气交换过程中起的作用有很大差别。白天裸露地表由于直接暴露在太阳辐射下,因此温度上升比有植被地表快得多,其上方大气接受的感热相应要大些,因此导致湍流运动强烈,对物质和能量的输送过程也增强;夜间裸露地表损失的长波辐射比有植被地面大,因此降温很快,并且最低温度也要低些,又能抑制湍流运动,减弱陆气交换过程。

另外,植被的根系能保持大量水分,因此有植被地面的含水量也比裸露地面高得多,有利于水土保持和植被生长,同时通过植被叶面的蒸发作用不断向大气输送水汽,增加低层大气湿度。蒸发作用需要吸收热量,因而植被覆盖的地面,气温和地表温度上升比较平缓,夜间降温也慢些,使气温日较差减小,局地小气候条件比较稳定。

由于人类社会发展,大量植被砍伐,城市地区水泥地面增多,植被覆盖减少。这不仅直接破坏了植被使土壤保水能力下降、沙化严重,而且会对陆气交换过程产生重要影响,使局地气候条件发生显著变化。目前人类活动对陆气交换过程以至于对环境、气候变化的影响已经受到广泛关注。

4.2　大气边界层湍流特征与结构

4.2.1　大气边界层湍流的特征

流体的流动形式可以分为层流与湍流。层流是气流的一种有规则运动,运动质点的轨迹和流线是光滑的曲线,各层之间没有混合现象;而湍流则是一种复杂,看起来无规则的运动。在大气边界层内,由于地面摩擦和气层间的粘性影响,空气运动是一种存在强烈混合、流体质点的运动路径不规则的湍流运动。

由于湍流运动的存在,瞬时风速(u)随时间变化极不规则,这是大气湍流运动的标志(图1.5)。工厂里烟囱冒出的烟流轨迹就是一个非常好的例子,烟流涡旋翻滚,烟气边缘不断向四周扩散,清楚地说明大气湍流的存在。

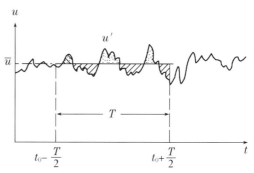

图1.5　瞬时风速(u)、平均风速($\bar{u}$)和脉动风速(u')

湍流运动究竟是怎样的一种运动呢?1959年欣茨(J. O. Hinze)指出:"湍流是这样一种不规则运动,其流场的各种特性是时间和空间的随机变量,因此其统计平均值是有规律性的。"湍流运动的数学处理方法最初由雷诺提出。他把湍流运动看成两种运动的组合,即在某一段时间(或一个空间区域)上的平均运动上迭加快速变化、起伏不规则的脉动运动,即

$$u = \bar{u} + u' \quad v = \bar{v} + v' \quad w = \bar{w} + w' \tag{1.38}$$

式中u、v、w分别为x、y、z方向上的瞬时风速,$\bar{u}$、$\bar{v}$、$\bar{w}$和u'、v'、w'分别为相应的平均风速和脉动风速。在气象上平均风速一般指的是时间平均风速,对某一固定点(x,y,z),以某一时刻t_0为中心,在时间间隔T内求平均(图1.5)。

4.2.2　大气边界层湍流的统计描述

1. 相关系数

在湍流的统计理论中用各阶相关矩来表示湍流的结构特征,相关系数可以用相关矩表示为:

$$R_{i,j} = \frac{\overline{u_i' u_j'}}{\sqrt{\overline{u_i'^2}} \sqrt{\overline{u_j'^2}}} \tag{1.39}$$

脉动速度 u'_i,u'_j 如果不相关,则相关矩为零,因而相关系数也为零。如果 u'_i,u'_j 完全相关,则 $R_{i,j}$ 为 ± 1。一般有: $-1 \leqslant R_{i,j} \leqslant 1$。

类似于相关系数的定义,还可以给出空间相关系数和时间相关系数分别为:

空间相关系数:
$$R_{i,j}(\vec{x},\vec{r}) = \frac{\overline{u'_i(\vec{x})u'_j(\vec{x}+\vec{r})}}{\sqrt{\overline{u'^2_i(\vec{x})}}\sqrt{\overline{u'^2_j(\vec{x}+\vec{r})}}} \tag{1.40}$$

时间相关系数:
$$R_{i,j}(t,\tau) = \frac{\overline{u'_i(t)u'_j(t+\tau)}}{\sqrt{\overline{u'^2_i(t)}}\sqrt{\overline{u'^2_j(t+\tau)}}} \tag{1.41}$$

当下标相等时还可以定义自相关系数:
$$R_L(\tau) = \frac{\overline{u'(t)u'(t+\tau)}}{\overline{u'^2}} \tag{1.42}$$

2. 能谱函数

按照频率或波数来分解湍流能量得到的结果被称为湍流能谱。对于定常湍流,相关矩与能谱密度函数间互为傅里叶变换:

$$Q(\tau) = \overline{u'_i(t)u'_i(t-\tau)} = \int_0^\infty S(\omega)\cos(\omega\tau)\mathrm{d}\omega \tag{1.43}$$

$$S(\omega) = \frac{2}{\pi}\int_0^\infty Q(\tau)\cos(\omega\tau)\mathrm{d}\tau \tag{1.44}$$

3. 湍流尺度

大气湍流有两类尺度:湍流微尺度和湍流积分尺度。

沿两个相互垂直方向的湍流微尺度 λ_f,λ_g 分别定义为:

$$\frac{1}{\lambda_f^2} = \frac{1}{2\overline{u'^2_1}}\overline{\left(\frac{\partial u'_1}{\partial x}\right)^2_{x\to 0}} \tag{1.45}$$

$$\frac{1}{\lambda_g^2} = \frac{1}{2\overline{u'^2_2}}\overline{\left(\frac{\partial u'_2}{\partial y}\right)^2_{y\to 0}} \tag{1.46}$$

湍流微尺度表示的是最小湍涡平均的尺度。

沿两个相互垂直方向的湍流积分尺度 L_f,L_g 分别定义为:

$$\begin{aligned}L_f &= \int_0^\infty f(r)\mathrm{d}r \\ L_g &= \int_0^\infty g(r)\mathrm{d}r\end{aligned} \tag{1.47}$$

式中的 $f(r),g(r)$ 为两方向的空间相关系数。积分尺度表示总体湍涡的平均大小。

4. 湍流谱

在湍流谱分析中,如果利用波数 K,即

$$K = \frac{2\pi f}{\bar{u}} \tag{1.48}$$

式中 f 为频率,$\bar{u}$ 为观测高度上的平均风速。然后,求出湍流能谱,可以得到图1.6 的曲线。该图为双对数坐标系下的大气湍流能量谱密度(S)随波数的变化,按照湍流能量的传递形式,将湍流能量谱密度函数分为含能区、惯性区和耗散区三段,如图示意。含能区中的湍流从更大尺度湍涡和平均运动场得到能量,并把能量传递给较小尺度的湍涡,湍流动能的绝大部分集中在该区。含能区的湍涡常被称为含能涡,其水平尺度从几米到数万米量级,相应时间尺度从数十

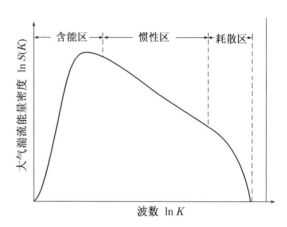

图1.6 双对数坐标系下大气湍流能量谱密度 S 随波数 K 的变化

秒到几十分钟。惯性区中的湍流并不损耗能量,主要把能量从较大尺度湍涡向较小尺度湍涡传递。惯性区中的湍流可以近似看作均匀各向同性湍流,其水平尺度小于离地的高度。耗散区中的湍流水平尺度最小,粘性作用非常显著,不断把湍流动能通过粘性转变为热能。

4.3 近地层及其廓线规律

对大气边界层的研究依赖于可靠的观测结果,最容易也是最常见的观测量主要有风速、气温、湿度,它们在边界层内的分布特征能从宏观的角度描述边界层内的物理结构。大气边界层可以分为近地层和埃克曼(Ekman)层,它们都以湍流运动作为主要特征,但又存在动力学上的差别。近地层大约是整个边界层厚度的1/10,受到地面强烈的影响。在这一层中湍流应力是最主要的力,并且其大小几乎不随高度变化,因此也被称为常值通量层。而 Ekman 层中气压梯度力、地转偏向力、湍流应力具有同等的重要性,这两层中主要气象要素的垂直分布是有差别的。

4.3.1 风速随高度的分布

在近地层中,风速满足对数律分布:

中性层结时,
$$u = \frac{u_*}{\kappa}\ln\frac{z}{z_0} \tag{1.49}$$

稳定层结时,
$$u = \frac{u_*}{\kappa}\left[\ln\frac{z}{z_0} + 5\frac{z}{L}\right] \tag{1.50}$$

不稳定层结时,$u = \dfrac{u_*}{\kappa}\left\{\ln\dfrac{z}{z_0} - \ln\left[\left(\dfrac{1+X^2}{2}\right)\left(\dfrac{1+X}{2}\right)^2\right] - 2\arctan X + \dfrac{\pi}{2}\right\}$ （1.51）

其中 $X = \left(1 - 15\dfrac{z}{L}\right)^{1/4}$，$L =$

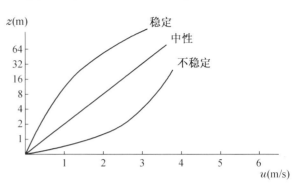

图 1.7 三种层结下近地层风速廓线

$-\dfrac{Tu_*^3}{\kappa g}\overline{\dfrac{}{W'T'}} = -\dfrac{Tu_*^3 c_p\rho}{\kappa g H}$ 为 M - O 长度,z_0 为地面粗糙度。图 1.7 给出了近地层风速随高度的分布曲线。

在 Ekman 层中,仅考虑大气为正压、定常、水平均匀,并且取 x 轴沿等压线时,大气运动方程可以写为:

$$\begin{cases} K\dfrac{\partial^2 u}{\partial z^2} + fv = 0 \\ K\dfrac{\partial^2 v}{\partial z^2} - f(u - u_g) = 0 \end{cases} \quad (1.52)$$

边界条件为 $\begin{cases} u = u_g \\ v = 0 \end{cases}$,当 $z = \infty$ 时;$\begin{cases} u = 0 \\ v = 0 \end{cases}$,当 $z = 0$ 时。式中 K 为湍流通量交换系数。求解方程得

$$\begin{cases} u = u_g(1 - e^{-t}\cos t) \\ v = u_g e^{-t}\sin t \end{cases}, t = z\sqrt{\dfrac{f}{2K}} \, 。 \quad (1.53)$$

求得风与等压线的交角为

$$\tan\alpha = \dfrac{e^{-t}\sin t}{1 - e^{-t}\cos t} \quad (1.54)$$

由上式可见:随高度增加,风与等压线的夹角减小,同时风速增大。对于北半球,这意味着随高度增加,风向逐渐向右偏转趋近于等压线方向,同时风速接近地转风速。根据以上结果绘出的风矢端轨迹如图 1.8 所示。

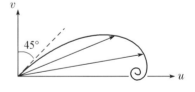

图 1.8 Ekman 风速螺旋线

4.3.2 温度、湿度随高度的分布

可以仿照风随高度分布的推导方法,得到近地层中气温随高度分布也满足对数规律,但是一般在中性层结中还是用线性递减率,或者位温守恒。

中性层结时: $\theta = $ 常数,或者 $T = T_0 - \gamma(z - z_z)$ （1.55）

其中 $\gamma = 0.976$ K/100 m 为干绝热温度直减率。

稳定层结时: $\dfrac{\theta - \theta_0}{T_*} = \dfrac{1}{\kappa}\left[\ln\dfrac{z}{z_0} + 5\dfrac{z}{L}\right]$ （1.56）

不稳定时:
$$\frac{\theta - \theta_0}{T_*} = \frac{1}{\kappa}\left\{\ln\frac{z}{z_0} - 2\ln\left[\frac{1}{2}\left(1 + \sqrt{1 - 15\frac{z}{L}}\right)\right]\right\} \quad (1.57)$$

以上各式中 T_* 为摩擦温度, θ_0 为地面附近空气的位温。

对于全边界层的温度廓线,相似理论目前无法确定具体的函数形式。对于湿度廓线现有理论还很不成熟,即使在近地层也没有可靠的形式。就目前边界层理论的研究看,风速廓线的理论和观测是最充分的,可靠性也很高,已经广泛用于各种领域。但是温湿廓线的研究还很不充分,在实用上要逊色得多。

4.4 对流边界层与稳定边界层

4.4.1 对流边界层

在大气层结处于强烈不稳定时,湍流运动主要由热力对流引起,驱动热力湍流的热量来源于地面对大气的加热。另一方面,由于云层顶部向上发射强烈的红外辐射,使云层和云顶处大气冷却也可能形成对流运动。由热力作用驱动的湍流主要是向上运动,同时云顶冷却会使空气下沉,上升和下沉空气在运动过程中进行充分混合。

1. 对流边界层的垂直结构

对流边界层从下到上可以分为:近地层、混合层、夹卷层。如图 1.9 所示,底部 5% ~ 10% 为近地层,中部 35% ~80% 为混合层,上部 10% ~60% 为夹卷层。

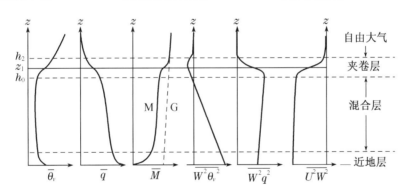

图 1.9 对流边界层的垂直结构

2. 近地层

近地层内平均温度是超绝热递减的,属于非常强的不稳定。随高度上升湿度减小,风速加大很迅速,垂直方向风切变很大。任一高度上的温度和湿度,在很大程度上取决于近地层的近期状况,而且必须运用预报方程以及边界条件和初始边界条件才能预报。尽管如此,但是它们的廓线形状(例如垂直梯度)还是准定常的,因而使诊断描述能够应用相似理论。在近地层中存在许多小尺度的结构,例如:热羽、辐合线等。热羽是具有一定直径和深度的暖上升气流的相干垂直结构,其深度相当于近地层高度。地面辐合带广泛存在于近地层中,并且相互连接成网状,在这些网状结构的网眼中存在着范围大的弱下沉气流。

3. 混合层

混合层的主要特征是湍流强烈混合,充分发展,在垂直方向上性质差别不大。因为强烈的混合往往会给诸如位温和湿度等守恒变量留下一个几乎不随高度变化的分布,甚至混合层大部分范围内的风向风速也是均匀的,因此混合层也称完全混合层。

常把整个对流混合层顶定义在最大负热通量的高度,这一高度就在夹卷层中部,那里的覆盖逆温往往是最强的。覆盖逆温起到了混合层和自由大气层之间界面的作用。

切变能产生机械湍流,浮力作用会产生热力湍流,但是机械湍流主要进行水平混合,而热力湍流主要是垂直混合,因此热力湍流的混合作用比机械湍流更充分。

清晨,混合层很浅,从静风时数十米厚到多风时 200 米厚。由于有覆盖在年轻混合层上的强夜间稳定层存在,混合层厚度缓慢增长,常把第一阶段称为夜间逆温消散。

午前,夜间冷空气已经变暖,其温度接近残留层温度,混合层顶也已抬升到残留层底。因为这里实际上没有覆盖在混合层上的稳定层,所以热泡急剧向上穿透,使混合层顶以每 15 分钟 1 千米的速度抬升。

午后,当上升气流达到逆温层底部时,垂直运动受到很强的阻力,混合层增长率迅速下降。所以午后大部分时间内混合层高度稳定少变。

日落时,对流湍流产生率已经减少到使湍流不能维持克服耗散的程度,在没有机械强迫时,混合层中的湍流便完全崩溃,重新形成残留层。最后剩下少数几个弱热泡可能还会在混合层上部上升,也会产生夹卷,然而地面却已经变成稳定层结了。

4. 夹卷层

夹卷层是混合层顶的静力稳定空气层,这一层有自由大气层空气向下的夹卷和向上的上冲热泡。夹卷层平均厚度约为混合层厚度的 40%。

夹卷层顶被定义为该层中最高热泡顶的高度。它的底部高度因为没有明显的分界,故难以确定。一般认为夹卷层底应该满足这样的条件,即该处 5%～10% 的空气具有自由大气的特征。此外,也可以把浮力通量为负的那一层定义为夹卷层。

夹卷层中普遍存在着间歇性的热泡上冲运动,并且由于这种上冲运动,可以激发出边界层顶附近的重力内波。

4.4.2 稳定边界层

当地面比空气冷时,通过垂直方向湍流的感热通量和大气逆辐射,使边界层中的大气逐渐损失热量,尤其在近地层空气温度会降低很快,从而形成稳定边界层。稳定边界层往往会在夜间陆地上形成。

在稳定边界层中,由于温度廓线是逆温形式,如图 1.10 所示,所以不再有热力湍流产生,湍流运动的能量都来自于风切变产生。稳定边界层的湍流是分散和不规则的,间歇性比较突出。

稳定边界层的风可能十分复杂。在 2～10 m 最低层,冷空气会沿着地形表面向下流泄,

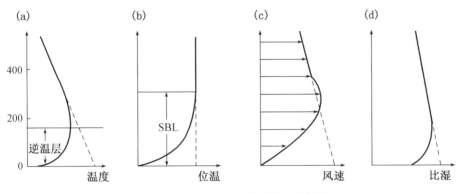

图 1.10　稳定边界层物理量垂直廓线

这一层风向主要是由局地地形特征决定的,风速主要是受浮力、摩擦和夹卷控制的。在平坦地区或者在山谷底部(或凹地),风可能变成静风。稳定边界层上部的天气尺度和中尺度强迫作用十分重要。风速随高度增大,在稳定层顶附近达到最大值,有时这一层最大风速大于地转风速,称为夜间急流或低空急流。风向往往随高度按顺时针方向变化。在急流上面,风向风速平稳地转变成地转风。风廓线不是处于定常状态,而是随时间变化的。

稳定边界层的湿度变化是很难作统一描述的,因为有时夜间地面连续蒸发,而在其他位置和时间却凝结形成露和霜,显示出了较强的局地性。

排放到稳定边界层中的污染物会在薄气层中作缓慢的水平扩散,呈扇形散开。在污染物输送过程中主要受一些小尺度间歇性湍流的扩散影响,相对于中性层结和不稳定层结来说,污染物扩散程度较低,垂直扩散范围更小。在污染物分布轴线上或者烟羽范围内浓度会非常高。如果污染源是低矮源,那么污染物有可能随地形泄流风或平均风输送,被挤压在很低的高度内,对下游地区造成严重污染。

§5　大气扩散与空气污染物散布的一般描述

空气污染物的散布是在大气边界层的湍流场中进行的,或者说,空气污染物的散布过程就是大气输送与扩散的结果。因此,空气污染物散布的理论处理,就是从大气湍流扩散的基本理论出发,对空气污染物的散布过程作正确的数学物理模拟。本章首先论述遵循欧拉方式和拉格朗日方式的两种基本理论处理途径,即梯度输送理论和湍流统计理论对大气扩散问题的处理。然后,阐述一些其他的大气扩散模拟处理方法。

5.1　大气扩散描述的基本途径

空气污染物排放进入大气,其扩散主要取决于湍流运动和气流平均速度,前者使其与周围空气混合,后者则使它们自身分离散布开来。由于较大的湍涡含的动能较强,所以,一般说来,扩散速率随着扩散时间的增长而增长。可见,污染物的扩散与尺度有关而且所涉湍流是非平稳的。

　　描述大气输送与扩散有两种基本途径,即欧拉方式和拉格朗日方式。按照欧拉方法处理,是相对于固定坐标系描述污染物的输送与扩散;按拉格朗日方法则是由跟随流体移动的粒子来描述污染物的浓度及其变化。两种方法采用不同类型的描述空气污染物浓度的数学表达式,都能正确地描述湍流扩散过程,然而,每种方法都有一定的困难,从而影响到对空气污染物散布的精确模拟。采用欧拉方式可以有效地预测污染物浓度,但是,由雷诺方程导得的欧拉扩散方程组是不闭合的,为了求解必须采用适当的闭合方案并由此带来一系列的技术难点和问题。因为污染物是随流体微团移动的,所以,采用拉格朗日方式是一种描述污染物分布的自然方法。粒子移动的统计分析对扩散理论有重要贡献。然而,由于拉格朗日支配方程的复杂性,使得拉格朗日分析大多仅限于对统计平衡和均匀湍流条件下扩散问题的描述,而对那些有时间变化的(非定常的)污染物浓度的预测大多借助于欧拉扩散方程处理。

　　为更清楚说明欧拉方法和拉格朗日方法的含义,这里以两种方式观测湍流系统的例子作进一步叙述。图1.11表明,按欧拉方式,一种是传统的做法,即在气象塔的固定点上,当气流流过风速表时测量风和湍流;另一种测量则是由飞机进行的,飞机沿着近似的直线穿过湍流并予测量。或者由风速表以平均风速同样的速度移动通过气流所进行的测量亦是欧拉方式的观测。所有这些情况里,测量仪器都不随空气移动。图1.11表明,跟随标记粒子1或2移动穿过湍流场的测量称之为拉格朗日方式的测量。显然,污染物的扩散是拉格朗日形式的过程,但是,遗憾的是却常有采用欧拉方式予以测量的。因此,有必要建立两者之间的关系。

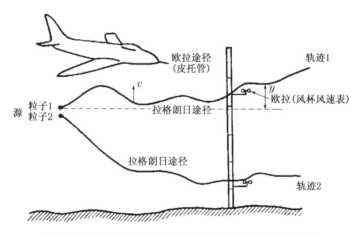

图1.11　欧拉方式和拉格朗日方式两种测风系统示意

　　如图1.12所示,一个半径为R并具有切向速度w的圆形湍涡处于平均风速$\bar{u}$的气流之中。粒子绕湍涡一周的运行时间为$\dfrac{2\pi R}{w}$,而固定的风速表则在$\dfrac{2R}{\bar{u}}$时间内观测到湍涡通过。于是,拉格朗日与欧拉时间尺度之比β由下式表示:

$$\beta = \frac{T_{\mathrm{L}}}{T_{\mathrm{E}}} = \frac{\pi}{w/u} = \frac{\pi}{i} \tag{1.58}$$

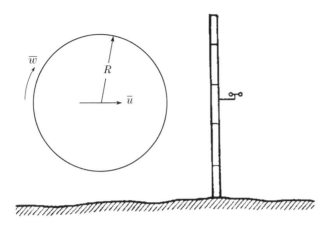

图 1.12 湍涡与测量仪器

式中 i 是湍流强度，T_{L} 和 T_{E} 分别表示拉格朗日时间尺度和欧拉时间尺度。湍流强度 $i = \dfrac{\sigma_w}{u}$ 增大则 β 减小。

处理湍流扩散的欧拉方法的基本要点如下。在流体中设有 N 种物质，每种物质的浓度在某一时刻、某体积单元满足物质平衡，以数学表达式表示为

$$\frac{\partial q_i}{\partial t} + \frac{\partial}{\partial x_j} u_j q_j = D_i \frac{\partial^2 q_i}{\partial x_j \partial x_j} + R_i(q_1, q_2, \cdots, q_N, T) + S_i(\vec{x}, t) \quad i = 1, 2, 3, \cdots, N \quad (1.59)$$

上式满足连续方程。式中 q_i 表示 i 种物质的浓度；u_j 为流体速度的 j 分量；D_i 为 i 种物质的分子扩散率；R_i 为由于化学变化的产生率，它与流体温度 T 和该种物质浓度有关；S_i 为 i 种物质在 $\bar{x} = (x_1, x_2, x_3)$ 处，时间为 t 时的增长率。同时，要求 u 和 T 满足 Navier-Stokes 运动方程和能量方程，并视 u、T 与 q_i 无关，$u_j = \bar{u}_j + u_j'$，于是 (1.59) 式变为

$$\frac{\partial q_i}{\partial t} + \frac{\partial}{\partial x_j} \left[(\bar{u} + u_j') q_j \right] = D_i \frac{\partial^2 q_i}{\partial x_j \partial x_j} + R_i(q_1, q_2, \cdots, q_N) + S_i(\vec{x}, t) \quad (1.60)$$

由于 u_j' 为时空随机变量，由此式所得的 q_i 亦为时空随机变量，一般只能确定 q_i 的统计性质。对 (1.60) 式求平均，得平均值 $\langle q_i \rangle$ 方程式：

$$\frac{\partial \langle q_i \rangle}{\partial t} + \frac{\partial}{\partial x_i} \left(\bar{u}_j \langle q_i \rangle + \frac{\partial}{\partial x_j} \langle u_j q_i' \rangle \right) = D_i \frac{\partial^2 \langle q_i \rangle}{\partial x_j \partial x_j} + < R_i(\langle q_i \rangle + q_1', \cdots, \langle q_N \rangle + q_N') > + S_i(\vec{x}, t)$$

$$(1.61)$$

式中含有因变量 $\langle q \rangle$ 和 $\langle u_j' q' \rangle$，$j = 1, 2, 3$，因此，因变量的数目比方程数多，方程组不闭合，为求解方程必须采用适当的闭合方案。

处理湍流扩散的拉格朗日方法的基本要点如下。考虑一微粒，t' 时在湍流流体中的位置为 $\vec{x'}$，随后，粒子运动由其轨迹 $\vec{X}(\vec{x'}, t'; t)$ 描述。设 $\varphi(x_1, x_2, x_3, t) \mathrm{d}x_1 \mathrm{d}x_2 \mathrm{d}x_3 = \phi(\vec{x}, t) \mathrm{d}\vec{x}$ 为粒子于时间 t 在一体积元的机率，按定义有：

$$\int_{-\infty}^{\infty}\int_{-\infty}^{\infty}\int_{-\infty}^{\infty}\phi(\vec{x},t)\,\mathrm{d}\vec{x} = 1 \tag{1.62}$$

其中 $\phi(\vec{x},t)$ 是时间,粒子位置的概率密度函数(PDF),且有

$$\phi(\vec{x},t) = \int_{-\infty}^{\infty}\int_{-\infty}^{\infty}\int_{-\infty}^{\infty}Q(\vec{x},t,t')\phi(\vec{x'},t')\,\mathrm{d}\vec{x'} \tag{1.63}$$

式中 Q 为微粒迁移(由 $\vec{x'},t$ 位移到 $\vec{x},t$)概率密度。这里 $\phi(\vec{x},t)$ 是对单个粒子的,假定有 m 个粒子,第 i 个粒子的位置由其密度函数 $\phi_i(\vec{x},t)$ 给出,于是,在 $\vec{x}$ 点的平均浓度为

$$<q(\vec{x},t)> = \sum_{i-1}^{m}\phi_i(\vec{x},t) \tag{1.64}$$

或写成下列普遍形式

$$<q(\vec{x},t)> = \int_{-\infty}^{\infty}\int_{-\infty}^{\infty}\int_{-\infty}^{\infty}Q(\vec{x},t,t_0)<q(\vec{x_0},t_0)>\mathrm{d}\vec{x_0} +$$

$$\int_{-\infty}^{\infty}\int_{-\infty}^{\infty}\int_{-\infty}^{\infty}\int_{t_0}^{t}Q(\vec{x},t,t')S(\vec{x'},t')\mathrm{d}t'\mathrm{d}\vec{x'} \tag{1.65}$$

式中右端第一项代表在时间 t_0 的粒子数,第二项表示由微粒源在时间 t' 至 t 所加入的粒子。式(1.65)称为计算平均浓度的基本拉格朗日方程。显然,已知 $<q(\vec{x_0},t_0)>$、$S(\vec{x'},t')$ 和 $Q(\vec{x},t,t')$,可根据(1.65)式求得 $<q(\vec{x},t)>$。

综上所述,描述空气污染物浓度的统计性质的方法,有欧拉方法和拉格朗日方法两种。欧拉方法试图用欧拉流体速度的统计特性来表述浓度统计量(即在流体中固定测量的速度表述)。这类统计量表述公式是很有用的,因为欧拉统计量易于测量,而且此类表达式还可直接应用于发生化学反应的情形。运用欧拉方法的主要问题和困难就是闭合问题。拉格朗日方法试图用流体中施放的一群粒子的位移统计特性来描述浓度统计量。这种方法的数学处理比欧拉方法容易些,不存在闭合问题。但是,由于不易精确确定所需的粒子统计量,所以最终方程的应用受到限制。另外,方程亦不能直接用来解决涉及非线性化学反应的问题。

5.2 空气污染物散布的一些基本特性

5.2.1 空气污染物的浓度分布

开阔平坦地面,连续点源排放污染物在源下风方的污染物浓度分布,通常按瞬时浓度 q 和平均浓度 $\bar{q}$ 来讨论,两者间的关系为

$$\bar{q} = \frac{1}{\tau}\int_0^{\tau}q\mathrm{d}\tau \tag{1.66}$$

这里 τ 为采样时段。若以 δ 表示采样时抽气速率,M 为采样时段内所采物质的量,则采样体积 $V=\tau\delta$,于是,平均浓度 $\bar{q}$ 可由下式表示

$$\bar{q} = \frac{M}{\tau\delta} = \frac{M}{V} \tag{1.67}$$

由上式可见,污染物浓度为单位体积空气所含污染物质的量,其单位常以 g/m^3 或 mg/m^3 表示。事实上,任何涉及的浓度都是一定时段(只是时段的长短不同)的平均浓度,不指明平

均时段的平均浓度,其意义就不清楚。因此,为简便起见,下面所涉平均浓度处,均以 q 表示,而不再另作说明。另外,在讨论这类问题时,通常以点源所在位置为坐标原点,以平均风向取为 x 轴向,y 轴向则为横侧风向,z 轴取为垂直方向。

大量观测事实表明,空气污染物以烟流形式排放,并处在湍流随机运动之中,其浓度分布通常符合在平均烟流轴两侧呈正态分布的规律,于是横侧风向污染物散布范围可用云宽($2y_0$)和浓度分布的标准差(σ_y)来表示。这里,$2y_0$ 定义为沿着 y 轴,污染物浓度下降到等于轴线浓度 q_0 的 $1/10$ 处的两点间的距离。σ_y 为横向浓度分布的标准差,它是在某个下风距离,污染物在 y 向位移的均方根。它表征与平均值的偏离程度,显然,它可以表征湍流扩散速率和散布范围,并有下列关系

$$\sigma_y^2 = \frac{\sum My^2}{\sum M} - \left(\frac{\sum My}{\sum M}\right)^2 \quad \text{或} \quad \sigma_y^2 = \frac{\sum qy^2}{\sum q} - \left(\frac{\sum qy}{\sum q}\right)^2 \tag{1.68}$$

式中 M 为污染物质的总量,q 为污染物浓度。通常取 x 轴与平均浓度轴线相一致,并以弧线代替 y 轴,于是上式右边第二项为零,则有

$$\sigma_y^2 = \frac{\sum qy^2}{\sum q} \tag{1.69}$$

将上式写成积分形式,有

$$\sigma_y^2 = \frac{\int_{-\infty}^{\infty} qy^2 \mathrm{d}y}{\int_{-\infty}^{\infty} q \mathrm{d}y} \tag{1.70}$$

若浓度分布对 x 轴对称,则有

$$\sigma_y^2 = \frac{\int_0^{\infty} qy^2 \mathrm{d}y}{\int_0^{\infty} q \mathrm{d}y} \tag{1.71}$$

当污染物沿 y 方向的浓度分布为高斯分布时,坐标为 y 处的浓度 q 可用下式表示

$$q = q_0 \mathrm{e}^{-\frac{y^2}{2\sigma_y^2}} \tag{1.72}$$

式中 q_0 为轴线上的浓度。由此式可得烟流半宽度 y_0 与方差之间的关系。因为

$$\frac{q_0}{10} = q_0 \mathrm{e}^{-\frac{y^2}{2\sigma_y^2}} \tag{1.73}$$

可得烟流宽度

$$2y_0 = 4.3\sigma_y \quad \text{或} \quad y_0 = 2.15\sigma_y \tag{1.74}$$

对于垂直向扩散,可以定义用烟流高度 z_0 或垂直向浓度分布标准差 σ_z 来表征垂直向污染物散布范围。也就是说,以上讨论也可用于烟流垂直方向。当烟流在一个不可穿透的边界($z=0$)上施放时,即如地面源的情形,可以把烟流半高 z_0 定义为烟气浓度下降到地面轴线浓度值的 $1/10$ 时的高度,在地面以上,污染物质分布的均方根值相当于上述情况下的标准

差,它们都可定义为

$$\sigma_z^2 = \overline{z^2} = \frac{\sum Mz^2}{\sum M} \tag{1.75}$$

也就是说,垂直扩散可用物质颗粒所达到的平均高度$\bar{z}$来表示,而

$$\bar{z} = \frac{\sum Mz}{\sum M} \tag{1.76}$$

如果浓度随高度也符合高斯分布,则烟流的厚度为

$$z_0 = 2.15\sigma_z = 2.7\bar{z} \tag{1.77}$$

由上讨论可知,σ_y和σ_z(或y_0和z_0)可表征污染物散布范围,若σ_y和σ_z愈大,则表示烟流中的浓度愈低,因此把σ_y和σ_z称为扩散参数,它具有以下性质:

① 随着扩散距离x加长,σ_y和σ_z增大,也就是说扩散参数是离源距离的函数。

② 随着大气层结稳定度改变,σ_y和σ_z亦不同,大气层结愈不稳定,湍流交换强烈,扩散参数的量值愈大,反之,大气层结愈稳定,湍流交换受抑减缓,扩散参数的量值变小。

③ 相同气象条件下,下垫面粗糙度变大,扩散参数量值增大。

由大量观测事实可得以下经验关系:

$$\left. \begin{array}{l} \sigma_y \propto x^p \\ \sigma_z \propto x^g \end{array} \right\} \tag{1.78}$$

这里p和g两个乘幂指数以及比例系数与大气层结稳定度和下垫面条件等有关,并应由试验确定。

在地面源小尺度扩散情形下,σ_y和σ_z的比值与大气层结稳定度亦有关,中性层结条件下,$\sigma_z = \frac{1}{2}\sigma_y$;稳定层结条件下,比值小于$\frac{1}{2}$;不稳定层结条件下,比值大于$\frac{1}{2}$。

空气污染物散布的另一个重要特征量是轴线浓度即沿着烟流中心线(一般设置为x轴)上的浓度。在开阔平坦下垫面条件下,由小尺度扩散试验所得的标准化浓度(或称归一化浓度)$\frac{q\bar{u}}{Q}$是相近的。显然,由湍流扩散造成的轴线浓度与扩散参数σ_y,σ_z有如下关系

$$q \propto \frac{1}{\sigma_y \sigma_z} \tag{1.79}$$

或由(1.78)式可有

$$q \propto x^{-(p+g)} \tag{1.80}$$

近中性时,近地面源有:$p + g \cong 1.8$。

由直接测量示踪剂浓度的方法,可得到平均浓度值随采样时间变化的经验关系式

$$\frac{q_1}{q_2} = \left(\frac{\tau_2}{\tau_1}\right)^a \tag{1.81}$$

式中q_1与q_2为不同采样时段τ_1和τ_2所测得的浓度,a为大气稳定度和离源距离的函数,上

式可写为

$$a = \frac{\lg\left(\dfrac{q_1}{q_2}\right)}{\dfrac{\tau_2}{\tau_1}} \tag{1.82}$$

所以,a 值可以由不同采样时间测量的浓度值计算得到,也可以由浓度与采样时间关系图中数据推算。Turner 建议在 10 分钟至 2 小时之间取 $a = 0.17 \sim 0.20$,但利用不同的方法和资料所得出的 a 值会各不相同。

5.2.2 采样时间对平均浓度的影响

大气湍流运动具有非常宽广的尺度谱,不同时刻,不同地点的大气运动都是受不同性质、不同尺度的湍涡支配的。在观测试验中所获取的风(含风速和风向)和污染物的浓度等特征量都是在某采样时段内的平均值,这样会使得它们随采样时段的不同而不同。如图 1.13 所示。位于 xy 坐标原点的连续源,当烟流向下风方向移动时,由于湍流的作用将使烟流逐渐扩大。不同尺度的湍涡对烟流起着不同的稀释扩散作用,造成每个瞬时的烟流形状都是不同的。由图看出,在较短时间内的瞬时烟流,烟道窄而不规则,较长时间内烟道宽而较规则。若在下风向某地点采样,污染物的浓度将随采样时间而不同。在窄烟道区域内,浓度将相当高,平均时间超过 10 分钟时,由于烟流已扩散到较宽广的区域,浓度将会降低。当平均时间超过 2 小时,由于水平和垂直方向扩散,浓度降低更甚。

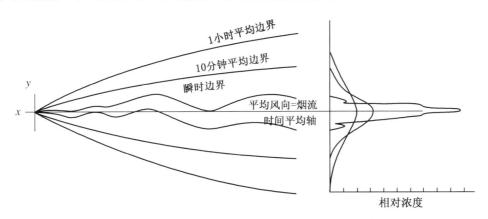

图 1.13 瞬时烟流和平均烟流及浓度分布概念示意

可见,瞬时烟流形状是窄而不规则的,其轨迹亦随平均风向摆动而摆动。对同一污染源,在相同的条件下采样,由于采样时间的不同,所得到的污染物浓度也是不一样的。一般说,采样时间愈长,烟流轴线浓度愈低,这是由大气运动的尺度变性造成的。采样时间短,主要是较小尺度运动的影响,采样时间增长,则更大尺度的大气运动对污染物产生影响。所以在空气污染气象学问题中,涉及空气污染物浓度量值时,一定要说明平均时间,如 10 分钟,1 小时或日平均浓度以及长期的平均浓度等。

§6　梯度输送理论的基本处理

6.1　梯度输送理论

梯度输送理论是近代大气湍流的基本理论之一,它的主要思想是将湍流涡旋对动量、热量和标量物质的输送作用与流体分子的扩散输送作用相比较,用平均场物理量的梯度来描述湍流量的输送作用。

如果将一根封闭水管的一端加热,过一段时间后,另一端也会逐渐热起来,说明有热量从加热一端向非加热一端输送。这种由于宏观上存在温度差异引起的热量输送在物理学中可以用傅里叶热传导定律描述:

$$H = -c_p \rho \kappa_h \frac{\partial T}{\partial x} \tag{1.83}$$

其中 κ_h 表示分子的热传导系数,可以用分子热运动碰撞理论求出 $\kappa_h = \frac{1}{3} \rho \bar{v} \bar{\lambda} c_v$,其中 $\bar{v}$ 为分子热运动的平均速率,$\bar{\lambda}$ 为热运动平均自由程。

受到分子热通量与宏观温度梯度成正比的启发,湍流的梯度输送理论仿照分子运动理论,将湍流看作无数个大小不等的湍涡组成,因此湍流热通量 $H = c_p \rho \overline{u'\theta'}$ 也应当与平均温度的梯度成正比,即

$$H = c_p \rho \overline{u'\theta'} = -c_p \rho K_h \frac{\partial \bar{\theta}}{\partial x} \tag{1.84}$$

式中 K_h 表示湍流热量输送系数。利用这个关系,将微观上的湍流运动对热量的输送作用,定量地用宏观的温度梯度表示出来,而宏观的温度分布是容易模拟计算或测量的,因而可以求出湍流热通量。这在研究陆气交换过程和大气运动数值模拟研究中有重要的实际意义。

类似于热量输送的处理办法,湍流动量通量运用梯度输送理论可以表示为:

$$\tau_x = -\rho \overline{u'w'} = \rho K_m \frac{\partial \bar{u}}{\partial z}$$
$$\tau_y = -\rho \overline{v'w'} = \rho K_m \frac{\partial \bar{v}}{\partial z} \tag{1.85}$$

其中的 K_m 是湍流动量输送系数。

湍流的标量物质通量为:

$$c_p \rho \overline{u'q'} = -c_p \rho K_q \frac{\partial \bar{q}}{\partial x} \tag{1.86}$$

其中的 K_q 是湍流标量输送系数,$\bar{q}$ 是任意标量,例如水汽、大气痕量成分等。

虽然湍流的梯度输送理论把平均场的变量与湍流通量联系起来了,并且广泛用于边界层数值模拟、湍流通量计算等领域。但是,梯度输送理论的基础是把湍涡类比于空气分子,这其中包含有许多问题。首先,分子是有相对比较确切尺度的实体,而湍涡的空间尺度差异

比较大,并且并不是实体,而是随时在破坏重建的大团空气分子的总和。其次,分子扩散、传热所影响的水平范围远大于它自身的水平尺度,而湍涡却不一定能保证它通过输送作用影响的范围远比自身尺度大。最后,分子的输送系数,即扩散系数、导热系数、粘性系数都是分子自身运动状态和物理性质能决定的,而由于湍涡的运动性质很难用确定的形式描述,所以湍流输送系数不能用描述湍涡的变量确定,常用的形式缺乏很可靠的物理根据,甚至在一定条件下,输送系数会为负值。从这几方面看,湍流的梯度输送理论还缺乏严密性,在使用中应当注意考虑其适用性。

6.2 湍流扩散方程

按照欧拉方式处理扩散问题,通常是遵循梯度输送理论的概念和思路实施的。空气污染物的散布在湍流运动流体中发生,而流体的湍流运动规律是由雷诺方程描述的。方程中有九个雷诺应力项(又称湍流粘性应力项),它们表征了湍流运动中的脉动速度对整体运动的作用。这样,在三个分量的运动方程和连续方程中总共有十几个未知数,方程组不闭合因而无法求解。为使方程组闭合,以求解扩散方程,达到处理空气污染物散布的目的,一种方法就是利用湍流半经验理论,将速度场的脉动量与平均量联系起来,减少未知数,闭合方程组。这就是梯度输送理论处理空气污染物散布的基本思路,亦是梯度输送理论处理的基本模型。

湍流半经验理论的一个基本假定是:由湍流引起的动量通量与局地风速梯度成正比,比例系数 K 即湍流交换系数亦称湍流扩散系数。推广用于广义物理量 S,则有

$$\begin{cases} \overline{\rho u'S'} = -\rho K_{sx}\frac{\partial \bar{S}}{\partial x} \\ \overline{\rho v'S'} = -\rho K_{sy}\frac{\partial \bar{S}}{\partial y} \\ \overline{\rho w'S'} = -\rho K_{sz}\frac{\partial \bar{S}}{\partial z} \end{cases} \quad (1.87)$$

式中 K_{sx}、K_{sy}、K_{sz} 分别表示 x、y、z 三个方向的比例系数,即任意物理量(S)的脉动值与该特征量的平均值的梯度成线性比例关系。若该物理量为扩散物质的质量浓度 q,则有

$$\begin{cases} \overline{\rho u'S'} = -\rho K_x\frac{\partial \bar{q}}{\partial x} \\ \overline{\rho v'S'} = -\rho K_y\frac{\partial \bar{q}}{\partial y} \\ \overline{\rho w'S'} = -\rho K_z\frac{\partial \bar{q}}{\partial z} \end{cases} \quad (1.88)$$

此式表明了由湍流运动引起的局地质量通量与该处扩散物质的平均浓度梯度成正比,式中负号表示质量输送的方向与梯度方向相反。这就是梯度输送理论(也称 K 理论)的基本关系式,也是导出湍流扩散方程的基础。K_x、K_y、K_x 则分别为 x、y、z 三个方向的湍流扩散系数,故

称 K 理论。这个理论处理是欧拉方式的,研究流体相对于空间固定坐标系的运动性质。

湍流扩散方程实质上是流体中扩散物质质量守恒定律的一种形式。因此可以根据连续方程,将式中的流体密度 ρ 换成扩散物质的浓度 q 而得

$$\frac{\partial q}{\partial t} = -\left[\frac{\partial(uq)}{\partial x} + \frac{\partial(vq)}{\partial y} + \frac{\partial(wq)}{\partial z}\right] \tag{1.89}$$

考虑由湍流引起的速度脉动和浓度涨落,即将速度和浓度写为平均值与脉动值之和

$$\begin{cases} q = \bar{q} + q' \\ u = \bar{u} + u' \\ v = \bar{v} + v' \\ w = \bar{w} + w' \end{cases} \tag{1.90}$$

将(1.90)式代入(1.89)式,并按流体力学中的平均法则取平均,经整理可得

$$\frac{\partial q}{\partial t} + \bar{u}\frac{\partial \bar{q}}{\partial x} + \bar{v}\frac{\partial \bar{q}}{\partial y} + \bar{w}\frac{\partial \bar{q}}{\partial z} = -\left[\frac{\partial \overline{u'q'}}{\partial x} + \frac{\partial \overline{v'q'}}{\partial y} + \frac{\partial \overline{w'q'}}{\partial z}\right] \tag{1.91}$$

即 $\dfrac{\partial \bar{q}}{\partial t} + \mathrm{div}(\bar{q}\vec{v}) = -\mathrm{div}(\overline{q'\vec{v'}})$

其中 $\mathrm{div}(\overline{\bar{q}\vec{v}}) = \bar{q}\,\mathrm{div}\vec{v} + \vec{v} \cdot \mathrm{grad}\,\bar{q}$

流体为不可压缩时,有 $\bar{q}\,\mathrm{div}\vec{v} = 0$,则有

$$\frac{\mathrm{d}\bar{q}}{\mathrm{d}t} = -\mathrm{div}(\overline{q'\vec{v'}}) = \frac{\partial}{\partial x}(-\overline{q'v'}) + \frac{\partial}{\partial y}(-\overline{q'v'}) + \frac{\partial}{\partial z}(-\overline{q'w'})$$

或

$$\frac{\mathrm{d}\bar{q}}{\mathrm{d}t} = -\left[\frac{\partial\overline{(u'q')}}{\partial x} + \frac{\partial\overline{(v'q')}}{\partial y} + \frac{\partial\overline{(w'q')}}{\partial z}\right] \tag{1.92}$$

此式右端项的意义是,单位时间通过单位面积向 x,y,z 方向输送的扩散物质的平均质量,即局地质量通量。运用梯度输送理论的闭合形式,对湍流脉动量用平均量表示,即将(1.88)式代入(1.92)式有

$$\frac{\mathrm{d}\bar{q}}{\mathrm{d}t} = \frac{\partial}{\partial x}\left(K_x\frac{\partial \bar{q}}{\partial x}\right) + \frac{\partial}{\partial y}\left(K_y\frac{\partial \bar{q}}{\partial y}\right) + \frac{\partial}{\partial z}\left(K_z\frac{\partial \bar{q}}{\partial z}\right) \tag{1.93}$$

式中 $\bar{q}$ 为污染物的平均浓度,单位为 $\mathrm{mg/m^3}$;K_x,K_y,K_z 分别表示坐标 x,y,z 方向的湍流扩散系数。(1.93)式即为根据梯度输送理论导出的普遍形式湍流扩散方程,它说明流体中某物质的散布是由湍流扩散所引起的。这样,对大气扩散问题的处理就成为在一定的边界条件下求解方程(1.93)的问题,这就是 K 理论发展的推动力之一。

6.3 扩散方程的简化与求解

为处理大气扩散问题,需求解扩散方程。这时,一个主要问题是湍流扩散系数 K_x,K_y,K_z 不是常数,而是时空函数,它们与流场形式和气象条件等有关,通常其具体函数形式比较复

杂,在一些实际情形中尚不清楚,致使方程的求解存在困难。为得到一些解析解,在求解时不得不做一些假定和简化。

首先取最简单的情况,即假设流场在三个方向的扩散系数 K_x, K_y, K_z 为常数(即斐克扩散情形),若取坐标系使 x 轴与平均风向一致,z 轴垂直向上,则有 $\bar{w} = \bar{v} = 0$,于是(1.93)式可简化为

$$\frac{\partial \bar{q}}{\partial t} + \bar{u} \frac{\partial \bar{q}}{\partial x} = K_x \frac{\partial^2 \bar{q}}{\partial x^2} + K_y \frac{\partial^2 \bar{q}}{\partial y^2} + K_z \frac{\partial^2 \bar{q}}{\partial z^2} \tag{1.94}$$

若平均风速很小,则此式可进步简化得

$$\frac{\partial \bar{q}}{\partial t} = K_x \frac{\partial^2 \bar{q}}{\partial x^2} + K_y \frac{\partial^2 \bar{q}}{\partial y^2} + K_z \frac{\partial^2 \bar{q}}{\partial z^2} \tag{1.95}$$

此式表明,在静稳大气中,空气污染物浓度的局地变化,仅是由湍流扩散造成而无平流输送的贡献。至此,便可在给定条件下求解(1.94)式或(1.95)式。作为例子下面给出几种典型情况下的解。

6.3.1 无风瞬时点源的解

假定大气是静止的,即 $\bar{u} = \bar{v} = \bar{w} = 0$,湍流扩散系数为常数,并且各向同性,即 $K_x = K_y = K_z = $ 常数。

若在 $t = 0$ 时,在坐标原点释放 Q(克)的污染物质,则(1.95)式可化为

$$\frac{\partial \bar{q}}{\partial t} = K\left(\frac{\partial^2 \bar{q}}{\partial x^2} + \frac{\partial^2 \bar{q}}{\partial y^2} + \frac{\partial^2 \bar{q}}{\partial z^2} \right) \tag{1.96}$$

写成球坐标形式

$$\frac{\partial \bar{q}}{\partial t} = \frac{K \partial}{r^2 \partial r}\left(\frac{\partial \bar{q}}{\partial r} \right) \tag{1.97}$$

式中 $r^2 = x^2 + y^2 + z^2$

如果排放出来的污染物质具有保守性质,即在扩散过程中既不增加也不损失,在整个空间中总量保持不变,则有

$$\int\limits_{-\infty}^{\infty}\int\int \bar{q}\mathrm{d}x\mathrm{d}y\mathrm{d}z = Q$$

即满足连续性条件。取边界条件:

① 当 $t \to 0$ $r > 0$ 时 $\bar{q} \to 0$

                                 $r = 0$ 时 $\bar{q} \to \infty$

② 当 $t \to \infty$ 时 $\bar{q} \to 0$

条件①表示除了在排放源处(原点)空间任一点在开始排放的瞬间,污染物质尚未扩散到该点之前,浓度为零。条件②表示当扩散时间足够长时,污染物质向无穷空间扩散,各点浓度趋近于零。

在以上条件下,扩散方程(1.96)式的解为:

$$\bar{q}(x,y,z,t) = \frac{Q}{8(\pi Kt)^{3/2}}\exp\left[-\frac{1}{4Kt}(x^2+y^2+z^2)\right]$$

$$= \frac{Q}{8(\pi Kt)^{3/2}}\exp\left[-\frac{r^2}{4Kt}\right]$$
(1.98)

上式表示了一个在原点 $(0,0,0)$，$t=0$ 时刻瞬间喷放的烟团，在空间某点 (x,y,z) 处，在 $t=t$ 时刻所造成的浓度。说明一个烟团随时间膨胀稀释过程，其浓度在同一时间随距离的增加按指数律减小，并呈三维正态分布。在 x 方向分布的方差为

$$\sigma_x^2 = \frac{\int_{-\infty}^{\infty}\bar{q}x^2\mathrm{d}x}{\int_{-\infty}^{\infty}\bar{q}\mathrm{d}x} = 2Kt$$

同样的 $\sigma_y^2=\sigma_z^2=2Kt$，它表示烟团尺度随时间的平方根而增加。于是(1.98)式可写成下面的形式

$$\bar{q}(x,y,z,t) = \frac{Q}{(2\pi)^{3/2}\sigma_x\sigma_y\sigma_z}\exp\left[-\left(\frac{x^2}{2\sigma_x^2}+\frac{y^2}{2\sigma_y^2}+\frac{z^2}{2\sigma_z^2}\right)\right]$$
(1.99)

6.3.2 无风连续点源的解

对于连续点源，由于源持续排放，可以认为浓度处于定常状态 $\left(\frac{\partial\bar{q}}{\partial t}=0\right)$，即随时间不变化，而仅是空间坐标的函数，可从瞬时源的解(1.98)式对时间 t 从 $0\to\infty$ 积分求得

$$\bar{q}(r) = \int_0^{\infty}\frac{Q}{8(\pi Kt)^{3/2}}e^{-\frac{r^2}{4Kt}}\mathrm{d}t$$

$$= \frac{Q}{8(\pi t)^{3/2}}\int_0^{\infty}t^{-\frac{3}{2}}e^{-\frac{r^2}{4Kt}}\mathrm{d}t$$
(1.100)

作积分变换，令 $t=\frac{1}{T^2}$，则 $\mathrm{d}t=-2T^{-3}\mathrm{d}T$，$t^{-\frac{3}{2}}=T^3$，代入上式，可得

$$\bar{q}(r) = \frac{Q}{8(\pi K)^{3/2}}\int_{\infty}^0 T^3 e^{-\frac{r^2}{4K}T^2}(-2T^{-3})\mathrm{d}T$$

$$= \frac{Q}{4(\pi K)^{3/2}}\int_{\infty}^0 e^{-\frac{r^2}{4K}T^2}(-2T^{-3})\mathrm{d}T$$

$$= \frac{Q}{4(\pi K)^{3/2}}\frac{\sqrt{\pi}}{2\sqrt{r^2/4K}}$$

$$= \frac{Q}{4\pi Kr}$$
(1.101)

这就是无风连续点源扩散公式，由式可见浓度 $\bar{q}$ 与 Q 成正比而与时间无关，仅是空间坐标的函数，与离源距离 r 成反比，距离愈远其浓度愈小，同时与扩散系数成反比，即湍流活动增强时，扩散愈烈，浓度值就减小。

6.3.3 有风瞬时点源的解

大气总是处于运动状态,取一个随平均风速 $\bar{u}$ 沿 x 轴移动的坐标系 $0'x'y'z'$,如图 1.14 所示。图中在原坐标系中坐标为 (x,y,z) 的一点,在移动坐标系中坐标是 $[(x-\bar{u}t),y,z]$。有风时将源点放在移动坐标系的原点上,则有风瞬时点源的解便可由无风瞬时点源的一般解得到。在移动坐标系中瞬时源的解和 (1.98) 式的形式一样

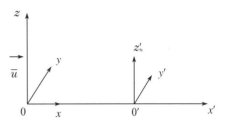

图 1.14 有风瞬时点源解的坐标系示意

$$\bar{q}(x'y'z't) = \frac{Q}{8(\pi K)^{3/2}} \exp\left[-\frac{x'^2 + y'^2 + z'^2}{4Kt}\right] \quad (1.102)$$

移动坐标系中的点 (x',y',z') 转换到原坐标系中有 $(x-\bar{u}t,y,z)$,因此在原坐标系中的解为

$$\bar{q}(x,y,z;t) = \frac{Q}{8(\pi K)^{3/2}} \exp\left[-\frac{(x-\bar{u}t)^2 + y^2 + z^2}{4Kt}\right] \quad (1.103)$$

或:
$$\bar{q}(x,y,z;t) = \frac{Q}{8(\pi K)^{3/2}(K_xK_yK_z)^{1/2}} \exp\left[-\frac{1}{4t}\left(\frac{x-\bar{u}t^2}{K_x} + \frac{y^2}{K_y} + \frac{z^2}{K_z}\right)\right] \quad (1.104)$$

如果假定 $\sigma_x = \sigma_y = \sigma_z = \sqrt{2Kt}$,则得浓度公式为

$$\bar{q}(x,y,z;t) = \frac{Q}{(2\pi)^{3/2}\sigma_x\sigma_y\sigma_z} \exp\left\{-\left[\frac{(x-\bar{u}t)^2}{2\sigma_x^2} - \frac{y^2}{2\sigma_y^2} - \frac{z^2}{2\sigma_z^2}\right]\right\} \quad (1.105)$$

以上即为有风时瞬时点源的浓度分布。

6.3.4 有风连续点源的解

有风时连续点源的扩散情形是实际应用中最常遇到的,也是最具实际意义的,其浓度分布可通过直接求解有风时的扩散方程而得。为讨论方便,我们假设:

① 坐标原点取在烟囱口上,取平均风沿 x 轴方向,即 $\bar{u} \gg \bar{w}$、$\bar{v}$,z 轴垂直向上,y 轴水平向与 x 轴相垂直。

② 有风条件下,平流输送项 $\bar{u}\frac{\partial\bar{q}}{\partial x}$ 比 x 方向上的湍流扩散项的作用大得多,即有

$$\bar{u}\frac{\partial\bar{q}}{\partial x} \gg \frac{\partial}{\partial x}\left(K_x\frac{\partial\bar{q}}{\partial x}\right) \quad (1.106)$$

这种情形下 x 方向的湍流扩散项可略去。

③ 对连续源,为定常条件,可有 $\frac{\partial\bar{q}}{\partial x} = 0$。

④ $K_x = K_y = K_z = K$ 为常数,于是扩散方程 (1.94) 式变为

$$\bar{u}\frac{\partial\bar{q}}{\partial x} = K_y\frac{\partial^2\bar{q}}{\partial y^2} + K_z\frac{\partial^2\bar{q}}{\partial z^2} \quad (1.107)$$

由此方程出发求解有风连续点源问题。取边界条件

① $x,y,z \to \infty$ 时,$\bar{q} \to 0$,$q(0,0,0) \to \infty$;

② 当 $x > 0$ 时，有

$$\int_{-\infty}^{\infty} \int \bar{u}\, \bar{q}\, \mathrm{d}y \mathrm{d}z = Q$$

③ 当 $z \to 0$，$x, y > 0$，$K_z \dfrac{\partial q}{\partial z} \to 0$。

对(1.107)式可解得有风时连续点源浓度分布

$$\bar{q}(x, y, z; t) = \frac{Q}{4\pi K x} \exp\left[-\frac{\bar{u}(y^2 + z^2)}{4Kx} \right] \tag{1.108}$$

考虑到 $x = \bar{u}t$，并假设 $\sigma_y^2 = \sigma_x^2 = 2Kt$，则上式可写为

$$\bar{q}(x, y, z; t) = \frac{Q}{2\pi\, \bar{u}\, \sigma_y \sigma_z} \exp\left\{ -\left[\frac{y^2}{2\sigma_y^2} + \frac{z^2}{2\sigma_x^2} \right] \right\} \tag{1.109}$$

此即 K 为常数的斐克扩散解。由解可知，对于有风连续点源

① 污染物浓度与源强成正比；

② 离源距离愈远，浓度愈低；

③ 湍流扩散系数愈大，浓度愈低；

④ 污染物浓度在横侧风向及垂直方向均符合正态分布。

以上这些定性分析关系，结论均与实验结果一致。

6.3.5　方程的数值求解

如上所述，由梯度输送理论对扩散的基本处理，在采取各种近似简化的情况下，可由扩散方程(1.93)式得出一些解析解。随着现代计算机技术的发展，现在已经能够借助计算机，直接用数值求解方法来求解完全的扩散方程（当然，实际运用时亦可作各种近似与简化处理），使得由梯度输送理论得出的 K 模式得以发挥其理论优势并大大增强实用价值。因为它可以考虑风场、湍流扩散、源强的时空分布的同时加入干/湿沉积、化学变化等源损耗和清除迁移过程并以欧拉方式求得区域空气污染物散布及其变化规律。

为了对数值求解方法有个初步的了解，下面以一维扩散方程为例予以说明。扩散方程

$$\frac{\partial q}{\partial t} + \frac{\partial}{\partial x}(\bar{u}q) = K_x \frac{\partial^2 q}{\partial x^2} + Q \tag{1.110}$$

其一阶显式差分方程为

$$\frac{q_i^{n+1} - q_i^n}{\Delta t} + \frac{u_{i+\frac{1}{2}}^n q_{i+\frac{1}{2}}^n - u_{i-\frac{1}{2}}^n q_{i-\frac{1}{2}}^n}{\Delta x} = K_x \frac{q_{i+1}^n - 2q_i^n + q_{i-1}^n}{\Delta x^2} + Q_i^n \tag{1.111}$$

式中上标 n 表示时间，下标 i 表示空间位置，以 $i + \dfrac{1}{2}$ 表示第 i 和 $i+1$ 网格边界上的数值。由上式可以用已知的 n 时刻的浓度来计算 $n+1$ 时刻的浓度

$$q_i^{n+1} = q_i^n + \Delta t \left[\frac{u_{i-\frac{1}{2}}^n q_{i-\frac{1}{2}}^n - u_{i+\frac{1}{2}}^n q_{i+\frac{1}{2}}^n}{\Delta x^2} + K_x \frac{q_{i+1}^n - 2q_i^n + q_{i-1}^n}{\Delta x^2} + Q_i^n \right] \tag{1.112}$$

于是,只要知道 n 时刻的浓度 q_i^n 及其分布,就能计算得到 $n+1$ 时刻的浓度 q_i^{n+1} 及其分布,差分方程(1.112)式与原方程(1.110)式相比,出现了误差项。设 u 等于常数且不计高阶项,则误差项

$$\varepsilon = \left[\frac{u\Delta x}{2}\left(1 - \frac{u\Delta t}{\Delta x}\right)\right]\frac{\partial^2 q}{\partial x^2} \tag{1.113}$$

方括号内的量相当于"扩散系数"称之为假扩散系数,即

$$D_n = \frac{u\Delta x}{2}\left(1 - \frac{u\Delta t}{\Delta x}\right) \tag{1.114}$$

其中 $\frac{u\Delta x}{2}$ 和 $\frac{u^2\Delta t}{2}$ 两项分别是因空间和时间的有限截断而引起的,称截断误差。显然,它有赖于时间步长 Δt 和空间格距 Δx。上述差分格式要求 $\frac{u\Delta t}{\Delta x} < 1$,否则误差累积增在,数值计算不稳定。为克服此类不稳定性,研究者提出了各种不同的数值计算方法或各种不同的数值解格式。不同类型的模式采用不同数值计算方法。目前,多数模式取固定网格型并采用差分方法求解,即以差分方程近似扩散方程。迄今用于求解扩散方程的主要数值方法有:有限差分法、有限元法、谱方法、伪谱法和多项式插值法等等。

6.4　湍流扩散系数

前面讨论各种解时,都假定湍流扩散系数 K_x、K_y、K_z 为常数,与 $\bar{u}$、z 无关。这时,它们的概量约为 $K_y = 1.6 \times 10^4 \text{ cm}^2 \cdot \text{s}^{-1}$,$K_z = 5 \times 10^3 \text{ cm}^2 \cdot \text{s}^{-1}$,这种假定是否合理,唯一的判断只有用实验来验证。现在依据有风连续点源的解(1.108)式分析地面轴线浓度随 x 的变化。对连续点源有

$$q(x,0,0) = \frac{Q}{4\pi x (K_x K_z)^{\frac{1}{2}}} \tag{1.115}$$

由式可见,地面轴线浓度与 x^{-1} 成比例,与上节(1.94)式反映的实验结果相比,显然由梯度输送理论导得的结果随 x 的减小太慢了。为满足(1.115)式计算与实验结果相符的要求,只有要求 K_y 和 K_z 随 x 在湍流大气中并不是一个常数而应是个变量。也就是说,K_x、K_y 和 K_z 为常数的假定是不正确的,仅能用于作理论探讨并得出一些定性分析结果。

用梯度输送理论处理扩散问题时引入湍流扩散系数 K 只不过是以一种新的未知量替代原先的求知量。问题归结为如何把 K 表达成可测的气象参量和坐标变量的系数,然后在一定的定解条件下求解扩散方程,这正是发展梯度输送(K)模式的出发点。K_z 的确定可借助于地面层湍流半经验理论和边界层气象学研究成果。这里仅举一些常用的 K_z 表达形式,分析讨论其实用性和局限性。

扩散系数 K 是表征湍流输送能力的一个量,它显然与湍流场性质有关。实测结果发现,垂直扩散系数随下垫面状况和气象条件而变,即 K_z 是粗糙度长 z_0、平均风速 $\bar{u}$、温度梯度 $\frac{\Delta T}{\Delta z}$

和离地高度 z 的函数,其函数形式已有不少人建立并研究其应用效果,但至今尚无明确优劣结论和求取 K 的好方法。

大气边界层内常用动量扩散系数 K_M 代替物质扩散系数 K。K_M 是风脉动动量的均方值与混合长的乘积。在近地面层,湍流活动受到地面限制,混合长度也较小,所以 K_z 较小(因为 K_M 小)。随着高度增加而受地面影响变小,于是 K_x 也增大。之后,随着高度增至某一定高度,随着湍流活动的减弱,混合长也减小,因此 K_x 减小,在一定高度上 K_z 有最大值,其分布形式一般如图 1.15 所示。随着大气层结稳定度状况的改变其分布特征亦明显不同。水平扩散系数受地面影响较小,扩散能力较强,通常有 $K_y > K_z$。

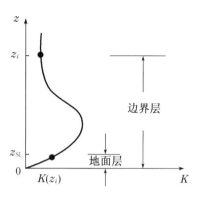

图 1.15　垂直扩散系数随高度分布

实际应用中,假定近地面层中 K_z 和 K_y 是高度 z 的函数并与风及其切变有关。例如,有人将其写成指数函数形式:

$$\left.\begin{array}{l} K_z(z) = f_1(z) = K_1\left(\dfrac{z}{z_1}\right)^n \\[2mm] K_y(z) = f_2(z) = az^m \end{array}\right\} \tag{1.116}$$

然后,结合风随高度变化的形式,如乘幂律风廓线形式,与适当的边界条件和初始条件一起加到扩散方程中去求解,处理扩散问题。

对尺度小于 10 千米的情形,按梯度输送理论处理时,大多将水平扩散系数 K_y 的水平变化忽略不计,但垂直扩散系数 K_z 的变化必需考虑,而且通常还需知道风速的垂直分布。例如,在 50~100 米高度层(即 $z \le 0.1z_i$)可取用以下形式(Businger 等人,1971)

$$K_z = 0.35 \times \frac{u_* z}{\phi_h(z/L)} \tag{1.117}$$

这里 ϕ_h 为无量纲温度梯度,形式有如

$$\phi_h\left(\frac{z}{L}\right) = \begin{cases} 0.74\left(1 - 9 \times \dfrac{z}{L}\right)^{\frac{1}{2}} & \text{不稳定条件} \\[3mm] 0.74 + 5\dfrac{z}{L} & \text{稳定条件} \end{cases}$$

O'Brien(1970)参数化方案考虑了近地层高度(h_i)和混合层高度(z_i)对湍流扩散的影响,而且能够反映出温度层结和风速廓线在决定湍流扩散能力方面的作用。用 O'Brien 的多项式公式计算出的垂直湍流扩散系数随高度的分布形式与观测结果比较一致,其 K 廓线公式为

$$K_\eta(z) = \begin{cases} K_\eta|_{z_i} + \dfrac{(z_i-z)^2}{(z_i-h_i)^2}\left\{K_\eta|_{z_i} + (z-h_i)\left[\dfrac{\partial K_\eta}{\partial z}h_i + \dfrac{2(K_\eta|_{h_i}-K_\eta|_{z_i})}{z_i-h_i}\right]\right\}, & h_i \leqslant z \leqslant z_i, \\ K_\eta|_{z_i} & z > z_i; \\ \left(\dfrac{z}{h_i}\right)K_\eta|_{h_i} & z > h_i, \end{cases}$$

$$(1.118)$$

当 η 为 θ 和 m 时,K_η 分别表示热量交换系数 K_T 和动量交换系数(K_M)。使用此公式可在边界层高度 z_i 的三分之一高度附近形成 K_z 的最大值。分析此公式知道,只要求出或已知 z_i,h_i,K_{zi} 和 K_{hi} 等参量便可求得垂直扩散系数及其分布。另一种形式(Smith,1972)

$$K_z = 0.15\sigma_w\lambda_m \qquad (1.119)$$

其中 λ_m 为 w 谱中峰值能量的波长,σ_w 为垂直速度脉动标准差,对它们在各种稳定度条件下的量值都有一定计算公式可循。Shir(1973)提出的一种以中性边界层理论分析为基础的形式

$$K_z = 0.4u_* z e^{-4\frac{fz}{u_*}} \qquad (1.120)$$

这里 f 为柯氏参数,u_* 为摩擦速度。中性边界层的厚度以 $z_i = 0.25\dfrac{u_*}{f}$ 确定,(1.120)式的无量纲分布形式如图 1.16 所示。

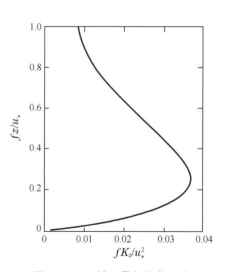

图 1.16　K_z 的无量纲分布形式

　　比较普遍采用的是分层联接的函数形式,例如,在大气边界层数值模式中普遍采用这种方案。不论是简单的或复杂的方案,均能较好地适宜于各自不同的应用,只是在某些情况下,可能某种方案更好,而无法作绝对的比较选择。迄今为止已有不少建立并应用不同形式的 K 廓线模式。有人(Yu,1977)做了专门工作,试验比较十几种 K_z 方案的使用效果,得出结论认为:应该针对具体使用的实际情况选用合适方案。

　　梯度输送理论的根本问题是源自湍流半经验理论,这个理论源于分子过程的模拟,把无规则的涡旋运动看成分子热运动那样,以与分子运动过程相同的方式来完成对流场中各种属性的交换和输送。实际上,这种比拟仅仅是表象的,它们之间有本质的不同。分子过程数学处理以客观的分子输送模型为基础,严格地导出了通量与梯度的线性关系,比例常数为流体的物理属性且近似为常数。湍流半经验理论以假想的湍涡输送模型为基础,所以通量与梯度之间的线性关系本质上只是一种假定。众所周知,近地层大气流场的性质十分复杂,远非简单的线性关系所能说明的。于是,流场之间的千差万别完全要通过比例常数 K 的不同

假设、不同形式来表述,这是十分困难的。许多情况下,假设的 K 不是流体的物理属性而是流体的运动属性,它随流场的运动性质改变,也随平均时间和空间尺度而变。大气湍流场的性质和运动尺度都会在很大范围内变化的,因此,在不同问题中,K 值可以差别很大(甚至差到几个数量级),这就大大限制了这种理论对实际应用的普遍指导意义。总之,这种理论处理在模式上是颇为吸引人的,但当要具体确定 K 时,问题就会出现,困难亦是很大的。

虽然由梯度输送理论求解扩散方程的处理方法有上述一些问题,但毕竟它们在大气扩散理论处理和应用中曾起过重要作用,目前亦还占有一定地位,尤其在区域性较大尺度的扩散问题处理领域。因为,与其他理论处理比,它具有一定优越性,例如,它能利用实际的风场资料而不必求助于假设;它亦能比较系统、客观地求解出空气污染物的浓度分布,而不像有些理论处理必需求助于对分布形式的基本假定(如下节可看到的高斯分布假设);最后,它易于加入源变化、化学变化和其他迁移清除过程,故适于区域性较大尺度的大气输送与扩散沉积问题的处理。

§7 湍流统计理论的基本处理

近地层大气总是处于湍流运动状态。在充分发展的湍流中,速度和其他特征量都是时间和空间的随机量,即湍流运动具有高度随机性,也就是说,个别微团(粒子)的运动极不规则,但对大量的微团运动却具有一定的统计规律。湍流统计理论就是从研究湍流脉动场的统计性质出发,如以相关、湍强、湍谱等描述流场中扩散物质的散布规律。统计途径解决扩散问题与梯度输送(K)理论不同,它是从研究个别流体微团(粒子)的运动历程入手,并据此确定代表扩散的各种统计性质。显然,这是属于拉格朗日途径的处理方法。

研究污染物质在大气中的输送扩散规律时,必然会提出:初始 $t=0$ 时刻,从源发出的大量粒子在经过时间 T 后的散布情况如何的问题。

考虑从源出发的一个标记粒子,因取 x 轴与平均风向平行,经过 T 时间,粒子在 x 方向移动了 $x=\bar{u}T$ 距离。由于湍流脉动速度 $v'(t)$ 的作用,粒子在 y 方向的位移是多少? 一方面,由于湍流运动的随机性,由于在 $t=T$ 时刻,y 向位移可取一切可能的量值(具有随机性),因此不能回答这个问题。另一方面,如果多次重复同样的试验,可以发现虽然每一个粒子的 y 向距离是或大或小,可正可负的,但是大量粒子的集合却趋向于一个稳定的统计分布(概率分布)。因此,虽然不能回答在 $t=T$ 时刻某一个粒子的 y 向移动的距离,但可以给出粒子在 T 时刻每个位置上出现的概率。显然,若同时施放 N 个粒子,那么,把 N 乘上概率密度函数就得到了 T 时刻的浓度分布。于是,问题就归结于能否把确定随机函数 $y(t)$ 的概率分布求出来。

对概率相等的无规行走问题,可以证明当行走的步数充分大以后:① 所走距离的概率分布接近正态分布;② 其位移的均方根(标准差)与行走时间的平方根成正比。实际上,大气的湍流扩散问题十分复杂,浓度正态分布的假设仅是与实况比较接近的一种假设,它对处理实际扩散问题十分有用,许多理论的推导也是在此假设下进行的,其中高斯扩散模式为这种处理途径的最常用形式,有着极其广泛并有效的应用。

7.1 湍流扩散的拉格朗日描述与特征

采用拉格朗日方法处理湍流扩散时,是跟踪流体个别微团(粒子)在空间的运动物理量变化。对于流体微团所具有的速度,同样可以分解为平均量和脉动量之和,即

$$\begin{cases} u = \bar{u} + u' \\ v = \bar{v} + v' \\ w = \bar{w} + w' \end{cases} \tag{1.121}$$

式中符号"–"表示取空间大量微团的平均,即总体平均。

现以流体在 x 方向运动为例,假设平均速度为零,即认为坐标系和整个流体一起以平均速度运动。这时 $\bar{u} = 0$,但在平均速度为零的情况下,脉动速度方差 $\overline{u'^2}$ 并不为零,而为

$$\overline{u'^2} = \overline{u'^2}(t) \tag{1.122}$$

如果统计量 $\overline{u'^2}(t)$ 不随时间变化,则这时湍流场是平稳的,即 $\overline{u'^2}(t) = \overline{u'^2} =$ 常数。

如图 1.17 所示,设在时刻 t 在坐标原点有流体微团 O,速度为 $\bar{u}(t)$,在 τ 时刻后,该微团移动到点 O',具有速度 $u(t+\tau)$,取大量的微团,得到相隔 τ 时刻的速度的协方差 $\overline{u(t)u(t+\tau)}$。

湍流运动是由一系列大小不同的湍涡组成的,这些湍涡具有不同大小的空间和不同长短的寿命,而湍流的性质在很大程度上取决于构成湍流场的大多数湍涡的空间大小和寿命长短,协方差 $\overline{u(t)u(t+\tau)}$ 就能反映湍流的这一性质。

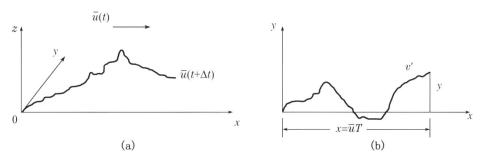

图 1.17 拉格朗日描述

如果湍流场主要是由寿命长的大湍涡构成,这些湍涡的平均寿命超过 τ,则相隔 τ 时刻后微团由 O 点移到 O' 点,一定还保持着原来湍涡的一些性质,即 $\bar{u}(t+\tau)$,必然与 $\bar{u}(t)$ 在大小和方向上有较多的关系。于是这样大量相隔 τ 时刻的微团的速度乘积加以平均即 $\overline{u(t)u(t+\tau)}$ 必然有较大的数值。反之,如果湍涡寿命很短,平均寿命比 τ 小很多,则微团由 A 点移到 B 点的过程中,原有湍涡的性质已发生了很大的变化,即 $\bar{u}(t)$ 与 $\bar{u}(t+\tau)$ 关系很小,

大量平均的结果$\overline{u(t)u(t+\tau)}$数值很小。由此看出,协方差$\overline{u(t)u(t+\tau)}$的大小反映了构成湍流场的大多数湍涡的寿命长短。当 $\tau \to 0$ 时,$\overline{u(t)u(t+\tau)}$ 趋近于 u^2;当 $z \to \infty$ 时,$\overline{u(t)u(t+\tau)}=0$,认为 $u(t)$ 和 $u(t+\tau)$ 是互相独立的。

据相关系数的概念,$R(t,t+\tau)$ 为

$$R(t,t+\tau) = \frac{\overline{u(t)u(t+\tau)}}{\bar{u}^2} \tag{1.123}$$

这表征湍流的统计性质。若为平稳湍流,则统计量与统计的起始时刻 t 无关,$R(t,t+\tau)$ 只决定于时间间隔 τ,相关系数可表示成 $R(\tau)$ 并有

1.　　　　　$$R(-\tau) = \frac{\overline{u(t)u(t-\tau)}}{\bar{u}^2} = \frac{\overline{u(t-\tau)u[(t-\tau)+\tau]}}{\bar{u}^2}$$

取 $t-\tau = t_1$,则有

$$R(-\tau) = \frac{\overline{u(t_1)u(t_1+\tau)}}{\bar{u}^2} = R(\tau)$$

此式说明 $R(\tau)$ 是 τ 的偶函数,$R(\tau)$ 曲线相对于纵坐标轴是对称的。

2. 有 $-1 \leqslant R(\tau) \leqslant 1$,则在原点:$R(\tau)=1$,对足够大的 τ,$R(\tau)\to 0$。

7.2　泰勒公式及讨论

统计理论扩散处理始于 Taylor(1921),第一步,把浓度分布标准差 σ 与湍流脉动统计量联系。如图 1.17 示,粒子 y 向位移的方差 $\overline{y^2}$ 就是 σ_y^2。泰勒公式首次用湍流脉动场的统计量表征湍流横向扩散的扩散参数 σ_y,即描写拉氏相关系数 $R_L(\tau)$ 和 σ_y 的定量关系式。

7.2.1　泰勒公式及其导出

现考察某个流体微团在湍流场中的位移,以 y 方向分量为例。设微团在 t_0 时刻在坐标原点,到 t_0+t 时,由于 v' 的作用,在 y 向的移动距离为 y,所以经过时间 t 的位移为

$$y(t_0+t) = \int_0^t v'(t_0+t)\,\mathrm{d}t_1 \tag{1.124}$$

两边取微商有:

$$\frac{\mathrm{d}y(t_0+t)}{\mathrm{d}t} = v'(t_0+t)$$

而

$$\frac{\mathrm{d}y^2}{\mathrm{d}t} = 2y\frac{\mathrm{d}y}{\mathrm{d}t}$$

所以　　　$$\frac{\mathrm{d}y^2}{\mathrm{d}t} = 2y\frac{\mathrm{d}y}{\mathrm{d}t} = 2\int_0^t v'(t_0+t)v'(t_0+t_1)\,\mathrm{d}t_1 \tag{1.125}$$

两端取总体平均(此时,必需空间均匀),可把平均符号" - "取在微积分符号里面,由求平均的法则得

$$\frac{\mathrm{d}\bar{y}^2}{\mathrm{d}t} = 2\int_0^t \overline{v'(t_0+t)v'(t_0+t)\,\mathrm{d}t_1} = 2\,\overline{v'^2}\int_0^t \frac{\overline{v'(t_0+t)v'(t_0+t)\,\mathrm{d}t_1}}{\overline{v'^2}}\mathrm{d}t_1 \quad (1.126)$$

令 $\tau = t_1 - t$，代入上式，则得

$$\frac{\mathrm{d}\bar{y}^2}{\mathrm{d}t} = 2\,\overline{v'^2}\int_0^t \frac{\overline{v'(t_0+t)v'(t_0+t)\,\mathrm{d}t_1}}{\overline{v'^2}}\mathrm{d}\tau = 2\,\overline{v'^2}\int_0^t R_L(\tau)\,\mathrm{d}t \quad (1.127)$$

式中

$$R_L(\tau) = \frac{\overline{v'(t_0+t)v'(t_0+t+\tau)}}{\overline{v'^2}}$$

为拉氏相关系数。对(1.127)式积分，可以求出任意起始时刻后 T 时段内的相对于原点的扩散方差

$$\sigma_y^2 = \overline{y^2}(T) = 2\,\overline{v'^2}\int_0^T\int_0^t R_L(\tau)\,\mathrm{d}\tau\mathrm{d}t \quad (1.128)$$

这就是著名的泰勒公式。这里 $\overline{y^2}(T)$ 表示从原点出发的许多粒子经过 T 时段，在 x 方向移动 $x=\bar{u}T$ 距离后，它们在 y 方向位移的方差，因此 $\overline{y^2}=\sigma_y^2$ 公式表明了 y 方向位移方差和速度 v' 的自相关系数 $R_L(\tau)$ 的关系。由公式看出，在定常均匀湍流场中，粒子的湍流扩散范围取决于湍流脉动速度方差($\overline{v'^2}$)和拉氏相关性($R_L(\tau)$)，湍流强度愈大，脉动速度的拉氏相关系断愈高(湍涡平均尺度愈大)，则粒子散布的范围亦愈大。

7.2.2 泰勒公式的另一种形式

运用分部积分法则

$$\int u\mathrm{d}v = uv - \int v\mathrm{d}u$$

并且令

$$v = t,u = \int_0^t R(\tau)\,\mathrm{d}\tau$$

可将(1.128)式的二重积分简化为一重积分，即

$$\int_0^T \mathrm{d}t\int_0^t R_L(\tau)\,\mathrm{d}\tau = \left[t\int_0^t R_L(\tau)\,\mathrm{d}\tau\right]\Big|_0^T - \int_0^T tR_L(\tau)\,\mathrm{d}\tau = \int_0^T (T-\tau)R_L(\tau)\,\mathrm{d}\tau$$

将(1.128)式变换为

$$\overline{y^2} = \overline{2v'^2}\int_0^T\int_0^t R_L(\tau)\,\mathrm{d}\tau\mathrm{d}t = \overline{2v'^2}\int_0^T (T-\tau)R_L(\tau)\,\mathrm{d}\tau \quad (1.129)$$

此式即为泰勒公式的另一种形式。

同理我们可得到 x 方向和 z 方向的位移方差

$$\left.\begin{array}{l} \overline{x^2(T)} = 2\,\overline{u'^2}\displaystyle\int_0^T (T-\tau)R_{Lu}(\tau)\mathrm{d}\tau \\[2mm] \overline{z^2(T)} = 2\,\overline{w'^2}\displaystyle\int_0^T (T-\tau)R_{Lw}(\tau)\mathrm{d}\tau \\[2mm] \overline{y^2(T)} = 2\,\overline{v'^2}\displaystyle\int_0^T (T-\tau)R_{Lv}(\tau)\mathrm{d}\tau \end{array}\right\} \qquad (1.130)$$

式中 R_{Lu}、R_{Lv}、R_{Lw} 分别为三个速度分量的拉氏相关系数。

7.2.3　泰勒公式的一些推论

由(1.129)式表述的泰勒公式可用来讨论 $\overline{y^2}$ 与扩散时间之间的关系,可得以下三个推论:

① 当 $T \gg L_t$,即扩散时间(T)足够长时,由(1.129)式可有

$$\overline{y^2} = \overline{2v'^2}\int_0^T TR_L(\tau)\mathrm{d}\tau - \overline{2v'^2}\int_0^T \tau R_L(\tau)\mathrm{d}\tau \cong [\,\overline{2v'^2}L_t\,]\,T \qquad (1.131)$$

这里 $L_t = \displaystyle\int_0^\infty R_L(\tau)\mathrm{d}\tau$,即拉氏相关时间尺度或湍涡积分时间尺度。(1.131)式说明当流场给定,T 足够长时,上式第二项趋于常数,且与第一项相比可略去。于是,$\overline{y^2} \propto T$ 或 $\sigma_y \propto \sqrt{T}$。

② 当 $T \ll L_t$,即扩散时间足够短时,这时(1.128)式中的 $R_L(T) \to 1$,将拉氏相关系数按幂级数展开,略去高次项有

$$R_L(\tau) = 1 - \frac{\tau^2}{\lambda_t^2} \qquad (1.132)$$

式中 λ_t 称为拉氏微尺度,其物理意义是湍能较变为热能时的尺度。将 $R_L(\tau)$ 值代入(1.128)式有

$$\overline{y^2} = \left[1 - \frac{1}{\sigma}\frac{T^2}{\lambda_t^2}\right]\overline{v'^2}T^2 \qquad (1.133)$$

当 $T < \lambda_\tau < L_t$ 时,此式变为

$$\overline{y^2} = [\,\overline{v'^2}\,]\,T^2$$

意即 $\overline{y^2} \propto T^2$ 或 $\sigma_y \propto \sqrt{T}$。

③ 当 T 到 L_t 同量级时,这时不满足 $T \ll L_t$ 或 $T \gg L_t$ 的条件,$\overline{y^2}$ 不仅与 T 有关,而且还与拉氏相关曲线的形状有关。为讨论方便,引进无量纲量 L,且令

$$L = \frac{1}{L_t}\left(\frac{\overline{y^2}}{\overline{v'^2}}\right)^{\frac{1}{2}}$$

或者

$$L^2 = \frac{1}{L_t^2}\frac{\overline{y^2}}{\overline{v'^2}}$$

$$\overline{y^2} = (L_t^2 \cdot \overline{v'^2})L^2 \qquad (1.134)$$

再令

$$\delta = \frac{T}{L_t} \tag{1.135}$$

或 $T = \delta L_t$，意即 L_t 与 T 相当。以上 L 称为扩散因子，δ 称为相对扩散时间。于是，可将（1.128）式写成无量纲形式

$$L^2 = 2\int_0^\delta (\delta - \tau) R_L(\tau) \mathrm{d}\tau \tag{1.136}$$

式中相关系数 $R_L\left(\dfrac{\tau}{L_t}\right) = R_L(\tau)$。这时，研究 $\delta \cong 1$ 时的 L^2 值即可，它是拉氏相关曲线形式的函数，这里以两种形式为例作些分析讨论。

第一种，形如

$$R_L = \exp\left[-\frac{\pi}{4}\left(\frac{\tau}{L_t}\right)^2 \right] \tag{1.137}$$

有下述近似结果：

$$T \ll L_t,\ 0 \leqslant \delta \leqslant 0.28,\ L^2 = \delta^2,\ \overline{y^2} = \overline{v'^2}\,T^2 ;$$

$$T \backsimeq L_t,\ 0.28 < \delta \leqslant 0.84,\ L^2 = \left(1 - \frac{\pi}{24}\delta^2\right)\delta^2 ,$$

$$0.84 < \delta \leqslant 1.7,\ L^2 = 2\delta\,\mathrm{erf}\left(\frac{\sqrt{\pi}}{2}\delta\right) + \frac{4}{\pi}\left[\exp\left(-\frac{\pi}{4}\delta^2\right) - 1 \right],$$

$$1.7 < \delta \leqslant 64.4,\ L^2 = 2\left(\delta - \frac{2}{\pi}\right)$$

$$T \gg L_t,\ 64.4 < \delta,\ L^2 = 2\delta,\ \overline{y^2} = 2\,\overline{v'^2}L_t T 。$$

第二种，形如

$$R_L = \exp\left(-\frac{|\tau|}{L_t} \right) \tag{1.138}$$

有下述近似结果：

$$T \ll L_t,\ 0 \leqslant \delta < 0.30,\ L^2 = \delta^2 ;$$

$$T \backsimeq L_t,\ 0.30 < \delta \leqslant 3.63,\ L^2 = 2\left[\exp(-\delta) + \delta - 1 \right],$$

$$3.63 < \delta \leqslant 101,\ L^2 = 2(\delta - 1)$$

$$T \gg L_t,\ 101 < \delta,\ L^2 = 2\delta 。$$

图 1.18 给出相关曲线和 L-δ 曲线。可见，初期，横向扩散与 T 成正比，随着时间增长，其增长的速度渐降，变成与 $\sqrt{T}$ 成正比。

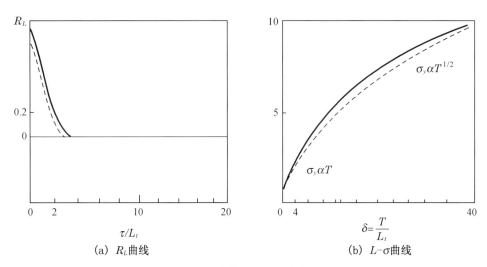

(a) R_L曲线   (b) L-σ曲线

图 1.18 泰勒公式的一些推论

7.2.4 泰勒公式的谱函数形式

根据湍谱与相关系数的关系,可将扩散参数与湍谱联系起来。拉格朗日谱由下式表达

$$R_L(\tau) = \int_0^\infty F_L(n)\cos 2\pi n\tau \mathrm{d}\tau \tag{1.139}$$

即相关系数与谱函数互为傅里叶变换关系。式中 $R_L(n)$ 为拉格朗日的谱函数。将(1.139)式代入泰勒公式(1.129)式(以 y 方向为例)则

$$
\begin{aligned}
\overline{y^2} &= 2\,\overline{v'^2}\int_0^T\!\!\int_0^t\!\!\int_0^\infty F_L(n)\cos 2\pi n\tau \mathrm{d}n\mathrm{d}\tau\mathrm{d}t \\[4pt]
&= 2\,\overline{v'^2}\int_0^\infty \left\{\int_0^T\!\left[\int_0^t \cos 2\pi n\tau \mathrm{d}\tau\right]\mathrm{d}t\right\}F_L(n)\,\mathrm{d}n \\[4pt]
&= 2\,\overline{v'^2}\int_0^\infty \left\{\frac{1}{2\pi n}\!\int_0^t \sin 2\pi nt\mathrm{d}\tau\right\}F_L(n)\,\mathrm{d}n \\[4pt]
&= \overline{v'^2}\int_0^\infty \left[\frac{1}{(\pi n)^2}\sin \pi nT\right]F_L(n)\,\mathrm{d}n \\[4pt]
&= \overline{v'^2}\int_0^\infty F_L(n)\left[\frac{1-\cos 2\pi nT}{2(\pi n)^2}\right]\mathrm{d}n \\[4pt]
\overline{y^2} &= 2\,\overline{v'^2}\,T^2\int_0^\infty F_L(n)\,\frac{\sin^2 \pi nT}{(\pi nT)^2}\mathrm{d}n
\end{aligned}
\tag{1.140}
$$

此式即横向扩散与拉氏湍谱之间的关系。公式表明,经过时间 T,在 x 轴向距离为 $\bar{u}T$ 位置上,y 向扩散散布与横向湍强有关,亦与拉氏湍谱有关。显然,当 T 足够小时,$\overline{y^2}\propto T^2$。

实际工作中拉氏量较难得到,常用欧氏量来替换拉氏量。假定当 $\tau = \beta t$ 时,有 $R_L(\tau) = R_E(t)$(这里下标 L 和 E 分别表示拉氏与欧氏之意)。这样,欧氏谱与拉氏谱之间的关系式

$$F_L(n) = 4\int_0^\infty R_L(\tau)\cos 2\pi n\tau \mathrm{d}\tau$$

$$= 4\int_0^\infty R_E(t)\cos 2\pi n\beta t \mathrm{d}\beta t \tag{1.141}$$

$$= 4\beta\int_0^\infty R_E(t)\cos 2\pi n\beta t \mathrm{d}t$$

$$= \beta F_E(\beta n)$$

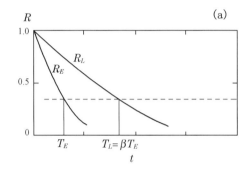
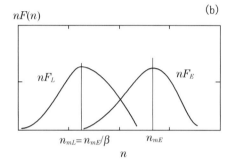

图 1.19   拉氏与欧氏相关及谱函数曲线

（a）相关系数：$R_L(\tau) \propto c^{-a_1\tau}$；$R_E^{(t)} \propto l^{-a_2 t}$ （b）谱函数：$F_E(n)$；$F_L(n)$

可见，$R_L(n)$ 与 $F_E(n)$ 的形式相同，但差 $\beta = \dfrac{T_L}{T_B}$ 倍。图 1.19 给出拉氏和欧氏的相关系数和谱函数的两种形式及其相互比较。将（1.141）式代入（1.140）式，则

$$\overline{y^2} = \overline{v'^2}\int_0^\infty \beta F_E(\beta n)\left[\frac{\sin(\pi nT)}{\pi nT}\right]^2 \mathrm{d}n$$

$$= \overline{v'^2}T^2\int_0^\infty F_E(n)\left[\frac{\sin(\pi nT/\beta)}{\pi nT/\beta}\right]^2 \mathrm{d}n \tag{1.142}$$

在采样时间足够长，大大超过粒子运动时间（T）时（如［采样时间/平均时间］$\geqslant 5$），（1.142）式中的$\overline{v'^2}$拉氏量可用源点处的欧氏量来替代，于是，在（1.140）式中就全部是欧氏量了。由（1.142）式亦可知，当 T 足够短时，因为 $\left[\dfrac{\sin(\pi nT)}{\pi nT}\Big/\dfrac{\pi nT}{\beta}\right]^2 \to 1$，则$\overline{y^2} = \overline{v'^2}$，此时，湍流能谱的作用不显著，即各种频率的湍涡对扩散都有贡献。当 T 愈来愈大时，高频湍涡的贡献愈来愈小，而低频贡献愈来愈大，其值视 $F_E(n)$ 和各种频率（n）湍涡贡献的权重而定。

（1.142）式尚未考虑有限采样时间 τ 的影响，若考虑有限采样时间，y 向扩散可写成

$$\overline{y^2} = \overline{v'^2_{\infty,0}}T^2\int_0^\infty F_E(n)\left[1 - \frac{\sin^2 \pi\tau n}{(\pi\tau n)^2}\right] \times \frac{\sin^2 \pi\tau nT/\beta}{(\pi nT/\beta)^2}\mathrm{d}n \tag{1.143}$$

这是考虑了采样时间、平均时间综合影响后的泰勒公式谱函数形式。

泰勒公式只是实现了用脉动速度的统计特征量来描写扩散参数 σ，还不能直接用于处理大气扩散问题。大气湍流场的性质主要是由气象因子决定的，因此，为了将泰勒公式发展成可供应用的形式，必须用所测的气象参量来表达拉氏相关系数，进而找到扩散参数 σ 与气象

参量的直接联系。这是许多(统计理论处理的)扩散模式的共同出发点。

扩散问题统计理论处理的最终目标是找出描写粒子位移的概率分布。粒子散布的方差只是这个概率分布函数的主要统计特征量。因此,求得扩散粒子散布方差只是完成了第一步;还必须继续找出概率分布函数的具体形式,这是第二步。湍流统计理论处理扩散问题的主要困难在于实际湍流的非定常、非均匀性。因此尚无法从理论上导出这个概率分布函数,而必须求助于实验和假定,如通常假设的正态分布。在正态分布假设下,利用泰勒公式定出其方差,则浓度分布可以确定,这就是大气扩散计算的最基本方法。

泰勒公式是在均匀、定常假设下导出的,实际大气并不符合这样的条件,只有在下垫面开阔平坦、气流稳定的小尺度扩散处理中,才近似满足这样的条件。这使得理论处理的应用受到很大限制,超出这个范围的应用则需作许多经验推广和合理修正。

§8 相似理论的基本处理

最早把相似理论应用于粒子扩散问题处理的是 Monin(1959)。此后 Batchelor(1959,1964),Gifford(1962)等人进一步发展了湍流扩散相似理论,成为研究近地层大气湍流扩散的又一种理论处理方法。

8.1 量纲分析与 π 定理

湍流的相似理论是基于量纲分析的 π 定理建立起来的。设某一物理量 p 受到其他 n 个量的制约,它们之间存在如下待求关系:

$$p = f(p_1, p_2, \cdots, p_n) \tag{1.144}$$

其中 $p_1, p_2, \cdots, p_n$ 为自变量。从量纲的角度看 $p_1, p_2, \cdots, p_n$ 中仅有部分是具有独立量纲的变量,设为 $p_1, p_2, \cdots, p_m$,且 $m \leq n$,则 $p_{m+1}, p_{m+2}, \cdots, p_n$ 的量纲可以用 $p_1, p_2, \cdots, p_m$ 的量纲表示出来,即:

$$[p_{m+1}] = [p_1]^{k_{11}} [p_2]^{k_{12}} \cdots [p_m]^{k_{1m}}$$
$$[p_{m+2}] = [p_1]^{k_{21}} [p_2]^{k_{22}} \cdots [p_m]^{k_{2m}} \tag{1.145}$$
$$\vdots$$
$$[p_n] = [p_1]^{k_{n-m,1}} [p_2]^{k_{n-m,2}} \cdots [p_m]^{k_{n-m,m}}$$

于是有:

$$\pi_1 = p_{m+1} / p_1^{k_{11}} p_2^{k_{12}} \cdots p_m^{k_{1m}}$$
$$\pi_2 = p_{m+2} / p_1^{k_{21}} p_2^{k_{22}} \cdots p_m^{k_{2m}} \tag{1.146}$$
$$\vdots$$
$$\pi_{n-m} = p_n / p_1^{k_{n-m,1}} p_2^{k_{n-m,2}} \cdots p_m^{k_{n-m,m}}$$

上式中等号左边全为无量纲常数。同理,对待定量 p 也有:

$$\pi = p/p_1^{k_1} p_2^{k_2} \cdots p_m^{k_m} = f(p_1, p_2, \cdots, p_n)/p_1^{k_1} p_2^{k_2} \cdots p_m^{k_m} \tag{1.147}$$

而上式中等号右边的 $p_{m+1}, p_{m+2}, \cdots, p_n$ 可以用(1.145)表示出来,于是(1.146)变为:

$$\pi = f_1(p_1, p_2, \cdots, p_m; \pi_1, \pi_2, \cdots, \pi_{n-m}) \tag{1.148}$$

又因为(1.148)式左端是无量纲常数,故右端的自变量也可以用无量纲常数表示为:

$$\pi = F(\pi_1, \pi_2, \cdots, \pi_{n-m}) \tag{1.149}$$

(1.149)式与(1.144)式相比,自变量个数减少了 m 个,应当方便问题的解决。

在实际运用时,通过测量 $p, p_1, p_2, \cdots, p_n$,利用以上式子可以求出 $\pi, \pi_1, \pi_2, \cdots, \pi_{n-m}$,然后可以借助于一些回归方法确定 F,再将(1.145),(1.146)代入(1.149)就可以得到确定形式后的(1.144)式。

8.2　相似理论

相似理论是一种在 π 定理基础上的试验数据处理途径,是典型的零阶闭合方法。相似理论的核心是找到边界层物理量之间的相似关系,主要经过以下步骤:

① 选择与被研究对象有关系的物理变量;

② π 定理将这些变量组合成无量纲的组;

③ 观测数据决定这些无量纲组的值;

④ 据进行曲线拟合或回归,求出描述这些无量纲组的函数关系。

在相似理论处理中,被选取的物理变量通常是能描述边界层特征的量,例如边界层的厚度、平均风速、平均温度等,可选择的变量较多,但是,应当重点选取与被研究对象密切相关的量。此外,可以用一些变量的组合构成新的边界层尺度参数,例如,摩擦速度 u_*、温度尺度 θ_*、湿度尺度 q_* 等都是常用的尺度参数。

根据研究对象的不同,相似理论可以分为 Monin-Obukov(M-O)相似、混合层相似、局地相似、局地自由对流相似、罗斯贝数相似等。

M-O 相似用于研究近地层的风、温垂直分布。在中性层结下,影响近地层风速垂直分布的主要物理原因是地面的摩擦应力、距离地面的高度,这两个物理量分别用 u_* 和 z 表示,即存在未知函数关系:

$$\frac{\partial u}{\partial z} = f(u_*, z) \tag{1.150}$$

由量纲分析可知 $\dfrac{\partial u}{\partial z} \dfrac{z}{u_*} = \kappa$,这里 κ 为常数,于是积分后有:

$$u = \frac{u_*}{\kappa} \ln\left(\frac{z}{z_0}\right) \tag{1.151}$$

这就是前述的近地层风速廓线表达式。

在全边界层的相似理论的处理中,主要的控制参数选取 $u_*, H, g/\theta, f, z$ 共五个,利用这些参数可以求出边界层不同高度之间风速分量、温度的差别。详细过程可以参考有关边界层气象学的书籍和文献。

8.3　拉格朗日相似性假设与扩散的基本数学处理

拉格朗日相似方法的基本假设是:在近地面层,流体质点的统计特性完全可以用确定欧拉特性的参数来确定。在近地面层中性大气中,表征流场欧拉性质的参数是 u_*,在非中性层结时除 u_* 外还有热通量 H_T,两个参数同时考虑,则可用莫宁-奥布霍夫长度 L 来表达。

设质点从原点出发,垂直向位移的平均值为 $\bar{Z}$,相应的水平位移为 $\bar{X}$。对于从位于 $z=0$ 处的点源释放的质点,用量纲分析方法,可以得到释放质点中每个质点都移动了 t 时间之后,移动质点的平均垂直位移($\bar{Z}$)的增长率必然具有以下形式

$$\frac{\mathrm{d}\bar{Z}}{\mathrm{d}t} = bu_* \phi\left(\frac{\bar{Z}}{L}\right) \tag{1.152}$$

式中 b 和 ϕ 是待定的普适常数和普适函数。在中性条件下 $L\to\infty$,$\phi=1$,上式简化为 Batchelor 最初给出的结果。进一步假定相应的平均水平位移($\bar{X}$)的增长率等于在与 $\bar{Z}$ 有关的高度上的平均风速,表示为

$$\frac{\mathrm{d}\bar{X}}{\mathrm{d}t} = \bar{u}(c\bar{Z}) \tag{1.153}$$

式中 c 是另一常数。

以上两式给出了当迁移时间为 t 时释放质点的平均垂直速度和水平速度,是决定释放质点平均扩散状况的方程,若给定风廓线和函数中的具体形式,则可对上式进行求解,所以该式是数学处理的基础。

8.4　中性层结条件下的平均位移

在中性层结条件下,风廓线为

$$\bar{u}(z) = \frac{u_*}{k}\ln\left(\frac{z}{z_0}\right) \tag{1.154}$$

将(1.154)式代入(1.152)式和(1.154)式并积分得

$$\bar{X} = \left[\frac{\bar{Z}}{kb}\ln\frac{c\bar{Z}}{z_0} - 1 + \frac{z_0}{Z}(1-\ln c)\right] \tag{1.155}$$

上式中只要给定常数 b 和 c,就可以求出每个距离上扩散质点的平均垂直位移。Ellison 根据经验取 $b=k(k=0.4)$,并从理论上给以证明。假定在中性近地面气层中,湍流交换系数 $K = ku_*z$,则质点的垂直扩散可以用梯度输送理论来描述,对于时间 $t=0$,高度 $z=0$ 的一个瞬时面源,略去 x 项和 y 项并把 $\frac{\mathrm{d}\bar{q}}{\mathrm{d}t}$ 简化为 $\frac{\partial\bar{q}}{\partial t}$ 则其扩散方程写为

$$\frac{\partial\bar{q}}{\partial t} = \frac{\partial}{\partial z}\left(K_z\frac{\partial\bar{q}}{\partial z}\right) \tag{1.156}$$

垂直方向的方差

$$\bar{Z} = \frac{\int_0^\infty z\,\bar{q}\,\mathrm{d}z}{\int_0^\infty \bar{q}\,\mathrm{d}z} \tag{1.157}$$

上式中分母为瞬时面源的源强 Q，为一常数，则有

$$\frac{\mathrm{d}\bar{Z}}{\mathrm{d}t} = \frac{\int_0^\infty z\,\dfrac{\partial\bar{q}}{\partial t}\,\mathrm{d}z}{\int_0^\infty \bar{q}\,\mathrm{d}z} \tag{1.158}$$

代入 $\dfrac{\partial\bar{q}}{\partial t}$ 并作分部积分则有

$$\frac{\mathrm{d}\bar{Z}}{\mathrm{d}t} = \frac{\int_0^\infty \bar{q}\,\dfrac{\mathrm{d}K_z}{\mathrm{d}z}\,\mathrm{d}z}{\int_0^\infty \bar{q}\,\mathrm{d}z}$$

根据假定，在中性条件下，$\dfrac{\mathrm{d}K}{\mathrm{d}z} = u_*k$，与 z 无关，所以

$$\frac{\mathrm{d}\bar{Z}}{\mathrm{d}t} = \frac{\mathrm{d}K}{\mathrm{d}z}$$

又因在中性条件下

$$\frac{\mathrm{d}\bar{Z}}{\mathrm{d}t} = bu_*$$

所以

$$u_*k = bu_*$$

即 $b = k = 0.4$

8.5　非中性层结条件下的平均位移

非中性层结条件下风速廓线为

$$\bar{u} = \frac{u_*}{k}\left[f\left(\frac{z}{L}\right) - f\left(\frac{z_0}{L}\right)\right] \tag{1.159}$$

同样，将（1.159）式代入（1.152）式和（1.153）式，积分可得

$$\bar{X} = \frac{1}{kb}\int_{z_0}^{\bar{z}} \frac{\left[f\left(\dfrac{c\,\bar{Z}}{L}\right) - f\left(\dfrac{cz_0}{L}\right)\right]}{\phi\left(\dfrac{\bar{Z}}{L}\right)}\,\mathrm{d}\bar{Z} \tag{1.160}$$

同样，上式中只要给定 b 和 c，就可以求出每个距离上扩散质点的平均垂直位移。

Sutton（1953）给出当 $K(z) = K_1 z^n$ 方程（1.156）的类似于 $z = 0$ 处面源热输送的解

$$\bar{q}(t) = \frac{Qr}{\gamma^{\frac{2}{r}}K_1^{\frac{1}{r}}\Gamma\left(\dfrac{1}{r}\right)t^{\frac{1}{r}}}\exp\left(-\frac{Z^r}{r^2K_1 t}\right) \tag{1.161}$$

式中 $\gamma = 2 - n$，在 $0 \leqslant r \leqslant 2$ 时上式成立。

　　Chaudhry 和 Meroney(1973)在梯度输送假定的基础上用(1.161)式的解给出了表示普适函数 $\phi\left(\dfrac{z}{L}\right)$ 的方法,在莫宁-奥布霍夫系统中,用湍流交换系数描写热能量

$$H_T = k u_* z / \phi_T\left(\frac{z}{L}\right)$$

用

$$\phi_T = A\left(\frac{z}{L}\right)^{1-n}$$

作为近似,将 H_T 变换成所需要的幂次形式 $K_1 z^n$,把 $\bar{q}$ 代入到 $\bar{Z}$ 的定义式(1.157)中,可得

$$\bar{Z} = (r^2 K_1 t)^{\frac{1}{r}} \frac{\Gamma\left(\dfrac{2}{r}\right)}{\Gamma\left(\dfrac{1}{r}\right)} \tag{1.162}$$

对上式求导数得

$$\frac{\mathrm{d}\bar{Z}}{\mathrm{d}t} = K_1^{\frac{1}{r}} t^{\frac{1}{r}-1} r^{\frac{2}{r}-1} \frac{\Gamma\left(\dfrac{2}{r}\right)}{\Gamma\left(\dfrac{1}{r}\right)} = \frac{K(\bar{Z})r}{\bar{Z}}\left[\frac{\Gamma\left(\dfrac{2}{r}\right)}{\Gamma\left(\dfrac{1}{r}\right)}\right] \tag{1.163}$$

在中性层结时,$n=1$,$r=2-n=1$,上式简化为

$$\frac{\mathrm{d}\bar{Z}}{\mathrm{d}t} = \frac{\mathrm{d}K}{\mathrm{d}z} \tag{1.164}$$

将上式中含 r 的项并成一个函数,而且当 $0.7 \leqslant n \leqslant 1.3$ 时,这些项的最后结果很近于 1,这种情况下,简化为

$$\frac{\mathrm{d}\bar{Z}}{\mathrm{d}t} = \frac{\chi u_*}{\phi_T} \tag{1.165}$$

所以

$$\phi\left(\frac{z}{L}\right) = \frac{1}{\phi_H}$$

上述结果在预报垂直扩散时较方便,尤其是给出 K 廓线后,求解比其他方法更简单。

8.6　相似理论在对流混合层扩散问题中的应用

　　近地层,对湍流能量及其湍能的转换,浮力起主要作用时,地面源排放的垂直扩散率只与高度和浮力参数 $\left(\dfrac{gH_T}{\rho c_p T}\right)$ 有关,由量纲分析得

$$\frac{\mathrm{d}\bar{Z}}{\mathrm{d}t} \propto \left(\frac{gH_T \bar{Z}}{\rho c_p T}\right)^{\frac{1}{3}} \tag{1.166}$$

然而,对于受对流混合影响的对流边界层,据量纲分析,式中高度应用混合层高度 z_i,扩散时间应取浮力时间尺度 $\dfrac{z_i}{w_*}$ 量度,由此得普适形式:

$$\frac{\sigma_z(t)}{z_i} = f\left(\frac{w_* t}{z_i}\right) \tag{1.167}$$

式中 w_* 为对流速度且有 $w_* = \left(\dfrac{gH_T z_i}{\rho c_p T}\right)^{\frac{1}{3}}$。

相似理论是在量纲分析基础上发展的,是研究近地层大气湍流的一种有效的理论方法,应用它来处理扩散问题,取得了一些成果,但至今发展迟缓。

相似理论的基本原理是关于拉格朗日相似性假设,故其扩散处理的物理模型的要点概述有二。其一,粒子扩散特征与流场的拉氏性质是相联系的。假定流场的拉氏性质仅仅决定于表征流场欧氏性质的那些已知参量,这样就可以把粒子扩散与近地层风速的空间分布(欧氏参量)联系起来。质点速度的统计特征也同样决定欧氏特性参数。其二,在近地面层,这些表征流场欧氏性质的参量是摩擦速度 u_* 和莫宁-奥波霍夫长度 L(系动力和热力联合效应)。这是由近地层相似理论,通过量纲分析方法得出的两个参量,可以用来描述粒子的扩散。

迄今,由相似理论导出的一些扩散问题的解多限制在近地层内,即限制在湍流粘滞力等于常数的薄层内,其厚度仅几十米。在这个高度上,必须考虑柯氏力等其他因子的作用,从而使量纲分析复杂化,难以导出确定结果,这无助于实际应用。

§9 三种基本理论处理的比较与讨论

大气扩散的理论研究与应用处理一直是沿着三个理论体系发展起来的,即梯度输送理论,湍流统计理论和相似理论,它们分别考虑不同的物理机制,采用不同的参数,利用不同的气象资料,在不同的假定条件下建立起来的。因此它们具有不同的应用范围和优缺点,通常只能在一定的范围内使用,其主要差异列于表1.2。

表 1.2　三种理论处理体系比较

理论类型	梯度输送理论	统计理论	相似理论
基本原理	湍流半经验理论 $\overline{q'w'} = K\dfrac{\partial \bar{q}}{\partial z}$	湍流脉动速度统计特征量与扩散参数之间的关系	拉格朗日相似性假设
基本参数	湍流交换系数 K	风速的脉动速度均方差 拉氏自相关系数	摩擦速度 u_* 湍流热通量 H_T
气象资料	风速及 K 的垂直廓线	湍流能谱	风、温廓线
主要限制条件	小尺度湍涡作用	均匀湍流	地面应力层
基本适用范围	σ_z 地面源	σ_y, σ_z 高架源,σ_y 地面源	σ_z 地面源近距离

梯度输送理论也常称之为 K 理论,由于源自湍流半经验理论而带来一定的缺陷。一方面,以湍涡模仿分子输送过程,本身就是一种不合适的假设。在湍流混合过程中,流体微团的属性是逐渐改变的,湍涡的被动性及保守性实际是不存在的。另一方面,湍流输送的过程

是非常复杂的,并不是简单的线性关系,尤其是湍流交换系数 K,它随大气湍流场的性质及所取平均尺度和空间尺度而改变,其形式更是难以确定。K 理论虽然有一些缺陷,但它能够利用实测的风速廓线资料,得出动量和热量的输送,不需事先假定某种分布形式,便可以求解出扩散物质的浓度分布。所以在空气污染问题中得到广泛的应用,它是大气扩散研究中运用的主要理论体系之一。在梯度输送理论的应用中,由于假定湍流输送通量与局地平均浓度梯度成正比,所以只适用于小尺度湍涡的作用,在估计长时间的水平扩散,或者对扩散的范围和平均浓度的分布主要是大湍涡的贡献时,该理论不适用。像高架源的情况,有时烟流上下起伏,明显为大湍涡的作用。但在地面源的情况,湍涡尺度因受地面的限制,垂直向的扩散主要是小湍涡的作用,所以该理论比较适合于地面源的扩散处理。

湍流扩散的统计理论,是在高斯分布假设下,找出湍流脉动速度统计特征量与扩散参数之间的关系,即泰勒公式,得到扩散参数,从而确定浓度的分布。泰勒公式是在均匀、定常湍流场条件下导出的,而实际大气往往并不符合这种条件,即使在开阔平坦地形上,水平方向接近为均匀的,但湍流在不同高度上还是有很大差异的。这些使得理论处理受到很大的限制。更重要的是湍流扩散统计理论处理需找出质点散布的概率分布函数。但由于大气湍流的复杂性,很难在理论上导出这个函数,只能求助于某种假设。这是统计理论发展的主要难点。在统计理论的应用中,由于在近地面层湍流垂直分量随高度变化很大,所以理论处理不适合解决地面源垂直扩散问题。同时由于高架源排放的烟流在扩散的不同阶段,其尺度与垂直湍流尺度的相对大小会变化,当烟流的垂直扩散达到一定程度以后,理论也不再适用。

湍流扩散的相似理论处理原则上没有更多的理论限制。但由于多变数量纲分析的复杂性和不确切性,目前仅在近地面层小尺度的垂直扩散中得以应用,也就是说扩散层的厚度限制在近地层内。

表 1.3 是上述总结中对三种理论体系的适用性分析,表中 H 为源高。

表 1.3　大气扩散理论处理对高架源垂直扩散不同阶段的适用性分析

	第一阶段	第二阶段	第三阶段
距离	近距离 $\ll H/(\mathrm{d}\sigma_z/\mathrm{d}x)$	$\ll H/(\mathrm{d}\sigma_z/\mathrm{d}x)$	远距离 $\gg H/(\mathrm{d}\sigma_z/\mathrm{d}x)$
有效湍涡尺度	$<l$(湍流尺度) $>\sigma_x$	$\leqslant l$ $>\sigma_z$ 至 $<\sigma_z$	$<$ 或 $>$ $\leqslant \sigma_z$
理论的适用性			
统计理论(原则上)	√	×	×
统计理论(实用上)	√	√	×
梯度输送理论(原则上)	×	×	√
梯度输送理论(实用上)	×	×	√

总之,梯度输送理论是表示一种特殊的物理混合模型。统计理论基本上是一种运动学

处理方法,它是用运动的统计学特征来描述湍流流体中标记粒子的运动情况的。相似理论则首先假设了一些支配性物理参数,然后在量纲分析的基础上得到与这些参数有关的扩散规律。从严格的理论角度考虑,上述几种大气扩散理论处理都有一定的局限性。然而,在分析空气污染物散布的实际问题时,其应用已远超出它们各自的适用局限性。许多推广应用纯属经验性的,无理论意义可言,因此必须注意清楚认识其适用性。

目前正从事的大量工作是运用数值求解方法并建立相应的数值模式,从而发展了许多新的理论应用的方法和模式,以进行大气扩散模拟,从而作出空气污染物浓度及其分布的预测计算。这部分内容将在本书后面的章节中阐述。

§10 小 结

地球大气是由多种物质组成的混合体,其中主要是气态物质,有氮气、氧气、二氧化碳、臭氧以及一些惰性气体。此外,还有一些有害的化学成分,称为空气污染物。研究气象条件对空气污染物散布的影响,是空气污染气象学研究的核心问题。

大气按热力结构不同而在垂直方向上分为:对流层、平流层、中层、热层、外层。气象学中把大气中温度随高度的分布称为大气层结。依据层结是否有利于垂直方向对流的发展,将大气层结分为稳定、中性、不稳定三种状态。

大气是一种流体,因而它的运动满足流体力学的基本方程组,即 Navier-Stokes 方程。这套方程由一系列的守恒方程构成,如质量守恒、能量守恒、动量守恒。

在大气科学中,通常把受到下垫面影响最剧烈的一层称为大气边界层,大气边界层中的主要运动形式除了宏观上容易觉察到的水平运动外,更主要的是湍流运动特性。大气边界层作为地面与大气进行物质、能量等交换的唯一通道,对大气层的物质组成、热力分布,以及天气变化都起到非常重要的作用。

空气污染物的散布是在大气边界层的湍流场中进行的,是大气输送与扩散的结果。空气污染物散布的理论处理,就是从大气湍流扩散的基本理论出发,对空气污染物的散布过程作正确的数学物理描述,主要有欧拉方式和拉格朗日方式的两种基本处理途径。

梯度输送理论的根本问题源自湍流半经验理论,这个理论源于分子过程的模拟,把无规的湍涡运动看成分子热运动那样,以与分子运动过程相同的方式来完成对流场中各种属性的交换和输送。这种半经验理论以假想的湍涡输送模型为基础,通量与梯度之间的线性关系本质上只是一种假定。但是,因为近地层大气流场远非简单的线性关系所能说明的,流场之间的千差万别完全要通过扩散系数 K 的不同假设和不同形式来表述,这是比较困难的,这就限制了这种理论对实际应用的普遍指导意义。虽然如此,梯度输送理论在大气扩散理论处理和应用中曾起过重要作用,目前亦还占有一定地位,尤其在较大尺度的区域性扩散问题处理领域。

湍流统计理论处理大气扩散问题的最终目标是找出描写粒子位移的概率分布。湍流统计理论处理扩散问题的主要困难在于实际湍流的非定常、非均匀性。因此尚无法从理论上导出这个概率分布函数,而必须求助于实验和假定,如通常假设的正态分布。即在正态分布假设下,利用泰勒公式定出其方差,则浓度分布可以确定,这就是大气扩散计算的最基本方法。

泰勒公式是在均匀、定常假设下导出的,实际大气并不符合这样的条件,只有在下垫面开阔平坦、气流稳定的小尺度范围的扩散处理中,才近似满足这样的条件。这使得理论处理的应用受到很大限制,超出这个范围的应用则需作许多合理推广和经验修正。

泰勒公式只是实现了用脉动速度的统计特征量来描写扩散参数 σ 这一步,还不能直接用于处理大气扩散问题。大气湍流场的性质主要是由气象因子决定的,因此,为了将泰勒公式发展成可供应用的形式,必须用所测的气象参量来找到扩散参数 σ 与气象参量的直接联系。这是许多扩散模式(统计理论处理的)的共同出发点。

相似理论处理的基本原理是关于拉格朗日相似性假设,故其扩散处理的物理模型可概述为二。其一,粒子扩散特征与流场的拉氏性质是相联系的,假定流场的拉氏性质仅仅决定于表征流场欧氏性质的那些已知参量,这样就可以把粒子扩散与近地层风速的空间分布(欧氏参量)联系起来。质点速度的统计特征也同样决定欧氏特性参数。其二,在近地面层,这些表征流场欧氏性质的参量是摩擦速度 u_* 和莫宁-奥波霍夫长度 L(系动力和热力联合效应)。这是由近地层相似理论,通过量纲分析方法得出的两个参量,可以用来描述粒子的扩散。

相似理论是在量纲分析基础上发展的,是研究近地层大气湍流的一种有效的理论方法,应用它来处理扩散问题,取得了一些成果,但至今发展比较迟缓。迄今,由相似理论导出的一些扩散问题的解多限制在近地层内,即限制在湍流粘滞力等于常数的薄层内,其厚度仅几十米。在这个高度上,必须考虑柯氏力等其他因子的作用,从而使量纲分析复杂化,难以导出确定结果,这不利于实际应用。

第二章　空气污染的大气化学与大气物理问题

大气是一个非常复杂的多相化学体系,它不仅包含了主要成分氮和氧,还有浓度较低的二氧化碳、水汽、各种惰性气体以及许多其他碳氢化合物和氧化物,不仅有气体成分,还有固体和液体成分。更重要的,这个化学体系是不稳定的,大气中存在着永恒的十分复杂的物质循环过程,这种过程既包含宏观的物理变化,也包括微观的化学变化。大气中空气污染物的浓度是由源排放、输送、扩散、化学转化和沉降、沉积等物理化学过程共同决定的。

§1　气象因子对空气污染物浓度的影响

1.1　空气污染气象学影响因子

在对大气污染状况的监测工作中,常常会发现,在同一地点来自同一排放源的污染物浓度的监测结果却不一定相同,有时可测到很高的浓度,有时浓度却非常低,有很大的差异。这种现象表明在不同的气象条件下污染物的输送与扩散规律是不相同的。气象条件是影响污染物浓度的一个重要因子。直观地看,有时烟囱排出的烟气随风向下风方输送,形状像一条带子,经过很长的时间都不容易散开。这种情况下,如果监测的采样点正处于烟气输送的路径上,必然会测到较高的浓度,但污染影响的范围却不是很大。有时烟气一离开烟囱口,很快就在水平和垂直方向散开了。如果监测点的位置不变,那么必然会采到较低的污染物浓度。污染监测的事实表明,空气污染物散布的主要影响因子就是气象条件。气象变化是非常复杂的,影响空气污染物散布的气象因子也是多种多样的。

1.1.1　大气边界层结构及其特征

空气污染物排放进入大气层,其活动决定于各种尺度的大气过程,首先受到大气边界层湍流活动的支配。大气边界层是直接受地表影响最强烈的垂直气层,它占有整个空气质量的 1/10,其厚度随天气条件和地表特征而变。通常从地面到 1~2 千米高度的这一层里气流受地面摩擦力和下垫面地形地物的影响比高层大气显著得多,并且与地面间有物质和能量的交换,即动量、热量、水汽和其他物质的输送。按动力学特征,通常把大气边界层分为三层:

1. 贴地层

是最贴近地面的一层,厚度在 1 米以内。在这层中空气分子粘性应力占有重要地位,同时还要考虑湍流应力。地表的细微结构直接影响着该层的空气运动。在贴地层的最底部,空气与地面粘附在一起,像似地面处空气不流动。

2. 近地层

该层高度可达 50 ~ 100 米。这一层内气象要素有明显的日变化,湍流应力远超过分子粘性应力,柯氏力与气压梯度力可忽略不计,大气与地面的相互作用主要依赖于垂直方向的湍流对动量、热量、水汽的输送。在近地层中,动量、热量和水汽的湍流垂直输送通量随高度变化很小,常被称为常值通量层。并且,在近地层内风速随高度增大近似满足线性关系。

3. 埃克曼(Ekman)层(上部摩擦层)

从近地层顶到大气边界层顶被称为 Ekman 层。这一层的主要特征是气压梯度力、柯氏力、湍流应力具有同样的量级,都不能被忽略。Ekman 层可以看作大气由强烈地受地面影响向上部自由大气过渡的一层,也是地面输送的动量、热量、水汽进入自由大气的通道。

由于边界层的厚度随时间和地点变化,因地表覆盖物及其性质不同可以分为陆地、水面边界层,山地、森林和城市边界层等。一般把日间大气边界层分为近地面层、混合层和夹卷层,把夜间大气边界层分为近地面层、稳定边界层和残余层,各层具有各不相同的特性。

大气边界层与人类活动的关系最密切、最直接,空气污染问题也主要发生在这一层中。边界层中气象要素场具有特征性的日平均垂直梯度,并在日平均值上再叠加以昼夜为周期的波动,越接近地面波动越剧烈,随着接近边界层的上边界而逐渐减弱为零。

在没有外部强天气系统影响时,风的日变化完全取决于湍流混合状况,温度的日变化可以看作是太阳辐射变化引起的热波及地面长波辐射引起的冷却,这热波和冷却借助于湍流由地面向上传播。

污染物在大气边界层中的扩散也取决于湍流发展,湍流的强弱常常用脉动量的均方根 $\sigma_w = (\overline{w'^2})^{1/2}$ 和湍流强度 $i = \dfrac{\sigma}{\bar{u}}$ 以及湍流耗散率 ε 来表征。混合作用的范围以湍流积分尺度表示,即 $L_t = \int_0^\infty R(t)\,\mathrm{d}t, L_x = \int_0^\infty R(x)\,\mathrm{d}x$。

维持边界层湍流的动力因素主要是空气动力学粗糙度 Z_0 和切应力 τ,用 $u_* = \left(\dfrac{\tau_0}{\rho}\right)^{1/2}$ 表示。促使湍流增强或减弱的热力层结作用,通常用理查逊数 R_i 来表征,还由自地面向上的垂直感热通量 $H_T = \rho C_p \overline{w'\theta'} = -\rho C_p K_H \dfrac{\partial \theta}{\partial t}$、莫宁-奥布霍夫长度 $L = -\dfrac{u_*^2}{x\dfrac{gH_T}{T\delta C_p}}$,以及混合层厚度 Z_i 等参量表示。

1.1.2　风和湍流

空气相对于地面的运动形成风,风是一个矢量,既有大小,又有方向。气象学中风向指风的来向。有风时,排放到大气中的污染物将向下风向输送,而不会影响到上风向。并且风速越大,单位时间内污染物被输送的距离就越远,与空气的混合也越充分,单位体积空气中污染物的含量越少,即浓度越低。由于风既能输送污染物,又能使污染物与空气混合降低浓度,因而风对污染物浓度及分布起很大作用,是空气污染气象学中一个主要的影响因子。一般在考虑风对污染影响时,常使用污染系数的概念:污染系数 = 风向频率/平均风速,风频越低,风速越高,即污染系数就越小,污染程度就越轻。

　　湍流是流体的一种特有运动方式,主要特征是湍流运动时流体的主要脉动物理属性,即脉动速度、脉动温度、脉动压力等随时间和空间以随机的方式发生变化。湍流产生的诱因基本可以分为动力或机械作用和热力作用两类。动力作用主要是指速度的切变,例如风速风向随高度变化就是风的垂直切变,切变是空气运动在空间的不均匀性,它主要是由地面的摩擦、地形的阻挡、起伏造成的。风切变越显著,湍流就越容易发展。热力作用主要指由于空气内部温度不均匀并且不稳定而导致的湍流发展。造成空气内部不稳定的因子可以有很多种,例如地面对大气的加热导致其上方空气的温度升高,最终造成地面附近空气的温度比其上方空气高出许多,使温度层结不稳定。大气湍流的强弱取决于热力和动力两方面因子。在气温垂直分布呈强递减时,热力因子起主要作用,而在中性层结情况下,动力因子往往起主要作用。图2.1 给出了非湍流和湍流条件下气团的扩散示意。可以看到,在非湍流条件下,气团的扩散是比较缓慢而稳定的,但是在湍流条件下却是迅速和随机的。

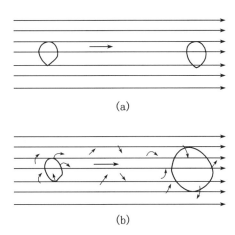

(a)

(b)

图2.1　非湍流和湍流条件下烟团的扩散示意图

　　研究湍流时,把它作为一种叠加在平均风之上的脉动变化,由一系列不规则的涡旋运动组成,这种涡旋称为湍涡。边界层内最大的湍涡尺度大致与边界层厚度相当,最小湍涡尺度只有毫米量级。大湍涡的能量来自于平均运动场,小湍涡的能量来自于大湍涡的破碎,小湍涡把能量向更小的湍涡传递,最终由于空气分子的粘性作用被转化成热能。能量的这种从大湍涡向小湍涡传递并最终在分子尺度上被耗散的过程常称为能量串级过程。

　　大气总处于湍流运动状态中,并且湍流运动的典型特征湍涡有不同的尺度,从几百米到几毫米,因而排放到大气中的污染物不可避免地被各种尺度的湍涡夹带、输送,由于湍涡的运动是无规则的,速度大小、方向是随机变量,因而烟囱排放的烟气在随平均风的下风向输送过程中,还不断地向不同方向扩散、稀释,使烟流的形状时刻发生变化,输送距离越长散布范围也越广。因而可以说影响污染物扩散的主要因子是湍流,在空气污染气象学领域,湍流扩散的特征是一个需要研究的核心问题。

　　如果大气层中没有湍流,那么烟气被排入大气后,它的扩散过程是非常缓慢的,因为此时只有分子扩散起作用,烟流将较长时间保持原来的形状。实际大气中,由于湍流的存在,使烟流的扩散进行得非常迅速,因为湍流扩散作用比分子扩散作用大了 $10^5 \sim 10^6$ 倍,在实际大气中,常忽略分子扩散,因为它太小。污染物的输送过程主要是由平均风来承担,在风速并不很小的时候,常会在平均风方向上忽略湍流扩散作用,毕竟湍流扩散对污染物的输送没有平均风的输送强。

在湍流扩散过程中,各种不同尺度的湍涡,在扩散的不同阶段起不同的作用,如图 2.2 所示。例如烟囱排放了一团烟气,刚开始的时候烟团的扩散主要靠小尺度湍涡,使它相对缓慢地变大,边缘不断与周围空气混合,浓度逐渐降低。如果在这个阶段烟团遇到尺度大的湍涡,它也只是被大湍涡夹带输送,自身尺度并没有明显变化,但是等到小湍涡将烟团逐渐扩散变大之后,大湍涡就会将烟团进一步散布开,更迅速地使其变大,也更剧烈地与周围空气混合,使污染物浓度迅速降低。在这个阶段,烟团被撕开、变形,扩散得更迅速。

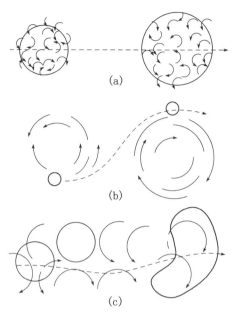

图 2.2　不同尺度湍涡的扩散作用

1.1.3　气温与大气稳定度

由于大气温度随高度的分布不同,实际大气中可以出现三种大气层结:稳定层结、中性层结、不稳定层结。在稳定层结条件下,高度增高,位温上升,抑制了垂直方向的运动,因而在这种情况下,不利于大气湍流的发展,使大气对污染物的扩散能力下降。在不稳定层结下,高度上升,位温下降,有利于垂直运动发展,大气湍流得到充分增长,扩散能力增强。中性层结条件下,则介于稳定和不稳定之间。

观测发现,在不同的温度层结条件下烟流的形状是不同的,如图 2.3 所示,显示了不同稳定度条件下大气层具有不同的稀释扩散能力,烟流散布状态也不同:

1. 扇形

扇形发生在大气稳定层结条件下。由于湍流活动较弱,烟流的垂直扩散受到抑制,所以烟流垂直向起伏不大,垂直方向的扩散远小于水平方向。在此情况下扇形烟流内部污染物的浓度是较高的,而在其上下,则浓度很快降低。如果是地面源,地面污染将会是比较严重的;如果是高架源,烟流主体会到较远处才会落地,地面浓度则往往不是很高。因而在一般稳定层结

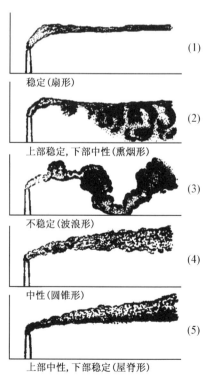

稳定(扇形) (1)

上部稳定,下部中性(熏烟形) (2)

不稳定(波浪形) (3)

中性(圆锥形) (4)

上部中性,下部稳定(屋脊形) (5)

图 2.3　不同温度层结条件下的烟流散布形状示意

条件下,大气的稀释扩散能力虽然较弱,但是实际的环境污染影响并不一定处于很不利状况。只有当逆温抑制湍流扩散或发生逆温层封闭的情况下,地面层排放的污染物积聚才会造成十分不利的低层重污染状况。

2. 熏烟形

上层逆温,层结稳定或夜间逆温在日出后渐消散抬升至一定高度,下层不稳定。空气污染物向上扩散受抑而被对流不稳定气流夹卷向下并被带到地面,使地面浓度剧增造成局地严重污染状况。

3. 波浪形

波浪形出现在不稳定层结条件下,存在较大尺度的湍流,烟流呈曲折起伏状,由连续及孤立片段组成,烟流各部分的运动速度和方向不规则。由于烟流沿水平和垂直方向摆动剧烈,主体易于分裂,因而消散迅速。此种情况多出现在中午前后,夏季可持续较长的时间。由于低层大气多为超绝热递减率状况,气层很不稳定,湍流活动剧烈,所以烟流消散快,处于地面的污染源形成的地面污染物浓度往往较低。如果是高架源,由于热力引起的大湍涡的垂直运动,烟流容易被带到近处的地面,下风距源近处的地面浓度往往较高,然而随着距离的增大,平均浓度迅速降低。

4. 圆锥形

圆锥形出现在近中性层结条件下,低层的大气层结与干绝热递减率相近。此种形状多出现于阴天(或多云)风大的天气,这时烟体外形清晰,烟流离开排放口一定距离后主轴基本上保持水平,形状呈圆锥形。

5. 屋脊形

出现的气象条件与熏烟形相悖,下部逆温湍流扩散弱,上层湍流扩散强,形成烟流下缘浓密清晰,上部稀松或有碎块。这种形态常在日落前后观察到,它对高架源排放较为有利。

另外,逆温层对空气污染物的扩散会起抑制作用,直接支配关系到地面污染物浓度,所以逆温层的存在及其位置往往是分析空气污染的存在与强度潜势的重要条件。逆温层如果出现在地面附近,则会限制近地面层湍流运动,如果出现在对流层中某一高度上,则会阻碍下方垂直运动的发展。与空气污染密切相关的逆温层分布形式主要是地面辐射逆温,它的生成、维持时间、强度与厚度不仅受气象条件的制约,而且与下垫面的性质有关,对空气污染物浓度有着重要的影响。

1.1.4 辐射与云

太阳辐射是地球大气的主要能量来源,地面和大气层一方面吸收太阳短波辐射,另一方面不断地发射长波辐射。地面及大气的热状况,温度的分布及其变化,制约着大气运动状态,影响着云与降水的生成,对大气污染起着一定的支配与影响作用。在晴朗的日间,太阳辐射首先加热地面,近地面层的空气温度上升,使大气处于不稳定状态;夜间地面辐射失去热量,使近地层气温下降,形成逆温,大气层结稳定。

　　云对太阳辐射有反射作用,它的存在会减少到达地面的太阳直接辐射,同时云层对大气逆辐射又有加强作用,从而减小了地面的有效辐射,因此云层的存在可以抑制气温随高度的变化。有探测结果表明,有些地区冬季阴天时,温度层结几乎没有昼夜变化。

　　在缺乏温度层结观测资料的情况下,可以根据季节、时间和云量来估计大气的稳定度状况,再结合风速的大小可进一步判断大气的扩散能力。

1.1.5　天气形势

　　天气现象与气象状况都是在相应的天气形势背景下产生的。一般情况下,在低气压控制时,空气有上升运动,云量较多,如果风速稍大,大气多为中性或不稳定状态,有利于污染物的扩散。相反在高气压控制下,一般天气晴朗,风较小,并伴有空气的下沉运动,往往在数百米到两千米的高度上形成下沉逆温,抑制湍流的向上发展,夜间有利于形成辐射逆温,不利于污染物的扩散,容易造成地面污染。由一些地区的污染潜势条件,可以总结出一些有利于扩散和不利于扩散的天气形势类型,并给出各种类型天气形势出现的气象参数及其临界值。

　　另外,降水、雾等对空气污染状况也有影响,降水对清除大气中的污染物质起着重要的作用,而且有些污染气体能溶解在水中,在水中起化学反应产生其他物质。对大气颗粒物而言,雨滴在下落过程中可以通过碰撞捕获颗粒物。此外,颗粒物还可以充当云滴的凝结核,使水汽在上面凝结。通过这两种过程都可以起到清除颗粒物的作用。

　　地形和下垫面的非均匀性对气流运动和气象条件会产生动力和热力的影响,从而改变空气污染物的扩散条件。例如城市的热岛效应和粗糙度效应,有利于污染物的扩散,但在一些建筑物背后局地气流的分流和滞留则将会使污染物积聚。由于地形的影响会使地表面受热不均,从而形成山谷风,以及由于地表性质不均而形成的海陆风等,都会改变大气流场和温度场的分布,从而影响空气污染物的散布。

　　综上所述,在考虑污染物在大气中的输送、扩散、清除过程时,必须与大气自身的运动状态,其中所发生的物理过程和化学过程密切联系,通过研究分析这些过程对空气污染物分布的影响,才有可能比较准确地预测污染物进入大气后的变化情况和空间不同位置的污染物浓度分布。

1.2　气象因子与空气污染物浓度的统计关系

　　如果污染源排放没有明显的变化,气象条件是决定污染物浓度的主要因子。气象因素与污染物浓度的关系比较复杂,例如,风速较大,一般有利于污染物的输送扩散,但在北方受沙尘影响较大的区域,大风天气容易引起地表扬尘。高温天气混合层发展加剧,污染物垂直扩散能力增强,因而一般在午后气温较高时,PM_{10} 和 $PM_{2.5}$ 等污染物浓度会较低,但高温天气又有利于光化学反应进行,从而使 O_3 等二次污染物浓度增加。

　　这里以苏州市为例,2010—2013 年逐时气象和大气成分观测资料分析的气象条件和污染物浓度的关系如表 2.1 所示,表中污染物浓度和气象条件之间的相关关系全部通过置信度为 0.95 的检验。颗粒物与散射系数的相关系数较高,其中散射系数与 $PM_{2.5}$ 的相关性高于与 PM_{10} 和 $PM_{1.0}$ 的相关性,颗粒物浓度与能见度呈显著负相关,其中 $PM_{2.5}$ 与能见度的相关性最好,为 -0.55。相对湿度(RH)与颗粒物浓度及散射系数的相关性很小,但与能见度呈显著负相关关系,相关系数为 -0.36,这是因为气溶胶在高相对湿度条件下,有较强的吸湿性增长,使大气散射能力增强,从而降低能见度。气温与能见度的相关系数达 0.35,一般在气温较高的午后和夏季,能见度较好,霾的发生频率也较低。风速与颗粒物浓度呈负相关,与能见度呈正相关。气压与颗粒物浓度及散射系数呈正相关,与能见度呈负相关,这是因为高压控制时多静稳天气,不利于污染物扩散,低压时常有大风、降雨等天气,有利于污染物的扩散和清除,气压和能见度的相关性高于湿度、气温和风速与能见度的相关性。

表 2.1　污染物与气象条件的相关系数

项目	PM_{10}	$PM_{2.5}$	$PM_{1.0}$	散射系数	能见度	相对湿度	气温	风速	气压
PM_{10} ($\mu g/m^3$)	1								
$PM_{2.5}$ ($\mu g/m^3$)	0.83	1							
$PM_{1.0}$ ($\mu g/m^3$)	0.75	0.87	1						
散射系数(Mm^{-1})	0.6	0.77	0.68	1					
能见度(km)	-0.38	-0.55	-0.44	-0.6	1				
相对湿度(%)	-0.1	0.04	-0.06	0.17	-0.36	1			
气温(℃)	-0.08	-0.15	-0.12	-0.16	0.35	-0.05	1		
风速(m/s)	-0.19	-0.24	-0.23	-0.28	0.21	-0.18	0.05	1	
气压(hPa)	0.22	0.22	0.23	0.25	-0.43	-0.05	-0.89	-0.13	1

表 2.2 是不同风向和风速条件下的霾发生频率,总体而言,风速越低,霾发生频率越高,在风速 <1.0 m/s 时,霾频率平均为 44.4%,而在风速 3.0~4.0 m/s 和 5.0~6.0 m/s 的风速区间中,霾的发生频率则下降为 26.2% 和 17.2%,低风速情况下的各风向霾频率相差不大,这时霾产生的主要原因在于污染物的本地排放,低风速使污染物不易扩散。在风速较高时,不同风向下霾发生频率相差显著,如风速大于 7 m/s 时,东风、东南风、南风和西南风下的霾发生频率为零,而且即使风速大于 8 m/s,北风和西北风下的霾发生频率仍达到 28.6% 和 30.9%。西北风是最不利的风向,此时苏州位于长江三角洲重要城市南京、镇江、常州、无锡的下风向,这些城市污染物的远距离输送可能对苏州造成重要影响,另外西北风多出现在冬季,冬季较低的混合层高度和较多发的逆温现象也是霾发生频率较高的重要原因。比较准确地确定外来污染物输送对苏州霾发生的影响,需要进一步的研究,但一般认为低风速下的霾的发生以局地影响为主,高风速下霾的发生则以外来输送为主。分析结果表明苏州霾的发生仍以局地污染物排放为主要成因。

表 2.2　不同风向和风速条件下霾的发生频率(%)

风速(m/s)	风向							
	N	NE	E	SE	S	SW	W	NW
<1.0	46.4	37.7	42.7	43.8	43.5	41.7	50.6	48.7
1.0~2.0	37.7	29.1	32.4	27.7	39.4	35.1	44.7	52.3
2.0~3.0	35.8	28.7	21.2	23.9	28.4	28.7	31.7	49.9
3.0~4.0	32.5	25.5	17.9	16.1	24.8	19.5	27.4	45.8
4.0~5.0	28.9	23.4	15.7	7	22.2	15.9	17.2	39
5.0~6.0	27.8	19.5	9.6	5	13.2	11.1	17.1	34.1
6.0~7.0	35.1	16.2	3.1	7	16.4	0	32.3	23.2
7.0~8.0	28	25.8	0	0	0	0	0	26.3
>8.0	28.6	14.9	0	0	0	0	0	30.9

注:霾的定义参照国家标准《霾的观测识别》(GB/T 36542—2018)

相对湿度(RH)对霾的发生有重要影响。细粒子中的二次无机气溶胶,如硫酸盐、硝酸盐和铵盐有较强的吸湿性,在相对湿度较大时的吸湿性增长过程能显著降低能见度,从不同相对湿度区间的霾发生频率看(图 2.4),重度霾最多出现在 RH 为 90%~95% 的情况下,即重度霾以湿霾为主,但是图 2.4 显示,并非相对湿度越大,霾的发生频率就越高,研究表明霾发生频率最高的相对湿度区间为 70%~80%。

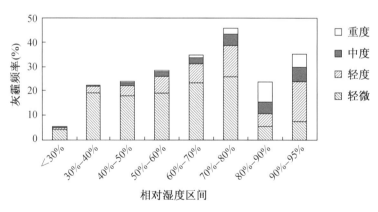

图 2.4　不同相对湿度区间的霾频率

降水对污染物有明显的冲刷作用,在降雨过后,污染物浓度通常会下降。图 2.5 是 2011 年 6 月 17 日苏州市一次降雨过程对污染物浓度的影响。2011 年 6 月 17 日为长时间强降雨过程,其后 PM_{10}、$PM_{2.5}$、NO_x 的 10 小时平均浓度比降雨前分别下降了 50.8%、54.7% 和 59.5%,这一次降水量较大,暴雨对污染物的清除作用能持续较长时间。一般而言,降雨对污染物的清除作用和降水量、持续时间等有关,降雨时间越长,降雨强度越大,降雨对污染物清除的作用越强。

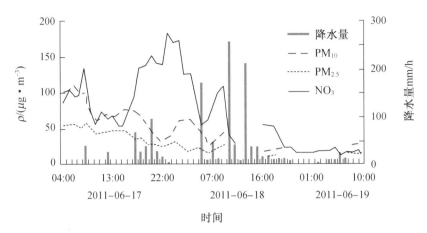

图2.5　2011年6月17日苏州市降雨前后的污染物浓度变化

1.3　气象因子对空气污染物浓度日变化和季节变化的影响

空气污染物浓度及其分布都有日变化和季节变化特征,这是由排放源和气象条件的改变共同造成的。

在许多受污染的城市地区,都发现 PM_{10}、$PM_{2.5}$、NO_2、CO 等污染物浓度日变化呈典型的双峰型分布。第一个峰值通常出现在上午 7~9 点,这和上午上班时的交通高峰相重叠,交通车流量迅速增加,使人为污染物排放增加。之后,随着气温升高,混合层发展,混合层高度不断抬升,污染物的垂直扩散混合过程也逐渐增强,使污染物浓度不断降低,一般在午后混合层高度达到最高,此时污染物浓度也降到最低。自午后气温开始下降,混合层高度也不断降低,污染物浓度逐渐上升,混合层高度降低与晚间交通高峰导致的排放增加等因子共同作用,形成了晚间第二个峰值。夜间,虽然人为活动减弱,但夜间大气边界层比较稳定,甚至经常出现逆温,因此夜间污染物浓度也经常维持在较高水平。

臭氧的日变化特征通常呈典型的单峰型分布,夜间浓度较低,自上午随太阳高度增加,地面气温上升,辐射逐渐增强,臭氧生成的光化学反应增强,使臭氧浓度逐渐增加,一般在下午达到峰值,之后随气温下降。辐射减弱而逐渐减小。臭氧是光化学产物,影响臭氧日变化的关键气象因子是气温和辐射的变化。

图2.6所示为苏州市 2014 年污染物各季节的平均日变化特征。PM_{10}、$PM_{2.5}$、NO_2、CO 的双峰型分布特征比较明显,而 O_3 则是典型的单峰型分布。图中臭氧的季节变化特征也体现了气温和辐射的影响,夏季气温高、辐射强,臭氧浓度一般也最高,其次是春季。秋冬季节臭氧浓度相对较低。$PM_{2.5}$ 和 PM_{10} 的季节变化特征与臭氧不同,通常 PM_{10}、$PM_{2.5}$ 在冬季浓度最高,这是因为冬季气温低,逆温出现频率一般高于其他季节,混合层高度也是四个季节中最低的,污染物垂直扩散条件差,另外,冬季降水较少,对污染物的清除作用弱。相反,在夏季混合层高度较高,降水较多,因此 PM_{10}、$PM_{2.5}$ 浓度较低。中国很多城市呈现以下特点,即冬季

$PM_{2.5}$污染严重,而臭氧浓度则较低;夏季臭氧污染严重而$PM_{2.5}$浓度较低。

北方城市冬季$PM_{2.5}$污染严重的另一个重要原因是冬季采暖季能源消耗的增加,因此北方城市颗粒物污染的季节变化更加显著。

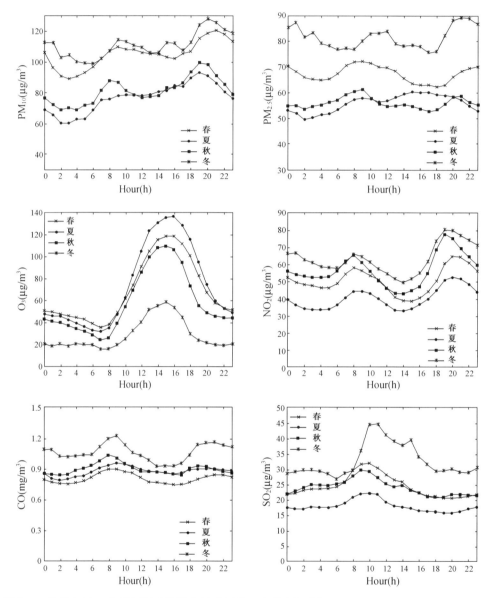

图 2.6 苏州市 2014 年不同季节污染物浓度平均日变化(分别为 PM_{10}、$PM_{2.5}$、O_3、NO_2、CO、SO_2)

§2 空气污染气象学中的大气化学过程

地面源向大气排放的微量气体和颗粒物,其由主要元素(如元素碳、氮和硫)组成的那些大多数处于还原态形式,而当这些元素组成的微量化学成分再回到地面时,大多数都变成了氧化物形式,导致微量成分这种氧化变化的大气化学过程比较复杂,它包括均相气相过程、均相液相过程以及非均相过程。

2.1 均相气相过程

均相气相反应是指气相物质之间发生的化学反应,大气中的大多数气相反应都与光化学反应有联系。大气中化学转化过程中的一些非常关键的成分是自由基。在 20 世纪初,人们曾经认为 SO_2,NH_3,CH_4 等还原性气体是被氧气(O_2)、过氧化氢(H_2O_2)氧化的,现在已经认识到起氧化作用的是大气中存在的高活性的自由基。自由基又称游离基,是具有非偶电子的基团或原子,其最主要的特点是化学反应活性强,存在寿命很短,平均寿命只有 10^{-3} 秒。大气中重要的自由基有羟基(OH)、氢过氧自由基(HO_2)、甲基(CH_3)、氢自由基(H)、H_2O_2 自由基等,尤其以 OH 和 HO_2 自由基最为重要(合称为 HO_x 自由基)。由 HO_x 自由基发起的一系列化学反应是许多还原性气体成分转化为氧化态的主要途径。

对流层大气中 OH 自由基的形成主要受光化学过程控制。OH 自由基的产生是从 O_3 光解开始的:

$$O_3 + h\gamma(\lambda < 340 \text{ nm}) \longrightarrow O(^1D) + O_2 \qquad (2.1)$$

其中 $O(^1D)$ 是激发态氧原子,可与水汽反应产生 OH 自由基:

$$O(^1D) + H_2O \longrightarrow 2OH \qquad (2.2)$$

NO、O_3 与 HO_2 自由基反应也会产生 OH 自由基:

$$O_3 + HO_2 \longrightarrow 2O_2 + OH \qquad (2.3)$$

$$NO + HO_2 \longrightarrow NO_2 + OH \qquad (2.4)$$

夜间产生并积累的亚硝酸(HNO_2)在早晨会迅速光解产生 OH:

$$HNO_2 + h\gamma(\lambda < 400 \text{ nm}) \longrightarrow OH + NO \qquad (2.5)$$

OH 的汇主要是通过氧化还原性气体,如 SO_2、H_2S、NH_3、CO、CH_4 等。HO_2 主要来自大气中 OH 与 NO_3、CO、挥发性有机物(VOC_s)的反应,同时 HO_2 通过氧化其他反应物种而被清除。OH 和 HO_2 都具有高反应活性,因此它们在对流层大气中浓度很低,寿命很短,OH 自由基的寿命约为 1 s,HO_2 自由基的寿命约为 1 min。自由基浓度很低,但在还原性气体的氧化过程中起非常重要的作用,主要原因还在于自由基在反应过程中能相互转化,如 OH 自由基在氧化 CO,CH_4 的反应中产生 H 和 CH_3 自由基:

$$OH + CO \longrightarrow CO_2 + H \qquad (2.6)$$

$$OH + CH_4 \longrightarrow CH_3 + H_2O \qquad (2.7)$$

上述反应生成物能很快与氧分子结合分别形成 HO_2 和 CH_3O_2 自由基:

$$H + O_2 \longrightarrow HO_2 \qquad (2.8)$$

$$CH_3 + O_2 \longrightarrow CH_3O_2 \qquad (2.9)$$

上述两种自由基又会通过一系列复杂的反应转化为 OH 自由基,如反应式(2.3)、(2.4)。类似的自由基在反应过程中相互转化的反应有很多,不再一一列举。应当强调指出,有关自由基在对流层大气化学中的核心作用尚有很多细节不清楚,也还缺乏足够的外场观测资料的支持。参与均相气相反应的物种和反应非常多,这里只是简单地涉及一些最基本的结论性的概念。

2.2　均相液相过程

在液相中也存在复杂的化学转化过程,称为均相液相反应。均相液相反应大多数是氧化过程,所涉及的氧化剂主要是 OH 自由基和 H_2O_2 自由基以及 O_3 等。液相反应比气相反应复杂,液相中,不仅有一步性基本反应,而且大量存在快速离子平衡反应,反应不仅涉及中性分子和自由基,还涉及离子。大气中液相反应的介质是各种液态粒子,包括云滴、雾滴、雨滴等降水粒子和在晴空条件下存在的液体粒子,这些液态粒子的尺度对液相化学反应过程可能有重要的影响。

2.2.1　云化学

云水化学成分对于气象、环境、航空等许多领域都是很重要的,但是,由于实际观测的困难,对云水化学成分的观测并不多。首先,云中含水量较低,要采集足以进行化学成分分析的样品很不容易。其次,由于样品绝对量小,收集时间又长,要防止污染,保证测量结果的精度也就相当困难。因此,现有观测结果的准确性和代表性都值得研究。不同地区不同地点观测的化学成分浓度值的可比性也较差。

云的形成首先是由凝结核活化开始,每一个云滴至少有一个凝结核,所以云化学过程首先由气溶胶粒子的云内清除过程开始。云水中的化学成分首先来自气溶胶物质中的可溶性成分,云中化学过程首先是气溶胶物质的溶解。大气气溶胶中可溶性物质主要是海盐(NaCl 和各种硫酸盐),硝酸和硫酸以及硝酸盐和硫酸盐。这些物质溶于水形成 Na^+,NH_4^+,K^+,NO_3^-,SO_4^{2-} 和 Cl^- 等离子。云水中这类物质的浓度首先与云所在高度、大气层中气溶胶的化学组成及浓度有关。

云化学的另一个重要方面是微量气体成分被水溶液构成的云滴吸收并在其中发生化学反应。大气中最容易被水滴吸收的,浓度较高的气体是二氧化碳、二氧化硫、氨气和硝酸气。它们被水滴吸收后,首先会发生溶解、离解过程,即

$$CO_2 + H_2O \longrightarrow H_2CO_3 \tag{2.10}$$

$$H_2CO_3 \Longleftrightarrow H^+ + HCO_3^- \tag{2.11}$$

$$HCO_3^{-1} \Longleftrightarrow H^+ + CO_3^{2-} \tag{2.12}$$

$$NH_3 + H_2O \longrightarrow (NH_4)OH \tag{2.13}$$

$$(NH_4)OH \Longleftrightarrow NH_4^+ + OH^- \tag{2.14}$$

$$HNO_3 + H_2O \longrightarrow HNO_3 \cdot H_2O \tag{2.15}$$

二氧化硫的溶解、离解过程见(2.16) ~ (2.22)式。上述气体进入水溶液并发生离解后可能

继续发生下列反应:

$$SO_2 + O_3 \longrightarrow SO_3 + O_2 \tag{2.16}$$

$$SO_3 + H_2O \longrightarrow H_2SO_4 \tag{2.17}$$

$$H_2SO_4 \longrightarrow 2H^+ + SO_4^{2-} \tag{2.18}$$

$$SO_3^{2-} + O_3 \longrightarrow SO_4^{2-} + O_2 \tag{2.19}$$

$$HSO_3^- + O_3 \longrightarrow H^+ + SO_4^{2-} + O_2 \tag{2.20}$$

$$HSO_3^- + H_2O_2 \longrightarrow H^+ + SO_4^{2-} + H_2O \tag{2.21}$$

$$SO_2 + H_2O + Mn^{2+} + O_3 \longrightarrow 2H^+ + SO_4^{2-} + O_2 + Mn^{2+} \tag{2.22}$$

在云滴中 HSO_3^- 和 SO_3^{2-} 转化成 SO_4^{2-} 的速度很快,所以通常在云水中观测不到 HSO_3^-,测得的 SO_3^{2-} 的浓度也比 SO_4^{2-} 的浓度低得多。HSO_3^- 只存在于酸性微滴中。

大气中还有一些含量更低的痕量成分,如 OH、H_2O、HNO_2、NO_2、NO_3、H_2S、HCl、HBr,以及有机化学成分等。它们或多或少总能被云滴吸收,并在其中发生复杂的氧化还原反应。水滴吸收的大气痕量成分有些在紫外和可见光波段有很强的吸收带,因此,可以预期在云滴中存在某些重要的光化学反应过程,但这方面的实验资料还很少。

2.2.2 降水化学

降水的化学成分是非常重要的环境要素。降水化学成分对地表生物的生存至关重要。因此,降水化学成分观测是大气化学研究的重要课题。从已有的观测资料看,降水化学成分有很显著的地区特点,并且随降水云系的发展而有很高的时间变率。同一地点,不同季节、不同降水云系的降水化学成分也会有很大的差异。

在海洋大气中,人为活动的污染较少,大气气溶胶的无机物成分主要是海盐粒子(其组成与海水总体类似)和较小的硫酸盐粒子。前者来自海水,后者可能来自气相二氧化硫转化物的长距离输送。因此,可以预期,大洋上空降水的化学成分主要是海水中的化学成分,大陆地表矿物质及人类活动污染物的含量应相对比较低。在澳大利亚海域两个岛屿上测得的雨水化学成分表明,岛上海盐成分(一些金属离子和 Cl^-、SO_4^{2-} 等)的浓度比其他成分为高。需要指出的是,NH_4^+ 和 NO_3^- 浓度虽然较低,但是,相对于海水中的物质成分,其富集程度较高,它们可能来自气相污染物的长距离输送。而 Na^+、K^+、Mg^{2+}、Ca^{2+} 和 SO_4^{2-} 虽然浓度较高,但相对于海水中的物质成分,其富集程度较低,即这些离子主要来自海水。

在未被污染的大陆地区,大气气溶胶、微量气体的来源比海洋上空复杂得多。但是,即使在离海岸偏远的内陆地区,海盐也总会对大陆降水的化学成分有一定贡献的,这是因为降水云系中的水汽总有一部分来自海洋,海盐也随之而来。海洋的影响与观测地点离开海洋的距离有很大关系,离海岸距离愈远,降水中海盐成分的浓度愈低,一般来说,离开海岸约10 km,海盐成分的浓度就会下降达80%,但即使离开海岸数百千米,甚至数千千米,海盐粒子的贡献仍然存在。除了海盐成分外,大陆大气中的降水化学成分还包括地表物质中的可溶性成分,以及人为活动产生的污染物。这些物质的浓度随天气条件的变化会有很大的时间变率。

在城市等被污染地区,大气降水的化学成分更为复杂,而且不同城市之间的差异很大。在城市地区,云中气溶胶不仅来自当地的地表土壤和人为污染物,还来自周围地区的长距离输送。在云所在的高度上,气溶胶具有大尺度的区域特征。而降水云下的气溶胶的浓度及化学组成却在更大程度上代表当地的来源分布特点和地形、气候特点。由于城市地区云下低层大气中的气溶胶和微量气体的浓度要比云中和干旱地区高得多,所以,这里云下过程对降水化学成分的贡献也就相对更大一些。因此,在城市地区观测的地面降水化学成分及其浓度与当地的污染状况有密切关系。但是,城市大气中空气污染物的浓度不仅与当地的污染源有关,还与当地的天气条件和大气稳定度有密切关系。在风速较大、大气稳定度较低时,污染物向外的输送和扩散过程较快,本地的污染物浓度就相应下降。降水过程是大气层中空气污染物最重要的清除过程。多雨地区,大气中的污染物(特别是气溶胶物质)的浓度要比干燥地区低得多。这样,可以预期实际测量的降水化学成分的浓度将与降水前和降水期间的天气状况有关。在一次降水过程中,降水化学成分的浓度将会有较大的变化。与洁净大陆地区相比,城市大气降水样品中 SO_4^{2-} 和重金属离子的浓度要高得多,有些地区氢离子浓度也很高,这在一定程度上反映了中国城市大气污染的特点,即工业交通等排放的 SO_2、NO_x 和颗粒物的污染程度较重。

降水中的最重要成分可能是硫酸盐。在大洋上和内陆边远洁净地区,降水中硫酸离子的浓度一般低于 $1\ mg\cdot L^{-1}$,而内陆污染地区降水中硫酸离子的浓度可达 $20\ mg\cdot L^{-1}$ 以上。从大量的实际观测结果来看,中国沿海地区降水中硫酸离子的浓度绝大部分在 $2\sim3\ mg\cdot L^{-1}$,最大不超过 $10\ mg\cdot L^{-1}$。在重庆市区,降水中硫酸根的平均浓度为 $20\ mg\cdot L^{-1}$。在中国西北污染城市,观测的降水中硫酸离子浓度最大值为 $65\ mg\cdot L^{-1}$。降水中经常观测到的氮化合物主要是 NH_4^+ 和 NO_3^-,有时也会观测到 NO_2^-。NH_4^+ 在降水中浓度较高,变化幅度也很大,经常观测到的浓度为 $0.1\sim0.2\ mg\cdot L^{-1}$,但在大洋上空,降水中的 NH_4^+ 浓度可低到 $0.02\ mg\cdot L^{-1}$。在污染城市大气降水中,NH_4^+ 浓度可达 $5\ mg\cdot L^{-1}$。降水中的 NH_4^+ 主要来自气溶胶中的硫酸铵和气相 NH_3 的吸收。大气中,气相 NH_3 主要来自土壤。土壤的 NH_3 排放率随土壤理化特性的不同而有很大的差别。酸性土壤排放的 NH_3 一般较低,碱性土壤 NH_3 排放较高。因此,降水中 NH_4^+ 的浓度与地表土壤状况有一定关系。降水中的 NO_3^- 主要来自气溶胶中的硝酸盐和大气中的硝酸气,可能还有一部分来自氮氧化物的液相反应。

Cl^- 也是降水中含量较大的微量成分。浓度值一般为 $0.2\sim1.7\ mg\cdot L^{-1}$。在大洋上,降水中 Cl^- 离子的浓度可高达 $40\ mg\cdot L^{-1}$,在内陆,氯离子浓度随着离开海岸距离的增加而下降。这表明大气降水中的氯离子主要来自海洋。但是最近的观测发现,大气中的氯有许多工业污染源。但降水中的 Cl^- 在一定条件下可与 H^+ 结合释放出气相氯化氢而使降水中的 Cl^- 离子浓度降低。因此,在降水酸度较高的地区,尽管大气污染很严重,降水中的 Cl^- 浓度仍然偏低。降水中的金属阳离子还有 K^+、Na^+、Ca^{2+}、Mg^{2+} 等。它们主要来自大气气溶胶,

而含 K^+ 和 Na^+ 多的气溶胶主要来自土壤和海水; Ca^{2+} 主要来自土壤尘和水泥石灰尘;降水中的 Mg^{2+} 可能来自海洋和土壤。除了以上介绍的降水中主要微量成分以外,降水中还存在大量浓度很低的其他成分,例如各种重金属元素,磷、碘和有机化合物以及一些不溶于水的物质。

2.2.3　酸雨问题

在降水化学中,降水的 pH 值是令人关注的问题。自 20 世纪 50 年代以来,根据全面而系统的长期观测研究,人们发现许多地区的降水 pH 值很低,这引起了人们的普遍重视。酸雨对环境的影响主要表现在使淡水湖的水酸化,影响水中生物生长;影响土壤理化特性,从而影响土壤中小动物和陆地植物如森林、农作物的生长;对建筑物、文物和金属材料的腐蚀作用。此外,酸雨中可能存在一些对人体有害的有机化合物,直接危害人体健康。

我国的酸雨研究始于 20 世纪 70 年代末期,在北京、上海、南京、重庆和贵阳等城市开展了局地研究,发现这些地区不同程度存在着酸雨问题,西南地区则较严重。1985—1986 年对全国范围内降水监测数据进行了全面、系统分析,结果表明:我国酸雨主要分布在秦岭淮河以南,而秦岭淮河以北只有个别地区发生。在西南、华南和东南沿海一带降水 pH 年平均值低于 5.0。溶液的 pH 值定义为

$$pH = -\lg[H^+] \tag{2.23}$$

由于在常温下,水的离子积常数 $K_w = [H^+][OH^-] \equiv 1 \times 10^{-14}$,因此,纯水的 pH 值为 7。于是,以 pH = 7 为参考点,定义 pH < 7,溶液为酸性,pH 值越小,酸性越强;pH > 7,溶液为碱性,pH 值越大,碱性越强。但是,如果酸雨的判别标准以 pH = 7 为判据,则全世界各地区的降水几乎都是酸的,这是因为大气中的酸性气体浓度大于碱性气体浓度,如二氧化碳溶于水后,形成碳酸,使降水呈弱酸性。

在 20 世纪 50 年代以前,人们认为大气中浓度足以影响降水酸度的大气自然成分只有二氧化碳,其他酸性或碱性成分主要来自人为活动。因此,把大气中 CO_2(330 ppm)与纯水在 0 ℃时处于平衡态时的溶液的 pH 值 5.6 作为酸雨判别标准。目前,中国国家标准《酸雨观测规范》(GB/T 19117—2017)也将 pH 值小于 5.6 的大气降水定义为酸雨。但是,我们需要知道的是,自然干净大气中除了 CO_2 外还有 SO_2、NH_3 等微量气体,它们都能影响到降水的酸性程度。如果考虑到这些气体的作用,自然大气和降水处于平衡时的 pH 值要低于 5.6。

2.3　非均相化学过程

非均相反应是指在两相物质界面上(气液界面、气固界面和液固界面)所发生的化学反应。固固界面、液液界面也有化学反应发生,但远不如上述反应重要。在所有多相体系中,不同相物质体系之间的相互作用总是先要通过联结它们的界面。尽管界面层可能在质量上只占两相总质量的很小一部分,其作用却可能是很大的。气溶胶粒子表面上所发生的非均相反应是大气化学过程中最不清楚的领域之一。然而已有证据表明这一过程对大气中一些

重要的微量成分的聚集有重要影响。例如,水汽必须找到一个表面(凝结核)为依托才能发生相变,否则即使大气中相对湿度达到400%,也不会有水滴形成。同样,没有界面,纯水滴在0℃以下也不会冻结。SO_2不会侵蚀光滑的大理石表面,但在大理石表面上存在固体或液体粒子时,大气SO_2将使大理石很快被破坏,可能的非均相反应如下:

$$SO_2(g) + 2O_3(g) \longrightarrow SO_4^{2-}(a) + 2O_2(g) \tag{2.24}$$

从实验数据估计其反应速度约为:

$$-(d[SO_2]/dt)_{颗粒物} \approx 0.1\varphi[SO_2] \tag{2.25}$$

其中φ为SO_2分子与颗粒物碰撞以后,被吸附在颗粒物上或发生反应的分数,φ值与颗粒物组成有关,其值如表2.3所列。

表2.3　不同颗粒物的φ值

颗粒物	MgO	Fe_2O_3	Al_2O_3	MnO_2	PbO	NaCl	飞灰
$10^5\varphi$	100	55	40	30	7	0.3	0.1~50

因此,有公式:

$$(d[SO_2]/dt)_{颗粒物} \approx (0.1\sim10)\times10^5[SO_2] \ (s^{-1}) \tag{2.26}$$

由此可见,非均相氧化是大气SO_2氧化的重要途径之一。另一方面,非均相化学过程不仅影响SO_2的氧化过程,还会影响大气氮氧化物和氧化过程和对流层臭氧的浓度,从而影响大气SO_2的气相氧化过程和对流层硫酸盐气溶胶的浓度。当然,这也为非均相过程影响气候变化提供了途径。在气溶胶粒子表面发生的下列反应可能是重要的:

$$SO_2 + O_x + X(i) \xrightarrow{H_2O} XSO_4(i) \tag{2.27}$$

这里O_x代表不可溶氧化物,如O_3,OH,H_2O_2;$X(i)$代表在i个气溶胶尺度段气溶胶;$XSO_4(i)$代表在i个气溶胶尺度段的硫酸盐。

$$O_3 + X(i) \xrightarrow{H_2O} O_3(i) \tag{2.28}$$

$$H_xO_y + X(i) \xrightarrow{H_2O} H_xO_y(i) \tag{2.29}$$

(2.28)式和(2.29)式是O_3,H_xO_y(OH + HO_2 + H_2O_2)被湿气溶胶颗粒表面的吸收:

$$N_2O_5 + X(i) \xrightarrow{H_2O} XNO_3(i) \tag{2.30}$$

$$NO_3 + X(i) \xrightarrow{H_2O} XNO_3(i) \tag{2.31}$$

$XNO_3(i)$代表在粒子表面形成的硝酸盐(粒子表面尺度第i段)

$$HNO_3 + X(i) \xrightarrow{H_2O} C_{NO_3^-}XNO_3(i) + C_{NO_x}NO_x \tag{2.32}$$

非均相过程导致的物种浓度的损失由有限吸附系数K_{pj}决定,根据 Heikes 和 Thompson(1983年)的结果,有限吸附系数K_{pj}为

$$K_{Pj} = \int_{r_1}^{r_2} K_{dj}(r)n(r)dr \tag{2.33}$$

式中 $n(r)dr$ 为粒径在 r 至 $r+dr$ 间的数密度，$K_{dj}(r)$ 为粒径为 r 的粒子的扩散系数，是粒子大小、粘贴系数、状态（如湿度）及扩散气体的特性的函数，可以由麦克斯韦（Maxwell）扩散方程确定

$$K_{dj} = \frac{4\pi r D_j V}{1 + K_n [\lambda + 4(1-\alpha)/3\alpha]} \qquad (2.34)$$

式中 V 为通风系数，接近 1，D_j 为分子扩散系数，由下式求解

$$D_j = \frac{2}{3\pi^{3/2}} \cdot \frac{1}{n d_m^2} \left(\frac{RT}{M}\right)^{1/2} \qquad (2.35)$$

式中 M 为分子量，R 为通用气体常数，T 为温度。

（2.34）式中 K_n 为 Knudson 数，定义为分子的有效平均自由程与粒径的比值。λ 是无量纲量，是 Knudson 数的函数，由下式计算：

$$\lambda = \frac{\frac{4}{3}K_n + 0.71}{K_n} + 1 \qquad (2.36)$$

（2.34）式中 α 为适应系数，取决于撞击气体的特性和粒子的表面特性，对于纯水表面的易溶性气体的适应性系数在 $0.01 \sim 1.0$ 之间（Jocob，1986）。表 2.4 是一些气体的适应系数。

表 2.4　气体的适应系数

物种	基本值	上限	下限
HNO_3	0.01	0.1	0.001
NO_3	0.1	0.2	0.01
N_2O_5	0.1	0.2	0.01
OH	0.1	0.2	0.01
HO_2	0.1	0.2	0.01
H_2O_2	10^{-4}	$2*10^{-4}$	10^{-5}
O_3	10^{-4}	$2*10^{-4}$	10^{-5}
SO_2	10^{-4}	$2*10^{-4}$	10^{-5}

在许多固体颗粒物表面的非均相反应中，表面吸附水的作用显得至关重要，如在上述反应中，表面吸附水使吸附态的 SO_2 转化为亚硫酸（H_2SO_3），使得化学反应容易往下进行。

大气颗粒物形状具有明显的不规则性，颗粒物表面不仅是反应的发生场所，也是反应的参与者。大气中的还原性气体如 SO_2 以及 NO_2、NO_3、N_2O_5 等氮氧化物被吸附在颗粒物表面，在 OH 自由基等氧化剂的作用下生成硫酸盐和硝酸盐。实际大气中颗粒物对 O_3 的吸附作用并不明显，对流层中非均相化学过程对 O_3 的影响主要体现在其对氮氧化物的损失作用，进而造成 O_3 浓度的变化。

亚硝酸（HNO_2）在大气化学中起着很重要的作用，它会在夜间积累，在清晨迅速光解生

成 OH 自由基,它是清晨 OH 自由基最重要的来源。至今已对亚硝酸的生成提出了多种机理,研究表明,气溶胶参与了 HNO_2 的形成,在 NO 浓度较低的情况下,海盐等气溶胶表面生成的 NO_3 自由基以及 N_2O_3 达到一定浓度,能促使 HNO_2 的形成。

氯原子具有重要的大气环境意义,在平流层催化反应中一个氯原子可以和 10^5 个 O_3 分子发生链反应,一般认为,海盐表面的非均相过程是海洋对流层大气中自由态氯离子最重要的来源。

界面上发生的化学过程极为复杂,目前对于非均相化学尚未揭开其具体物理、化学过程的奥秘,了解其细节需要进行深入的理论和实验研究。

§3　空气污染物的清除过程

广义地说,前面所讨论的化学转化过程也是清除过程。化学反应中反应物变成了产物,反应物所表现的那种物质消失了,变成了另一种形式的物质。对于反应物已构成了清除过程。但是,对于整体大气而言,大气中的化学转化过程不造成物质的产生和消失,即不构成清除过程。当然,这些过程必然是与前面所述的输送和化学转化过程紧密地联系在一起的,对于许多大气成分来讲,清除过程是从化学转化过程开始的。

清除过程是维持大气成分相对稳定的重要因子。没有清除过程,许多大气成分将因地表源的不断排放而迅速累积。按照 2018 年全球二氧化硫排放量(约 30 573. 3 千吨)和对流层平均高度(取 10 千米),若大气中不存在清除过程,则对流层中二氧化硫的浓度将每年增加约 60 $\mu g \cdot m^{-3}$,这就意味着在一年时间内整个对流层大气将受到硫的污染,甚至达到城市上空大气污染的含硫水平。

我们通常把清除过程分为两大类,即干清除过程和湿清除过程。当然,也有些过程难以划归于这两种过程中的一种。简单地说,在没有降水的条件下,通过重力下落、湍流输送或两者的共同作用将大气微量成分(包括气溶胶粒子和微量气体)直接送到地球表面而使其从大气中消失的过程称为干清除过程,有时也称为干沉降过程;通过降水粒子(雨滴、雪片、霰粒等)把大气微量成分带到地面使之从大气中消失的过程称为湿清除过程,有时也称为湿沉降过程。雾滴截获过程、海浪溅沫的冲刷过程以及与露的形成有关的清除过程则难以划归于上述两种过程中的任何一种。没有形成降水的云,其生成、发展和消失过程有点像大气中的物质的化学转化过程,它对整体大气而言不构成清除过程,但却使许多大气成分的物理、化学特征会发生很大变化。这种变化可能会在很大程度上改变大气成分的生命期。

3.1　干清除

微量成分的干沉降速率与该成分表面的物理、化学特性有关,当然也与大气的状态有关,后者主要决定气体分子向地表面的输送,前者决定到达地表面的微量气体分子能否被表面有效吸收并向地物内部输送,从而又会反过来影响输送速率。

复杂地形条件下的大气环境质量研究发现,由土壤、森林、植物、建筑物和水体等不同下垫面界面上,因吸收引起的干沉积过程是物质迁移到地表面的重要控制因子之一,它也是PBL中很多污染物质的重要汇。有差不多一半以上是由干清除过程引起的,比湿清除过程更重要,因此对干清除过程正确的参数化处理,对认识污染物质在复杂地形条件下的演变规律是非常重要的,这已经引起了科学界广泛注意。污染物的清除过程包括各种复杂的微观物理、化学及其生态过程。现在可以应用干湿沉积预报模式预报出各种化学物质的地面干湿沉积量及其空间分布。污染物的迁移清除包括干湿两类沉积过程,通常采用干湿沉积预报模式预报。

干清除过程涉及各种复杂的微观物理、化学及其生态过程,例如凝聚力、物质在不同界面上的碰撞、吸收、反射、溶解与吸附等。这些过程的综合影响统由干沉积速度(v_d)计算。它们都会明显改变城市空气污染物的时空浓度分布,尤其是复杂下垫面的城市区域。

一般来说,在中性大气条件下,挥发性较低的气体及容易与表面发生化学反应的气体干沉积速率大。有植被的表面和水体表面上许多微量气体的干沉积速率也较大。例如,二氧化硫在不同表面上的干沉积速率在 0.14 cm/s 到 2.2 cm/s 之间变化。

干沉积是污染物由大气向地表面输送,最终为土壤,水,植被等下垫面所清除的过程,它涉及到物理,化学和生物等多种因子。干沉积过程是影响物种浓度的重要过程,尤其在近地面,物种浓度与干沉积速度的关系很大。影响干清除的因素很多,主要包括三个方面,即大气状况(如风速,湍流强度,稳定度等),沉积表面性质(如粗糙度,表面组成及类型,植被覆盖率和植物生理结构)和污染物本身的特性(如扩散率,活泼性,溶解性)(George A. S. , 1980)。通常定义干沉积速度为:

$$v_d \equiv -F_c/C_z \tag{2.37}$$

这里 F_c 是通量密度,C_z 是物种在 z 高度的浓度。

3.1.1 干沉积速度的测量

气体和颗粒物的 v_d 的试验测量值范围很宽,Schmel(1984)的工作中列出了大量资料可供参阅。干沉积速度的测量有三种途径,多种方法。第一类,实验室测量方法:① 置器测量法。用一已知容积的容器,敞开倒盖于被测沉积表面上。然后,测量其浓度随时间的变化。单位时间浓度的减损成数即目标污染物沉积通量,再由浓度和沉积通量计算 v_d。② 风洞测量法。通常采用直流式风洞模拟实际大气过程及其自然状况并取人工模拟沉积表面进行测量。第二类,野外测量方法:① 自然表面沉积法。自然条件下,同时测量目标污染物的浓度(在某参考高度上)和它在沉积表面上的沉积量,直接获得 v_d。② 烟流衰减测量法。根据质量守恒原理,烟流向下风方输运过程中,污染物因干沉积而衰减。于是,由以下两种方式:其一,直接测量目标污染物的气悬总量;其二,同时施放无沉积物质与目标污染物作比较测量,测量污染物损减获知运行过程中的沉积量,以求沉积速度。第三类,微气象学测量方法。1) 梯度测量法。由扩散处理梯度输送理论,污染物的通量梯度和垂直扩散系数 k_z 的表达

式,可得差分表达式

$$F = \frac{\kappa u_* z}{\phi(z/L)} \cdot \frac{\Delta q}{q} \quad\quad\quad (2.38)$$

这里 F 为污染物的垂直通量,κ 为卡门常数,Δq 为高度间隔,Δz 为层间的浓度差。由 v_d 定义可有

$$v_d = \frac{\kappa u_*}{\phi(z/L)} \cdot \left(\frac{\Delta q}{q}\right) \cdot \left(\frac{z}{\Delta z}\right) \quad\quad\quad (2.39)$$

于是,由风、温廓线观测和通量梯度经验函数求出 u_* 和 $\phi\left(\frac{z}{L}\right)$,再加上浓度的梯度测量,便可由上式求得 v_d。2)通量测量法。由污染物垂直通量的定义 $F = \overline{q'w'}$,这里的 q' 和 w' 分别为污染物浓度和垂直速度脉动量,求取相关系数 r_{qw} 并测量 σ_q 和 σ_w,由下式求取污染物通量:

$$F = r_{qw} \cdot \sigma_q \cdot \sigma_w \quad\quad\quad (2.40)$$

然后,由以下关系求得

$$v_d = \frac{F}{q(z) - q(z_0)} \qu\quad\quad (2.41)$$

显然,需知 z 和 z_0 高度的污染物浓度(测量)。

3.1.2　干沉积速度的理论计算

干沉积速度和气象条件有关,因此在污染物扩散的计算过程中,它是随气象条件实时变化的,不宜取为固定的常数。于是,需要给出干沉积速度的理论计算方法。下面是一种常用的干沉积计算方法。

3.1.2.1　气体的干沉积速度

干沉积过程可视为三步,第一,由湍流扩散支配物质向贴地层输送;第二,物质通过紧贴地面的片流子层向吸收体扩散,称为地面输送。片流子层仅厚 $10^{-1} \sim 10^{-2}$ 厘米,但通过这层的扩散却是沉积率中重要部分;第三,由在地面的物质可溶性或吸收率确定通过片流子层扩散的物质实际上有多少被清除,这个最后的过程称为转移过程。

干沉积速度是垂直通量与实测浓度间的比例常数。整个沉积的三个步骤可类同于电流或热量传送的情形,经受各种阻力,即空气动力学阻力 r_a、地面层阻力 r_s 和转移阻力(接受表面阻力)r_c。v_d 可以表示成三种阻力之和的倒数,即

$$v_d = \frac{1}{r_a + r_b + r_c} \quad\quad\quad (2.42)$$

这里 r_a 是空气动力学阻力,r_b 是片流层阻力,r_c 是接受表面阻力。

空气动力学阻尼 r_a 对所有物种气体都一样,是由湍流引起的,依赖于表面粗糙度、风速、大气稳定度。Sheih(1979)认为不活泼污染物在大气中的输送和近地层中的热量输送是类似的,根据这一假设,r_a 可以表示成:

$$r_a = \frac{\lg(Z_a/Z_0) - \Psi_c}{\kappa U_*} \qu\quad\quad (2.43)$$

其中 Z_a 是计算 v_d 时选择的参考高度, U_* 是摩擦速度, Z_0 是表面粗糙度长,模式中考虑季节变化时粗糙度的变化。Ψ_c 是稳定度修正函数。κ 是卡门常数。

片流层阻尼 r_b 是污染物向表面沉积时经过近地面片流层时所受的阻力,它反映了该层内质量输送和动量输送的差别。r_b 的大小与各物种在空气中的扩散系数有关,在数值上一般小于 r_a,是影响沉积的相对不敏感因子,一般取为:

$$r_b = \frac{2.83}{\kappa U_*} \tag{2.44}$$

接受表面阻尼 r_c 与污染物与表面之间的化学、生物作用有较大的关系,依赖于气体的溶解性、活泼性及表面的特性。r_c 比 r_b 更难确定,一般通过间接测量的手段获得。Walcek(1986)给出了 SO_2 在各种条件下的 r_c,并考虑了地表状况、季节、日照、表面潮湿度对表面阻力的影响。Wesely(1989)进一步对多种气体在 11 类下垫面上沉积的 r_c 作了细致的参数化,对有植被覆盖的表面,采用耦合生物过程的"大叶"模式,考虑了叶面气孔、表皮、叶肉对气体干沉积的作用。这种方法理论上更为完善,但需要提供更为详细的资料,在实际应用中比较困难。一般可根据间接测量获得不同土地类型 r_c 的值。

3.1.2.2 粒子的干沉积速度

粒子的干沉积不同于气体,主要由湍流扩散、布朗扩散、惯性碰撞、重力沉降等引起。一般认为粒子沉积到表面后没有再悬浮,表面阻力可以忽略。在片流层中,粒子干沉积的机制与粒径有关,直径小于 0.1 微米的粒子沉积主要由布朗扩散控制,直径在 1~10 微米之间的粒子沉积主要受惯性碰撞的影响,上述两种作用对直径在 0.1~1 微米的粒子沉积都有贡献,直径大于 10 微米的粒子主要受重力沉降影响。粒子的干沉积速度可表示为(Slinn, S. A. et al., 1980):

$$v_d = \frac{1}{r_a + r_b + r_a r_b v_g} + v_g \tag{2.45}$$

式中 v_g 代表重力沉降速度,可由 Stokes 方程直接得到:

$$v_g = \frac{2 r_p^2 g (\rho_p - \rho_a) C_c}{g \rho_a v_a} \tag{2.46}$$

式中 r_p、ρ_p 分别代表粒子的半径和密度,ρ_a 是空气密度,C_c 是对应于小粒子(直径小于 1 微米)的 Cunningham 订正因子,由下式给出:

$$C_c = 1 + \frac{\lambda}{r_p} \left[1.257 + 0.4 \exp\left(-1.1 \frac{r_p}{\lambda} \right) \right] \tag{2.47}$$

式中 λ 表示空气分子的平均自由程,约 0.065 3 微米。

对于大粒子而言,重力沉降作用远大于湍流等沉降作用。一般对小于 1 微米的粒子而言,粒子干沉积的空气动力学阻力 r_a 可以等同于气体的 r_a。片流层阻力 r_b 中考虑了布朗扩散和惯性效应(Yamartino, R. J., 1992),为

$$r_b = \frac{1}{\left(S_c^{-2/3} + 10^{-3/S_t} \right) U_*} \tag{2.48}$$

上式中的斯托克斯(Stokes)数 $S_t = U_*^2 V_g / (g v_a)$，施密特(Schmidt)数 $S_c = v_a / D_p$，D_p 是粒子的布朗扩散系数,由斯托克斯-爱因斯坦(Stokes-Einstein)关系得到,即

$$D_p = \frac{kTC_c}{6\rho_a v_a \pi r_p} \tag{2.49}$$

式中 k 是玻耳兹曼常数,为 1.381×10^{-23} J/K。

3.1.3　植被对干沉积速度的影响

　　早在 1967 年,Wells 和 Chamberlain 就在其研究工作中发现,当在较平坦光滑的沉降表面覆盖上一层滤纸后,颗粒物在该表面的干沉降速率会出现明显的增加。他们将此发现类推到植物表面,进一步发现植物表面可以起到类似的对颗粒物干沉降的促进作用。植被对气态污染物的清除机制主要是通过叶面气孔的吸收。此外,植物的其他表面也可以吸附大量的污染物质。一旦进入叶片内部,气态污染物可以扩散至细胞间的空隙,被植物体内部的液体所溶解形成酸性物质,或与其他物质发生化学反应。

　　植被生态系统对大气中颗粒态污染物的干沉降过程也会起到一定的促进作用。杨健博和刘红年(2016)建立了一个植被干沉降模型。图2.7～图2.9分别给出了草地、阔叶林及针叶林三种不同植被表面颗粒物干沉降速率随粒子尺度的变化,图中黑色实线代表一般风速条件下(即 $u^* = 44$ cm/s 时)的模拟结果,阴影部分代表由于摩擦速度的变化($u^* \in [11, 117$ cm/s])而引起的颗粒物干沉降速率的变化范围,图中散点为参考文献中的观测结果。

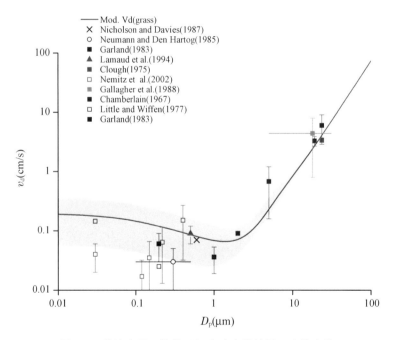

图 2.7　草地表面颗粒物干沉降速率随粒子尺度的变化

(实线为模拟结果,阴影代表由于摩擦速度变化引起的 v_d 变化范围)

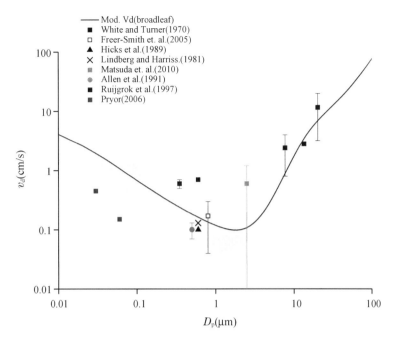

图 2.8 阔叶林表面颗粒物干沉降速率随粒子尺度的变化
（实线为模拟结果，阴影代表由于摩擦速度变化引起的 v_d 变化范围）

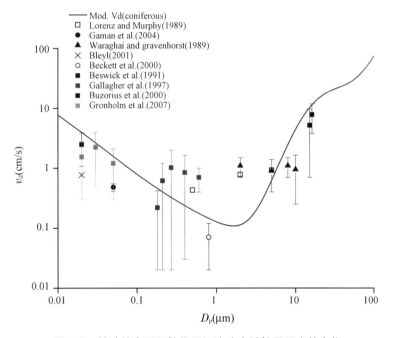

图 2.9 针叶林表面颗粒物干沉降速率随粒子尺度的变化
（实线为模拟结果，阴影代表由于摩擦速度变化引起的 v_d 变化范围）

颗粒物的干沉降速率与粒子自身尺度大小密切相关。颗粒物的干沉降速率随自身尺度的不同而呈"V"字型变化趋势,不同尺度的颗粒物,其干沉降速率相差可达 2 个量级。这主要是由于对不同粒径范围的颗粒物,主导其干沉降过程的物理机制也不相同,布朗扩散作用对细粒子有较大影响,而重力沉降作用主要影响粗颗粒物。从图 2.7 ~ 图 2.9 中可以看出,对于艾根核模态($D_p < 0.1\ \mu m$)及粗模态($D_p > 2\ \mu m$)的颗粒物干沉降速率相对较大,而积聚模态($0.1\ \mu m < D_p < 2\ \mu m$)颗粒物的干沉降速率最小。这是因为颗粒物的干沉降过程主要包括四种物理机制,即重力沉降、布朗扩散以及由湍流输送引起的碰并和截留。对于直径 $0.1\ \mu m$ 以下的细颗粒物,布朗扩散是影响其干沉降过程的主要机制,且这种影响随粒子尺度的增加而减弱。因此对于直径 $0.1\ \mu m$ 以下的细颗粒物,其干沉降速率会随着粒径的减小而增大;对于粒径在 $2 \sim 10\ \mu m$ 范围内的颗粒物,碰并和截留机制起主要作用;对于直径超过 $10\ \mu m$ 的粗粒子,重力沉降作用可以使颗粒物具有较大的干沉降速率,且对于粗颗粒物而言,自身粒径越大,其干沉降速率受重力机制的影响也就越明显,而大气湍流扩散作用(即摩擦速度)对其影响也就越小;对于粒径在 $0.1 \sim 2\ \mu m$ 范围内的颗粒物,以上所有物理机制的作用都相对较小,因此积聚模态颗粒物的干沉降过程最缓慢。

对于粗粒子,草地、针叶林和阔叶林的干沉降速率随粒子尺度的变化比较接近,粒子尺度越大,重力在干沉降中所起的作用越大,和地表类型的关系就越小。对于艾根核模态($D_p < 0.1\ \mu m$),三种植被类型下的干沉降速率相差较为明显,尤其是草地和林地(针叶林和阔叶林)相差更大,草地上粒子干沉降速率小于林地。

3.2　湿清除

湿清除是许多大气成分的有效快速清除过程。通常把湿清除过程分为云内清除和云下清除两类。通常把最终形成降水的云的云中过程所造成的大气微量成分的清除叫做云内清除,也称为雨冲刷(rainout);而把云底以下降落的雨滴对大气微量成分的清除叫做云下冲刷,也称做水冲刷(washout)。没有形成降雨的云没有清除作用,但对局地大气化学成分的转化却起着重要作用,可能间接地对某些大气成分的清除有重要贡献。云一旦形成降水,它对大气成分的清除作用是雨冲刷和水冲刷共同起作用的结果,很难区分开来。

空气污染物的降水清除过程是由降水和污染物之间相互作用及其演变过程完成的。因此,降水和空气污染物的各种性状对于降水清除过程的发生、持续时间、强度、位置等均有重要影响,例如雨雪发生的时间、位置、强度等宏观指标决定了降水清除过程发生的可能性、频率和强度;云和降水中的夹卷、荷电、雪晶形态、雨滴谱等微观特性同样对降水清除的强度有重要意义。空气污染物的浓度时空分布及其变化更直接地决定了对降水清除强度的估算。粒子污染物的尺度谱、密度、荷电状况、吸湿性和可溶性以及凝聚、吸附、吸收、碰并等作用,气体污染物的可溶性、吸收、解吸作用以及扩散、混合和可能发生的化学反应等都对降水清除有决定性作用。

气溶胶粒子的湿清除过程是从云开始形成的那一刻开始的。由于云的形成必须通过云凝结核或冰核,故在云的形成中有大量气溶胶粒子进入云滴中,如果没有凝结核,水汽要在相对湿度超过 420% 的条件下才能凝结,而实际大气相对湿度很少达到 101%。

在凝结核凝结长大,并导致大气中出现云以后,云滴可以通过布朗运动或惯性碰撞等过程在云内清除大量气溶胶粒子。若以 m_p 表示云内气溶胶质量浓度($\mu g/m^3$),则因云内清除作用减少的气溶胶质量浓度 m_w 为

$$m_w = m_p \varepsilon_p = m_p(\varepsilon_n + \varepsilon_B + \varepsilon_c) \tag{2.50}$$

其中,ε_p 为云滴清除效率,即被云滴清除的质粒总量占总质量的比率,包括核化 ε_n、布朗扩散 ε_B、碰并和拦截 ε_c 各项。对大陆性云可取 $\varepsilon_p \approx 0.75$,海洋性云 $\varepsilon_p \approx 0.95$。这就是说,云区的气溶胶粒子大部分被云滴吸收,剩下的少量气溶胶粒子是直径为 $0.1~\mu m$ 左右的不可溶粒子。

云形成降水后,云中吸收的气溶胶物质,随雨滴降落到地表面完成清除过程,同时,雨滴在下降过程中将继续通过惯性碰并过程和布朗扩散作用俘获气溶胶质粒,使之从大气中清除。随着降雨的持续,云下气溶胶粒子浓度不断下降,这可近似用下式计算:

$$C(t) = C_0 \exp\left[-\bar{\varepsilon}\pi R^2 V(R) N(R) t\right] \tag{2.51}$$

其中,$C(t)$ 是在 t 时刻云底下气溶胶的质量浓度,C_0 是降雨开始即 $t=0$ 时刻云下气溶胶粒子的质量浓度,$\bar{\varepsilon}$ 是气溶胶粒子的平均有效收集效率,R 为雨滴平均有效半径,$N(R)$ 为雨滴数浓度,$V(R)$ 是雨滴平均下降速度。上式的计算中需要了解雨滴谱等资料,该公式也可以简化为

$$C(t) = C_0 \exp(-\Lambda t) \tag{2.52}$$

其中 Λ 为冲刷系数或降水清除系数,与降水强度等因子有关,可以根据观测资料给出 Λ 与降水类型、降水强度的经验公式。

微量气体的湿清除是在云滴形成后,通过云滴吸收,并在降水形成后通过雨滴吸收而被带到地表的过程。如果被吸收的微量气体不与云滴物质发生化学反应或只发生快速平衡可逆反应,则微量气体的湿清除效率完全由它们在水中的溶解度决定。微量气体在水滴中的溶解过程比云滴增长和雨滴降落的过程要快得多。微量气体一般都和水滴处于准平衡状态,只要知道了大气中微量气体的浓度就很容易由亨利定律计算出它们在水滴中的浓度(各种气体的溶解度都被准确地测量过),它们的清除效率也就容易算了。但是,在实际大气中有许多微量气体能与水滴中的物质发生复杂的化学反应,其清除过程也就复杂化了。这类气体的清除效率是由气体向水滴表面的输送速度、气体向水滴内部的扩散速度和气体在水滴中的化学转化速度这三个因素决定,前两个过程是由微量气体、空气和水的物理性质决定的。这两种过程比雨滴形成和降落过程要快。第三个因素主要是由微量气体和水滴中所含其他化学物质的浓度和性质决定的。一般情况下,湿清除效率由第三个因素决定。例如,气相二氧化硫与溶液中的四价硫(包括 SO_2、HSO_3^- 和 SO_3^{2-})可在不到一秒的时间内达到平衡。这一平衡过程可用下面的式子来表示:

$$SO_2(气) + H_2O(液) \underset{}{\overset{K_H}{\rightleftharpoons}} H_2SO_3(水溶液) \qquad (2.53)$$

$$H_2SO_3(水溶液) \overset{K_1}{\rightleftharpoons} HSO_3^-(水溶液) + H^+(一次离解) \qquad (2.54)$$

$$HSO_3^-(水溶液) \overset{K_2}{\rightleftharpoons} SO_3^{2-} + H^+(二次离解) \qquad (2.55)$$

式中 K_H 是亨利定律常数,K_1 和 K_2 分别是一次离解和二次离解的平衡常数。如果溶液中没有其他化学成分,二氧化硫的湿清除效率很容易由平衡态理论处理。但在实际大气中,溶液中总是含有一些氧化剂,溶液中四价硫将被进一步氧化成六价硫(SO_4^{2-})。虽然目前对具体的反应细节没有完全弄清楚,但我们知道,只要有一个四价硫原子转化成了六价的,式(2.53)~式(2.55)描述的平衡态就被扰动,就会有另一个二氧化硫分子被水滴吸收,二氧化硫的湿清除效应就会增大。因此,我们只需要准确地知道四价硫向六价硫转化的总转化速率。但要定量地处理这一过程需要更多的理论和实验研究,以获取精确的化学转化速率常数。

§4　气溶胶与空气污染

　　气溶胶是悬浮在大气中具有稳定沉降速度的固体或液体小微粒(不包括云粒子)与气体载体组成的多相体系。在大气科学研究中,常用气溶胶代指大气颗粒物。尺度范围为 10^{-3} 微米(分子团)~10^1 微米,跨 5 个量级。其尺度的下限取决于仪器测量精度,上限则取决于所研究的问题。一般讨论小于 50 微米的粒子,有时扩大到 200 微米以下的粒子。在大气环境学科领域通常也称气溶胶为颗粒物,大气悬浮颗粒物是空气质量的重要指标之一。气溶胶对辐射传输有重要影响,气溶胶还是大气中云形成的先决条件之一,气溶胶浓度的变化会直接影响到天气、气候和大气环境的变化,具有特殊重要性。

　　气溶胶粒子的状态、大小、组成等均与人体健康密切相关。悬浮在空气中的气溶胶粒子很容易被吸入并沉积在支气管和肺部,粒径越小的气溶胶粒子,越能够沉积到呼吸道的深处,对人体的危害越大,大气气溶胶中的细颗粒物易于富集空气中的有毒重金属、酸性氧化物、有机污染物、细菌和病毒,且颗粒物的粒径越小,其毒性越大,因为小颗粒物的巨大表面积使其能吸附更多的有害物质,并能使毒性物质有更高的反应和溶解速度。

　　颗粒物对环境的影响还包括使大气的能见度降低,轻雾、霾等天气出现更加频繁,严重影响了人类的正常生产、生活及交通秩序。本节主要论述气溶胶的一些基本性质,尤其是它的化学组成、来源和影响等。

4.1　气溶胶的基本特征及化学组成

4.1.1　等效直径

　　气溶胶粒子的表面可以是十分复杂的,有些粒子有晶体结构,表面也是光滑的,但大部分是粗糙的,粒子的表面积及其结构与粒子参与大气化学过程的作用有很大的关系。气溶胶粒子的形状是不规则的,有接近球形的液体微滴,有片状、针状、柱状的晶体微粒,有极不规则的固体微粒等。对单个粒子而言,无法用一个尺度来描述,但是,如果要研究的是粒子群的统计特性,可以用等效直径来描述粒子的尺度大小。最常使用的等效直径有光学等效直径和空气动力学等效直径。

光学等效直径:气溶胶粒子与直径为 d_{op} 的球形粒子具有相同的光学散射能力,则 d_{op} 为这个粒子的光学等效直径(常与乳胶球粒子比较,折射指数 $n = 1.589 - 0i$,波长 0.552 μm)。

空气动力学等效直径:气溶胶粒子与单位密度(1 g/cm^3)的直径为 d_{ac} 的球形粒子的空气动力学效应相同,则 d_{ac} 为该粒子的空气动力学等效直径。

对于同一个粒子,用不同测量方法测得的这两种意义完全不同的等效直径一般是不会相同的。例如,用光学粒子计数器(测量范围 $0.3 \sim 15$ 微米)测量的是粒子的光学等效直径,用电迁移粒子尺度分析仪(测量范围 $0.01 \sim 1$ 微米)测量的是空气动力学等效直径。如果用这两种仪器同时测量同一地点的实际大气气溶胶,在二者重叠的粒子尺度范围内($0.3 \sim 1$ 微米)测量结果是不重合的,这是因为两种仪器的测量原理不同而带来的固有差别。一般情况下,如果不做特别说明,粒子直径指的是空气动力学直径。我们通常把直径为 $0.01 \sim 0.1$ 微米的气溶胶粒子称为爱根核(Aitken nuclei),有时又称为超细粒子,这是为纪念最早研究这一类粒子的科学家爱根而命名的。直径为 $0.1 \sim 1$ 微米的气溶胶粒子称为细粒子或小粒子,直径为 $1 \sim 10$ 微米的粒子称为粗粒子或大粒子,直径大于 10 微米的气溶胶粒子称为巨粒子。

在大气环境科学研究领域,将空气动力学直径小于等于 2.5 微米的粒子称为 PM$_{2.5}$,又称为细颗粒物,将粒径小于等于 10 微米的粒子称为 PM$_{10}$,其中粒径在 $2.5 \sim 10$ 微米之间的粒子称为粗颗粒物。事实上,粒子按照粒径大小进行的分类和命名或多或少带有人为性和任意性。细粒子是所有悬浮颗粒中对人体危害最严重的部分。PM$_{10}$ 可进入鼻腔,但主要沉积在上呼吸道,而粒径在 $2 \sim 10$ 微米之间的粒子主要沉积在支气管并可直接渗入到人体肺泡并沉积在肺泡壁上。其中 75% 的 PM$_{2.5}$ 可达到肺部无纤毛区。由于细颗粒吸附性强,可携带重金属、硫酸盐、有机物、病毒,对人体影响比大粒子更严重。

4.1.2　气溶胶粒子的谱分布

气溶胶浓度随粒子尺度的分布,称为谱或谱分布或粒度谱分布,谱分布的数学描述称为谱分布函数。下式中 n_d 是以直径为特征参数的谱分布,dN 为直径 $d_p \sim dp + dd_p$ 范围中的粒子数浓度,则 n_d 为:

$$n_d = \frac{dN}{dd_p} \tag{2.56}$$

$$dN = n_d dd_p \tag{2.57}$$

谱分布函数对整个粒子范围积分,即为气溶胶粒子的数浓度:

$$N = \int_0^\infty n_d dd_p \tag{2.58}$$

4.1.3　气溶胶粒子的化学组分

气溶胶的化学成分十分复杂,不同的时间和空间气溶胶的化学成分是不同的。从元素角度而言,大气气溶胶尤其是城市污染空气气溶胶,几乎包含涉及整个元素周期表中的元素,其中基本上可区分为地壳元素和污染元素两类。地壳元素指地壳物质中所含的丰度最高的几种元素,如铝、硅、钙、铁、钛等,它们占地壳物质的40%以上,若包括它们的氧化物,则可占地壳物质的80%~90%。污染元素通常包括硫、碳、氮、铅、锌、铬、镍、砷等微量元素,主要由人为过程产生的向大气释放的气溶胶所含的元素。

许多无机盐气溶胶成分具有可溶性,其水溶性成分主要是硫酸盐、硝酸盐、铵盐和氯化物等。有机气溶胶包括烷烃、烯烃、芳香烃、多环芳烃(苯并芘)、二噁英等。洁净的陆地大气气溶胶中有机化合物的含量很低,但在城市污染大气中,气溶胶中有机物种类却非常多。

气溶胶中的含碳成分是气溶胶的重要组成部分,主要包括有机碳(organic carbon, OC)、元素碳(elemental carbon, EC)、碳酸盐碳(carbonate carbon, CC)等。OC主要代表大气气溶胶中的有机物成分,是一种含有上百种有机化合物的混合体,一般组分为脂肪类、芳香族类化合物、酸等,也包括多环芳香烃、正构烷烃、酞酸酯、醛酮类羧基化合物等有毒有害类物质。EC是一种高聚合的、黑色的、400℃以下很难被氧化的物质,在常温下表现出惰性、憎水性,不溶于任何溶剂。CC占含碳气溶胶的比例不超过5%,因此,绝大部分的研究者在研究碳气溶胶时,仅讨论OC、EC,即认为总碳量(TC)为有机碳(OC)和元素碳(EC)之和。

碳气溶胶中能够吸收可见光的物质成分又称为炭黑(Black Carbon, BC)。科学界一般接受BC和EC是同义词,即二者是同一类物质,但二者浓度不同。这是因为EC和BC是用不同测量方法测得的,当用热学分析方法测量时,称其为元素碳(EC),当用光学分析方法测量时,称为炭黑(BC)。EC和BC的浓度很接近,可以通过热学和光学两种测量方法的同步测量建立起BC与EC的当量关系。刚排放进入到大气中的炭黑气溶胶粒子是憎水性的,但炭黑表面多孔,有较好的吸附活性,可以捕捉各种二次污染物,使颗粒表面的物理化学形态发生转变,变为亲水性粒子,从而参与大气中的云过程、光氧化和光化学等的非均相过程。另外,由于炭黑气溶胶是通过燃烧过程所产生,因此它们的粒子尺度比较小,其尺度范围在0.01~1微米内,粒径中值在0.1~0.2微米。炭黑气溶胶粒子本身在化学性质上很稳定,一般不溶于极性和非极性的溶剂,它在空气或氧气中被加热到350~400摄氏度时仍保持稳定。正因如此,它不可能在大气中通过化学反应生成,更不可能通过化学途径将其从大气中清除。

4.1.4　气溶胶粒子的吸湿性增长

大气气溶胶按吸湿性可以分为亲水性的和憎水性的。亲水性的气溶胶主要有硫酸盐、硝酸盐、铵盐、海盐和部分有机气溶胶。憎水性气溶胶主要有炭黑气溶胶和部分有机气溶胶。憎水性气溶胶可以通过吸附其他亲水性气溶胶而具有亲水性,部分有机气溶胶也可以通过化学反应获得亲水性。

大气气溶胶随着相对湿度的变化而发生潮解或风化过程,在这些过程中,气溶胶的质量、密度、大小都有可能发生变化,从而对气溶胶颗粒的物理化学参数产生影响。相对湿度对气溶胶的影响作用归结为两个方面:一是粒子吸湿增长,尺度变大,从而使尺度谱分布的形状向大粒子方向移动;二是粒子与水结合,改变气溶胶折射指数。通常当相对湿度大于35%左右时,气溶胶粒子便能吸附水汽而凝结增长,当相对湿度大于 60% ~ 70% 后,气溶胶吸附水汽的能力便更为显著了。定义气溶胶湿度增长函数 $f(RH) = d/d_0$,其中 d,d_0 分别为干湿状况下的气溶胶粒径。f 随相对湿度的变化一般如图 2.10 示意。

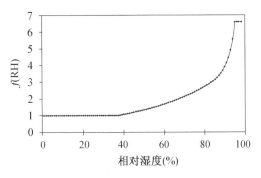

图 2.10 气溶胶湿度增长函数随相对湿度的变化

4.1.5 气溶胶粒子的生命期

同气体成分的生命期定义一样,气溶胶粒子的生命期定义为大气中气溶胶粒子的稳态总质量与粒子物质的总输入通量(或总输出通量)之比。一般而言,气溶胶粒子的生命期首先取决于本身的化学组成和浓度谱分布,其次是所处高度和局地天气状况。吸湿性粒子容易成为凝结核,吸湿性增长以后重力沉降速度增加,被云雾降水清除的可能性也较大,粒子生命期相对较短。直径在 0.1 ~ 10 微米范围的粒子主要靠降水冲刷和重力沉降作用清除,它们在大气中的生命期最长;直径大于 10 微米的粒子的主要清除机制是重力沉降,粒子寿命随粒子直径增大而迅速下降。降水量大的地区能加大粒子的湿清除过程,使其生命期缩短。粒子所处位置越高,沉降到地面所需时间越长,粒子生命期也就越长,平流层气溶胶粒子的生命期一般比对流层中同样粒子的生命期长 100 倍。

4.2 气溶胶的来源

气溶胶源的形成通常有两种机制,即核化过程和注入机制。核化过程主要通过痕量气体氧化的气相化学反应和化石燃烧及生物的燃烧作用,由低挥发性气体凝结而成。注入机制是直接由外界向大气注入质粒,包括洋面波浪和气泡的破碎产物、陆面风力抬升输送矿物尘、活动火山的喷发物、生物活动产物、燃烧过程产物和来自地球以外的陨星物质燃烧过程。

4.2.1 火山

火山活动喷发产生的以硅酸盐为主的火山灰很快降落至地表,但由硫氧化物、氯化物和水汽组成的火山蒸气可进入平流层。二氧化硫通过气粒转化形成硫酸气溶胶,其他气体对平流层臭氧分布产生影响。火山爆发后,平流层气溶胶迅速增加,主要是硫酸水合物,其生命可达一年以上,通过扩散和聚合逐步衰减。

4.2.2 球外陨星物质

出现陨星的平均高度为 95 km,陨星蒸气影响电离层 D 区和 E 区,对夜光云的形成有贡献。陨星和球粒状陨石的元素组成具有相似性,主要由铁、锰、氧化硅组成。陨星对平流层气溶胶的贡献仅为火山贡献的百分之几。但它是 20 千米高度以上的粒径 $r<0.01$ 微米的粒子的主要来源。陨星尘作为平流层气溶胶的可变源,可直接影响气溶胶的性质,表现为增强总质粒浓度,减少平均质粒的尺度,增加总的硫酸盐质量。

4.2.3　风扬尘

风扬尘是最常见的自然现象,地表沙尘、土壤颗粒在风的作用下从地表分离进入大气,形成沙尘气溶胶、土壤尘气溶胶。沙尘气溶胶和土壤尘气溶胶又合称为矿物气溶胶。

自然的机械研磨粉碎作用一般不可能产生次微米粒子,风扬尘产生的矿物气溶胶粒子直径一般大于 1 微米,主要在 2～5 微米范围内。风扬尘的微观机制比较复杂,产生机制是不平坦地表上的粒子跳跃分离和碰撞发射,当风速大于某个临界值时(临界风速),水平风首先能使直径为几十微米的大颗粒移动,较大粒子对土壤表层的跳跃式碰撞使较小的颗粒激射到大气中。临界风速的大小和地表类型有关,沙漠地区的临界风速较小,越是板结的土壤,临界风速越大。

4.2.4　海洋

海盐气溶胶对大气中的物理和化学过程有着重要的影响,海盐气溶胶中主要元素组分是 Cl、Na、Mg、Ca、K、S 和 Br,由于其来源于海水飞沫,所以与海水的主要成分一致,且其元素浓度比,如 Cl/Na、Mg/Na、Cl/Mg 等亦与海水中的相应比值接近。海盐气溶胶的生成主要有气泡产生和海水飞沫两种过程:

① 气泡产生。海面被风吹起的波浪,浪涛头部可包裹气泡,涛头变白就是含大量气泡的标志,涛头下落至海面,就把所包裹的气泡下压至水中,但风速小于 3 m/s 时不产生气泡,水中气泡上升至表面破裂,产生微滴,被风力带入大气,水滴蒸发后留下盐核。

② 海水飞沫。海洋表面受风应力作用,产生海水飞沫。产生海水飞沫的过程又分直接机制和间接机制。在风速超过 10～12 m/s 时,强湍流使得浪花顶部直接碎裂产生泡沫滴,这种过程称为直接机制。由于波浪破碎产生的气泡在水面破碎,气泡破碎后喷发会出现无数液滴,这种过程为间接机制。

4.2.5　生物过程

生物过程产生的气溶胶称为生物气溶胶,其成分主要为花粉、种子、藻类、细菌、植物碎片等。生物气溶胶的粒子尺度在 3～150 微米范围内。热带雨林是世界上最大的陆地生态系统,也是最大的生物气溶胶产生源地。

4.2.6　生物质燃烧

生物质燃烧是大气气溶胶的重要来源之一,包括自然的燃烧过程和人为的生物质燃烧过程。自然的生物质燃烧主要是自然产生的森林火灾,1 万平方米森林的燃烧可释放几百万克的颗粒物,主要是有机气溶胶、元素碳、飞灰。森林火灾产生的粒子谱分布的峰值直径约在 0.1 微米处,这使得它们能成为有效的云滴的凝结核。人为的生物质燃烧过程主要是秸秆燃烧,在部分地区,秸秆燃烧是造成空气污染的重要原因。

4.2.7 人为源的排放

人类活动通过工农业生产、道路交通、城市建设等活动向大气直接排放气溶胶,包括燃料燃烧、工业粉尘、汽车尾气、道路扬尘等。人为源的直接排放与城市规模、经济发展水平、能源结构、污染排放控制等众多因子有关。不同排放过程排放的气溶胶类型、粒子尺度有较大的差异,如工业粉尘、道路扬尘排放的气溶胶以粗粒子为主,汽车尾气排放以细粒子为主,燃煤排放则取决于烟气除尘效率等。

除人为源的直接排放以外,人为源还通过排放污染气体经光化学反应形成二次气溶胶,这是污染大气中气溶胶的重要来源。

4.3 二次气溶胶的产生过程

4.3.1 气-粒转化

二次气溶胶的产生过程即气-粒转化过程。气-粒转化过程是大气中由气体成分转化为粒子的过程,是大气气溶胶的一种重要来源,也是大气化学中的一类重要的化学-物理过程,它是许多重要大气化学过程的最后一步,对许多大气微量成分构成了清除机制。

气-粒转化过程包括均相成核过程和非均相成核过程两类。均相成核包括均相均质成核和均相异质成核。均相均质成核是指由单一分子组成的气相物质形成由同种分子组成的液相或固相胚粒,如水汽的自身核化过程。均相异质成核是指由多种分子组成的混合气体形成两种或多种不同分子组成的液相或固相胚粒,如水汽和硫酸蒸汽的混合气体自身核化形成硫酸液滴的过程。非均相成核包括非均相均质成核和非均相异质成核,非均相均质成核是指由单一分子组成的气相物质在外在物质上的核化,如水汽在凝结核表面上的核化过程。非均相异质成核是指两种或两种以上混合气体在外来物质上的核化,如水汽和硫酸蒸汽的混合气体在凝结核表面上的核化过程。

通过气-粒转化过程形成的气溶胶为二次气溶胶,主要有硫酸盐、硫酸、硝酸盐、铵盐及有机气溶胶等,形成某二次气溶胶的气体成分称为该气溶胶的前体物,如 SO_2 是硫酸盐气溶胶的前体物,NO_x 和挥发性有机物(volatile organic compounds, VOC)是硝酸盐气溶胶和有机气溶胶的前体物。这些气态前体物既有来自于人类活动的排放,也有其自然排放源。

大气中 SO_2 和氮氧化物经过化学和光化学反应分别生成 H_2SO_4 气和 HNO_3 气,它们的饱和气压很低,很容易达到成核所需要的过饱和度。特别是 H_2SO_4 气,其饱和气压极低,H_2SO_4 一旦形成,几乎立即成核,成为小粒子。在干净大气中,气溶胶中 SO_4^{2-} 主要存在于亚微米小粒子中 H_2SO_4 成核以均相成核为主,在原生粒子浓度较高的城市污染大气中,除了均相成核形成的小粒子外,还有非均相成核。SO_4^{2-} 的浓度谱分布还在 2~4 微米范围内出现第二峰值。这是 H_2SO_4 在原生粒子上凝结和气相 SO_2 在原生粒子上的非均相氧化转化的结果。

除了上述简单的过程外,实际大气中还存在许多更为复杂的化学过程,能将普通气相物质转化成能够成核的弱挥发性气体。例如,碳氢化合物能与 O_3 和其他自由基反应生成易于发生均相成核的醇类和醛类化合物;碳氢化合物及其某些反应产物可与氮氧化物反应生成有机硝酸酯是构成前述的光化学烟雾的重要成分之一,它是大气化学过程中气-粒转化的一个重要例子。

硫酸盐气溶胶是大气气溶胶的主要成分之一,SO_2 的气-粒转化过程在大气化学过程中显得尤其重要。在 SO_2 气-粒转化过程中 OH 自由基起着关键作用。SO_2 主要通过下面的反应形成 H_2SO_4 气体:

$$SO_2 + 2OH \longrightarrow H_2SO_4(气) \qquad (2.59)$$

人为源对气溶胶的贡献包括直接排放和通过排放 SO_2、NO_x 等污染气体经气-粒转换形成气溶胶这两部分,对于直径大于 5 微米的粒子,人为源的直接排放超过后者,对于大部分细颗粒而言则恰好相反,即气-粒转化是人为气溶胶的主要来源。

4.3.2　伦敦烟雾

20 世纪中期,欧洲和北美许多大城市经常遭受严重的烟雾污染,其中伦敦的烟雾事件尤其为世人所知,以至于这样的烟雾被称为伦敦(型)烟雾。1952 年 12 月,伦敦经历了有史以来最严重的空气污染,持续 5 天的伦敦烟雾使 4 000 多人死于呼吸系统疾病。研究表明,在伦敦烟雾事件中,颗粒污染物在高相对湿度条件下吸湿性增长,二氧化硫融入雾滴并被氧化形成硫酸,致使伦敦雾呈一种酸性雾。

4.3.3　光化学烟雾

20 世纪后半叶,许多城市机动车尾气排放变得越来越严重,在阳光充足和比较稳定的条件下,严重污染的城市空气中各种化学物种相互混合反应,可导致光化学烟雾的形成,这一类烟雾早期因在美国洛杉矶经常发生而被称为洛杉矶烟雾。光化学烟雾的影响包括对眼睛的刺激作用,对植物的危害和能见度降低等。

光化学烟雾是城市污染大气中特定天气条件下发生的一种特殊现象,是气相污染物经过光化学反应急剧地向颗粒态物质转化的结果。

光化学烟雾的特征是所谓"光化学氧化剂"的形成,以及由于同时产生的气溶胶颗粒物而造成能见度降低,即光化学烟雾。参与光化学烟雾生成的气相反应物主要是氮氧化物和碳氢化合物。光化学烟雾的主要成分是 NH_4NO_3、有机硝酸酯以及其他复杂的有机化合物。在生成光化学烟雾的过程中,OH 自由基和 O_3 起着关键的作用,污染大气中要先经过光化学反应产生高浓度的 O_3 或 OH 自由基,然后才能产生光化学烟雾。因此有些文献中把 O_3 或 NO_2 浓度达到某一临界值定为光化学烟雾形成的标志,有时把 O_3 和 NO_2 等气相成分也当成光化学烟雾的组分。光化学烟雾生成过程大致可分为两个阶段,即 O_3 浓度上升阶段和光化学烟雾生成阶段。NO_x 主要是由燃油产生的,但在汽车排放的废气和其他污染源排放的 NO_x 中,绝大多数是 NO,但对流层低层 NO 和 NO_2 的浓度比约为 1:1。这是因为对流层大气中存在着 NO 向 NO$_2$ 转化的机制。

1. NO$_2$,NO 和 O$_3$ 的光解循环

在太阳辐射的作用下,NO,NO$_2$ 可发生下列反应:

$$2NO + O_2 \longrightarrow NO_2 + O(^3P) \tag{2.60}$$

$$NO_2 + h\nu \longrightarrow NO + O(^3P) \tag{2.61}$$

$$O(^3P) + O_2 + M \longrightarrow O_3 + M \tag{2.62}$$

$$NO + O_3 \longrightarrow NO_2 + O_2 \tag{2.63}$$

上述反应(2.60)~(2.63)达到光化学平衡时,O$_3$ 浓度远低于实际大气中 O$_3$ 浓度,因此(2.60)~(2.63)并不会使 O$_3$ 浓度增加,也不会形成光化学烟雾。因此,城市大气中一定还存在其他重要反应,这些反应会使 O$_3$ 的浓度显著增加。

2. O$_3$ 浓度的上升

研究表明,光化学烟雾形成过程中碳氢化合物和 CO 的氧化起着重要作用,它们提供了一条无需消耗 O$_3$ 就能完成 NO 到 NO$_2$ 的转化的途径。如果空气中存在大量 CO,可触发下面的反应机制

$$OH + CO \longrightarrow CO_2 + H \tag{2.64}$$

$$H + O_2 + M \longrightarrow HO_2 + M \tag{2.65}$$

$$HO_2 + NO \longrightarrow OH + NO_2 \tag{2.66}$$

$$HO_2 + HO_2 \longrightarrow H_2O_2 + O_2 \tag{2.67}$$

$$H_2O_2 + h\nu \longrightarrow 2OH \tag{2.68}$$

下面以碳氢化合物中部分物种为例说明碳氢化合物使 O$_3$ 浓度上升的过程。甲醛 HCHO 是烃的氧化产物,又是空气污染化学经常讨论的有机化合物,空气中有甲醛存在时,会发生如下系列反应

$$HCHO + h\nu \longrightarrow 2HO_2 + CO \longrightarrow H_2 + CO \tag{2.69}$$

$$HCHO + OH \longrightarrow HO_2 + CO + H_2O \tag{2.70}$$

$$HO_2 + NO \longrightarrow NO_2 + HO \tag{2.71}$$

$$OH + NO_2 \longrightarrow HNO_3 \tag{2.72}$$

不难看出,通过反应,使系统中增加了 CO 和 NO$_2$ 的浓度,同时生成硝酸。丁烷 C$_4$H$_{10}$ 的氧化过程如下

$$C_4H_{10} + OH \longrightarrow C_4H_9 + H_2O \tag{2.73}$$

$$C_4H_9 + O_2 \longrightarrow C_4H_9O_2 \tag{2.74}$$

$$C_4H_9O_2 + NO \longrightarrow C_4H_9O + NO_2 \tag{2.75}$$

$$C_4H_9O + O_2 \longrightarrow C_3H_7CHO + HO_2 \tag{2.76}$$

$$HO_2 + NO \longrightarrow OH + NO_2 \tag{2.77}$$

(2.73)~(2.77)式的净效果是 C$_4$H$_{10}$ + 2NO + 2O$_2 \longrightarrow$ C$_3$H$_7$CHO + H$_2$O + 2NO$_2$

其中 C_3H_7CHO 容易分解出一个 OH 自由基,使上述反应重新进行,致使 NO 不断转化成 NO_2。烯烃的反应则各有不同,如下列

$$C_4H_8 + OH \longrightarrow C_4H_8OH \tag{2.78}$$

$$C_4H_8OH + O_2 \longrightarrow OHC_4H_8O_2 \tag{2.79}$$

$$OHC_4H_8O_2 + NO \longrightarrow OHC_4H_8O + NO_2 \tag{2.80}$$

$$OHC_4H_8O \longrightarrow OHCH_2 + (CH_3)_2CO \tag{2.81}$$

$$OHCH_2 + O_2 \longrightarrow OHCH_2O_2 \tag{2.82}$$

$$OHCH_2O_2 + NO \longrightarrow OHCH_2O + NO_2 \tag{2.83}$$

$$OHCH_2O \longrightarrow CH_2O + OH \tag{2.84}$$

(2.78)~(2.84)式的净效果是

$$C_4H_8 + 2NO + 2O_2 \longrightarrow (CH_3)2CO + CH_2O + 2NO_2 \tag{2.85}$$

即 C_4H_8 氧化,NO 转化成 NO_2。

芳香族化合物的反应循环和烯烃类似,例如:

$$CH_3CHO + OH \longrightarrow CH_3CO + H_2O \tag{2.86}$$

$$CH_3CO + O_2 \longrightarrow CH_3O + CO_2 \tag{2.87}$$

$$CH_3O + O_2 \longrightarrow CH_2O + HO_2 \tag{2.88}$$

$$NO + HO_2 \longrightarrow OH + NO_2 \tag{2.89}$$

(2.86)~(2.89)的净效果也是把 NO 转化成 NO_2。在碳氢化合物的参与下,空气中的 NO 很快大量转化为 NO_2,之后通过反应(2.61)和(2.62)将导致大量 O_3 产生。

3. 光化学烟雾的形成

产生高浓度的 NO_2 和 O_3 以后,可能引发下列反应而生成光化学烟雾

$$HO_2 + NO_2 \longrightarrow HNO_2 + O_2 \tag{2.90}$$

$$NO + O_3 \longrightarrow NO_2 + O_2 \tag{2.91}$$

$$NO + HO_2(RO_2) \longrightarrow NO_2 + OH(RO_2) \tag{2.92}$$

$$NO_2 + OH \longrightarrow HNO_3 \tag{2.93}$$

$$(CH_3CO)O_2 + NO_2 \longrightarrow (CH_3CO)O_2NO_2 \tag{2.94}$$

$$NO + OH + M \longrightarrow HNO_2 + M \tag{2.95}$$

$$NO_2 + O_3 \longrightarrow NO_3 + O_2 \tag{2.96}$$

$$NO_3 + NO_2 + M \longrightarrow N_2O_5 + M \tag{2.97}$$

$$NH_3 + HNO_3 \longrightarrow NH_4NO_3(气体) \tag{2.98}$$

$$qNH_4NO_3(气体) \longrightarrow (NH_4NO_3)_q(晶体) \tag{2.99}$$

$$HNO_3 + C_n \longrightarrow C_nHNO_3 \tag{2.100}$$

$$NH_3 + C_nHNO_3 \longrightarrow C_{n+1} \tag{2.101}$$

式(2.92)中 R 是大分子碳氢自由基,$(CH_3CO)O_2NO_2$ 即过氧乙酰硝酸脂(PAN)是光化学烟雾的主要成分。q 是组成 NH_4NO_3 晶体的分子个数,C_n 代表由 N 个硝酸铵分子组成的晶体,

是光化学烟雾的另一种主要成分。

污染物积累到较高的浓度并持续一段时间才能发生光化学反应。风速在 5 m/s 以上时会破坏逆温层,使污染物难以积累,不利于光化学反应和产生光化学烟雾。反之,当风速较小,空中存在稳定的逆温层或等温层时,污染物得以积累达到较高的浓度,如其他条件具备时,易发生光化学烟雾。引起光化学反应的太阳光主要是波长短于 0.310 μm 的紫外辐射,地球上纬度高于 60° 的地区,紫外辐射受到大气中气溶胶的散射损失太多,不易引起光化学反应。夏季晴天辐射较强,所以光化学烟雾多发生在夏季晴天,温度在 24 ℃ 到 32 ℃ 的地区。由于污染物积累到较高的浓度并持续一定时间,才能发生光化学反应,因此一切有利于污染物扩散的气象条件都有可能抑制光化学烟雾的产生。

伦敦烟雾和光化学烟雾是两种不同类型的烟雾污染,烟雾的化学成分和形成机理相差极大。伦敦烟雾属于煤烟型污染,主要是由燃煤产生的颗粒物和高浓度二氧化硫形成,一般在高相对湿度和低温下发生。光化学烟雾是由汽车尾气和工业废气排放造成的,主要的污染气体是氮氧化物和碳氢化合物,一般是在低相对湿度和高环境温度下,通过太阳光作用发生。光化学烟雾是氧化性的(主要是臭氧),而伦敦烟雾却是还原性的(主要是二氧化硫)。

4.4 气溶胶来源解析

为了有针对性地制定对颗粒物污染的治理措施,必须了解污染源的类型及其相对影响。早期大气污染研究中,主要依据排放率统计资料,用扩散模式计算气溶胶的空间分布,进而判断各种源对目标区气溶胶的贡献。但是这种方法仅适于小尺度范围内化学性稳定的原生质颗粒的弥散问题,它不能考虑从源到目标区较长距离的输送过程中的气相化学反应和气粒转化过程,而且大范围内的排放源资料中包含的那些移动的、变化的源及其变化的情况都难以确切统计。

气溶胶的源解析目前较多地采用受体模型进行研究。迄今常用的受体模型有化学元素质量平衡法(CMB)、主因子分析法(PFA)和目标变换因子法(TTFA)等。所有这些方法都有一个共同的基本假定,即各种源对接受点气溶胶总质量浓度和各种化学成分浓度的贡献的可叠加性。

化学元素质量平衡法不考虑气溶胶粒子从排放源到受体传输过程中的化学变化和动力学过程,直接从在受体处采集样品所得到的化学组成来推测出它们的源类型,以计算出不同类型源所占的比例。在已确定气溶胶排放源类型的前提下,使用化学元素质量平衡法定量判定各类源的贡献,还是比较简便和直观的

化学元素质量平衡法(CMB)的数学模型如下:

$$d_i = \sum_{k=1}^{n} X_{ik} g_k \quad (i = 1, 2, \cdots, m) \tag{2.102}$$

式中 d_i 为颗粒物样品中元素 i 的含量,X_{ik} 为排放源 k 的颗粒物中元素 i 的含量,g_k 为源强系数,n 为颗粒物排放源种类数,m 为颗粒物中分析的元素数。若测出 d_i 和 X_{ik},在 $m > n$ 的条件下,则可解出 g_k,从而得到 k 源对气溶胶的贡献率。图 2.11 示例是 2004—2005 年南京市

六类源对 $PM_{2.5}$ 的贡献率。南京市的六类主要污染源,即扬尘、建筑尘、煤烟尘、冶炼尘、硫酸盐和汽车尘对 $PM_{2.5}$ 的总贡献率为90.99%,说明它们是决定南京市气溶胶 $PM_{2.5}$ 水平的最主要贡献者。其中,扬尘的比例最大,达37.28%;其次为煤烟尘,达30.34%;接着是表征二次污染源贡献的硫酸盐,为9.87%;然后依次是建筑尘和汽车尘,分别为7.95%、2.98%;冶炼尘最小,为2.57%。

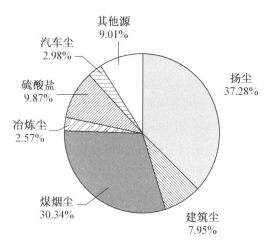

图2.11　南京市2004—2005年六种源对 $PM_{2.5}$ 贡献率

2015年,南京市发布了该市 $PM_{2.5}$ 源解析的结果。数据显示,南京市 $PM_{2.5}$ 来源中,工业累计贡献率为46.4%(其中,燃煤贡献率为27.4%、工业生产贡献率为19.0%)、机动车尾气贡献率为24.6%、扬尘贡献率为14.1%、其他污染源贡献率为14.9%。2018年5月,北京市发布了新一轮的细颗粒物($PM_{2.5}$)来源解析结果。研究表明,北京市全年 $PM_{2.5}$ 主要来源中本地排放占三分之二,区域传输占三分之一。在本地排放中,移动源、扬尘源、工业源、生活面源和燃煤源分别占45%、16%、12%、12%和3%,农业及自然源等其他源约占12%。

由此可见,随着城市的发展、经济结构和排放源的变化,一个城市不同时期的颗粒物污染的来源是不同的,需要定期地进行颗粒物来源解析研究。不同城市由于产业结构、经济发展等方面的差异,气溶胶来源也会相差很大。

4.5　气溶胶与能见度

能见度的气象学定义是指标准视力的眼睛观察水平方向以天空为背景的黑体目标物(视角在0.5~5度)时,能从背景上分辨出目标物轮廓的最大水平距离,也称为气象能见距。能见度对航空、航海、陆上交通以及军事活动、人体健康等都有重要影响,是重要的气象要素。

大气透明度是影响能见度的主要因子。大气中的气溶胶粒子通过反射、吸收、散射等机制削弱光通过大气的能量,导致目标物固有亮度减弱。所以,大气中颗粒物愈多,大气愈浑浊,能见度就愈差。中国近几十年来城市颗粒物污染增加的同时也伴随着能见度下降现象。空气分子对光有瑞利散射作用,部分气态污染物对光有吸收作用,也会具有消光作用,对能见度有影响。

总体而言,大气的消光作用包括气体散射消光和气体吸收消光、气溶胶散射消光和气溶胶吸收消光。在洁净地区,气态污染物和气溶胶浓度极低,大气消光以空气分子的散射消光(瑞利散射)为主,在城市污染大气中,则以气溶胶的散射和吸收消光为主。

4.5.1　气溶胶的消光作用

气溶胶消光作用与其浓度、谱分布、化学成分等多种因素有关。炭黑气溶胶是一类对光有较强吸收作用的气溶胶,而以硫酸盐、硝酸盐、铵盐等为代表的气溶胶则是以散射消光为主的散射性气溶胶。

研究表明,人为活动使大气中硫酸盐、硝酸盐、铵盐、炭黑、有机气溶胶等的浓度上升是致使大气混浊并导致能见度下降的根本原因。这些气溶胶粒子的尺度比较小,大多为细颗粒物,尤其是粒径为 0.4~0.7 μm 的颗粒对光散射影响较大。颗粒物的散射能造成 60%~95% 的能见度减弱。可见,能见度的恶化主要与细粒子的质量浓度关系比较大,而与粗粒子的质量浓度关系不大。因而能见度与 $PM_{2.5}$,尤其是 PM_{10} 有非常好的负相关关系。

表 2.5 示例苏州市 2009 年 9 月—2010 年 5 月晴天时颗粒物(炭黑、$PM_{2.5}$ 和 PM_{10})小时质量浓度与能见度的相关系数。

表 2.5 颗粒物与大气能见度的相关系数(0.01 显著性水平)(RH 为相对湿度)

	BC	$PM_{2.5}$	PM_{10}
能见度	−0.561	−0.416	−0.296
能见度(RH > 80%)	−0.399	−0.396	−0.483
能见度(60% < RH ≤ 80%)	−0.582	−0.593	−0.574
能见度(RH ≤ 60%)	−0.668	−0.386	−0.350

由表可见:炭黑(BC)、$PM_{2.5}$ 和 PM_{10} 与能见度均呈负相关,整体而言,炭黑与能见度的相关最好,相关系数达到 −0.561,PM_{10} 与能见度的相关最差,相关系数只有 −0.296。炭黑与能见度的相关性在 RH ≤ 60% 时最好,相关系数达到 −0.668。对于 $PM_{2.5}$ 和 PM_{10},在 60% < RH ≤ 80% 时,与能见度的相关最好,相关系数分别为 −0.593 和 −0.574。

大气能见度与颗粒物质量浓度之间虽然存在着明显的负相关关系,但相关系数并不很高,因为仅考虑质量浓度的因素来解释能见度的衰减还是不太充分的。还需要考虑粒径分布、化学成分以及气象因素等各方面的影响。$PM_{2.5}$ 与能见度的相关性明显高于 PM_{10},这说明在能见度的衰减过程中细粒子起了更大的作用。

相对湿度对气溶胶的消光作用有重要影响,吸湿性气溶胶如硫酸盐、硝酸盐、铵盐等在一定湿度条件下的吸湿性增加使粒子尺度增长,增强了颗粒物的消光作用。许多地区的研究表明,相对湿度是影响能见度的重要因素,与能见度呈显著负相关关系。一些研究发现在不同相对湿度下,$PM_{2.5}$ 与能见度的相关性不同,70% < RH < 80% 时,能见度与 $PM_{2.5}$ 相关性最高。

图 2.12 为 2010—2013 年苏州市按相对湿度区分的气溶胶散射系数与气溶胶浓度 $\rho(PM_{10})$、$\rho(PM_{2.5})$ 和 $\rho(PM_1)$ 的散点图,图中直线为线性拟合的结果。$\rho(PM_{10})$、$\rho(PM_{2.5})$ 和 $\rho(PM_1)$ 与散射系数均呈正相关,相关系数分别为 0.606、0.773 和 0.705,其中 $\rho(PM_{2.5})$ 与散射系数的相关性大于 $\rho(PM_{10})$,这是因为细颗粒物的散射作用更为显著。

不同地区,因其气溶胶化学组成不同,各成分对大气消光的贡献也会差异较大,同时气溶胶成分对消光作用的贡献也随季节变化。图 2.13 是苏州市 2010—2013 年根据污染物浓度监测资料估算的不同季节各成分对大气消光作用的贡献。总体来看,各季节空气分子散

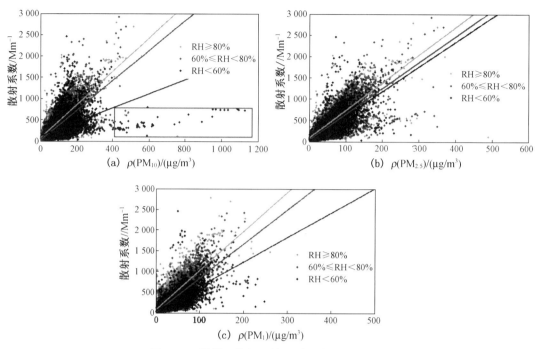

图 2.12　散射系数与颗粒物质量浓度的相关性

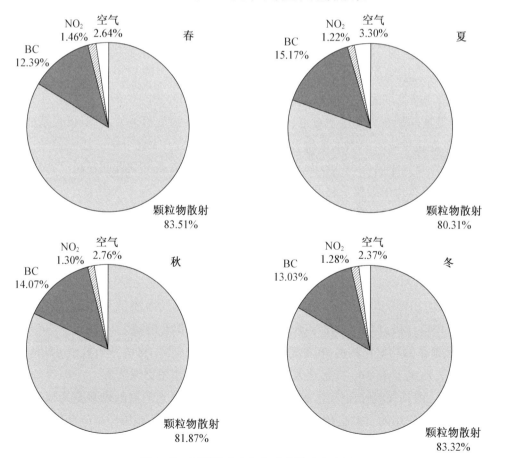

图 2.13　不同季节大气各成分的消光比例

射消光和 NO_2 吸收消光变化不大,两者之和大约为4%,颗粒物散射消光约为82%,炭黑的吸收消光约占13%。秋冬季颗粒物散射消光比例也较高,而夏季炭黑吸收消光比例较高,达到15.17%。

4.5.2 确定能见度的经验方法与公式

如果颗粒物的化学组成以及各种化学组分的散射和吸收消光比例确定,就可以推算出颗粒物对能见度的消光作用并分析霾引起的能见度下降。美国大型能见度观测计划(IMPROVE 项目)提出了 IMPROVE 经验公式并于 2012 年提出过经改进而被广泛采用的消光系数计算公式,其消光系数 b_{ext} 的计算公式如下所示:

$$b_{ext}(\text{Mm}^{-1}) = 2.2 \times f_S(\text{RH}) \times S(\text{sulfate}) + 4.8 \times f_L(\text{RH}) \times L(\text{sulfate}) +$$
$$2.4 \times f_S(\text{RH}) \times S(\text{nitrate}) + 5.1 \times f_L(\text{RH}) \times L(\text{nitrate}) +$$
$$2.8 \times S(\text{OM}) + 6.1 \times L(\text{OM}) + 10 \times [\text{EC}] + [\text{FS}] +$$
$$1.7 \times f_{SS}(\text{RH}) \times [\text{SS}] + 0.6 \times [\text{CM}] + b_{sg} + 0.33 \times [\text{NO}_2(\text{ppb})]$$

$$(2.103)$$

式中 b_{ext} 为大气总消光系数,$f_S(\text{RH})$、$f_L(\text{RH})$ 分别对应的 $S(X)$ 和 $L(X)$ 相对湿度的函数,X 分别为对应硫酸盐、硝酸盐和有机物质,相对湿度的函数参考 Pitchford 等根据观测分析得到的数据,其中 $L(X)$ 和 $S(X)$ 分别代表粗细粒子浓度,单位为 $\mu g \cdot m^{-3}$,其通过以下公式计算获得:

$$L(X) = [\text{Total } X]^2/20,\ 若[\text{Total } X] < 20\ \mu g \cdot m^{-3} \tag{2.104}$$

$$L(X) = [\text{Total } X],\ 若[\text{Total } X] \geqslant 20\ \mu g \cdot m^{-3} \tag{2.105}$$

$$S(X) = [\text{Total } X] - L(X) \tag{2.106}$$

这里 $[\text{Total } X]$ 则分别表示为硫酸盐、硝酸盐和有机物的总浓度,单位为 $\mu g/m^3$,其中硫酸盐浓度为 $[\text{Total Sulfate}] = 1.37[\text{SO}_4^{2-}]$,硝酸盐浓度为 $[\text{Total Nitrate}] = 1.29[\text{NO}_3^-]$,有机物浓度为 $[\text{Total OM}](\text{Organic Mass}) = 1.7[\text{OC}]$,细土壤尘气溶胶浓度为 $[\text{FS}](\text{Fine Soil}) = [\text{PM}_{2.5}]$ $- 1.37[\text{SO}_4^{2-}] - 1.29[\text{NO}_3^-] - 1.7[\text{OC}] - [\text{EC}]$,粗粒子浓度为 $[\text{CM}](\text{Coarse mass}) = [\text{PM}_{10}] - [\text{PM}_{2.5}]$,$[\text{EC}]$ 为元素碳,b_{sg} 为瑞利散射,化学组分 $[\text{OC}]$、$[\text{PM}_{2.5}]$、$[\text{SO}_4^{2-}]$、$[\text{NO}_3^-]$、$[\text{EC}]$、$[\text{PM}_{10}]$ 单位均为 $\mu g/m^3$,将上述关系式代入公式(2.103)可计算出各化学成分的消光贡献。

需要说明的是,上式是一个经验公式,目前已有许多学者根据在不同地区开展的观测试验对上式做出了不同的修正。

§5 臭氧污染及其成因

5.1 臭氧的作用

在离地 10～50 km 高度的大气平流层中,集中了大气中约 70% 的臭氧,这一层大气称为臭氧层。臭氧是大气中重要的微量成分,尽管臭氧在大气中的含量很少,但它对人类和地表生物的生存却极为重要。在平流层大气中,臭氧有很强的紫外吸收带,臭氧层几乎全部吸收了太阳辐射中波长 0.29 微米以下的紫外线,保护地球上的生命免遭短波紫外线的伤害,是地球生物圈的屏障,而生命所需的波长大于 0.29 微米的太阳辐射仍能保持足够的强度。臭氧层对紫外线的吸收是平流层大气的主要热源,使平流层大气温度随高度增加而上升,这种温度分布的垂直结构抑制了大气垂直运动的发展,使平流层大气主要表现为水平方向的运动。臭氧层的扰动必然会影响到平流层温度结构,从而影响到全球大气环流。由于臭氧在大气窗区(9.6 微米左右)有一很强的红外吸收带,在对流层中,臭氧的这种对地表红外辐射的吸收使对流层臭氧成为一种重要的温室气体。虽然对流层臭氧的温室效应还不足以与 CO_2 的温室效应相比,但由于城市空气污染的加剧,对流层臭氧浓度呈上升趋势,对流层臭氧的温室效应也有增强的趋势。

臭氧本身也是一种毒性气体,它对人的呼吸系统有破坏作用,吸入人体呼吸道会导致肺功能减弱和组织损伤,引起咳嗽,鼻咽刺激,呼吸短促和胸闷不适等。此外,它对植物的生长也有影响。近地面臭氧能损害植物叶片,抑制光合作用,使农作物减产,森林或树木枯萎坏死,甚至其危害会比酸雨大得多。因此,臭氧是一种重要的污染气体。近些年来,不少城市有臭氧浓度上升的趋势。部分城市臭氧已经取代颗粒物成为最重要的首要污染物。臭氧是一种化学活性气体,是大气中最重要的氧化剂之一,它在许多大气污染物的转化过程中起着重要作用。例如,在某些特定条件下臭氧在二氧化硫的均相液相氧化过程中起着决定性作用,这一过程是某些地区酸雨形成的主要原因。对流层臭氧浓度增加可能使这类地区的酸雨污染变得更为严重。此外,对流层臭氧浓度的增加将会加重城市大气污染,是城市光化学烟雾形成的条件。对流层臭氧是如此重要,几乎所有的大气化学模式都以是否能正确模拟臭氧浓度作为检验模式的一个重要指标。

综上所述,平流层臭氧和对流层臭氧对人类生存环境的影响几乎完全相反,故又分别被称为"好"的臭氧和"坏"的臭氧。这意味着,臭氧具有非常重要的环境效应和气候效应,平流层臭氧和对流层臭氧在形成机制和环境影响等方面也有很大差异。

5.2　臭氧层的形成和破坏过程

臭氧在对流层和高层大气中的浓度较低,在平流层大气中浓度则较高。臭氧浓度的垂直分布廓线大致可分为两种不同的类型,即单峰型分布和双峰型分布。对于单峰型分布,臭氧浓度随高度增加而变大,在 24 km 处达到极大值,极大值出现的高度可在 20 ~ 28 km 范围内变动,浓度最高值平均为 140 nb(1 nb = 10^{-6} hPa),随季节不同而在 120 ~ 170 nb 范围内波动。双峰型分布即臭氧浓度廓线出现两个峰值,主峰仍在 20 ~ 28 km 范围,而在 10 ~ 14 km 范围内出现一个次峰,在 14 ~ 21 km 范围内出现一个极小值。峰值浓度比单峰型的峰值浓度略低。双峰型分布多出现在春季,单峰型分布多出现在秋季。平流层臭氧和对流层臭氧的形成机制有很大区别。

5.2.1　平流层臭氧

臭氧的产生过程主要是氧气的光致离解造成的,氧气的吸收光谱包括 $0.104 \sim 0.14$ 微米范围的线吸收光谱, $0.14 \sim 0.17$ 微米的 Schumann-Runge 连续吸收光谱, $0.17 \sim 0.18$ 的线吸收光谱和 $0.18 \sim 0.24$ 微米范围内较弱的 Herzberg 连续吸收区。氧气吸收紫外辐射后可发生光解反应:

$$O_2 + h\gamma \longrightarrow 2O \qquad (2.107)$$

氧气光解产生的氧原子可发生如下反应:

$$O + O + M \longrightarrow O_2 + M \qquad (2.108)$$

$$O + O_2 + M \longrightarrow O_3 + M \qquad (2.109)$$

式中 M 是中性第三体,其作用是维持反应过程中的动量和能量守恒,由氮氧分子充当。反应式(2.107) ~ (2.109)是平流层臭氧产生的主要途径。

导致臭氧破坏的过程主要是臭氧的光致离解以及与一些自由基和微量气体的反应。下列反应是重要的

$$O_3 + h\gamma \longrightarrow O_2 + O \qquad (2.110)$$

$$O_3 + O + M \longrightarrow 2O_2 + M \qquad (2.111)$$

$$O_3 + H \longrightarrow OH + O_2 \qquad (2.112)$$

$$O_3 + H \longrightarrow HO_2 + O \qquad (2.113)$$

$$O_3 + HO_2 \longrightarrow 2O_2 + OH \qquad (2.114)$$

$$O_3 + NO \longrightarrow NO_2 + O_2 \qquad (2.115)$$

5.2.2　对流层臭氧

对流层 O_3 的两个主要来源是平流层 O_3 的输入和对流层中的光化学过程。虽然平流层中大气运动以水平运动为主,垂直运动很弱,与对流层大气之间的物质交换很慢,但大气动力学研究表明,对流层顶经常是不连续的,在纬度 $30°$ 和 $60°$ 附近因冷暖气团相遇而形成对流层顶裂缝;在纬度 $42° \sim 45°$ 附近冷暖气团接触形成对流层顶折叠。这些对流层顶不连续的地方,是平流层大气和对流层大气之间重要的物质输送通道,也是平流层 O_3 输入对流层的主要途径。

对流层大气中的光化学过程是形成对流层 O_3 的主要来源,超过了平流层 O_3 的输入作用。氮氧化物(NO 和 NO_2)在对流层大气,尤其是被污染大气中,起着非常重要的作用。当大气中存在 NO 和 NO_2 时,在波长小于 0.424 微米的日光照射下,下列反应就容易产生 O_3:

$$NO_2 + h\gamma \longrightarrow NO + O \qquad (2.116)$$

$$O + O_2 + M \longrightarrow O_3 + M \qquad (2.117)$$

但产生的 O_3 很快就与 NO 反应生成 NO_2,即

$$O_3 + NO \longrightarrow NO_2 + O_2 \qquad (2.118)$$

反应式(2.116)~式(2.118)是一组快速循环过程,在没有其他化学成分参与的过程中,NO、NO$_2$ 和 O$_3$ 之间很快达到一种稳定状态,称为光稳态关系,此时 O$_3$ 的浓度较低。实际上,无论是清洁大气还是污染大气,对流层 O$_3$ 的浓度都比 NO、NO$_2$ 和 O$_3$ 达到光稳态关系时的 O$_3$ 浓度高,这表明,大气中必然存在着能与反应(2.118)竞争的化学反应,即有其他反应物消耗 NO,减少反应(2.118)中 NO 对 O$_3$ 的破坏,使 O$_3$ 浓度升高。这些反应主要来自非甲烷碳氢化合物(NMHC)和 CO。因此,对流层大气中 O$_3$ 浓度不仅和 NO$_x$ 有关,还和 NMHC 浓度以及 NMHC/NO$_x$ 有关。

对流层存在相对较高浓度的非甲烷烃和一氧化碳等物种,这些物种可起到消耗一氧化氮的作用,主要反应如下:

$$NMHC + OH + O_2 \longrightarrow RO_2 \tag{2.119}$$

$$RO_2 + NO + O_2 \longrightarrow NO_2 + HO_2 + CARB \tag{2.120}$$

$$HO_2 + NO \longrightarrow NO_2 + OH \tag{2.121}$$

$$CO + OH + O_2 \longrightarrow CO_2 + HO_2 \tag{2.122}$$

$$NO + HO_2 \longrightarrow NO_2 + OH \tag{2.123}$$

式中 NMHC 表示非甲烷烃,R 表示大分子碳氢自由基,CARB 表示大分子碳化合物。(2.116)~(2.123)是对流层臭氧的主要来源。近年来,对流层氮氧化物和非甲烷烃浓度的上升是对流层臭氧浓度增加的原因。非甲烷烃对对流层臭氧的影响非常复杂,它对臭氧的贡献不仅与 NMHC、NO$_x$ 的浓度有关,还和 NMHC 与 NO$_x$ 的比值有关。

对流层 O$_3$ 的重要汇包括:① 在地表被破坏;② 在大气中的光化学分解;③ 与一些还原性气体的反应;④ 湿清除过程。O$_3$ 是大气中的强氧化剂,可与许多大气成分反应,如反应(2.112)~(2.115)。O$_3$ 还能被水滴吸收而使水滴中的某些成分氧化,如 O$_3$ 在 SO$_2$ 的液相氧化过程中就起着重要作用。

5.3　气溶胶与臭氧的相互作用

自 2013 年我国政府发布《大气污染防治行动计划》实施以来,我国城市以 PM$_{2.5}$ 为特征的细颗粒物污染状况总体得到持续改善,但在 PM$_{2.5}$ 浓度下降的背景下,臭氧浓度却出现上升的趋势,2017 年全国 O$_3$ 浓度同比上升 8%,京津冀同比上升 12.2%,长三角同比上升 6.9%,珠三角同比上升 9.3%,长三角和珠三角地区的 O$_3$ 已取代 PM$_{2.5}$,成为影响空气质量第一大首要污染物。

颗粒物浓度下降而臭氧浓度上升,有两方面原因,一方面是污染物排放结构的改变,近年来,颗粒物排放源得到有效治理,但臭氧前体物 NO$_x$,特别是 VOC 的排放并没有得到很好的控制。另一方面原因则是由于颗粒物和臭氧的相互作用。颗粒物与臭氧的相互作用体现在两方面,一方面臭氧是大气中的强氧化剂,能促使一些二次气溶胶的生成,另一方面,气溶胶对臭氧有抑制作用。

颗粒物对臭氧的抑制作用主要表现在三个方面:① 颗粒物通过散射和吸收作用影响辐

射传输过程,使低层大气中的太阳短波辐射减弱,对气态成分的光解过程产生影响,从而可能影响臭氧浓度;② 臭氧的产生和损耗对温度比较敏感,颗粒物的直接辐射强迫作用总体上造成地面气温下降,可能对臭氧的生成产生影响;③ 气溶胶粒子表面的非均相过程对臭氧的吸收和消除以及对自由基的清除,会影响臭氧的生成。

颗粒物表面为很多反应提供了有利的发生场所,大气中的还原性气体如 SO_2 以及 NO_2、NO_3、N_2O_5 等氮氧化物被吸附在颗粒物表面,在 OH 自由基等氧化剂的作用下生成硫酸盐和硝酸盐。实际大气中颗粒物对 O_3 的吸附作用并不明显,对流层中非均相化学过程对 O_3 的影响主要体现在其对氮氧化物和自由基的损失作用,进而造成 O_3 浓度的变化。

§6 小 结

大气是一个非常复杂的多相化学体系,这个化学体系是不稳定的。当污染物排放到大气中,会受到大气中发生的各种物理化学过程的影响,大气中空气污染物的浓度是由排放、输送、扩散、化学转化、沉降等物理化学过程共同决定的。

气象条件是影响污染物输送扩散的关键因素,重要的气象条件包括风、湍流、气温、大气稳定度、辐射、云、降水、天气形势等。气象因子对空气污染物的影响是复杂的,和各地的气候特征、污染源类型等因素有关。气象因素对不同污染物的影响也是不尽相同的,例如,高温天气一般使混合层抬升,有利于颗粒物污染物的垂直扩散,使颗粒物浓度下降,但高温天气却容易使臭氧浓度上升,形成臭氧污染。气象条件对污染物的影响和天气过程有关,例如,台风外围的下沉气流容易形成污染天气,但当台风过境时,大风和降雨却使污染物浓度下降。

空气污染物既可以通过化学过程生成,称为二次污染物,也可以通过化学过程清除。大气化学过程包括均相气相过程,均相液相过程以及非均相过程,在空气污染物的形成和转化过程中均起重要作用。

清除过程是维持大气成分相对稳定的重要因子,清除过程通常分为干清除和湿清除两类。在没有降水的条件下,通过重力下落、湍流输送或两者的共同作用将大气微量成分(包括气溶胶粒子和微量气体)直接送到地球表面而使其从大气中消失的过程称为干清除过程;通过降水粒子(雨滴、雪片、霰粒等)把大气微量成分带到地面使之从大气中消失的过程称为湿清除过程。

气溶胶是悬浮在大气中具有稳定沉降速度的固体或液体小微粒,是空气质量的重要指标之一。气溶胶对辐射传输有重要影响,还是大气中云形成的先决条件之一,对天气、气候有影响。气溶胶的来源包括火山、地球外陨星物质、地表扬尘、海洋、生物过程、生物质燃烧以及人为源的直接排放。其中人为源的排放是城市颗粒物污染形成的最重要原因,人为源的排放包括工业排放、交通运输道路、城市建筑扬尘等。气溶胶包括直接排放的一次气溶胶和通过化学过程产生的二次气溶胶,其中二次气溶胶已经成为中国大部分城市重要的气溶胶来源。臭氧作为大气中的强氧化剂,是重要的空气污染物,也是重要的温室气体。平流层臭氧和对流层臭氧在形成机制、环境影响、气候效应等方面有极大的差异。监测表明,近年来,我国城市臭氧浓度有上升的趋势,值得引起学者的研究关注。

第三章　空气污染物散布的数值模拟

　　前面论述了湍流大气中的几种扩散理论以及基于这些理论可以建立处理不同条件下大气扩散问题的解析模式。之所以称为解析模式，是因为它们通常都可以用浓度分布公式直接计算污染物的散布状况，而且这类模式因方法简单，使用方便而得到广泛应用。然而由于这些模式对气象因子、物理过程及边界条件等都作了简化处理或经验假设，因此它们的适用性通常有一定的局限性。解析模式处理的适用范围往往不超过水平 10～20 km，且不能充分反映气象和地形因子变化对大气扩散过程的影响，所以其计算结果准确性普遍不太高。人们希望通过改进模式对大气物理过程的模拟，包括更精确的边界条件、湍流模式（或参数化）、地形强迫产生的各向异性等以达到更真实描述空气污染物散布状况的目的，从而提高模式的预测精度。在计算机技术高度发展的今天，这一点已不难实现。于是大气扩散模拟与计算的发展必然地走向了数值化之路，即运用数值模式精细计算模拟并正确预测空气污染物的散布行为。

　　大气扩散方程是描述空气污染物在湍流大气中散布的控制方程，方程表明空气污染物在大气中的散布状况是平均风输送和湍流扩散共同作用的结果，由于方程是非线性偏微分方程，通常得不到解析解。数值模式就是在一定的初始条件和边界条件下数值求解这一方程。同时，大气扩散数值模式必须对边界层平均风场和湍流状况进行模拟或参数化。本章对有关的数值模式作简要介绍，并着重讲述模式对大气湍流扩散的处理。

§1　空气污染物散布的模拟方法

1.1　欧拉型模式和拉格朗日型模式

　　描述空气污染物散布有两种基本途径，即欧拉方式和拉格朗日方式。基于这两种方法，建立了不同的空气质量模式。污染物排入大气在输送过程中伴随着各种物理和化学转化。输送过程主要包括平流和扩散，在空气质量模式中输送过程的精确处理是非常重要的。因此，空气质量模式是根据输送过程的处理而进行分类的。

　　不同的处理大气输送和湍流扩散过程的空气质量模式有很多，主要有三类：一类是经过修正的实用高斯型烟流扩散模式；一类是拉格朗日型模式；再一类是欧拉型模式。原则上，由于高斯扩散模式固有的定常、均匀假设，使它不适用于中尺度大气扩散模拟，主要适用于局地尺度的污染物的扩散计算。但是，实际情况是，在某些情况下，例如处理沿海岸地区的情形,仍可沿用它,而且目前大多数实用模式仍沿用经过细致修正的高斯烟流模式为基础,对此我们将在第四章讨论。拉格朗日模式是用流体中施放的一群粒子的位移的统计特性来描述浓度分布的统计特征量,这个模式需要较高的计算机能力,在处理显现有强烈风切变和湍流不连续性存在时,对粒子数的统计不能十分完美地代表实际的扩散状况。

欧拉模式为人们提供了更为完善的考虑各种问题和变化过程的希望与可能性,并且已被证明是可以有效运用的。它能够处理三维时空变化的气象场,并包括化学变化等过程。现有的欧拉空气质量模式已能成功应用于处理各类大气环境问题,对各类环境政策的制定有很大帮助。欧拉模式采用固定坐标系来描述大气输送(平流和扩散)、源排放、大气化学过程。该模式可以产生四维(时空)物质浓度场,大气输送过程在欧拉模式中可以显式地处理,可以在模式中直接嵌入不同的物理过程和化学过程。在守恒方程中的各项可以当做独立模块来添加,以说明各项对浓度散布的影响。欧拉模式的最大缺陷是预报要受网格分辨率限制,次网格过程要通过参数化来近似。为了弥补这个不足,在一些欧拉模式系统中引进一些拉格朗日模式或高斯扩散模块来处理一个网格内大点源排放的初始输送和化学变化过程。这样的"混合"模式可以避免污染物在整个网格内的瞬时稀释。一旦烟流达到某一尺度,它们的污染物浓度可用来维持网格内的适当浓度,然后进行化学反应和输送过程。

欧拉空气质量模式依赖于风场模式或天气预报模式来提供详细的气象场。因此,欧拉模式质量守恒特征很大程度上依赖于所使用的气象数据的质量。

1.2　在线和离线耦合的气象模式与空气污染物扩散模式

空气质量模式需要详细的气象信息,包括风场和大气湍流结构的信息,就算简单的高斯模式也需要平均风、大气稳定度的资料。与其他类型空气质量模式相比,欧拉模式需要使用更多的气象数据。

欧拉空气质量模式系统要使用以下气象数据,即排放过程所要求的各种气象参数,包括如计算烟流抬升,需要温度、PBL 高度、大气稳定度、风;估算生态排放,需要温度、辐射、湿度、云和降水量;估算机动车源排放,需要温度、风速。在化学输送模式中,大气平流由平均风决定,而扩散由 PBL 高度和湍涡扩散率确定,状态变量如温度、压力、空气密度影响热反应率,光照度通量决定光解反应率。湿度、云和降水等表征湿反应,云包括混合和湿沉降,可能影响光照度通量。

目前观测网可以提供局地基本气象参数来预测大尺度天气系统,然而,空气质量模式通常要求非常精细的尺度信息而非一般测量所能提供的,遥感技术依赖卫星和雷达可以改进气象数据的质量和数量,然而对于临界数据,如 PBL 高度、水汽、云覆盖、降水预报过程等目前还无法用遥感技术来提供。因此往往需要由诊断方法(用实时观测进行客观分析)或同化技术为空气质量模式提供基本的气象信息。

提供气象场的模式分为两种类型:预报原始方程模式和诊断模式。预报模式依赖于时间变化的原始方程。诊断模式产生风场满足物理约束,可客观分析观测资料以获得每个计算网格上的气象信息,为预报模式提供初始场和四维资料同化场,此类模式由三个部分组成:求解连续方程、客观内插初始风场及风场调整。诊断模式通常用于稳态的情形,现在较少使用。

目前在空气质量模拟中使用的大部分气象模式是中尺度模式,它们通常预报风、热量和水汽结构的水平和垂直分布,以及云和降水的预报。影响气象要素时空变化的因子有三类:大的天气系统(台风、西南和东北季风、副热带高压、锋面过程等)、热力作用及动力作用。预报这三类过程通常采用中尺度气象模式,在空气污染预测系统中一般使用以下两种:(1) 中α尺度气象预报模式,通常预报范围为 3 000 km × 3 000 km × 16 km,水平网格距不大于 30 km,在 100 米的垂直范围内应有两个网格层次。(2) 中β尺度气象预报模式,通常水平网格距不大于 5 km,在 100 米的垂直范围内应有四个网格层次。区域大气模拟系统(RAMS)就是一个典型的求解有限范围、非静力平衡的中β尺度气象模式。

气象模式向空气质量模式提供气象场有两种方式:离线方式和在线耦合方式。所谓离线方式,即单独运行气象模式,每隔一定时间间隔输出气象场,形成供空气质量模式使用的气象数据集,然后在运行空气质量模式时通过调用该数据集获取气象资料。由于气象模式不可能将每一时步的气象场存储下来,因此空气质量模式需要的气象场需要在存储下来的前后两个时段的气象场之间通过插值获取。

在线耦合方式指的是气象模式和空气质量模式耦合在一个模式系统中,两个模式同步进行积分处理,它又可分为有反馈和无反馈两种方式。无反馈方式即由气象场驱动空气质量模式运行,而空气质量模式对气象模式没有反馈,即化学成分浓度的计算不影响气象场的计算过程;有反馈方式即考虑化学过程对气象模式的反馈,如化学模式计算得到的一些化学成分通过影响辐射和云物理等过程从而改变气象场。

早期的模式很多采用离线耦合的方法,离线耦合有许多固有的缺陷,如无法考虑污染物与气象过程的相互作用等。考虑化学成分反馈过程的在线耦合空气质量模式是现在常用的方法,它在理论上具有更大的优越性。通常考虑的反馈过程包括气溶胶对辐射过程和云微物理过程的影响以及 O_3、CFCs 等温室气体对辐射过程的影响等。

§2 欧拉型空气质量模式的控制方程组及边界层参数化

2.1 控制方程组

气象模式的原始方程组其物理意义指的是大气运动遵循的物理规律:三维动量守恒(运动方程)、能量守恒(热力学第一定律)、干空气质量守恒(连续方程)、在所有状态下的水汽守恒方程、理想气体状态方程。欧拉型空气质量模式的核心是污染物输送方程。

2.1.1 大气平均运动方程组

大气运动具有湍流性质,空气微团通常处于极不规则的运动中,虽然在任何时刻它们都满足瞬时运动方程,但是具有随机性。这种情况下直接对大气运动方程组进行求解,对研究天气、气候、环境变化意义不大,应当对方程进行平均处理。另一方面,由于常规的大气观测仪器都只能测量平均量,这是由仪器的观测原理和结构决定的。所以也要求对方程进行平均,把握大气的总体运动特征。

某一物理量 Φ 可以表示为平均值 $\bar{\Phi}$ 与扰动值 Φ' 之和

$$\Phi = \bar{\Phi} + \Phi' \tag{3.1}$$

将大气运动方程组中的待求变量用这个方法表示,并代入方程中,对整个方程再求一次平均得到平均运动方程:

$$\frac{\mathrm{d}u}{\mathrm{d}t} = -\frac{1}{\rho}\frac{\partial p}{\partial x} + fv + \frac{1}{\rho}\left(\frac{\partial \tau_{xx}}{\partial x} + \frac{\partial \tau_{yx}}{\partial y} + \frac{\partial \tau_{zx}}{\partial z}\right)$$

$$\frac{\mathrm{d}v}{\mathrm{d}t} = -\frac{1}{\rho}\frac{\partial p}{\partial y} - fu + \frac{1}{\rho}\left(\frac{\partial \tau_{xy}}{\partial x} + \frac{\partial \tau_{yy}}{\partial y} + \frac{\partial \tau_{zy}}{\partial z}\right)$$

$$\frac{\mathrm{d}w}{\mathrm{d}t} = -\frac{1}{\rho}\frac{\partial p}{\partial z} - g + \frac{1}{\rho}\left(\frac{\partial \tau_{xz}}{\partial x} + \frac{\partial \tau_{yz}}{\partial y} + \frac{\partial \tau_{zz}}{\partial z}\right) \tag{3.2}$$

$$\frac{\mathrm{d}\theta}{\mathrm{d}t} = \frac{\theta}{c_p T}\frac{\mathrm{d}Q}{\mathrm{d}t} + \frac{1}{\rho}\left(\frac{\partial H_x}{\partial x} + \frac{\partial H_y}{\partial y} + \frac{\partial H_z}{\partial z}\right)$$

$$\frac{\mathrm{d}q}{\mathrm{d}t} = S_q + \frac{1}{\rho}\left(\frac{\partial R_x}{\partial x} + \frac{\partial R_y}{\partial y} + \frac{\partial R_z}{\partial z}\right)$$

上式动量方程中右侧最后一项为湍流通量项,即

$$\begin{bmatrix} \tau_{xx} & \tau_{yx} & \tau_{zx} \\ \tau_{xy} & \tau_{yy} & \tau_{zy} \\ \tau_{xz} & \tau_{yz} & \tau_{zz} \end{bmatrix} = \begin{bmatrix} -\rho\,\overline{u'u'} & -\rho\,\overline{u'v'} & -\rho\,\overline{u'w'} \\ -\rho\,\overline{v'u'} & -\rho\,\overline{v'v'} & -\rho\,\overline{v'w'} \\ -\rho\,\overline{w'u'} & -\rho\,\overline{w'v'} & -\rho\,\overline{w'w'} \end{bmatrix} \tag{3.3}$$

$$\begin{bmatrix} H_x \\ H_y \\ H_z \end{bmatrix} = \begin{bmatrix} -\rho\,\overline{\theta'u'} \\ -\rho\,\overline{\theta'v'} \\ -\rho\,\overline{\theta'w'} \end{bmatrix} \tag{3.4}$$

$$\begin{bmatrix} R_x \\ R_y \\ R_z \end{bmatrix} = \begin{bmatrix} -\rho\,\overline{q'u'} \\ -\rho\,\overline{q'v'} \\ -\rho\,\overline{q'w'} \end{bmatrix} \tag{3.5}$$

以上就是常用的大气平均运动方程。

2.1.2 污染物输送方程

描述大气化学成分在大气中输送过程的数值模式一般分为拉格朗日型模式和欧拉型模式。拉格朗日型模式用轨迹描述的方法来模拟大气中化学物质的输送,数学处理比较简单,

可以跟踪某一特定气团的移动,但不能考虑气团与环境之间的质量交换。对干湿清除过程、化学变化的考虑也比较简单,因而它没有在区域模拟中被广为采用。在欧拉型模式中,采用固定坐标系和求解化学物种浓度方程获得物种浓度的分布。它可以用数学方法描述很多在拉氏模式中很难描述的问题。在区域欧拉型模式中,Chang 等(1987)的工作具有重要的价值,他们建立的欧拉型区域酸沉降模式(RADM)包含了比以往模式更多的物理过程,包括地面源排放、输送、扩散、干沉降、气相化学模式、云化学模式和湿沉降。RADM 模式奠定了这一类化学模式的基本框架,之后,RADM 模式在欧洲和美国构建了多种版本并有进一步的发展,如 Stockwell(1990)等提出的 RADM2 机制;Stockwell(1994)提出了 EURO-RADM 机制(欧洲空气质量模拟),并于 1997 年在 RADM2 及 EURO-RADM 机制基础上提出了 RACM(Regional Atmospheric Chemistry Mechanism)。此外,一些著名的欧拉模式例如,还有 Van Dop 和 Dehann(1983),Carmichael 和 Deters,1984a,1984b,Carmichael et al.(1986)等,国内亦有许多学者做过研究。

这些欧拉型的大气化学输送模式的框架是基本相同的,主要只是其中各个物理和化学过程的处理方式有所不同。输送方程的基本形式如下:

$$\frac{\partial C}{\partial t} = -\nabla \cdot (\vec{v} C) + \nabla \cdot (K_e \nabla C) + P_{\text{chem}} - L_{\text{chem}} + E + \left(\frac{\partial C}{\partial t}\right)_{\text{cloud}} + \left(\frac{\partial C}{\partial t}\right)_{\text{dry}} \quad (3.6)$$

这里 C 是化学物种浓度,$\vec{v}$ 是格点上三维风速矢量,K_e 是用于次网格湍流参数化的扩散系数,P_{chem} 和 L_{chem} 分别是气相化学过程造成的物种产生率和损失率,E 是源排放项,$\left(\frac{\partial C}{\partial t}\right)_{\text{cloud}}$ 和 $\left(\frac{\partial C}{\partial t}\right)_{\text{dry}}$ 分别是由云过程和干沉降造成的浓度变化率。对于不同的模拟域采用不同的坐标系,如球坐标、σ 坐标等,可进行坐标转换得到在不同坐标系中的输送方程。(3.6)式中化学反应等各项分别在后面章节中介绍。

2.2 闭合问题

上述 2.1 节中的方程组是不闭合的,因为方程组中未知量的个数多于方程个数,方程中所有的湍流通量项不能从方程中求解出来。为了使方程闭合,其中一种方法是仅用一有限数量的方程,然后按照已知应变数来近似保留方程中的未知变数。这样的闭合近似或闭合假设是以保留的预报方程的最高阶命名的。例如,1 阶闭合是保留预报方程最高阶是 1 阶,而 2 阶矩被近似;类似,2 阶闭合是保留预报方程最高是 2 阶矩的,而方程中包含的 3 阶矩则被近似。其余类推。

如果按湍流闭合的方式分类,通常可分为局地闭合和非局地闭合两类。所谓局地闭合是指:一个未知量在空间任何一点是由同一点已知量的值或梯度来参数化的。因此,局地闭合是假设湍流与分子扩散相似。这种局地闭合在大气数值模式或湍流理论中,已从 0.5 阶到 3 阶均有采用。非局地闭合是指一个点上的未知量是由空间许多点上的已知量值参数化的。

这实际上假设湍流是许多湍涡的迭加,而这些湍涡中的每个湍涡都像流体的平流过程那样在传输。这种非局地闭合主要用于 1 阶闭合。

虽然湍流闭合的方法不同,但不管用哪一种或哪一阶的闭合,都必须把未知的湍流项作为已知参数的函数来进行参数化。应用经验数据和简明的基本概念对次网格尺度过程和源汇过程进行明确陈述称作参数化。那些已知量是用预报方程预报的,或用诊断方程确定的,而那些参数通常取常数值,这些值是根据观测资料统计决定的。按照定义,参数化是用人为构造的一些近似来代替其真实的方程以描述某一变量值。有些时候,采用参数化是因为真实的物理过程还不知道,或者已知道这种物理过程,但对一种特殊应用,这种过程太复杂,以致无法描写。因此,参数化很少是完善的。

由于不同研究者可能对同一参数化问题的理解和解释不同,因此也会各自提出不同的参数化方案。尽管对某物理量的参数化可能是各种各样的方案,但所有可为人们所接受的参数化方案必须遵循下述原则:

- 物理模型是合理的;
- 与未知量有相同的因次;
- 在任意坐标系转换情况下是不变的;
- 有同样的对称性和同样的张量特性;
- 满足同样的收支方程和约束条件。

下面对几种闭合方案作简要介绍。

2.2.1　局地闭合—1 阶闭合

1 阶闭合又称为 K 闭合,实际上就是湍流梯度输送理论。1 阶闭合只保留诸如风、温度、湿度等 0 阶平均量预报方程,对方程组中的二阶矩量如:$\overline{w'\theta'}$,$\overline{w'u'}$ 和 $\overline{w'v'}$ 进行参数化,通常次网格尺度通量项 $\overline{w'\theta'}$,$\overline{w'u'}$ 和 $\overline{w'v'}$ 表示为:

$$\overline{w'\theta'} = -K_H \frac{\partial \bar{\theta}}{\partial z};\ \overline{w'u'} = -K_m \frac{\partial \bar{u}}{\partial z};\ \overline{w'v'} = -K_m \frac{\partial \bar{v}}{\partial z} \tag{3.7}$$

其中 K_H 和 K_m 称作湍流交换系数。湍流交换系数在时间和空间上不是常数。

1 阶闭合的关键问题在于确定湍流交换系数 K。Prandtl 在 1932 年提出中性时:

$$K_m = l^2 \left[\left(\frac{\partial u}{\partial z} \right)^2 + \left(\frac{\partial v}{\partial z} \right)^2 \right]^{1/2} \tag{3.8}$$

其中 l 为湍流混合长,必须根据经验确定。Blackadar(1962)提出:

$$l = \frac{\kappa(z+z_0)}{1 + \dfrac{\kappa(z+z_0)}{\lambda}}$$

式中的 λ 为混合长的最大值,有以下一些参数化方案:

1. Blackadar: $$\lambda = 2.7 \times 10^{-4} \frac{G}{f} \tag{3.9}$$

2. Blackadar 1962：
$$\lambda = 0.009 \frac{u_*}{f} \tag{3.10}$$

3. Zilitinkevich & Laikhtman 1965：
$$\lambda = -2\kappa \frac{\Psi}{\frac{\partial \Psi}{\partial z}}, \Psi^2 = \left(\frac{\partial u}{\partial z}\right)^2 + \left(\frac{\partial v}{\partial z}\right)^2 - \alpha_\theta \frac{g}{\theta} \frac{\partial \theta}{\partial z} \tag{3.11}$$

4. Mellor & Yamada 1974：
$$\lambda = 0.1 \frac{\int_0^\infty e^{0.5} z \mathrm{d}z}{\int_0^\infty e^{0.5} \mathrm{d}z} \tag{3.12}$$

(3.11)式中 α_θ 为高度和稳定度的函数,在中性和稳定近地层为 0.74。(3.9)式中 G 为地转风,(3.12)式中 e 为湍流能量。非中性时需要引入层结对 K_m 的影响,常见表达式有:

$$K_m = l^2 \left[\left(\frac{\partial u}{\partial z}\right)^2 + \left(\frac{\partial v}{\partial z}\right)^2 - \alpha_\theta \frac{g}{\theta} \frac{\partial \theta}{\partial z}\right]^{1/2} \tag{3.13}$$

对于水汽、热量输送系数,可以用以下关系式求:

$$K_h = K_m / \alpha_\theta \tag{3.14}$$

2.2.2 局地闭合—1.5 阶闭合

有些闭合假设仅仅利用特定矩量范畴中有用的一部分方程。例如,如果应用 1 阶矩方程以及湍流动能方程、湿度和温度方差方程,则可以将它分类成 1.5 阶闭合,也称为湍流能量(TKE)闭合。因为不是保留所有的 2 阶矩(通量)预报方程,显然不是完全的 2 阶闭合,但它却比 1 阶闭合高。

1.5 阶闭合保留诸如平均风、温度和湿度之类的 0 阶统计量的预报方程,也保留这些变量的方差方程。湍流动能方程经常用来代替速度方差方程:

$$\frac{\mathrm{d}E}{\mathrm{d}t} = -\left[\overline{u'w'}\frac{\partial \bar{u}}{\partial z} + \overline{v'w'}\frac{\partial \bar{v}}{\partial z}\right] + \frac{q}{T_{vo}}\overline{w'\theta_v'} - \frac{\partial}{\partial z}\left(\overline{w'E'} + \frac{\overline{w'p'}}{\rho_o}\right) - \varepsilon \tag{3.15}$$

其中 E 和 E' 分别表示平均湍流动能和脉动湍流动能。

$$E = \frac{1}{2}\left(\overline{u'^2} + \overline{v'^2} + \overline{w'^2}\right)$$
$$E' = \frac{1}{2}\left(u'^2 + v'^2 + w'^2\right) \tag{3.16}$$

湍流动能方程左边为平均湍流动能的个别变化,包括局地变化和平流输送变化,右边为剪切产生项、浮力产生项、湍流输送项及耗散项。

2.2.3 局地闭合—E-ε 闭合

在更复杂的 TKE 模式中为了减少使用经验关系,往往更多使用动力方程,如使用 ε 和 l 的方程,由于湍流耗散率 ε 的物理意义比混合长 l 更容易被理解,因此通常采用 ε 的预报方程:

$$\frac{\mathrm{d}\varepsilon}{\mathrm{d}t} = C_1 \frac{\varepsilon}{E}\left[-\overline{u'w'}\frac{\partial \bar{u}}{\partial z} - \overline{v'w'}\frac{\partial \bar{v}}{\partial z} + \frac{q}{T_{vo}}\overline{\theta_v'w'} \right] - C_2 \frac{\varepsilon^2}{E} + \frac{\partial}{\partial z}\left(K_\varepsilon \frac{\partial \varepsilon}{\partial z} \right) \tag{3.17}$$

其中 C_1、C_2 为经验常数，K_ε 是湍流耗散率的垂直交换系数，通常认为与动量交换系数相关，并有 $K_\varepsilon = K_m/\sigma_\varepsilon$，$\sigma_\varepsilon$ 为常数，相应的 K_m 表达式为：

$$K_m = \frac{C_k E^2}{\varepsilon} \tag{3.18}$$

其中 C_k 为经验常数。

引入 ε 方程也带来了更多的未知量。有关的常数（C_k，C_1，C_2 等）通常要根据实验测量数据来确定。所以不同的研究者得到的常数经常也是不同的。如果能获得对实际大气而言具有较好代表性的常数（C_k，C_1，C_2 等），则可能改进模式的模拟能力。

2.2.4　2 阶闭合

预报方程组的预报量最高保留到 2 阶矩量，附加的支配方程是求 $\overline{u_i'u_j'}$ 和 $\overline{w'\theta'}$ 的，对方程组中的 3 阶矩量、气压相关项以及粘性耗散项进行参数化。

1. 湍流输送的参数化

2 阶矩方程中出现的 3 阶矩都是未知量，为使方程闭合必须对 3 阶矩进行参数化。从物理意义上讲，3 阶矩反映了湍流对 2 阶矩量的输送，它们在稳定层结流体（如稳定边界层 SBL）中是很弱的，而在不稳定或对流边界层中垂直方向的湍流输送变得非常重要，并常常对其中的动力过程起到控制作用，因此对这些 3 阶矩量进行准确参数化对于使用 2 阶闭合方案的有关对流边界层（CBL）模式显得至关重要，最简单也是最常用的湍流输参数化仍然是建立在梯度输送概念之上的，由此把 3 阶矩表示成由 2 阶矩和湍流扩散量的某种形式的组合，湍流扩散量既可用湍流长度尺度和速度尺度表示，如 $K_m = ClE^{1/2}$；也可以用湍流动能（E）和湍能耗散率（ε）表示，后者可定义湍流扩散时间 $\tau_D = E/\varepsilon$，湍流扩散率表示成 $K \sim \tau_D E$（与 $K_m = \frac{C_k E^2}{\varepsilon}$ 相同）。具体的参数化表达式在此不一一列举。

3 阶矩的参数化方法建立在梯度输送的概念上，而在 CBL 中对 3 阶矩的实际观测表明湍流可造成 2 阶矩量的反梯度输送，与 1 阶闭合（K 模式）和 TKE 模式一样，在对流边界层的模拟结果与观测事实之间仍存在一些不一致。不过，3 阶矩参数化方案的这种缺陷并不像 K 闭合那么严重，因此，基于梯度输送简单假设的 2 阶闭合模式能很好地模拟出平均场和湍流结构的基本图象。

2. 耗散率的参数化

在 2 阶矩方程中，特别是方差项（如 $\overline{u'^2}$，$\overline{\theta'^2}$ 等）方程，对分子耗散项的准确参数化显得非常重要，因为它们决定了湍流方差和湍流能量被消耗的速度，在一些模式中 ε 还决定着用于湍流输送项和压力项参数化的湍流时间尺度和空间尺度。最简单的处理方案是把 ε、ε_θ 等用长度和速度尺度来表示，如 $\varepsilon = \frac{C_\varepsilon E^{3/2}}{l_\varepsilon}$。或者用 ε、ε_θ 的动力学方程，但这使得方程非常复杂，往往经简化后才被 2 阶闭合模式采用,在方差(或通量)的动力学方程中,分子耗散项通常依据大雷诺数条件下 Kolmogorov 局地各向同性假设而被忽略不计。这个假设还包含有湍流动能各分量的耗散率相等的结果,即 $\varepsilon_u = \varepsilon_v = \varepsilon_w = \varepsilon/3$。

3. 还原各向同性项的参数化

在 2 阶闭合模式中,对由脉动压力和脉动速度、脉动温度等构成的协方差项进行参数化可能是件最难办的事。这些压力项也被称为还原各向同性项,通过调整方差项之间的能量分布使它们趋于相等,而看上去起到了损耗方差项的作用。由于局地各向同性使得分子耗散项小到几乎可以忽略不计,这些还原各向同性项成了协方差方程里的主要损耗项。基于此,对这些项进行参数化的最简单方法是把它们表示成与剩余方差或协方差成正比,而与湍流时间尺度成反比。因此,在协方差 $\overline{c'u'}$ 的动力学方程里,还原各向同性项被参数化为 $-\overline{c'u'}/\tau_D$,乘上一个经验常数。这个最简单方案最初是由 Roota(1951)提出的,应用中发现它不能完全令人满意,一些更细致更复杂的参数化方案随后被提出,如 Gibson 和 Launder(1978),Lumley(1979),Wyngaard(1982)。

在层结剪切流中(如 PBL),脉动气压场完全可由脉动速度、温度场及平均速度切变来表示,得到的关于 p' 的泊松方程清楚地表明,任何一点的气压脉动取决于该点邻域中的速度与温度场。由 p' 的表达式可以很容易得出还原各向同性项的表达式,这些项包含了三方面的贡献:① 湍流之间的非线性相互作用;② 湍流与平均切变之间的相互作用;③ 浮力与湍流的相互作用。Rotta 的参数化方案只能表征湍流之间的非线性的相互作用,因此,更细致的参数化方案可近似表现所有的相互作用,包括平均风切变和浮力的作用。在 2 阶闭合模式用于空气污染模拟时,人们希望闭合的参数化方案尽可能的简单,并在预报平均风场和湍流量方面不失一般性和准确性,这些量直接影响着空气污染物的散布。

2.2.5 高阶闭合

3 阶闭合是指湍流预报方程要保留到 3 阶矩,而 4 阶矩、气压相关项以及粘性耗散项则被参数化。这种 3 阶闭合在中尺度模式中几乎很少涉及到,主要是由于太复杂,也见不到太大效果。但在边界层的湍流结构研究中常常需要进行 3 阶闭合。

显然当采用高阶矩闭合近似时,会使低阶变数(诸如平均风、位温或通量)的预报方程变得更精确。然而,高阶矩量在实际大气中是极难测量的,即使 2 阶矩的某些湍流通量测量都显得离散性很大,而 3 阶矩的涡旋相关估算就更糟,甚至噪声或误差水平大于信号水平。至于 4 阶矩的测量实际上是不存在的。这也表明人们很少知道 3 阶矩和 4 阶矩的性质和结构。因此,在进行高阶矩参数化时,不仅缺少理论上的指导,甚至很难提出应该遵循的一些参数化的原则。这也正是一些高阶闭合问题的困难所在。但随着理论和科学技术的发展,应该说人们能够发现新的湍流理论和参数化方法。

在应用高阶闭合方案时,隐含着这样一个假设,即引入了 2 阶矩方程可以改进平均场的预报,这仍然只是人们的信念,而非已确认的事实。不过,即使 2 阶闭合模式对平均场的预报没有明显的改进,它也提供了许多关于湍流方差和协方差的信息,湍流速度方差信息在确定污染物散布的应用中是非常重要的量,这些信息在1阶闭合模式中是根本得不到的。高阶闭合模式还能够表征反梯度扩散并且已经成功模拟出在对流条件下观测到的空气污染物散布情况。但是,简单的3阶湍流输送参数化方案往往不能用于对流边界层(CBL),除非浮力效应由其他附加项来描述。这正指出了2阶矩闭合方案的主要局限,即那些被剪切流实验验证为有效的闭合方案可能不适用于浮力驱动的地球物理流体(如CBL)。高阶闭合模式的另一个主要缺陷是引入了太多的经验常数,而这其中只有很少的常数能用实验数据进行有效验证。

所有总体平均湍流闭合模式的一个主要局限性在于总体平均迫使人们对所有尺度涡旋运动的作用进行参数化,包括最大含能涡。这些湍流流体中的大涡对流体的几何特性非常敏感,同时也对流体中湍流的产生和破坏机制很敏感。因此,有研究者对2阶闭合模式是否能适用于实际大气中的各种情况表示怀疑。

2.2.6　非局地闭合

如果空间任一个点上的未知量是由空间许多点上的已知量值进行参数化的,则这种闭合便称之为非局地闭合。这种闭合基于这样的认识,即在较小的湍涡有可能引起混合变化之前,较大的湍涡能够穿越有限的距离输送流体。有关非局地闭合目前还很少应用到中尺度数值模拟中,但对行星边界层湍流结构及大气扩散的理论研究和数值模拟来说,这些理论还是非常重要的。

对非局地闭合而言,空间某一点未知量是用空间许多点已知量值进行参数化的。非局地闭合假设湍流是由湍涡叠加的,其中每个湍涡输送气流就象平流过程那样。非局地闭合基本上采用1阶闭合,一般来说,高阶局地闭合和非局地闭合得到的解比低阶闭合得到的解更为精确,但这种做法技术较为复杂,花费也高得多。

非局地闭合方法有两种主要的闭合模式,即过渡湍流理论和谱扩散理论。这两种方法都允许一定大小范围内的湍涡对混合过程产生影响。谱扩散理论通过将信息转入到谱空间来模拟混合过程。过渡湍流理论提供了湍流扩散过程一般的描述。其中"过渡"(transilient)一词来自于拉丁语"跳跃穿过"(leap across)的意思。这种理论是用来说明空间不同点的湍流混合机制的。混合过程的变化可以通过过渡矩阵的形式来描述。非局地闭合方法非常适合描述垂直湍流混合过程,这个过程可以同时给出由湍流扩散和不同尺度涡旋造成的输送。

2.3　大气边界层参数化

在大气环流模式和中尺度气象模式中,由于分辨率有限,不能比较细致地求解边界层中的物理过程,甚至许多模式在边界层中只有1~2层网格,在这种情况下,大气边界层只能作为一个整体来考虑它对上部自由大气的影响,即单层法。如果在边界层内网格多一些,可以采用多层法参数化。在中尺度模式中一般采用多层法,下面简要介绍。

2.3.1 贴地层

贴地层是大气紧靠地面的一层,厚度小于地面粗糙度。在贴地层中主要是由分子运动引起的通量占主导。地表的变量与贴地层顶的变量有以下关系:

$$\theta_{z_0} = \theta_G + 0.096\,2(\theta_*/\kappa)(u_* z_0/\nu)^{0.45} \tag{3.19}$$

$$q_{z_0} = q_G + 0.096\,2(q_*/\kappa)(u_* z_0/\nu)^{0.45}$$

式中下标"G"表示地面,ν 为空气运动学粘性系数,式中需要用到的湍流量由近地层的廓线关系求出。在贴地层内风速为零。

2.3.2 近地层

在近地层中,由于湍流相似理论研究得比较多,因此可以直接采用风速、温度、湿度的廓线关系来参数化。利用模式最低网格面和 z_0 处的风速、温度、湿度求出湍流量 u_*,θ_*,q_*,用于贴地层参数化和 Ekman 层中求湍流输送系数。

2.3.3 Ekman 层

在这一层中湍流通量可以利用梯度输送理论表示为方程(3.7)的形式,其中的输送系数 K 利用 1 阶闭合中的求法来求取。

2.4 地面影响、水汽过程和辐射作用

2.4.1 地面影响

中尺度气象模式的一个重要特点是更好地以高时空分辨率反映各种类型下垫面的热量和动量的局地影响。如果大气没有底边界就不会有边界层。地表摩擦使风减速,而来自地表的热通量和水汽通量又会改变边界层气象状况,热通量和水汽通量本身也靠诸如太阳辐射或植物蒸腾等过程的强迫作用而变化。地表面是热量、水汽及大地形的动力因子的重要源,这些地面强迫因子对应不同下垫面类型存在很大的差异,如何将这些强迫因子(或湍流通量)参数化是提高中尺度气象模式预报精度的关键。

1. 下垫面类型的参数化

将预报范围的每一个网格点赋予不同的下垫面类型(如水面、裸露的土壤、植物地面及城市等)。地面层的参数化需要所有下垫面类型的地面温度、湿度及其粗糙度。

对水面,温度常常是保持一个非恒定的常数值,同时在地面层参数化中使用的湿度值则定义成地面气压和水温的饱和混合比。

对于裸露的土壤,通常使用多层土壤模式。模式包含土壤地面温度和水分含量的诊断方程组,土壤的热力特性依赖于湿度。土壤中的热扩散由下式计算:

$$\partial\theta_s/\partial t = \partial[\lambda\,\partial\theta_s/\partial z]\partial z \tag{3.20}$$

式中 λ 是热传导系数,θ_s 是土壤位温。以上方程的边界条件是最深土壤层的 θ_s 保持初始的

常数值或者是时间的函数,地表面位温 θ_g 由以下诊断方程计算:

$$C_s \Delta z_g \partial \theta_g / \partial t = \alpha_g R_s \downarrow + R_1 \downarrow - \sigma T_g^4 + \rho_a C_p u_* \theta_* + \rho_a L_q u_* q_* - C_s \lambda \partial \theta_s / \partial z|_g \quad (3.21)$$

这里 C_s 是湿土壤的体积比热,$R_s \downarrow$ 和 $R_1 \downarrow$ 是向下的短波和长波大气辐射通量,α_g 是土壤面的反射率,σ 是斯特藩-波尔兹曼(Stefan-Boltzman)常数,$\rho_a C_p u_* \theta_*$ 是大气的感热通量,C_p 是大气定压比热,$\rho_a L_q u_* q_*$ 是潜热通量,θ_* 和 q_* 分别为温度和湿度尺度,Δz_g 是土壤层的厚度。整个土壤层的湿度也是用诊断方程计算的。对于土壤顶层,其诊断方程为

$$\partial q_s / \partial t = \{[\rho_a u_* q_* / \rho_w] - D_q \partial q / \partial z - K_q\} / \Delta z_g \quad (3.22)$$

这里 ρ_w 是水的密度,D_q 和 K_q 分别是湿度扩散系数和水传导系数。其他土壤层中湿度扩散由以下关系表达:

$$\partial q_s / \partial t = \partial [D_q \partial \eta / \partial z + K_q] / \partial z \quad (3.23)$$

对于植被地面,常采用"大叶面"近似,即假设存在一个有阴凉土壤的植物层。其阴凉土壤的计算除了下垫面能量收支方程不同外,与裸露土壤情况的计算方法类似,公式如:

$$C_s \Delta z_g \partial \theta_g / \partial t = \tau_{veg} \alpha_g R_s \downarrow + \sigma T_{veg}^4 \sigma T_g^4 + \rho_a C_p u_* \theta_* + \rho_a L_q u_* q_* - C_s \lambda \partial \theta_s / \partial z_g \quad (3.24)$$

这里 τ_{veg} 是通过植物层的短波透射率,T_{veg} 为植物层的温度。注意这里已假设所有向下的大气长波辐射被植物冠层所阻断,植物的温度和湿度由地面能量收支方程诊断:

$$C_{veg} \Delta z_{veg} \partial \theta_{veg} / \partial t = (1 - \tau_{veg}) \alpha_{veg} R_s \downarrow + R_1 \downarrow + \sigma T_g^4 - 2\sigma T_{veg}^4 + 2\rho_a C_p u_* \theta_* + \rho_a L_q u_* q_*$$
$$(3.25)$$

这里除了对植物的量值具有下标 veg 外,所有变量保持原有的含义。在长波辐射和感热项中的因子 2 表示能量从叶面两边传输。潜热项没有包含这一因子,是因为气孔只出现在叶面的一边。植物有效湿度是植物温度的饱和混合比和气孔阻力的函数,植物气孔如何开关的指标是由大气和土壤几个特性确定的。有效混合比的表达式为:

$$q_{veg} = \gamma q_{vegs} + (1 - \gamma) q_a \quad (3.26)$$

这里 q_{veg} 是有效植物混合比,q_{vegs} 是饱和混合比,它是植物温度和大气压的函数,γ 是气孔阻力函数。

2. 地形的初始化

大地形及其地形高度对许多大气过程有着重要影响,在模式中要求尽可能精确地描述它。第一,在定义模式垂直坐标时要使用地形高度,为正确的网格嵌套,需要不同模式网格之间地形高度的兼容性;第二,在处理离散模式网格点上地形过程中,地形的重要特性可能会被强制性地过滤掉;第三,模式中最细的可分辨尺度(波长接近两倍网格间距的尺度)不能精确地作平流处理。这些小尺度将在模拟地形中消失,于是地形不能将这些尺度直接引入到诊断场中。

从标准的地形高度的资料信息(通常包含有地形高度的资料是按经纬度间隔定义的)转换到模式网格点上通常以三个步骤进行:第一步是将所有的原始资料水平内插到与资料的

分辨率相当的一个过渡网格点上;第二步是将这过渡网格平均到第二个过渡网格,其网格尺度比模式网格粗,大约是模式网格的两倍;为给定模式网格地形高度计算中的第三步,也是最后一步是从过渡粗网格值内插到模式网格,第一和第三步的内插使用交叠二次格式。包括任一网络方格中的下垫面类型的百分率和地面水温及其他类型地面资料,从标准的资料系统内插到模式网格,采用与地形高度资料相同的处理方法。

2.4.2　地面能量平衡

取向上通量为正,则地面能量平衡为:

$$-Q_s^* = Q_H + Q_E - Q_G + \Delta Q_s \qquad (3.27)$$

其中 Q_s^* 是地面向上净辐射, Q_H 是离开层顶部的向上感热通量, Q_E 是离开层顶部的向上潜热通量(由水汽的蒸发和凝结引起的热量吸收和释放), Q_G 为进入到底部的向上分子热通量, ΔQ_s 表示内能的储存和输入的量(正表示增暖和由光合作用引起的化学储存)。

在设定的研究层中,会出现诸如辐射、环流、湍流、蒸发、凝结、蒸腾等非常复杂的过程。由于问题的复杂性,可应用一简化层,将发生在该层所有过程的净效应合并在 ΔQ_s 中。可从理论上将该层考虑成一无限小的薄层,实际上它不是层而只是一个面,地面热量平衡方程变成:

$$-Q_s^* = Q_H + Q_E - Q_G \qquad (3.28)$$

方程中没有热量储存,因为在一个零厚度层内不会有质量,忽略储存层就能更好地研究准定常状态,该层的平均温度不会出现明显的变化。此外,上式还能很好地应用于研究裸露的地面和无波浪海面的热量平衡。

2.4.3　辐射平衡

通常将净辐射分成以下 4 个分量:

$$Q^* = Q\uparrow + Q\downarrow + I\uparrow + I\downarrow \qquad (3.29)$$

其中 $Q\uparrow$, $Q\downarrow$, $I\uparrow$ 和 $I\downarrow$ 分别是向上反射的短波(太阳)辐射、通过大气向下透射的短波辐射、向上发射的长波辐射(红外线,IR)和向下发射的红外辐射。这些项的每一个量都是通过任一局地平面的直接辐射和漫射辐射分量之和,其方程是写成运动学通量形式的。可以将辐射分成短波和长波,因为太阳光谱的峰值处在正常可见光波长范围内,而地球及大气系统是发射与它的绝对温度相对应的红外辐射。

短波辐射　把大气层顶部入射的太阳辐射强度称为太阳辐照度(S),太阳辐射向下到达地面的整个路径中,其辐射强度随云的散射、吸收、反射作用而减弱,即当太阳照射到低空时,辐射会经历更长路径的衰减。分别定义 τ_k 和 Ψ 为天空的净透射率(到达地面的太阳辐射所占原来辐射的份额)和太阳高度角(太阳与地平线的夹角)。下式为一种净透射率简单的参数化方法的表达式:

$$\tau_k = (0.6 + 0.2\sin\Psi)(1 - 0.4\sigma_{CH})(1 - 0.7\sigma_{CM})(1 - 0.4\sigma_{CL}) \qquad (3.30)$$

这里 σ_C 表示云覆盖所占整个天空面积的份额,下标 H,M 和 L 分别表示高、中、低云。如果太阳在天顶且无云,则 $\tau_k = 0.8$,如果太阳在天顶但有高、中、低三种云存在,则 $\tau_k = 0.086$。地面上的向下辐射近似可表达如下:

$$Q \downarrow s = S\tau_k \sin \Psi \qquad \text{白天} \tag{3.31}$$
$$= 0 \qquad \text{夜间}$$

式中局地的太阳高度角用以下表达式计算:

$$\sin \Psi = \sin \phi \sin \delta_s - \cos \phi \cos \delta_s \cos\left[(\pi t_{UTC}/12) - \lambda_e \right] \tag{3.32}$$

其中 ϕ 和 λ_e 是用弧度表示的纬度(北为正)和经度(西为正),t_{UTC} 是世界时(小时),δ_s 是太阳赤纬角,表示如下:

$$\delta_s = \phi_r \cos\left[2\pi(d_0 - d_r)/d_y \right] \tag{3.33}$$

这里 ϕ_r 是北回归线的纬度(23.45°),d_0 是当年的天数(即 10 月 27 日 = 第 300 天),d_r 是夏至日为 173,d_y 是每年的平均日数(365.25)。定义反照率 a_0 为地面上的反射辐射占向下入射辐射的份额。a_0 可从新雪面的 0.95、干浅色土的 0.4、草和很多农作物的 0.2、针叶林的 0.1 变化到黑湿土壤的 0.05,于是向上(反射)的辐射为:

$$Q \uparrow s = -a_0 Q \downarrow s \tag{3.34}$$

水面上的 a_0 不仅随波浪的状态变化,而且还是太阳高度角的强函数。当阳光从天顶直射平静的水面时。a_0 大约为 0.05,而在低高度角时,它可增加到接近 1.0。

　　长波辐射　向上和向下的长波辐射都很强,但符号相反。地面净向上长波辐射通常用可近似用以下表达式表达:

$$I^* = (0.08 \text{ K} \cdot \text{m/s})(1 - 0.1\sigma_{CH} - 0.3\sigma_{CM} - 0.6\sigma_{CL}) \tag{3.35}$$

虽然这种参数化类型对实际的物理过程似乎过于简单,但当详细辐射的参数化不适用时,它还是有用的。另外一个参数化净长波辐射的方法是分别参数化 $I\uparrow$ 和 $I\downarrow$,Stefan-Boltzman 定律给出:

$$I \uparrow s = \varepsilon_{IR} \sigma T^4 \tag{3.36}$$

这里 $\sigma = 5.67 \times 10^{-8} \text{ W} \cdot \text{m}^{-2} \text{K}^{-4}$。红外比辐射率 ε_{IR} 的范围是 0.9~0.99。向下长波辐射 $I\downarrow$ 更难计算,因为它必须垂直积分辐射通量散度方差。

　　把短波和长波辐射参数化结果放一起,便得到如下地面净辐射通量的近似关系:

$$Q^* = (1 - a_0)ST_k \sin \Psi + I * (\text{白天}) = I * (\text{夜间}) \tag{3.37}$$

这里 S 为负。

2.4.4　水汽过程

　　包含水汽的湿物理过程对中尺度大气运动有着很重要的作用,例如积云对流过程就非常重要。这不仅由于中尺度对流系统的凝结潜热释放对这些系统的发展及其环境场有显著影响,而且还在垂直方向输送热量、水汽和动量。深对流云很少以孤立单体出现,而大多数情形是以积云群或积云团出现,或者形成有组织的中尺度对流复合体,而且水汽和云对太阳辐射与地球辐射的反射、吸收和散射同样有明显的影响。就中尺度模式而言,大部分云体无论水平向或垂直向都是次网格现象。如果考虑水分的相变,那问题就会变得更为复杂。因此,涉及水分循环的湿物理过程和次网格尺度云过程,常常都需要进行参数化,主要的如积云参数化。

1. 问题提出

伴随各种云体的物理过程本质上是非线性的,尽管各种云总体上能够直接与大尺度环流发生相互作用,但绝大多数云单体对一般中尺度数值模式而言都是次网格尺度的,像积云在水平方向是次网格尺度的,而层状云在垂直方向也是次网格尺度的。因此,为了使预报模式方程组闭合,就必须用可分辨尺度的预测变量,通过定量化公式来描写这些次网格尺度云体的总体效应,这就是云或积云的参数化问题。

深对流云参数化问题尤为重要。这是由于在这类云中释放的潜热实质上是为热带和中纬度扰动提供主要能源的。无降水的浅对流云参数化的重要性在于要考虑云层下边界层物理特性的向上输送以及反照率对地面辐射收支的效应。因此,在积云参数化中,既要注意尺度分类,又要注意物理过程。

2. 尺度原则和物理原则

从尺度分类考虑,在全球和天气尺度模式中,可分辨尺度限于 α 尺度(超长波)和大 β 尺度(长波)。此时,积云对流常被处理成布满格体(格距 200 km 或更大)的大积云群。然而,在约 50 km 格距的中尺度模式中,其主要次网格尺度过程和积云对流及湍流是发生在中 γ 尺度和更小的尺度谱上,而每个积云单体的水平尺度约 1 km 或稍大。这时,积云对流用天气尺度模式中的统计描写是不适当的。因此,必须按中尺度模式进行较为详细的参数化,以便尽可能精细地描写这种物理过程。

就垂直尺度考虑,积云对流通常可分为两类,即无降水的浅积云对流和有较多降水的深积云对流。前者,从地面到云顶不厚于 3 km。由于在这类云的平均生命史期间不包含净潜热释放,所以,它们在概念模式中是作为一般的因凝结而垂直向伸展的湍流涡动。这类小积云可以不存在低空辐合或深厚的条件不稳定。然而,这类云对层云的维持很重要,但与有降水的深对流积云完全不同,因此,参数化方案也不同。在条件不稳定大气中形成的降水积云,往往在低空存在较强的辐合和对流运动。这种深对流产生净凝结潜热释放,并且常常包含冰相转变。因此,对有更复杂云物理和微物理过程的积云进行参数化时,会遇到更多的困难。典型条件下不稳定活动会具有远大于积云单体的范围;而由于积云对流的凝结潜热释放产生的净加热,又可提供比这些云体或对流尺度更大的环流生成及其维持所需要的能量。所以,如何对积云对流过程因尺度和物理机制不同进行不同的参数化,将是中尺度模式设计者必须考虑的问题。这些问题包括:对流系统在条件不稳定大气释放潜热的速率;与大尺度环流有关并强烈发展的中尺度环流的演变以及对流和中尺度环流对动量场的直接影响。

从现有积云参数化方案的过程出发考虑,大体有以下四种:

A 类:对流调整方案。其中包括干对流调整和湿对流调整方案;

B 类:郭(晓岚)型方案(Kuo, 1965,1974;Anthes, 1977)。这是一种广为应用的积云参数化方案。

C 类:Arakwa-Schubert 方案(Arakwa 和 Schubert, 1974; Arakwa 和 Chen, 1986)

D 类:中尺度模式积云参数化方案(Kreitzberg 和 Perky, 1976; Fritsch 和 Chappell, 1980; Frank, 1984)。这类方案在中尺度数值模拟中有重要的应用。

如果着重从热力学性质上分析这些方案对积云参数化采取的闭合假设,那么,可归结如下:

A 类:通过假设存在平衡状态,约束净加热和净增湿的耦合。

B 类:通过一种积云总体模式,约束热源和水汽汇的耦合。

C 类:通过约束云质量通量与云底大尺度垂直质量通量(或地面湍流通量)的耦合,直接约束积云总体的强度。

D 类:直接约束热源和水汽汇与平流(以及边界层)过程耦合,或者说,与大尺度过程耦合。

在实际应用中,这四类积云参数化方案中的闭合假设,有的是可以彼此结合的。应该注意以上几种参数化方案均属于有降水的深积云对流方案。对于无降水浅积云对流主要对辐射和边界层过程有影响。通常用两种方法进行参数化。一种方法是把这类层云作为整体,参数化这种浅积云对流的总体作用,其中包括预报云层厚度和净对流加热和增湿。另一种方法是假设模式热力状态向实际的准平衡态张弛,但不要求详尽的知道云层物理过程。不过,这些方案都还未直接应用于中尺度数值模式。但可以断定,如能发展一种包括深、浅对流云的参数化方案,那无疑将是更好的方案。

2.5 大气化学反应机制

对于大气化学模式而言,气相化学反应是模式的最主要部分,模式的模拟结果很大程度上取决于气相化学反应机制的选取。化学模式中的气相化学反应机理通常分为特定化学机理和归纳化学机理两类,所谓特定化学机理,即详细列出化学体系中与所关心的一些有机物种之间的所有反应物、产物、中间产物以及它们的反应速率的机理关系。如 Niki 等(1972)提出的包含 60 个化学反应的丙烯- NO_x 的光化学反应机理和 Demerjian 等(1974)提出的包括丙烯、反 2 丁烯、异丁烯、甲烷、丁烷与 NO_x 在光照下约 450 个反应的化学机理以及 Leone and Seinfeld(1984)提出的甲苯- NO_x 和甲苯-苯甲醛- NO_x 化学机理。特定化学机理中包含的物种数和化学反应较多,如在 Leone 和 Seinfeld(1984)的化学机理中,虽然只包含甲苯-苯甲醛两个物种,而如要描述它,仍要 102 个化学反应。Andersson Skold(1995)的 IVL 机制包括了 90 种排放源物种及另外的 625 个化学物种共 1 822 个反应方程式。将特定化学机理应用于气相化学模式有许多困难。首先,大气中化学物种数如此之多,单从汽油中就可分离出 500 种以上有机物,其中有许多化学反应常数目前还不清楚。就已知的数千种化学反应而言,许多化学反应速率常数也是有争议的,有待于通过实验进一步验证。其次,即使反应物、产物、中间物种、反应速率常数都已知道,对大气中如此多的物种,全部用特定机理来描述,对目前的计算机技术水平而言,也是一个难以胜任的工作。另外,这种模式的实际应用也是有问题的,主要是观测资料不可能提供如此多物种的浓度和排放源的情况,因此,如果基于假设的条件进行模拟,则特定机理所具有的高精度也就失去意义了。因此,目前在气相化学模式中一般较少采用直接特定化学机理,而是在特定化学机理的基础上进行归纳合并,形成归纳机理。

与特定化学机理相比,归纳化学机理中的物种数和反应大量减少。其中,由于无机物的种类和反应个数较少,一般缩减不多而主要是减少有机物的物种数和反应个数。缩减的方法主要是把有机物按其分子结构和化学键特性分类,用一个假想的化合物或某一典型的化合物代表。按归类的方法,又可分为集总机理(Lumped Mechanism)和碳键机理(Carbon-Bond Mechanism),集总机理是把结构或性质类似的有机物归成一类,用一个假想的化合物代表,如 Hecht. Seinfeld 和 Dodge(1974)提出的一个包括 39 个反应的化学动力学机理(HSD 机理),把有机物分成四类,即烯烃、芳烃、烷烃和醛类。碳键机理是以分子中的碳键为反应单元。也就是说,它把成键状态相同的碳原子当作一类看待,而不管该碳原子所在分子的总结构。Whitten 等人(1980)提出碳键Ⅰ机理(CBM Ⅰ),把碳原子分成四种类型:单键碳原子(PAR)、活泼双键碳原子(OLE)、慢双键碳原子(ARO)和羰基(CAR)。与集总机理相比,碳键机理的优点是一方面在于它是碳(C)守恒的,另一方面平均反应速率常数的范围可以缩小。此后,Whitten 等先后又提出三个碳键机理,分别为 CBM Ⅱ、CBM Ⅲ、CBM Ⅳ。一旦化学反应机理确定以后,就可以列出物种浓度随时间变化的常微分方程组:

$$\frac{\mathrm{d}C_i}{\mathrm{d}t} = P - RC_i \tag{3.38}$$

式中 C_i 为第 i 种物种的浓度,P 为 C_i 的生成速度,RC_i 为 C_i 的减少速度,P 是 $C_1, C_2, \cdots, C_n$(不包含 C_i)的函数。R 是 $C_1, C_2, \cdots, C_n$ 的函数。方程的个数等于参与反应的物种数。

2.6　大气化学模式的数值求解

化学模式包含多种化学成分,必须求解所有成分的浓度方程,由反应机理得到的浓度随时间变化的微分方程属刚性常微分方程组,不可能得到解析解,必须用数值解法。但用简单的连续迭代的方法求解这些方程将面临数值不稳定的难点。因为不同成分的光化学反应时间常数相差很大。采用的时间步长大了,会出现计算不稳定,造成粒子数不守恒。要保证粒子数守恒,则必须采用比最短的光化学反应时间常数还要小的时间步长,则将耗费巨量的计算机时间。解决此困难的方法一般有两种,一是寻找此类方程新的数值解法,如 1971 年 Gear 提出的方法;二是依据化学反应的原理,对某些活泼的中间物种进行准稳态近似处理的方法(QSSA Quasi-Steady-State-Approximations),也是目前比较常用的一种方法。

Gear 法适用性较广,对一般的化学动力学机理问题不用做准稳态近似处理都可进行计算。但是该方法原理比较复杂,计算时需计算雅可比矩阵并作矩阵的求逆运算,而计算精度却比较高。当计算的物种数较多时,Gear 法比较费机时和内存,计算速度较慢,因此将其用于实际大气化学计算的并不多。而以后发展起来的快速计算方法通常都把 Gear 解法用来作对比。除 Gear 法以外,其他一些方法如 Runger-Kutta-Merson(简称 RKM 法)、Sklarewf 法(简称 SK 法)、小参数法(SPM)等方法原理较简单,不需计算雅可比矩阵并作矩阵的求逆运算,对一定刚性的微分方程组仍可得到比较满意的效果(唐孝炎,1990)。化学反应中,有些反应的中间物种比较活泼,在进行一段很短时间的反应之后,其形成速度与消失速度达到相等,即

$$\frac{\mathrm{d}C_i}{\mathrm{d}t} = P - RC_i = 0 \tag{3.39}$$

此时物种 i 的浓度随时间变化很小,在一定的时间间隔内,可以认为它的浓度不变,其值可由上式求出,即

$$C_i^{n+1} = \left(\frac{P_i}{R_i}\right)^n \tag{3.40}$$

式中 n 为第 n 时步。由上式求出的物种浓度称为稳态浓度。在一个反应体系中,可以有一种或多种物种的浓度用此法求出,再用一般解常微分方程的数值解法计算其他物种的浓度,这样的处理方法称为准稳态近似法。在进行准稳态处理时,首先根据计算中需要的时间尺度来决定哪些物种可进行稳态处理,一般将平均寿命比计算时间步长小的(小一个数量级以上)物种作准稳态处理。因此 QSSA 解法必须对物种和化学反应分类处理。例如,可将所有化学物种分为 4 类:强相互作用物种族、短寿命物种(主要是自由基和反应中间体)、长寿命物种和 HO、HO_2 等特殊物种。在每一个时步 n,首先用准稳态近似假设估算短寿命物种的浓度,由于典型的化学时步通常不大于几十秒,自由基浓度只落后一个时步,可以保证其浓度有足够的精度。

2.7 初始条件和边界条件

数值模式的模拟计算和预报就是在一定的初始条件和边界条件下求解差分方程的数值解。对任何一个空气质量模式和气象模式,给定合适的初始条件和边界条件是获得良好的模拟结果的必要条件。

2.7.1 初始条件

在开始积分预报方程组时,其预报变量都要求有初值。其初值化的方法可以分为三类:客观分析、动力学初值化和正规波初值化。

客观分析方法把有用的观测资料以客观分析方法外推到网格点,在中尺度范围采用流场诊断方法,由于流场诊断是经过 3-D 风场调整的,因此输出的流场满足连续性原理。由于高空实测资料少,在 PBL 内变量垂直客观分析时,常常使用平均风场随高度和稳定度变化的参数化关系。

动力学初值化方法提供了另一种客观分析途径。这种方法的模式方程需在某一时段上积分,以便将实测插值场中不代表中尺度解析意义的测值减到最少。由于资料之间不一致而产生的计算波动,将通过阻尼或者通过平衡调整传出模式边界而消除。这样就是利用模式方程使应变量之间达到近似动力平衡。利用动力初值化,守恒方程本身被用于给出模式中各应变量初值,并使其在物理上保持一致。这个方法的缺点是延续的初值化积分所费机时

的代价问题。一次中尺度模式模拟试验可能总共只需 24 小时,而初值化积分可能就需要 12 小时左右。

非线性正规波是第三种有用并有效的动力学初值化方法。这种方法不必像那种为消除输入资料之间不协调而必须在某一时段进行积分的动力初值化方法。对于初始大气而言,就是利用水平和垂直结构函数,分解出初始输入资料的高频和低频分量。消除没有气象意义的高频部分,只保留有关的低频信息。虽然这种方法在中尺度模式中还没有得到应用,但是倘若有足够可用的观测资料,这仍是一种有效的动力初值化方法。与动力初值化方法相比,用正规波方法所要求的计算时间大大减少了。

2.7.2 边界条件

中尺度模式需要侧边界,仅仅是由于受限于计算机,必须把模拟域的水平范围加以限制。给定完全正确的边值几乎是不可能的,所以最好的办法是把这种边界从所关心的区域尽可能远移,使得边界的影响减到最小。辐射边界条件能改变侧边界上的变量值,使返回模拟域向外传播的扰动反射降到最小。辐射边界条件可写成:

$$\frac{\partial u_n}{\partial t} = (u + c_0) \frac{\partial u_n}{\partial x} \tag{3.41}$$

式中 u_n 为侧边界的法向速度。在实际模拟中,还可采用以下侧边界条件:在模式的西侧边界,如果 $u > 0$,则为流入边界,变量保持其值不变,而如果 $u < 0$,则为流出边界,变量取与其邻近内点上的值相等。在模式的东侧边界,如果 $u > 0$,则为流出边界,变量取其邻近内点上的值;如果 $u < 0$,则为流入边界,变量保持其值不变。同理,在模式的南侧边界,如果 $v > 0$,则为流入边界,否则为流出边界;在模式的北侧边界,如果 $v > 0$,则为流出边界,否则为流入边界。

与侧边界条件一样,模式的上边界也要尽可能推移到远离显著扰动的区域。吸收边界条件能抑制重力内波的垂直向传播并减少扰动在模式顶的反射。设模式最高五层(第 N 层到第 $N-4$ 层)为吸收层,从第 $N-4$ 层开始向上逐步消减扰动量,则吸收边界条件可写成

$$< u_{i,j,k} > = u_{i,j,k} - \gamma(u_{i,j,k} - u_{i,j,N}) \quad k = N-4, \cdots, N \tag{3.42}$$

其中 γ 为吸收系数,取值范围为 0.4 ~ 0.8。

下边界主要应反映不同下垫面型的热力、动力和水汽的强迫作用,各个变量均取为随时间变化的内插值。

在进行大气化学过程的数值模拟时,需要相应的初始场和边界条件。关于初始场,有的模式,例如 WRF-Chem 可以选择使用模式自带的默认值,即北半球干洁大气理想廓线,也可以使用其他模式(如全球模式)所输出的模拟结果作为初始场驱动模式。

2.8 基本坐标

2.1 节中方程组是在笛卡儿坐标中给出的,用以描述中尺度大气流动。在某些情况下(处理地形的影响)对垂直坐标进行变换,得一广义垂直坐标变换的函数,用笛卡儿坐标系可

写成：

$$
\begin{aligned}
\tilde{x}^1 &= x & x &= \tilde{x}^1 \\
\tilde{x}^2 &= y & y &= \tilde{x}^2 \\
\tilde{x}^3 &= \sigma(x,y,z,t) & z &= h(\tilde{x}^1,\tilde{x}^2,\tilde{x}^3,t)
\end{aligned}
\tag{3.43}
$$

其中 σ 的函数形式规定为下面几种：

$$
\begin{aligned}
\sigma &= \theta & \sigma &= s(z-z_{\mathrm{G}})/(s-z_{\mathrm{G}}) \\
\sigma &= p & \sigma &= (p-p_{\mathrm{G}})/(p_{\mathrm{T}}-p_{\mathrm{G}}) \\
\sigma &= p/p_{\mathrm{G}} & \sigma &= (\theta-\theta_{\mathrm{T}})/(\theta_{\mathrm{G}}-\theta_{\mathrm{T}})
\end{aligned}
$$

在这些表达式中，p_{G}，θ_{G}，p_{T} 和 θ_{T} 分别为坐标系底部和顶部的气压与位温，z_{G} 和 s 定为地形高度和模式顶部高度。左边前两个的 σ 形式分别称作等熵坐标和等压坐标。其余四个为地形坐标系，一般称为 σ 坐标。在各种 σ 表达式中 p_{T} 和 s 通常在时间和空间上定为常数。把坐标面与底部地形重合，能使我们更有效地开发计算机的潜力，并且便于使用下边界条件。

§3　拉格朗日随机游动模式

空气污染物在大气流场中的散布行为是以拉格朗日方式进行的，所谓拉格朗日随机游动模式就是跟踪污染物粒子的运动轨迹，统计得出污染物的散布状况。因此拉格朗日随机游动模式的核心问题是如何获得速度场，特别是湍流速度场。通常有两种方法计算速度场，一种是通过数值模式计算出欧拉速度场，另一种是由随机模式提供拉格朗日粒子速度。Lamb(1978,1982)采用前一个方案，即用大涡模式提供的速度场(包括平均场和湍流场)计算粒子的运动轨迹，成功地实施了空气污染物散布模拟。此方法计算量非常大，每一时步所有网格点上的速度必须存入计算机内存，用以计算数以千计的粒子轨迹，从而获得污染物散布状况。

后一种方案的计算量相比小得多，它采用随机游动模式获得拉格朗日粒子速度。模式首先把瞬时速度分成平均速度和湍流速度两部分：

$$
\frac{\mathrm{d}X_i}{\mathrm{d}t} = V_i = \overline{V_i} + V_i'
\tag{3.44}
$$

$\overline{V_i}$ 代表速度的时间平均，V_i' 代表湍流脉动，依据定义，V_i 表示第 i 个粒子的拉格朗日速度。因为大气中的运动具有很宽的尺度分布，使得选取合适的平均时间成为一个难题。通常对于各向同性湍流流体，拉格朗日平均速度 $\overline{V_i}$ 可由欧拉平均速度 $\overline{u_i}$ 代替，在如大气边界层这样的层结剪切流中，两者之间的关系非常复杂，但可以由一些经验理论和模型(如近地层相似理论)获得。单个流体质点(粒子)的拉格朗日速度的湍流分量是不能预报的，它通常由建立在一定的湍流物理模型基础上的随机模式提供。

随机游动模式是用大量标记粒子的释放来表征某种气体的连续排放，让它们在流场中按平均风输送,同时又以一系列随机位移来模拟湍流扩散,这样就表达了平流输送和湍流输送两种作用。大量标记质点在空间和时间上的总体分布就构成了该种气体在风中分布的图像。从概念上讲,随机游动模式是拉格朗日型的,它完全脱离了 K 模式的框架,揭示湍流过程的本质更直接,而且模式运行中可以避免人工耗散及出现负值浓度等计算问题。因而随机游动模式是研究复杂流场中湍流扩散的一种有效途径。

粒子的轨迹方程如下:

$$X_{i+1} = X_i + (U + u')\,\mathrm{d}t \tag{3.45}$$

$$Y_{i+1} = Y_i + (V + v')\,\mathrm{d}t \tag{3.46}$$

$$Z_{i+1} = Z_i + (W + w')\,\mathrm{d}t \tag{3.47}$$

式中,U、V、W 为输送粒子的平均风速,$\mathrm{d}t$ 为跟踪粒子的时间步长,u'、v'、w' 为相应的随机脉动速度,可由以下方程得到:

$$u'_{i+1} = u'_i R_u + (1 - R_u^2)^{\frac{1}{2}} \sigma_u \eta \tag{3.48}$$

$$v'_{i+1} = v'_i R_v + (1 - R_v^2)^{\frac{1}{2}} \sigma_v \eta \tag{3.49}$$

$$w'_{i+1} = w'_i R_w + (1 - R_w^2)^{\frac{1}{2}} \sigma_w \gamma + (1 - R_w) T_{LM} \frac{\partial \sigma_w^2}{\partial Z} \tag{3.50}$$

由这些方程可以看出,脉动速度一般是由相关部分和随机部分组成的。在垂直向脉动速度方程中加上了一个漂移速度项,这是考虑 σ_w^2 的垂直不均匀性,避免粒子在低湍流区的人为积聚。这里,η,γ 是取平均值为零,标准差为 $\sigma_i(i = u,v,w)$ 的正态分布随机数,在模式中由计算程序自动生成。σ_u,σ_v,σ_w 为湍流脉动速度标准差;R_i 为自相关系数。

在模式中,根据粒子轨迹统计各个网格中粒子停留时间便可计算浓度:

$$C_i(x,y,z) = \frac{Q \sum_{j=1}^{N} T_{ij}}{N \Delta x \Delta y \Delta z} \tag{3.51}$$

式中 T_{ij} 为第 i 个粒子在第 j 个网格中的逗留时间(s),N 为释放粒子总数,Q 为源强,Δx,Δy,Δz 为 X,Y,Z 方向的网格距。

在计算脉动速度的方程组中,自相关系数 R_i 取通用的指数形式,即

$$R_i = \exp(-\mathrm{d}t/T_{Li})\,(i = u,v,w) \tag{3.52}$$

其中 T_{Li} 为拉格朗日时间尺度,这里取 Hanna(1982)的拟合公式:

$$T_{Lu} = T_{Lv} = T_{Lw} = 0.5Z(1 + 15fz/u_*)/\sigma_w\,(中性条件下) \tag{3.53}$$

式中,u_* 为摩擦速度,f 为科氏参数。积分步长 $\mathrm{d}t$ 的选择一般应满足远小于拉格朗日时间尺度,在这一前提下,简单地可取 $\mathrm{d}t$ 常数,进一步可取变时间步长,通常取作 $\mathrm{d}t = 0.1T_{Lw}$。变时步的取法可比常值时步更加细致地考虑粒子在近地层的性状,而且可以节省计算时间。

§4　后向气流轨迹模式

气流轨迹模拟广泛应用于大气污染监测资料的分析中,其可以直观地了解大气中气团或空气污染物的运动轨迹。

美国国家海洋与大气管理局(NOAA)与空气资源实验室(ARL)联合开发的混合单粒子拉格朗日综合轨迹模式(HYSPLIT)是一个著名的气流轨迹模式,可用于计算和分析空气污染物的输送与扩散轨迹。该模式可以计算任意地点前向或后向的气团轨迹,且能够同时对大气沉降和扩散进行模拟,在环境大气污染输送的研究中有广泛应用。图3.1是利用HYSPLIT模式进行后向轨迹计算的一个示意图,图中显示了不同时间上海500米高空气流的后向轨迹。

HYSPLIT模式所有的气象数据主要来源于美国国家环境预报中心(National Centers for Environmental Prediction, NCEP),数据齐全并不断更新,准确度也相对较高。HYSPLIT模式经常用来做后向气流轨迹的聚类分析。这指的是将一段时间内的后向气流轨迹按照一定方法进行分类归纳,用于分析目标地点气团的来向构成以及占比。

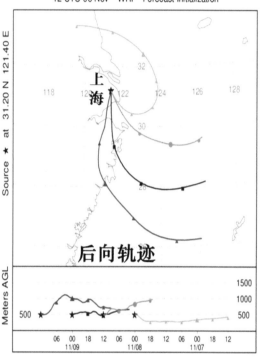

图3.1　利用HYSPLIT模式进行后向轨迹计算示意图

§5　大涡模拟(LES)

三维大涡模拟(LES)是目前可用于大气湍流与大气扩散模拟的最有效的技术方法之一,也是计算量最大的方案之一。在大气边界层与湍流扩散研究领域最早由Deardorff(1970 a,b,1972,1973,1974)应用于边界层模式中。大涡模拟力求显式求解所有大涡的运动,这些大涡携带了大部分湍流能量并对动量、热量和质量的湍流输送有重要影响。大涡模拟还对次网格小尺度(SGS)运动进行参数化,这些运动包括标量方差的分子耗散及湍流动能的粘性耗散,对于那些对湍流能量TKE、方差和协方差(通量)贡献较小的SGS运动,在大涡模拟中也作了参数化处理,这些类似一阶或高阶总体平均闭合模式的参数化方案构成了次网格闭合模式,然而与完整的(总体平均)闭合模式不同的是,SGS闭合模式只对显式求解的LES场有很小的调整作用，因此，其重要性和准确性取决于湍流能量 TKE 分配给次网格运动的预期份额。如果这个份额相对较小（比如，小于 0.1），则简单的总体平均 SGS 闭合模式可能就足够了。如果预期有较大份额的 TKE（比如，大于 0.2）存在于模式网格无法分辨的次网格运动中，则需要有更精确的 SGS 闭合模式。因此，网格距及 SGS 闭合模式的选择应该与最大含能湍涡的预期尺度相匹配。

大涡模式的网格距主要取决于模拟范围的大小和计算机的计算能力。如果运用具有并行处理器的超级计算机，而模拟的范围只有几百米的话，则可分辨涡旋尺度可小到几米。不过在模拟最大厚度达 1km 量级并具有日变化的 PBL 时，通常模式的网格为几十米。这一分辨率对于夜间稳定边界层而言是不够的，因为此时最大含能湍涡的特征尺度变得很小。有关大涡模拟技术与应用可参阅 Deardorff（1974，1993），Moeng （1984），Wanggard （1984），Nieuwstadt et al.（1992）和 Roth（2000）以及国内的有关工作，如蒋维楣和苗世光（2004）；张兆顺，崔桂香，许春晓（2008）等论文或著作。

5.1　LES 的网格体积平均方程

用于 LES 的运动方程、位温方程以及标量的扩散方程等都是在网格单元上对瞬时方程求体积平均获得的。网格体积平均相当于空间滤波，它取决于模式的网格分辨率。如果用 $\bar{u}$、$\bar{v}$ 表示物理量的体积平均（或称为空间滤波算子），以 u'、v' 等表示次网格偏差（脉动）值，则 $u = \bar{u} + u'$，$v = \bar{v} + v'$。这样对运动、温度等方程求体积平均（或空间滤波）后就得到了用于 LES 的方程组。当 $\bar{\bar{u}} = \bar{u}$ 时，LES 方程组与总体平均方程组在形式上完全一样。但是，在平均量、雷诺应力以及通量等物理量的含义上，两者之间有着重要的区别。在总体平均方程里，所有变量都是连续变化的，并且是时间和空间的平滑函数，空间变化只发生在各向异性的方向上，如大气的垂直方向。但是，在网格体积平均方程中，所有变量与总体平均对比时在时间和空间上却有随机偏离（脉动），这些脉动量体现了尺度大于网格尺度的大涡运动。次网格通量也存在时空随机变化，但平均而言，它们比总体平均通量要小得多，因为它们只代表了次网格运动的贡献。因此，尽管总体平均和体积平均得到的方程组是一样的，但两种处理方法得到的同一物理量的含义却是不同的。对这一点必须要有明确的认识，否则，大涡模拟的概念无法清晰建立起来。

在总体平均方程中雷诺应力 $\overline{u_i' u_j'}$ 可用 $\overline{u_i u_j} - \overline{u_i}\,\overline{u_j}$ 代替，可用 $u_i = \bar{u}_i + u_i'$ 和 $u_j = \bar{u}_j + u_j'$ 求平均，结果应为：

$$\overline{u_i u_j} = \overline{\bar{u}_i \bar{u}_j} + \overline{\overline{u_i'} u_j} + \overline{\bar{u}_i u_j'} + \overline{u_i' u_j'} \tag{3.54}$$

只有 $\bar{\bar{u}}_i = \bar{u}_i$ 时，$\overline{u_i' u_j'}$ 才与 $\overline{u_i u_j} - \overline{u_i}\,\overline{u_j}$ 相等，通常认为大涡模拟中的次网格雷诺应力为

$$\tau_{ij} = \overline{u_i u_j} - \overline{u_i}\,\overline{u_j}$$

习惯上，用于大涡模拟的体积平均方程的书写形式与总体平均方程一样，这相当于承认 τ_{ij} 和 $\overline{u_i' u_j'}$ 相等。但实际并非如此，因为 $\bar{\bar{u}}_i = \bar{u}_i$ 对总体平均成立，而对体积平均则不一定成立。

当然,大多数研究者在参数化时对二者差别都不加区分,不过也有人提出应该区别处理的意见(Ferziger,1993)。

5.2　次网格模式

网格体平均(或滤波)方程组中有未知的次网格雷诺应力和通量,也须用可分辨变量对次网格变量进行参数化,才能使方程组闭合,从而数值求解出 LES 方程的可分辨变量。不同的研究者所采用的次网格方案(或模式)各不相同。

5.2.1　Smagorinski 模式

最简单常用的次网格模式是 Smagorinski 模式,它是基于 Boussinesq 涡旋粘性概念的一阶闭合模式,运用涡旋粘性关系,次网格雷诺应力表示成:

$$\tau_{ij} = -K\left(\frac{\partial \overline{u_i}}{\partial x_j} + \frac{\partial \overline{u_j}}{\partial x_i}\right) = -2KS_{ij} \qquad (3.55)$$

式中 S_{ij} 表示次网格形变率,K 代表次网格涡旋粘性。尽管总体平均通量可能并不沿着总体平均的梯度方向(正如常常发生湍流混合层中的大涡对流运动那样),但对于小尺度(次网格)运动,有理由认为梯度输送假设是成立的。一些建立在与尺度有关的涡旋粘性概念上的小尺度(次网格)湍流模式能成功地预报出小尺度湍流结构。

可以通过对次网格雷诺应力动力学方程运用"产生项与耗散项相等"假设,以及各种湍流理论推导归纳出次网格涡旋粘性,可表示为:

$$K = l_o^2 S \qquad (3.56)$$

$$S^2 = \frac{1}{2}\left(\frac{\partial \overline{u_i}}{\partial x_j} + \frac{\partial \overline{u_j}}{\partial x_i}\right)^2 \qquad (3.57)$$

其中 l_o 为混合长,它与滤波尺度 l_f,或网格的几何平均尺度 Δ 有关,Δ 表达如下:

$$\Delta = (\Delta x \Delta y \Delta z)^{1/3} \qquad (3.58)$$

依据 Smagorinski(1963)和 Lilly(1967)建议的方案,Deardorff(1970a,1972)采用简单的比例关系:

$$l_o = C_s \Delta \qquad (3.59)$$

其中 C_s 为比例系数。研究发现 C_s 并非固定常数,对于中性和不稳定边界层,系数 C_s 的最佳值分别是 0.13 和 0.21。随后的研究发现,在均匀各向相同性湍流条件下得到的理论推算值 $C_s = 0.20$ 并不适用于非均匀剪切流,C_s 可能与雷诺数有关。

Mason(1994)用球形滤波尺度 l_f,将 l_o 表示为:

$$l_o = C_f l_f \qquad (3.60)$$

其中 C_f 与 Kolmogorov 常数 α 有关,当 $\alpha = 1.5$ 时,$C_f = 0.17 \cong 0.2$。Mason(1994)的研究表明,$l_f = \Delta$ 或 $C_s = C_f \cong 0.2$ 是确定次网格混合长关系常数的最佳选择,至少对中性边界层是最好的。采用较大 C_s 值对大涡模拟的数值精度可能会有所提高,但也只代表了很小的尺度范围,并可能会使大涡模拟结果对数值方案不敏感,效果未必好。因此,选择采用 $C_s \cong 0.2$ 是比较可行的,不过应该注意的是要采用好的数值方案以避免数值模式的伪扩散。

　　运用大涡模式模拟大气边界层和中尺度环流时,还应该考虑浮力或稳定度对次网格模式可能产生的影响。如果滤波尺度或平均网格尺度落在湍流惯性副区,则通常认为可忽略浮力的影响。次网格模式需要表示 $\bar{\theta}$ 方程中的次网格热通量,在 Smagorinski 模式中,取热量或其他标量的扩散率与动量扩散率成比例关系,Dewrdorff(1972)在模拟不稳定 PBL 时假设 $K_h = 3K_m$,Mason(1994)则取 $K_h \cong 2K_m$。

　　在大多数情况下,实际模拟的是层结流,理论分析所要求的最小网格落在惯性副区内的条件是很难实现的,因此必须考虑稳定度对次网格模式的直接影响。假设在次网格 TKE 方程中剪切湍流和浮力湍流的产生率与耗散率相等,并用常见的参数化方案 $\varepsilon \sim E^{3/2} l$ 和 $K \sim E^{1/2} l$,很容易得到如下关系:

$$K = l^2 S (1 - R_f)^{1/2} \tag{3.61}$$

式中 R_f 只代表了稳定度对 E 的影响。此外,稳定度对混合长尺度的影响隐含在关系式 $K \sim E^{1/2} l$ 中。在不稳定和对流条件下,l 值可能超过 l_o,并与之有一个固定的比值,而在非常稳定的条件下,l 趋近于 0,热量和动量的扩散率之比也可能与 R_f(或 R_i)有关,这种考虑稳定度影响的次网格模式对于精确模拟稳定边界层(SBL)及对流边界层(CBL)的近地层和上层的输送是非常重要的。在这些情形中,可能有充分的湍流能量存在于次网格尺度,而湍流谱可能只有很小甚至没有惯性副区。这正是至今为止大涡模拟不能用于稳定边界层模拟的原因。

5.2.2　随机次网格(次滤波)模式

　　Smagorinski 次网格模式和一些类似的模式是有条件的,即认为总体平均次网格应力在每个网格点的情况是基本一致的。实际上,从一点到另一点次网格应力的差别肯定带有随机性,次网格应力表现出的脉动性意味着能量从次网格尺度向可分辨尺度传输(Mason,1994)。一般认为对 Smagorinski 模式做一些简单修改,使能量反向扩散的随机效应得以体现就可以了,这里以 Mason & Thomson(1992)的随机次网格模式为例做简要介绍。

　　随机次网格模式需要作一些假设:次网格应力张量的脉动状况在统计上呈各向同性高斯(正态)分布;脉动的空间尺度与滤波尺度 l_f 相同;时间尺度和能量大小由这两个长度尺度和局地能量耗散率 ε 确定。据此,估算反向能量扩散速率为 $C_B \varepsilon$,其中 C_B 为常数。在大涡模拟中引入反向扩散模式意味着要处理与滤波尺度和滤波算法有关的随机应力场,并据此估算反向能量扩散率 $C_B \varepsilon$。模式的两个主要不确定因子是反向扩散系数 C_B 及用于求取合理的随机应力的滤波算法。

　　反向扩散系数 C_B 决定次网格混合长尺度与滤波尺度比 l_o / l_f,依据 Lilly(1967)的分析,Mason & Thomson(1992)得出如下关系:

$$C_f = \frac{l_o}{l_f} = C_{fo}(1 + C_B)^{1/2} \tag{3.62}$$

其中 C_{fo} 是无反向扩散的尺度比。

关于滤波算法,在此不作讨论,Mason & Thomson(1992)用的是突然截断滤波(Sharp cut filter),与之相应,他们得出 C_f 约为 0.22。另一个在处理保守标量 θ 脉动时涉及的反向扩散系数是 $C_{B\theta}$,据 Mason & Thomson(1992)估计为 $C_{B\theta} = 0.32 C_B$。总之,在大涡模拟中通过采用随机次网格(滤波)模式引入反向扩散对模拟结果的改进是有限的,只是在网格分辨率不能包含湍流惯性副区时,对流体内部结构的模拟显得比较好。

5.2.3　次网格模式在边界附近的处理

对于大雷诺数流,在流体接近界面(如对边界层大气而言的地表下垫面)处,垂直于界面方向上的含能涡的特征尺度随着离界面距离的减小而减小,在近界面切向(边界层水平方向)平均流中大涡度被延伸增大,这是由界面附近流体运动的连续性决定的。因此,在具有固定网格距的大涡模拟中,当接近界面时,更多的能量和湍流应力是在次网格尺度上。在靠近界面的第一层网格里,大部分能量可能蕴含在不可分辨的次网格尺度的运动中,而实际可分辨部分可能占较小的份额。在界面附近,可以通过缩小网格距的途径提高可分辨能量与不可分辨(次网格)能量的比率,但这通常是有限度的。在界面附近,次网格闭合模式能较好地表达不可分辨湍流动能和湍流输送显得非常重要。

至今还没有次网格模式在界面附近表现得很令人满意。通常检验一个次网格模式在界面附近的有效性是看大涡模式在界面附近的模拟结果是否接近近地层相似经验关系。特别是在中性边界层条件下,要看平均速度廓线是否满足对数律,以及速度方差是否与地面切应力有很好的对应关系。众所周知,用传统的 Smagorinski 次网格模式所作的大涡模拟,其平均速度场在地表附近并不满足对数律,相反,模式对平均速度梯度有过高估计,所以无量纲风切变 $\phi_m = (kz/u_*)\partial\bar{u}/\partial z > 1$。

如果对靠近界面的混合长尺度作适当的调整,即邻近界面的混合长 $l = kz$,在流体内部为固定值 l_o,则上述 Smagorinski 模式的缺陷可得以修正。Mason & Thompson(1992)给出了表达式为:

$$l^{-n} = (kz)^{-n} + l_o^{-n} \tag{3.63}$$

其中 $n = 2$ 为最佳取值。为使上式计算结果比较平滑,Mason(1994)推荐使用非均匀垂直网格,邻近下垫面处 Δz 足够小,随高度增加而逐渐增至标准值。不少研究者并不使用垂直细网格方案,但他们在最低网格点上设置了一个"阻力系数",对位温和比湿这样的标量的处理就是用的类似的方法。

5.3　边界条件

数值模拟(包括大涡模拟)结果的好坏不仅取决于合理的差分方案,还取决于合适的边界条件。

1. 侧边界条件

在数值模式中,周期性边界条件是常见的侧边界条件,这对处理水平均匀流体问题显然是合理的,并且有它自身的优点。不过地面对下游侧边界流出的动量、热量及空气污染物质量的影响要比上游侧边界大。在这种情况下,需要对上、下游侧边界的不同之处做出明确的区别处理,而不应该再使用周期性边界条件。然而,通常当下垫面的温度,粗糙度或地形不均匀时,很难给出物理意义上真实准确的侧边界条件。在对气流流经孤立山丘或建筑物的情况进行大涡模拟时,由于缺乏可供使用的更佳方案,大多数研究者仍然采用周期性边界条件,为了减小侧边界条件对模拟结果的影响,不得不把模式的水平范围放大到远远超出所需模拟区域的程度。

2. 上边界条件

模式的上边界,即模式顶 $z = H$ 应该取得足够高,通常取在最大混合层厚度之上,以使所有的湍流和扩散过程包含在模拟之中。最常见的上边界条件是取水平速度、位温的垂直梯度为零;垂直速度为零。这意味着在 $z = H$ 高度切应力为零,且顶部的逆温层是非穿透性的,而真实的上边界条件应该允许由夹卷造成的穿透。上边界的水平速度取已知常数值(如地转风)、气压取诊断值,并需正确提供用于求解气压泊松方程的气压梯度边界条件。

3. 下边界条件

模式底取在粗糙度高度上 $(z = 0)$,在此高度上 $\bar{w} = 0$,且次网格应力(或通量)就是总应力(或通量)。在最低一层内网格点 (z_1) 上,假设气流的方向与地面应力方向相同,以 α 表示该方向与 x 轴的夹角,则

$$\alpha = \tan^{-1} \left(\frac{\bar{v}}{\bar{u}} \right)_{z = z_1} \left(\frac{\bar{v}}{\bar{u}} \right)_{z = z_1} \tag{3.64}$$

下边界的两个应力分量为

$$\begin{cases} \overline{(u'w')}_o = -u_*^2 \cos\alpha \\ \overline{(u'v')}_o = -u_*^2 \sin\alpha \end{cases} \tag{3.65}$$

其中 u_* 为地表摩擦速度,垂直热通量取 $u_*\theta_*$(θ_* 为湍流温度尺度),接下来的问题是如何取 u_* 和 θ_*。

一般依据 Monin-Obukhov 相似关系,用模式第一层网格点上速度和温度的计算值确定 u_* 和 θ_*,当然,这需要把 z_1 取得足够小以使它落在近地层内,正如 Deardroff(1973)指出的,相似关系是在速度、温度及相应通量的长期时间平均或总体平均意义上才近似成立的,而在大涡模拟数值计算中,则被假设为在每个网格点上每一时步都是有效的。因此,不论是在局地意义上,还是在空间平均意义上采用相似关系,都会导致下边界条件确定有若干种选择。通常,局地摩擦速度用第一层网格点上的局地速度确定

$$u_*^2 = C_D (\bar{u}_1^2 + \bar{v}^2) \tag{3.66}$$

其中 C_D 为阻力系数,可为局地变量,或者在模式区域内一致,但随时间变化。根据 M–O 相似理论

$$C_D = k^2 \left[\ln \frac{z_1}{z_0} - \psi_m \left(\frac{z_1}{L} \right) \right]^{-2} \tag{3.67}$$

其中 L 为 M–O 长度

$$L = -\frac{T_{vo}u_*^3}{kg(\overline{w'\theta_v'})} \tag{3.68}$$

L 可按上式计算其局地值,也可以是水平平均值,取决于上式右端使用的是局地值还是水平平均值。下边界应力的取值还取决于地表温度和地表热通量是否给定。

§6　空气质量预测预报模式

空气质量数值模拟研究作为空气污染气象学的重要研究手段,不仅在论证人类活动如何影响空气质量这个理论问题上有着重要的意义,而且对环境管理、污染控制、环境规划、城市建设等方面均具有重要的实际应用价值,能为环境管理部门的决策提供科学依据。更重要的是,空气质量预测预报是社会公众的迫切需求,人们可以根据空气质量预测结果采取相应的防治措施,避免或减轻空气污染带来的危害。

空气污染问题具有多尺度性,从局地尺度空气污染到城市尺度、区域尺度以至全球尺度。由于排放源、分辨率、计算量等问题,眼前以及未来相当长时间内都不存在这样一个模式能处理所有尺度的空气污染问题。因此需要针对不同尺度的空气污染气象学问题,建立相应尺度的空气质量预测预报模式。

6.1　城市尺度空气质量预报模式

目前全球一半以上的人口居住在城市,但城市面积相对很小,而多样化排放源却相当密集地处于其中。同时,城市通常处于政治、经济、文化发展中心地位,并正处于经济的高速发展阶段,于是产业、能源、交通和密集人口聚居等因素快速增长,必将对大气污染的防治与控制,对自然资源利用和环境保护与可持续发展都有更高需求,环境协调发展尤为重要。如何做到兼顾环境与经济效益、合理控制污染排放、准确及时反映环境污染变化趋势,以提供准确、及时、全面的信息。开展城市空气质量预报更不可或缺,而且要求更为精准细致。

6.1.1　城市空气质量预报的方法

城市空气质量预报是预测未来时段内城市空气污染物浓度的分布与变化,及时给出城市空气质量状况,根据不同着眼点取用不同预报方法。目前,按归类主要有:潜势预报、统计预报、数值模式预报和污染指标预报。

潜势预报:与早期的天气形势预报相似,从污染事件着手,归纳总结出现污染事件的特有天气条件、天气形势等,将其总结为一系列指标,并以某一临界值作为预报依据,对未来大气环境质量进行定性或半定量的研究。最通用的潜势预报指标如风速、温度梯度、混合层高度、气压场配置、能见度指标等。由它们又可组成一些综合指标如通风系数、滞留区域等。

统计预报:在不掌握事物变化机理的情况下,通过分析规律对事物进行预测。首先要具备所研究地区多年同步的气象和污染物浓度分布资料,从分析多年的天气变化规律找出若干种天气类型,分析不同天气类型的参数,将这些参数与对应的环境质量实测数据建立定量或半定量的关系。统计预报方法通常有三种:一是统计回归方法(根据实测值与预报值之间的比较原理,利用过去的浓度、气象资料进行诊断预测,运用回归分析、相关分析的线性模型);二是分类法(通过污染物浓度型与天气型之间对应关系导出每类天气型对应的浓度时空分布规律,建立定量关系,给出预测);三是趋势外推法(假定满足连贯性原则,根据过程发展的一致性和连续性来预测)。近年来机器学习和人工智能算法的神经网络方法的发展为空气质量预测问题的解决提供了新的思路和方法。人工神经网络是一种非线性统计回归模型,具有自适应、自学习的特点和较强的容错性,可以拟合复杂的非线性过程。Karatzas (2007)根据希腊的城市数据,使用 BP 神经网络提出了臭氧空气污染模式及大气参数间关系。Cabaneros(2017)将混合人工神经网络用于城市道路 NO_2 的预测;Dhirendra Mishra (2016)开发了基于人工智能的神经模糊(NF)模型的 NO_2 浓度预测模型。

　　数值模式预报:潜势预报是以天气形势和气象要素指标为依据对未来大气环境质量状况进行定性或半定量预报,统计预报不是掌握事物变化机理而是分析事物规律来进行预测的。对实际大气污染预报而言,它们都有局限性。为了定量描述空气中的空气污染物浓度,预报它的变化,就要掌握空气污染物在大气中的演变规律,也就是要了解空气污染物在大气中所经历的物理化学和生态过程。用于描述这些过程的定量数学方程系统被称为数值模式。数值模式预报就是用数值计算方法直接求解描述空气污染物在大气中演变规律的物质守恒方程,得到污染物浓度分布及其变化规律。虽然与统计预报、潜势预报相比,这种方法难度大(求解非定常、非均匀问题;排放源、化学反应、清除过程处理比较复杂)、费机时,却具有完善的理论基础,模式的设计包含考虑了大气中的物理、化学和生态种种过程,科学依据强,能给出定量定时且精确的污染物浓度预报。

6.1.2　城市空气质量数值预报的特点

　　图 3.2 示意给出了城市空气质量数值预报系统的总体结构,由图可以看出,预报模式系统主要由两大部分,即气象模式和化学模式构成。其中,气象模式是整个模式系统的基础,它提供污染物反应的场所,它的模拟准确细致与否直接关系到污染物输送扩散,尤其是因为城市空气污染预报具有复杂地形和下垫面,流场易发生形变,气流辐合辐散及气流切变增强,下垫面加热不均匀诱生局地环流等等。所以对气象场而言,除了准确提供大尺度背景场外,精细城市边界层模拟是十分重要的。当然,空气污染物的输送扩散与化学模式也是不可或缺的。然而,准确模拟污染物分布,除了两大基本模式的建立和不断优化外,模式所需的环境信息和参数都会直接影响到模拟的结果。对预报而言,它们都是不容忽视的。与通常的天气预报、污染统计预报相比,城市空气质量数值预报系统有如下所述的特征:

　　多尺度考虑。据现有城市规模,城市空气污染数值预报应属于中尺度数值预报范畴,但要作城市 24 小时空气污染物浓度预报,必定牵扯到大尺度范围天气状况,而细致反映城市空气污染物浓度的分布和变化又要考虑局地较小尺度气象特征。因此,城市空气质量数值预

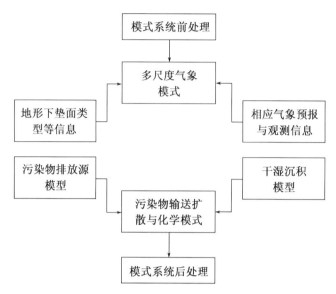

图 3.2　城市空气质量数值预报模式系统总体结构框架

报是涉及多尺度的预报系统。

　　高分辨率特性。城市空气质量预报是研究城市的大气污染状况,而城市下垫面具有干、热、粗及水平非均匀等基本特征,这种复杂特殊的下垫面会对城市气象和环境状况产生重要影响。要反映这种特征,需设计足够高的分辨率,使其在垂直方向上能反映 PBL 内有明显切变的污染物浓度、热量、水汽、辐射及其通量分布。一个垂直方向具高分辨且合理的模式结构应对最低层 10 米以下和上层至 100 米以内的近地面层布设有 3～4 个分层,而整个 PBL 最好有 5～8 个分层,而整个对流层范围以 10～12 个分层为宜。水平分辨率不大于 2 千米为宜。由于物理量具有日周期变化,在早晨、中午、傍晚、深夜有明显差异,除了空间高分辨外,时间高分辨也是必须的。一般,空气污染物浓度预报需给出小时浓度较为合适。

　　多污染物种考虑。城市空气质量预报需要有高精度、高分辨的气象要素数据,才能满足精确仔细的预测空气污染物浓度。根据不同城市特点,要求预报得到的空气污染物种类也不尽相同,通常以 SO_2、NO_x、O_3、CO、TSP、PM_{10}、$PM_{2.5}$ 等为主。虽然给出的是有限几种污染物的模拟结果,由于空气污染物的反应是相互关联的,确定一种物质的产生、转化必然牵扯到几种甚至多达上百种物质的化学反应,以致会构成一个复杂庞大的化学反应网,这无疑是一个多污染物问题。特别是对一些重要而反应时间较短的物种,如何同气象过程匹配耦合起来,一方面考虑预报时效,一方面顾及微观反应,这对城市空气质量预报而言也是个十分重要的棘手问题。

　　多过程考虑。空气质量数值预报是涉及不同介质、不同物质、不同界面之间相互作用和耦合的多学科问题,要考虑多种过程。污染物输送过程——主要由三维风场完成,使其从一个位置移到另一个位置,在移动过程中完成物质输送和动量交换。由于天气过程复杂多变,它主要依赖客观气象场的变化。污染物扩散过程——主要在大气中不同尺度湍流作用下向三维方向散布,正是存在这样的湍流扩散过程使空气污染物得以被稀释冲淡,及时防治以降低污染程度,提高空气质量水平。对城市而言,湍流场及其垂直结构变化的预报十分重要。通常需要在模式系统中能包含高分辨率的大气边界层数值模式,以细致精确地反映城市细微气流结构。化学转化过程——它是污染物产生、消失、转化的重要过程。考虑到不同物质的活性、半衰期,处理方法也各不相同(如化学反应中常用的拟稳态处理)。由于化学反应是较为复杂且涉及多物质的线性反应和非线性反应,一种物质以及与这种物质有关的物质反应链间的问题都应针对不同需要和侧重点作出挑选或简化。污染物清除过程考虑污染物清除过程主要包括污染物清除和湿清除过程。不论清除还是湿清除都是发生在不同界面上的复杂交换过程,其中包括相变、热量动量交换等。这种过程与不同生态状况下垫面关系密切,有时下垫面不仅作为污染物的汇也是有些物质重要的源。

高时效性考虑。城市空气质量数值预报必须考虑具有实际应用效果,即要有高度时效性,能保证环境保护部门的日常业务需要。这要求在对城市空气污染物浓度作 24 小时或更长时段的预报时,输入资料的准备时间、模式系统运行时间以及对媒体发布事件的总和要远远小于 24 小时。也就是说要全面考虑大、中、小尺度模式之间的相互耦合、嵌套以及宏观与微观过程之间的相互作用等问题,必须很好地处理预测精度与计算时效间的关系。

总之,空气污染物在大气中的行为不仅包含自身的发展过程还涉及与其他物种间的反应以及不同物种不同界面之间发生的交换、转化过程,并由它们共同构成了城市空气污染预报独有的特点。所以污染预报系统预报效能的好坏依赖于系统每部分模拟能力的提高,对整个污染预报系统而言,它们是一个相互关联的有机整体。

6.1.3 城市空气质量预报研究的现状与发展

近一二十年来,城市空气质量预测预报研究取得很大的进展。早先的预报工作大多为建立在污染物(如 SO_2、NO_2)浓度和气象参数之间的统计预报方法。这种方法可以给出一些定性或半定量的预报结果,却不能预报出污染物浓度的时间和空间分布。尤其是在城市这种复杂环境条件下,污染物时空分布存在较大差异。所以,引入空气污染物浓度的数值预报就显得十分必要。当今,计算机技术的飞速发展与完善无疑为数值预报工作提供了强有力的支持,使其成为空气质量预报研究的有效工具。空气污染预报也从过去的统计预报模式,发展到今天的中尺度气象预报模式与空气污染物输送扩散及大气化学模拟相结合的数值预报系统。

城市空气质量数值预报系统的研究取得了很大进展,但仍存在许多问题,如模式协调性问题,即如何从模式设计的角度来考虑各个模式、模式各部分,并把它们有机的结合在一起的问题,以及不连续问题、模式嵌套的内边界问题以及计算方法方面的问题和化学机制的引入问题、污染源贡献问题等都是影响预报效果不可忽视的因素。随着计算机技术的发展,预报模式系统可以做的越来越精细,可考虑引进更多的物理和化学过程及其机制,乃至包括一些生物机制等,从而逐步提高精度,得出更符合实际的结果。

本节简要阐述了一些常用的城市空气质量预测模式及其基础原理和总体框架,第五章将再进一步专门论述城市空气质量预测的多尺度模式系统的建立及其应用研究。

6.2　区域尺度空气质量模式

区域尺度空气质量模式的模拟域远大于城市尺度,从几十万米至数百万米范围,可以处理空气污染物的远距离输送。区域空气质量模式通常需要一个中尺度气象模式提供气象场,作为化学输送模式的驱动。早期的区域空气质量模式和中尺度气象模式一般是离线耦合的,离线耦合的模式系统不能处理化学成分和气象场的反馈过程,如气溶胶的辐射效应等。现在很多区域尺度空气质量模式和气象模式是在线耦合的。下面介绍几个常用的区域尺度空气质量模式。

6.2.1　美国 CAMx 光化学数值预报模式系统

CAMx(Comprehensive Air Quality Model with extensions)模式是一个基于大气化学,针对臭氧、颗粒物(PM)和霾天气过程的空气污染物计算模型。该模式是在美国国家环保局和许多州立环保部门的支持下不断开发和完善的。美国国家环保局利用 CAMx 评估国家减排计划带来的臭氧和颗粒物浓度降低效果,很多州则使用 CAMx 来制定当地的减排计划。

图 3.3 示意模式系统的结构框架,该模式系统主要用于区域空气质量(光化学污染含气体和颗粒物)模拟。由中尺度气象模式 ETA/SKIRON、RAMS 或 MM5 为 CMAx 提供气象场,其水平网格距 1~50 km,垂直 12 层,模式顶高 3~4 km。污染物模拟部分包括污染物的平流、扩散,光化学反应(CB4 或 SAPRC97 机制可选)以及干湿沉积等过程。运行采用快速数

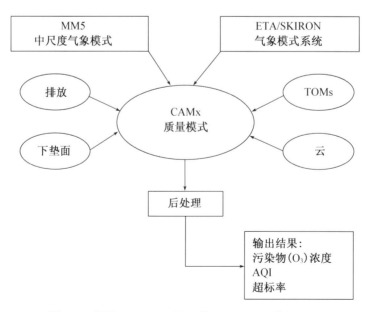

图 3.3　美国 ENVIRON 国际公司 CMAx 系统(2000)

值化学动力求解,引入弹性嵌套技术及并行算法。加入排放源(采用快速而又结果简单的 GREASD 的 PIG 方法处理次网格大点源)、土地利用类型、地形高度等模式参数。在整个模拟时段内能追踪影响臭氧生成的前体物来源,分别给出 NO_x 或 VOC 控制的臭氧生成量,使模式能为前体物控制方案的确定直接提供定量结果,系统可预报 24~48 小时污染物(主要光化学污染物如 O_3)浓度分布。CMAx 模式是目前仍在发展中的新模式。

6.2.2 Models-3 模式

Models-3 是美国国家环境保护局研制的第三代空气质量预报和评估系统。Models-3 为 Third-Generation Air Quality Modeling System 的通称,其核心是 Community Multiscale Air Quality(CMAQ)模式系统,因而亦可通称为 Models-3/CMAQ 模式。

图 3.4 示意该模式系统的简要结构框架,它是应美国环境保护局(EPA)开展一个改善空气质量的预报计划的需要,由 EPA 科研部门和大学联合研制的一个先进的集成空气污染数值预报模式系统。该系统由气象模式系统(Eta)和中尺度气象模式(MM5)、污染源排放模式及区域酸沉积模式共同组成。在 Models-3 的化学传输模式中可选择四种化学机理:CB4、CB5、SAPRC99 和 RADM2。此模式系统以"一个大气、多种污染"为设计思想,实现完全模块化结构,为研究和决策界提供高级的计算平台和模拟环境。

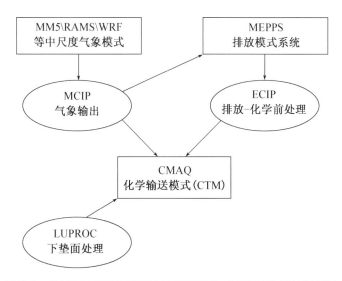

图 3.4 美国国家环保局(EPA)MODELS-3/CMAQ 系统(1999)

CMAQ 的最大特色在于一个大气(One-Atmosphere)的理念,突破了传统模式针对单一物种和单相物种的模拟,将复杂的空气污染状况如对流层的臭氧、颗粒物、毒化物、酸沉降及能见度等问题综合处理,用于多尺度、多污染物的空气质量预报、评估和决策研究等多种用途。在空间范围上,用户可根据自己对模式的要求选择局地、城市、地区和大陆等多尺度范围。模式可预报多种污染物,其种类可达 80 多种。

6.2.3　WRF-Chem 模式

WRF（Weather Research & Forecast Model）模式是由美国国家大气研究中心（NCAR）、美国环境预测中心（NCEP）、美国国家海洋与大气局（NOAA）等多个机构和大学共同开发研制的新一代数值天气研究及预报系统。WRF 模式被设计成一个在目前的并行计算平台上灵活度高、使用先进技术的大气模拟系统，其可移植性和计算效率也很出色，其框架流程图见图3.5。WRF 可以用于多种尺度的模拟研究（从数百米到上千千米），包括理想算例的模拟、资料同化研究、数值天气预报和台风研究等。WRF 包含 ARW（Advanced Research WRF）和 NMM（Nonhydrostatic Mesoscale Model）两种动力学框架，这两种框架除了动力过程求解方法不同之外，共享相同的 WRF 模式系统框架和物理过程模块。

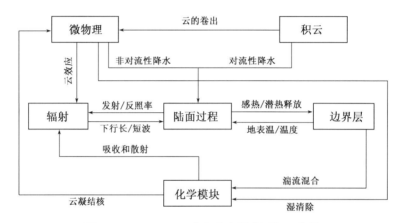

图 3.5　WRF-Chem 中各方案的主要相互作用

WRF-Chem 模式（Grell et al.，2005）是由 WRF 模式在线耦合化学插件组成的，是新一代完全在线耦合的区域空气质量模式，WRF-Chem 包含了对气象场的模拟及污染物的平流、对流、扩散和光化学反应、生物源排放，气相和液相化学过程等，能够同步计算气象物理和化学过程，实现大气动力、辐射和化学过程之间的耦合和反馈过程。WRF-Chem 中的化学模块和气象模块使用了相同的时间积分步长，并且它们拥有相同的垂直和水平网格坐标，因此不存在水平或者垂直插值的问题。此外网格尺度上的物质传输由动力过程决定，次网格传输与物理参数化方案部分保持一致。

Chem 模块中主要包含气相化学反应、气溶胶模块、辐射与光化学作用、生物和人为排放源模块、气溶胶云辐射反馈效应以及传输（平流、对流和扩散）干湿沉降过程等。WRF-Chem 模式系统能够对一次污染物和二次气态及有机气溶胶进行模拟和预报，并含有完整的 O_3 生成过程的计算。

在 WRF-Chem 中有许多可选的气相化学方案，它们主要包括 RACM、SAPRC99、CB4、RADM2、CBMZ 和 MOZART 等方案，用户可以根据需求搭配一定的气溶胶化学方案，以满足不同地区的空气质量数值模拟需求。

WRF-Chem 模式系统中气溶胶方案模块 MOSAIC(Model for Simulating Aerosol Interactions and Chemistry)能够处理大部分气溶胶种类,包括硫酸盐、硝酸盐、氯化物、碳酸盐、铵盐、钠盐、钙盐、炭黑和一次有机质以及无机物等。MOSAIC 气溶胶方案采用分档的方式来描述气溶胶粒子的空气动力学直径分布,各档位通过该档气溶胶粒子直径上下限来区分,并假设每档气溶胶粒子均为内部混合,各档之间则视为外部混合。每档的气溶胶折射率由平均体积来进行计算,而气溶胶的整体光学性质参数则是根据米散射理论来估算。目前,MOSAIC 方案可以使用 4 档和 8 档两种方式运行。

WRF-Chem 中考虑了化学过程对气象过程的反馈作用。总体来说,WRF-Chem 更能够模拟真实大气中的情景。在以往的大气化学模型中气象过程模块和化学过程模块是相互独立的,一般采用中尺度气象模型来获取化学模块中需要使用的气象场信息,这一处理方法与实际大气中的真实情况有较大差别,难以重现气象与化学过程的相互反馈过程。

图 3.5 示意了 WRF-Chem 中各物理和化学参数化方案的主要相互作用。其中化学模块包含了气相化学、气溶胶化学以及光化学方案等。

6.2.4 中国雾-霾数值预报系统 CUACE/Haze-fog

目前我国国家级环境气象业务使用的雾-霾数值预报系统 CUACE(CMA unified atmospheric chemistry environment)/Haze-fog 是由中国气象科学研究院自主研制的区域天气-大气化学-大气气溶胶双向耦合模式预报系统,提供包括 $PM_{2.5}$、PM_{10}、O_3 在内的 6 种大气污染物浓度、AQI(Air Quality Index)指数等环境气象预报指导产品(Gong et al.,2008;龚山陵等,2008)。

该模式系统由中尺度天气预报模式 MM5(Mesoscale Model 5)和气体-气溶胶模块组成,实现了气体、气溶胶模块与天气模式在线耦合运行。业务模式的水平分辨率为 9 km×9 km,覆盖中国中东部大部分地区。模式使用的主要物理参数化方案包括:Graupel 微物理方案、Grell 积云对流参数化方案、MRF 边界层方案、RRTM 长波辐射方案、Duhdia 短波辐射方案。每日 08 时与 20 时(北京时间)起报,预报时效为 72 h。该预报系统的业务流程如图 3.6 所示。

吕梦瑶等(2018)采用自适应偏最小二乘回归法的非线性动力统计订正方法对 GRAPES-CUACE 模式预报结果进行订正,建立了我国不同地区的 CUACE 模式预报偏差订正模型,取得了良好效果,使长三角、珠三角、京津冀和川渝地区 $PM_{2.5}$ 浓度预报的准确率分别可达 72.3%、66.3%、63.6% 和 62.6%。

除国家级空气质量业务预报系统以外,很多区域也建立了自己的空气质量业务预报系统,如华东区域化学天气数值预报系统是基于 WRF-Chem 模式构建,对模式的光解模块进行了优化,在计算光解系数时加入了气溶胶的作用,模式分辨率为 6 km,该业务系统于 2013 年 4 月 1 日起业务运行(周广强,2015)。

华南区域大气成分业务数值预报模式系统 GRACEs(Guangzhou Regional Atmospheric

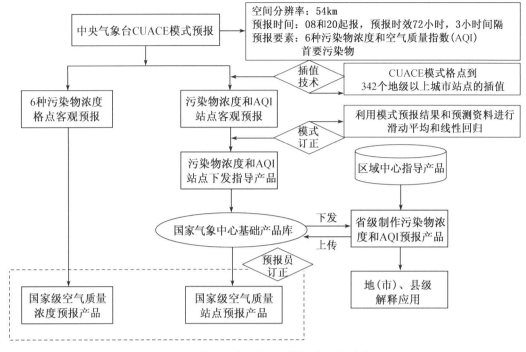

图 3.6 我国国家级空气质量业务预报流程

Composition and Environment Forecasting System）于 2011 年投入业务运行,该模式业务系统以 CMAQ 化学模式为基础,气象模式依托我国自主研发的气象模式 GRAPEs,污染源模式由最初依托 SMOKE 模式逐渐发展成自主研发的动态排放源处理系统（邓雪娇,2016）。

王自发等（2006）研制的嵌套网格空气质量预报模式系统（NAQPMS）是一个区域-城市多尺度空气质量数值模式,已在国内多地区进行业务应用,NAQPMS 还在线耦合了污染来源识别与追踪模块（Li et al. , 2012）,可以从源排放开始对各种物理、化学过程进行分源类别、分地域的质量追踪,定量分析输送过程及污染排放贡献率。

6.3 全球尺度大气化学模式 GEOS-Chem

GEOS-Chem 是一个全球 3-D 大气化学传输模式,主要针对大气成分的源、汇及其传输过程中的物理化学作用,从而模拟获得各成分实际浓度分布及其演变进程。GEOS-Chem 以美国国家航空航天局（NASA）的全球模式与资料同化办公室（GMAO）提供的由 GEOS（Goddard Earth Observing System）同化得到的气象场作为驱动该模式所需的初始场,GEOS 气象数据首先由 GEOS-5 Atmospheric General Circulation Model（AGCM）对全球气象进行基本模拟,然后利用观测数据对其进行四维同化获得。

在空间尺度上,GEOS-Chem 有多种分辨率,包括全球尺度和区域嵌套尺度。全球尺度的水平分辨率有 4°×5° 和 2°×2.5° 两种。全球尺度网格较粗,通常用来模拟物种的全球分布、传输情况,同时为区域嵌套尺度提供边界条件。为了研究区域空气污染问题,GEOS-Chem 开发了网格较细的区域嵌套模式,最常用的是 $0.5° \times 0.667°$,可应用于东亚、北美和欧洲三个区域。在垂直方向上,地面以上 80 km 范围内采用 ETA 混合分层办法共分为 72 层,其中下面 31 层为 σ 层,其余为固定气压层。为了简便计算和存储,可以将对流层内的分层进行合并,因此用户通常使用的垂直分层为 47 层。

GEOS-Chem 模式的沉降过程包括干沉降和湿沉降。其中湿沉降包括云内清除和云下清除,干沉降过程采用 Wesely(1990)的分层阻力模型。GEOS-Chem 模式处理的物种种类较多,模式充分考虑了人为源和自然源的共同作用。自然源包括闪电、土壤和植物排放、火山喷发、生物质燃烧、海洋等自然过程排放的污染物。闪电会释放 NO_x,闪电排放源是根据全球闪电频率、强度和云层高度估算的。火山过程排放的 SO_2 来自 Thomas Diehl 开发的 AEROCOM 数据库记录。生物质燃烧源来源于 GEFD2 和 GEFD3 清单,包括 3 小时、1 天、8 天和月平均等时间尺度的数据。GEOS-Chem 模式默认的全球人为排放清单是 GEIA(Global Emission Inventory Activity),在区域嵌套模拟中,可以用当地排放源代替,如美国的 NEI05、欧洲的 EMEP 和东亚的 intex-B 或 MEIC 清单。GEOS-Chem 模式中使用的沙尘起沙方案有两种,分别为 Ginoux et al.(2004)开发的全球臭氧化学气溶胶辐射与传输(GOCART)方案,以及 Zender et al.(2003)提出的沙尘夹卷和沉积移动(DEAD)机制。

GEOS-Chem 模式包含了详细的对流层 Ozone-NO_x-VOC-aerosol-HO_x 化学过程,模式中的气相化学机制包含了 225 种反应物、346 个化学反应过程,气溶胶包括硫酸盐、铵盐、硝酸盐、一次有机碳、二次有机碳、炭黑、沙尘、海盐等。二次无机气溶胶的热力学分配过程采用的是 ISOROPIA II 模型。模式中沙尘气溶胶分为 4 个粒径(半径 $0.1 \sim 1.0$ μm,$1.0 \sim 1.8$ μm,$1.8 \sim 2.0$ μm 和 $3.0 \sim 6.0$ μm)。模式能够详细模拟对流层中气溶胶及其前体物浓度的时空分布。图 3.7 是 GEOS-Chem 模拟的 2014 年年平均地面臭氧浓度分布。

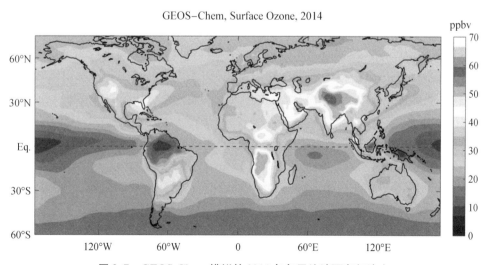

图 3.7 GEOS-Chem 模拟的 2014 年年平均地面臭氧浓度

§7 污染源排放清单制作原理及方法

7.1 污染源的时空分布及其影响

一个地区的空气污染状况主要取决于当地的污染物排放情况,在一个以本地污染为主,外来输送过程较弱的地区,一般而言,污染物排放量越大,污染越严重。除污染物排放总量以外,污染源的空间分布也很重要,在排放总量不变的情况下,位于城市区域或主导风向上游的排放源显然比位于郊区或下游的排放源对城市的影响更大。对于空气质量模式的计算,必须有一个描述模拟域内排放的主要污染物的位置、时间、数量和化学组成的数据库,即排放清单。排放清单需要作为下边界条件耦合进模式。排放清单不仅是模拟一次污染物浓度分布所必须的,对于二次污染物浓度预测也是至关重要的。清单中不仅需要包括一次污染物的排放,也要包括重要的二次污染物的前体物,如 VOCs 的排放。

污染物排放分为人为源排放和自然源排放。人为源排放是由人类活动产生的污染物排放,如工业、交通等,自然源排放包括地表扬尘、海洋排放海盐、植被排放 VOC 等自然过程的排放。自然源排放除了和地表类型有关以外,通常都和气象条件有关,如沙漠地的沙尘排放量、海洋地区的海盐排放量主要取决于地面风速,森林地区的 VOC 排放则与风速、气温、辐射等气象因子有关,因此,自然源排放通常是在模式中根据气象条件实时计算。人为源排放清单则通常作为模式的外部输入条件。

人为源排放清单必须根据人类活动的变化进行调节,不同年份的污染源排放可能有较大差异,一般而言,年份相隔越远,排放源差异越大。在一年之内,不同月份的人为源排放也可能会有较大差异,尤其是在北方寒冷的冬季,由于采暖而使能源消耗增加,污染物排放也明显高于其他季节,这是北方冬季颗粒物污染高于其他季节的重要原因。因此,排放清单需考虑排放源的季节性变化,如果采用年平均的排放源,则可能低估冬季污染物浓度。人为排放源中特别是交通排放有明显的日变化和周变化,在工作日的早晨和傍晚由于通勤通常会有交通高峰,使得交通源污染物排放量较大,因此有必要考虑交通源的日变化特征。

7.2 污染源排放清单的制作

污染物排放清单主要是基于"自上而下"或"自下而上"的思路和方法建立的。所谓自上而下的方法是统计粗网格或特定区域内(省份或县行政区)的各类燃料消耗数据,通过排放因子确定各类污染物的排放总量,再降尺度到特定分辨率获得网格化排放资料。由于很多排放源的确切位置是未知的或不可获得的,这些数据在空间和时间上的分配是使用代用数据(例如人口密度)进行插值。同样,可以根据交通统计数据或季节变化的冬季采暖措施将年排放资料分解成更精细的时间尺度。这种自上而下的清单建立方法的优点在于,在较长时间尺度上的总排放量数据是相当可信的。然而,在降尺度方面存在不确定性。

自下而上的编制方法是通过调查或实际测试得到排放因子,结合排放源的活动数据估算得到排放清单。自下而上的清单制作方法可利用各类排放源模型,如建筑能源模型、交通流模型或植物生理模型等,以及这些要素的空间分布,制作精细尺度的排放清单。将一定空间尺度内各要素的排放量累积起来即可得到该区域的总排放量。自下而上方法得到的排放清单有较高的时空分辨率,然而,自下而上的清单对一些模型的假设很敏感,往往子模型中的微小偏差扩展到区域尺度时会使区域排放总量产生较大的不确定性。

除了上述基于源排放统计资料制作排放清单的方法以外,还可以利用地面污染物初始浓度资料或卫星观测的污染物柱浓度资料反演计算得到排放清单。这就是从 20 世纪 80 年代逐渐发展起来的污染源强反演技术。近年来较为常用的一种反演源强的方法是卡尔曼滤波法,具体阐述见本章第 8 节。

7.3   排放清单的评估与验证

排放清单的制作中不可避免地存在一些偏差,产生偏差的原因包括统计资料的准确性、取样测量的不确定性、排放因子准确性和代表性不足等。排放清单的准确性可通过不确定性分析方法来进行评估。如果不能正确认识清单的不确定性,可能对排放源和空气污染的关系产生错误认识,甚至可能因此制定错误的空气污染控制策略。

描述不确定性一般有两种方法:其一,使用误差传播方程,将各种函数(包括清单中使用的函数)的方差和协方差结合起来,利用泰勒展开式扩展非线性方程。其二,数值统计方法(例如蒙特卡洛方法),该方法能够应用于排放源活动水平数据或排放因子或两者的不确定性都很大且可能不是正态分布的情况下,蒙特卡洛方法在指定的不确定性分布范围内,通过计算机每次使用随机选择的不确定的活动水平数据和排放因子进行大量的排放清单计算,通过对这些排放清单的统计分析可以得到清单中排放总量的置信区间。

排放清单的准确性还可以通过空气质量模拟来进行间接验证,即利用空气质量模型和排放清单进行大量的模拟,并将模拟结果与同时段的空气质量监测结果比较,以分析判断排放清单的准确性。

§8   同化技术在空气污染数值模拟研究和预测中的应用

8.1   资料同化技术的基本概念和方法

资料同化是根据一定的优化标准并利用一定方法,将不同空间、不同时间、采用不同观测手段获得的观测数据与数学模型有机结合,纳入统一的分析与预报系统,建立模型与数据相互协调的优化关系,使分析结果的误差达到最小。它是目前提高数值模式模拟和预报能力最行之有效的一种方法。最初它是由气象学中的分析技术发展起来的,并在当前的天气预报领域中得到了广泛的应用。美国国家环境预测中心(NCEP)、欧洲天气预报中心

(ECMWF)、日本气象厅和中国国家气象局等气象预报中心都已经开展业务化的资料同化应用工作。

现阶段空气质量模式在物理过程参数化、化学方案、数值方案,以及模式变量初始化等方面仍然存在一定的不确定性,使得空气质量模式的模拟和预报存在较大的误差。随着观测技术的不断发展,已经可以获得大量连续的污染观测数据,充分合理地利用这些资料,利用同化技术改善模式的浓度初始场和优化排放清单已经成为提高空气质量模式的模拟和预报水平的重要手段之一。目前在大气污染资料同化领域主要用到的同化方法有集合卡尔曼滤波、变分方法(包括三维变分和四维变分)、最优插值方法和牛顿松弛逼近法等,由于集合卡尔曼滤波同化效果较好,并且易于实现,因此使用也最为广泛。下面本书重点阐述集合卡尔曼滤波在大气污染资料同化领域的应用,扼要介绍其他三种方法的应用。

8.1.1 集合卡尔曼滤波

集合卡尔曼滤波是 Evensen 在 1994 年根据随机动力预报理论发展而来的顺序数据同化方法,其更新方程如下:

$$x^a = x^b + K(y - Hx^b) \tag{3.69}$$

$$K = PH^T(HPH^T + R)^{-1} \tag{3.70}$$

其中,x 是维数为 n 的模式状态向量;x^a 表示同化后的分析场;x^b 表示背景场;K 为权重矩阵(或增益矩阵);y 是由 m 个观测组成的向量;H 为观测算子,其将模式空间投影到观测空间;P 为背景误差协方差矩阵;R 为观测误差协方差矩阵;上标 T 表示矩阵求转置。对于背景误差协方差矩阵 P,计算如下:

$$P = \frac{1}{N-1} \sum_{i=1}^{N} (x - \bar{x})(x - \bar{x})^T \tag{3.71}$$

在实际计算中,不需要直接计算 P,而是分别计算 PH^T 和 HPH^T 两部分,即

$$PH^T = \frac{1}{N-1} \sum_{i=1}^{N} (x - \bar{x})(Hx - H\bar{x})^T \tag{3.72}$$

$$HPH^T = \frac{1}{N-1} \sum_{i=1}^{N} (Hx - H\bar{x})(Hx - H\bar{x})^T \tag{3.73}$$

$$\bar{x} = \frac{1}{N} \sum_{i=1}^{N} x \tag{3.74}$$

这样分别计算 PH^T 和 HPH^T 能够大幅减少计算量和计算机的存储空间。

集合卡尔曼滤波同化方法的优点还在于:滤波同化方法的背景误差协差矩阵是基于集合预报的随机样本统计得到的,它会随天气流型的演变而变化,这是其他同化方法难以实现的,也是集合卡尔曼滤波同化结果优于其他同化方法的主要原因之一。除此之外,如前面所述,集合卡尔曼滤波易于实现,具有很强的可移植性。它的不足之处在于预报部分需要进行同化变量的集合预报,计算成本较高。

8.1.2 变分同化

变分同化法是根据变分原理,利用观测资料对模型预报结果进行全局调整,通过最小化代价函数,使分析场达到统计意义上的最优的一种方法。该代价函数 $J(x)$ 的一般定义如下式表达:

$$J(x) = \frac{1}{2}(x - x^b)^\mathrm{T} P^{-1}(x - x^b) + \frac{1}{2}(y - Hx)^\mathrm{T} R^{-1}(y - Hx) \tag{3.75}$$

其梯度由下式表达:

$$\nabla J(x) = P^{-1}(x - x^b) + H'^\mathrm{T} O^{-1}(Hx - y) \tag{3.76}$$

其中 $H' = \frac{\partial H}{\partial x}$。在计算过程中,通过迭代的方法反复计算和评估代价函数,最终达到代价函数取值最小时的 x,即为分析场 x^a。

三维变分同化能够明显改善同化质量,计算方便,计算代价小,是目前数值天气预报应用中的首选,也广泛应用于污染物浓度的同化。为了减少背景误差协方差矩阵 P 求解困难的问题,P 矩阵是提前给定的,也不随时间改变,因此三维变分同化的质量比四维变分和集合卡尔曼滤波略差。

集合卡尔曼滤波和三维变分都只是某一时刻的空间全局最优,即只可分析某一时刻的观测资料。四维变分可以分析多个时刻的观测资料,将分析扩展到某一时间段内的空间和时间的全局最优,其代价函数为

$$J(x_0) = \frac{1}{2}(x_0 - x^b)^\mathrm{T} P^{-1}(x_0 - x^b) + \frac{1}{2}\sum_{k=0}^{K}(y_k^0 - Hx_0)^\mathrm{T} Q_k^{-1}(y_k^0 - Hx_0) \tag{3.77}$$

四维变分利用模式动力特征来约束一段时间内的所有观测资料,因此其能够得到比三维变分更好的同化结果,与集合卡尔曼滤波相当。但四维变分与集合卡尔曼滤波一样,计算代价很大。除此之外,四维变分需要编写伴随模式,对复杂系统来说工作量很大,也没有可移植性。目前在大气污染预测研究领域,只有极少的工作利用四维变分优化污染源排放。

8.1.3 最优插值

Eliassen 在 1954 年首先提出了最优插值理论,Gandin 在 1963 年实现了将最优插值理论引入客观分析领域中。最优插值以线性最小平方估计理论为基础,根据分析误差方差最小原则求解最优观测权重,其更新方程为:

$$x^a = x^b + K(y - Hx^b) \tag{3.78}$$

$$K = PH^\mathrm{T}(HPH^\mathrm{T} + R)^{-1} \tag{3.79}$$

在最优插值同化中,背景误差协方差矩阵 P 是最优插值法中比较重要的参数,目前还没有准确的公式能够直接计算,只能采用近似的方法估算。可以采用 Fu 等(2004)提出的公式进行计算,其对角线上的元素计算公式如下:

$$(\sigma_\varepsilon)_j^2 \approx (\sigma_m)_j^2 (1 - c_j)^2 \tag{3.80}$$

$$\left(\sigma_{\varepsilon}\right)_{j}^{2} = \frac{1}{N} \sum_{k=1}^{N} \left(z_{j,k} - \overline{z_{j}}\right)^{2} \tag{3.81}$$

其中 j 为格点序号，N 为时域样本，c_{j} 是随空间变化的参数，取值为 $0.5 \leqslant c_{j} \leqslant 1.5$；$z_{j,k} - \overline{z_{j}}$ 代表模式估值偏差。对于 P 矩阵的非对角元素，采用高斯函数来表示空间相关结构：

$$P(i,j) = \left(\sigma_{\varepsilon}\right)_{i} \left(\sigma_{\varepsilon}\right)_{j} \exp\left(-\frac{\Delta x^{2}}{L_{x}^{2}} - \frac{\Delta y^{2}}{L_{y}^{2}}\right) \tag{3.82}$$

式中 i 和 j 为格点序号，Δx 和 Δy 分别表示第 i 个格点与第 j 个格点在水平面上东西和南北方向的距离，L_{x} 和 L_{y} 分别为东西和南北方向的水平相关尺度，表示预报误差的相关系数减少为 $1/\mathrm{e}$ 时的水平距离，取 $L_{x} = L_{y} = 20 \text{ km}$。

最优插值法的优点是简单易行、计算代价小，因此其在早期的大气污染同化中起着重要的作用。其主要缺点是最优插值法假设了观测算子是线性的，因此不能处理观测算子是非线性的情况；其次在计算中，背景误差协方差矩阵是人为给定的，无法考虑误差在预报中的传播和发展，是一种静态的局地分析方法。

8.1.4   牛顿松弛逼近

牛顿松弛逼近(Nudging)资料同化法是通过在预报方程中加入包含观测和模拟差异的附加项：

$$\frac{\partial x}{\partial t} = M(x,t) + \frac{y - Hx}{\tau} \tag{3.83}$$

式中 M 为模式项，其右部分为增加的附加项，x 为模式状态变量，y 为状态变量的观测值，H 是观测算子，τ 为松弛系数。通过增加这个附加项，使得方程解逼近观测值。牛顿松弛逼近资料同化的优点是简单易行，但松弛系数依赖经验确定，是一种经验分析方法。目前有部分研究工作利用该同化法优化污染源排放。

8.2   污染物浓度初始场同化

污染物浓度初始场的同化是提高空气质量传输模式预报水平最行之有效的方法，目前已有较多利用最优插值、三维变分和集合卡尔曼滤波等同化技术来优化污染物浓度的研究。在污染物浓度同化中，待同化变量是污染物浓度背景场 C^{b}，即 $x^{b} = C^{b}$。其同化流程如图 3.8 所示，在每一个同化周期中，首先利用排放源清单和上一步同化得到的浓度分析场作为初始场，输入到空气质量模式，模拟得到污染物浓度背景场 C^{b}，将背景场 C^{b} 和污染物浓度观测资料 C^{o} 输入到同化系统中进行优化，得到分析场 C^{a}。

图 3.8   污染物浓度同化流程图

8.3 空气污染物排放源反演处理的原理及方法

相对于污染物浓度同化,污染物排放源反演处理的优化要复杂得多。目前大部分排放源同化工作都是利用集合卡尔曼滤波同化的,只有较少的工作是利用四维变分和牛顿松弛逼近(Nudging)同化。这里我们以集合卡尔曼滤波为例说明污染物排放源反演处理的原理。

与污染物浓度不同,在空气质量模式中,排放源不是模式的控制变量,而是模式的输入场,是运行数值模式之前准备好的一个边界条件,因此不能通过集合预报的方式得到排放源的集合样本。一个比较自然的思路是构建合适的污染源诊断模型,这样就可以通过集合预报的方式来生成排放源集合样本。

这里比较详细给出一种污染源诊断模型的构建方法。由于排放源时空差异较大参见,Peters 等(2007)的作法引入表征污染源排放的污染源尺度参数 λ^b,其与排放源的关系为:

$$F_{i,t} = \lambda_{i,t} F_t^c \tag{3.84}$$

式中 $\lambda_{i,t}$ 为 t 时刻的排放源尺度参数,是一个三维变量,i 表示第 i 个集合数,F_t^c 为先验源排放,一般由排放源清单生成。这样,待同化的变量就是 $x^b = \lambda^b$。通过方程(3.84)的变换,对排放源的优化变成了对排放源尺度参数的优化。

假设在前两个同化周期中($t-2, t-1$),已有污染物浓度分析集合 $C_{i,t-1}^a$ 和排放源排放 $F_{i,t-2}^b$,利用空气质量传输模式,可以计算得到 t 时刻的污染物浓度 $C_{i,t}^b$,实际上,$C_{i,t}^b$ 在前一个同化周期中已经计算过,在当前周期中可以直接使用。利用 $C_{i,t}^b$,计算出浓度尺度参数:

$$\kappa_{i,t} = C_{i,t}^b / \overline{C_{i,t}^b} \tag{3.85}$$

式中,$\overline{C_{i,t}^b} = \dfrac{1}{n} \sum_{i=1}^{n} C_{i,t}^b$ 是污染物浓度预报集合的均值。为了解决 $\kappa_{i,t}$ 的集合离散度可能会比较小的问题,采用协方差膨胀的方法保持 $\kappa_{i,t}$ 的离散度在一定的程度上,即

$$(\kappa_{i,t})_{\text{new}} = \beta(\kappa_{i,t} - \overline{\kappa_{i,t}}) + \overline{\kappa_{i,t}} \tag{3.86}$$

这里 $\overline{\kappa_{i,t}} = \dfrac{1}{n} \sum_{i=1}^{n} \kappa_{i,t} = 1$,$\beta$ 的取值,通过敏感性实验确定。由于污染物源排放与污染物浓度存在关系,假设污染物源排放尺度参数与浓度尺度参数相等:

$$\lambda_{i,t}^p = (\kappa_{i,t})_{\text{new}} \tag{3.87}$$

再利用时间平滑算子,得到 $t-1$ 时刻的污染源排放尺度参数:

$$\lambda_{i,t}^b = \frac{1}{M} \left(\sum_{j=t-M+1}^{t-1} \lambda_{i,j}^a + \lambda_{i,t}^p \right) \tag{3.88}$$

这里 M 为平滑时间。平滑算子使得前期的观测信息能有效运用到 $\lambda_{i,t}^b$ 的预报中。M 的取值,通过敏感性试验确定,一般取4。然后再利用方程(3.84)计算得到排放源背景场。

迄今为止,还没有能够刻画排放源时空变化的动力模型,这里介绍的污染源诊断模型是不得已而为之的一种有效解决办法。由方程(3.88)可得:

$$\overline{\lambda_{i,t}^{b}} = \frac{1}{M}\left(\sum_{j=t-M+1}^{t-1} \overline{\lambda_{i,j}^{a}} + \overline{\lambda_{i,t}^{p}}\right) = \frac{1}{M}\left(\sum_{j=t-M+1}^{t-1} \overline{\lambda_{i,j}^{a}} + 1\right) \tag{3.89}$$

该方程表明,诊断模型预报的尺度参数的平均值$\overline{\lambda_{i,t}^{b}}$取决于前面$M-1$个尺度参数的分析场。$\lambda_{i,t}^{b}$的样本分布由浓度尺度参数$\kappa_{i,t}$的样本分布、$\beta$的取值和前面$M-1$个尺度参数的分析场的样本分布共同决定;调整$\beta$的取值和平滑时间,可以得到不同的样本分布。$\lambda_{i,t}^{b}$每一个样本的空间分布则取决于污染浓度的空间分布状况,表明诊断模型计算得到的排放源集合样本的背景误差协方差矩阵与浓度的背景误差协方差矩阵有关,且随流型而变化。

基于集合卡尔曼滤波同化技术的排放源优化的流程图如图3.9所示,首先,利用上一时次的浓度预报场C^{b}输入到污染源诊断模型中,得到待同化的变量污染源排放尺度参数$x^{b}=\lambda^{b}$,由于观测资料是污染物浓度,我们需要将模式变量λ^{b}投影到观测空间,即根据方程(3.84)得到排放源清单背景场F_{t}^{b},再利用上一时次更新得到的浓度场C^{a}作为初始场,输入到空气质量预报模式中,经过集合预报得到浓度预报场C^{b},再利用线性插值,得到观测站上的浓度模拟结果$H(\lambda^{b})$($H(\lambda^{b})$具有浓度的量纲),显然,此时空气质量预报模式是观测算子的一部分。将$\lambda^{b}, H(\lambda^{b}), C^{o}$输入到集合卡尔曼滤波模式中,得到此时的分析场$\lambda^{a}$,通过进一步利用方程(3.84)计算,得到优化后的排放源清单F^{a},将F^{a}和上一时次更新得到的浓度场C^{a}作为初始场输入到空气质量模式中,可以得到浓度更新场C^{a}。显然,只同化污染源排放时,需要做两次集合预报,极大地增加了计算成本;而且通过集合预报的方式更新污染物浓度,由于模式自身的误差仍然存在,更新得到的浓度累计误差比较大。

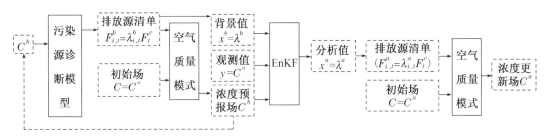

图3.9　排放源优化流程图

考虑到只优化排放源的做法的局限性,可以考虑将污染物浓度和排放源同时进行同化,其流程如图3.10示意,此时预报模型包括了空气质量传输模式和排放源诊断模型两部分,同化变量则是$x^{b}=(\lambda^{b}, C^{b})$。首先,利用上一时次的浓度预报场$C^{b}$,输入到污染源诊断模型中,得到待同化的变量污染源排放尺度参数λ^{b},利用方程(3.84)进一步计算得到排放源清单背景场F^{b},再利用上一时次优化得到的浓度分析场C^{a}作为初始场,输入到空气质量模式中,经过集合预报得到浓度预报场C^{b},此时同化变量$x^{b}=(\lambda^{b}, C^{b})$准备完毕,将同化变量和观测值输入到集合卡尔曼滤波系统中,得到分析场$x^{a}=(\lambda^{a}, C^{a})$,利用方程(3.84),得到优化后的排

放源清单 F^a。

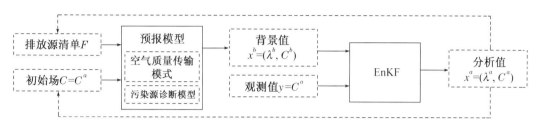

图 3.10 同时同化污染物浓度和排放源的流程示意图

对于只同化污染物浓度,排放源用清华大学制作的 2010 年的源清单,鉴于各种原因,排放源清单会存在较大的不确定性。而如若只同化排放源,由于模式本身的误差,更新得到的污染物浓度累计误差仍然会比较大;而对于污染物浓度和排放源协同同化的方案,在每一个同化周期中,污染物浓度和排放源都得到观测资料的优化,因此,理论上,这样的协同同化方案应是最优的。

8.4 同化技术的实际应用示例

8.4.1 对空气质量预报的改进

针对 2014 年 10 月初中国北方地区的一次重污染过程,利用这期间中国地区的 PM_{10},$PM_{2.5}$,SO_2,NO_2,O_3 和 CO 观测,基于集合卡尔曼滤波同化方法和中尺度传输模式 WRF-Chem,笔者进行了同时同化污染物初始场和排放源的数值试验 expJ。模拟试验时间为 2014 年 10 月 5—16 日;试验所用的排放源清单仍为清华大学的源清单,并且为了减少人为因素的影响,数值试验中未对先验源添加日变化,即数值试验中所用的先验源是一个常数。

在此基础上进行了两组 72 小时的预报试验:1) fcC,初始场为 expJ 得到的浓度分析场,排放源为先验源清单,每天 00 时启动,向后预报 72 小时;2) fcJ,初始场为 expJ 得到的浓度分析场,排放源为 expJ 得到的优化源,每天 00 时启动,向后预报 72 小时。这两个预报试验的不同点在于排放源强迫不一样。除此之外,还运行了从 2014 年 10 月 5—16 日的直接数值模拟试验(CT)。试验结果表明,同时同化污染物浓度初始场和污染物排放源排放的试验方案能够得到较好的初始场和排放源排放。从源优化的角度来看(见图 3.11),虽然数值试验设置时先验源是常数,但经过同化以后,优化源出现了明显的日变化趋势,且白天的源排放量较大,夜间则较小,符合实际的排放源排放规律,表明同化系统得到的排放源更符合实际情况。从污染物预报的角度来看(见图 3.12),在发生重霾天气期间,对 PM_{10},$PM_{2.5}$ 和 CO 的预报,初始场的作用特别大,fcC 和 fcJ 的试验结果类似,前 24 小时预报效果明显优于控制试验,几近完美。随着预报时长增加,同化的作用迅速变小时,fcJ 和 fcC 都逐渐靠近控制试验。对于 SO_2 的预报,得益于优化后的排放源,fcJ 的 72 小时预报都优于控制试验,fcC 的前 6 个小时结果与 fcJ 类似,后面的结果靠近控制试验,表明对 SO_2 预报试验来说,同时同化污染物浓度和污染源排放是非常重要的。对 NO$_2$ 和 O$_3$，fcJ 和 fcC 没有显现出明显的优势，但在长三角地区和珠三角地区，fcJ 和 fcC 还是要比控制试验的效果好些。

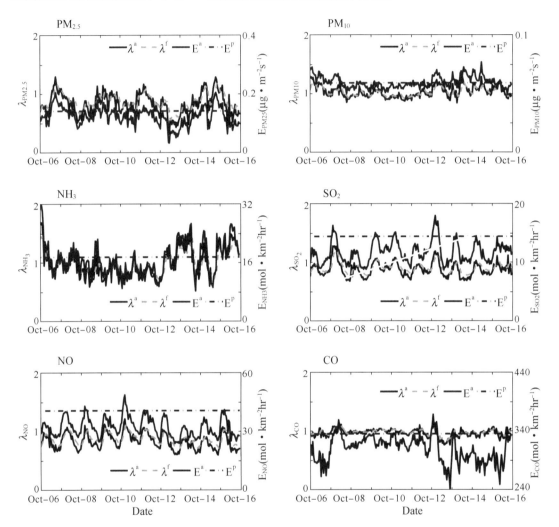

图 3.11　京津冀地区同化实验中同化前后的污染排放源排放随时间的分布，其中 **$\pmb{\lambda}^a$** 为污染排放源尺度参数分析场，**$\pmb{\lambda}^b$** 为污染排放源尺度参数背景场，E^a 为优化源，E^p 为先验源。（**Peng, Z., et al.,** **2018**）

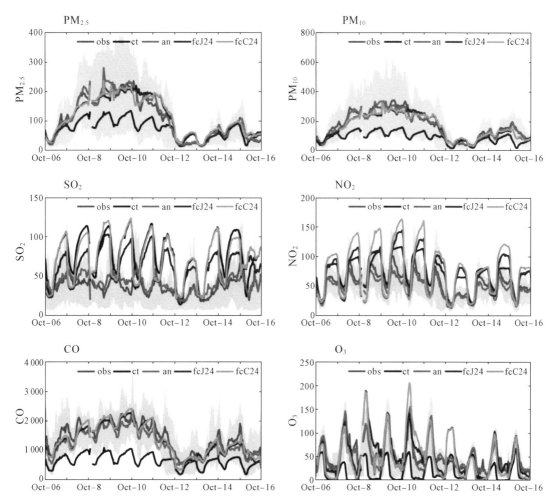

图 3.12　采用同化方法后对污染物浓度预报的改进。其中 **obs** 为观测;**ct** 为直接模拟;**an** 为分析场;**fcJ24** 为以分析场为初始场,优化源为强迫源的 **24** 小时预报结果(反应优化后的初始场和排放源对预报结果的影响);**fcC24** 为以分析场为初始场,先验源为强迫源的 **24** 小时预报结果(反应优化后的初始场对预报结果的影响)。(**Peng, Z. , et al. ,2018**)

8.4.2　对空气污染物排放源的优化

　　针对重大活动期间的减排响应,利用集合卡尔曼滤波同化方法和中尺度传输模式 WRF-Chem,笔者对 2015 年 8 月 5 日 ~9 月 10 日中国华北地区的一次数值试验实例,作了污染物源排放的优化试验。试验进一步验证了同化系统对排放源的优化能力(见图 3.13 和图 3.14)。在调控前(2015 年 8 月 19 日之前),优化后的排放源较先验源减少 5% 左右,而在 8 月 20 日到 8 月 31 日一般调控期间,优化后的源较先验源大约减少了 20% ,在 9 月 1 日到 9 月 3 日的极端调控期间,优化后的源较先验源大约减少了 50% 。这些试验结果表明运用资料同化技术的确能够更好地再现污染源排放情况。

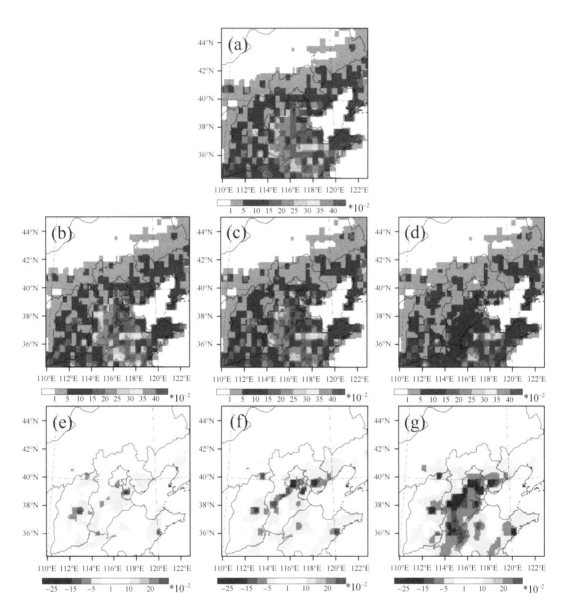

图3.13　（a）先验的 $PM_{2.5}$（$\mu g \cdot m^{-2} \cdot s^{-1}$）排放源排放,不同阶段优化后的 $PM_{2.5}$ 源的时间平均,（b）调控前:2015 年 8 月 8—19 日的平均,（c）一般调控:8 月 20—31 日,（d）极端调控 9 月 1—3 日。优化后的源与先验源之差的时间平均（e）调控前:2015 年 8 月 8—19 日的平均,（f）一般调控:8 月 20—31 日,（g）极端调控:9 月 1—3 日。（Chu, K., et al. 2018）

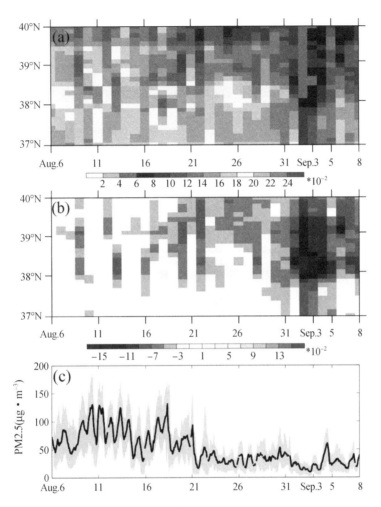

图 3.14 （a）优化后的 $PM_{2.5}$ 源（$\mu g \cdot m^{-2} \cdot s^{-1}$）及（b）与先验源之差的径向平均随时间的变化，（c）$PM_{2.5}$ 浓度随时间的变化（Chu, K. , et al. 2018）

§9 小 结

　　空气质量预报的数值模拟研究是近几十年来大气环境科学发展最快的研究领域之一，已经成为空气质量问题研究的一种重要手段。它能够给出定时定量、不同分辨率的各类城市空气质量信息，从而能够为与城市环境问题有关的各项决策提供有力的科学依据。

　　欧拉型三维空气质量模式是基于质量连续方程，用数值方法描述城市和区域范围内对流层大气中污染物输送、扩散和化学反应以及清除等过程，通过输入各地域的源排放资料、下垫面资料以及气象资料、运行模式得到关注区域内的各类空气质量数据。

空气质量预报模式依赖于气象场模式和天气预报模式来提供细致的气象场。气象场资料可以来自于观测资料或分析场,或气象模式提供的气象场。气象模式向空气质量模式提供气象场有两种方式:离线方式和在线耦合方式。所谓离线方式,即单独运行气象模式,每隔一定时间间隔输出气象场,形成供空气质量模式使用的气象数据集,然后在运行空气质量模式时通过调用该数据集获取气象资料。在线耦合方式指的是气象模式和空气质量模式耦合在一个模式系统中,两个模式同步进行积分处理,在线耦合的模式可以进行空气质量对气象场反馈过程的计算,如气溶胶辐射效应等。

空气污染问题具有多尺度性,从局地尺度空气污染到城市尺度、区域尺度以至全球尺度。由于排放源分辨率、计算量等问题,目前以及未来相当长时间内都不存在这样一个模式,能处理所有尺度的空气污染问题,因此需要针对不同尺度的空气污染问题,建立相应尺度的空气质量预报模式。

空气质量预报模式的计算中,必须有一个描述模拟域内排放的主要污染物的源位置、时间、数量和化学组成的数据库,即排放清单。排放清单应包括人为源排放和自然源排放。污染物排放清单主要是基于"自上而下"或"自下而上"的原则和方法建立的。

资料同化是根据一定的优化标准并通过采用一定方法,将不同空间、不同时间、采用不同观测手段获得的观测数据与数学模型有机结合,纳入统一的分析与预报系统,建立模型与数据相互协调的优化关系,使分析结果的误差达到最小。它是目前提高数值模式模拟和预报能力最行之有效的一种方法。利用同化技术改善空气质量模式的浓度初始场和优化排放清单已经成为提高空气质量预报模式的模拟和预报水平的重要手段之一。目前在大气污染资料同化研究领域主要用到的同化方法有集合卡尔曼滤波、变分方法(包括三维变分和四维变分)、最优插值方法和牛顿松弛逼近法等。

第四章　局地空气污染物散布的计算处理

空气污染物散布与气象条件有密切关系,对空气污染物散布有一些理论处理的基本途径。但是,为认识并处理与空气污染物散布有关的实际问题,只有一定条件下的理论处理往往是不够的,这是因为:(1) 还需要寻求如何由可获得的各种条件,主要如气象变量、源排放、地形和环境因素等,以及估算实际污染物浓度分布的有效方法;(2) 还需要细致研究实际影响空气污染物散布的各种大气过程并定量地估算出它们的作用。对此,需要分别针对各种形式和不同性质的污染源,如点源、线源、面源、体源以及瞬时源和连续源、地面源和高架源,就各种气象条件和不同下垫面情况作计算处理。本章就简要论述理想条件下,如局地均一平坦下垫面条件下,空气污染物散布的计算处理。给出对各种条件下的大气扩散过程的基本数学处理方法,即运用建立的各种大气扩散模式,研究模式中的各种参数,以大气扩散方程的解析解方式计算给出小范围,如20千米范围空气污染物浓度的分布及其变化规律。这类实用的大气扩散模式,是空气污染气象学发展早期阶段非常实用有效的一种工具,它通常包含三个组成部分,即一套合理精确的扩散计算公式;一套能表征各种影响过程的特性参数;一套实用有效的计算方法。

§1　连续点源高斯扩散公式

由大气扩散的基本理论处理知道,在大气湍流扩散方程中,假设扩散系数 K 为常数,便可以得到正态分布形式的解。从统计理论出发,在平稳、均匀湍流的假定下,可以证明粒子扩散位移的概率分布符合正态分布形式。对连续点源发出的烟流的大量试验研究和观测事实表明,尤其是对于平均烟流的情形,其浓度分布是符合正态,也称高斯(Gaussian)分布的。于是,按照湍流统计理论的处理途径,假定概率分布函数的形式为高斯分布,便可获得相应的连续点源烟流高斯扩散公式。由于它的简便实用,这是一套至今仍可普遍应用的扩散计算公式,也是许多实用模式中扩散公式的基础。

1.1　无界情形

理想条件下,湍流场均匀定常。设源位于无界空间,即不考虑地面的存在及其影响。考虑图4.1所示的无界空间的一个点源,它位于直角坐标系中,x 轴与平均风向(风速 $\bar{u}$)一致并以它为烟流浓度分布轴线。烟流呈现锥形向下风向扩散,浓度在 y 向和 z 向对称并符合正态分

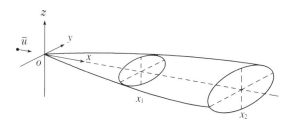

图 4.1   无界情形点源烟流扩散

布。排放烟流的点源源强为 Q（克/秒）。于是,可令浓度分布形如 $q(x,y,z) = A(x)e^{-ay^2}e^{-bz^2}$ 符合高斯分布条件,参数取为:

$$a = \frac{1}{2\sigma_y^2}, \quad b = \frac{1}{2\sigma_z^2}$$

代入浓度公式可有

$$q(x,y,z) = A(x)\exp\left(-\frac{y^2}{2\sigma_y^2}\right)\exp\left(-\frac{z^2}{2\sigma_z^2}\right) \tag{4.1}$$

假设污染物在大气中是被动的无反应性粒子,即是保守的。根据质量守恒原理,即运用质量连续性条件,在源的下风方任意垂直于 x 轴的面上污染物的总通量应等于排放源强,即有

$$\int_{-\infty}^{\infty}\int_{-\infty}^{\infty} \bar{u}q(x,y,z)\mathrm{d}y\mathrm{d}z = Q$$

将(4.1)式代入此式并积分,可得

$$A(x) = \frac{Q}{2\pi\,\bar{u}\sigma_y\sigma_z}$$

再将此式代入(4.1)式,就可得到无界情形连续点源高斯扩散公式

$$q(x,y,z) = \frac{Q}{2\pi\,\bar{u}\sigma_y\sigma_z}\exp\left[-\frac{1}{2}\left(\frac{y^2}{\sigma_y^2} + \frac{z^2}{\sigma_z^2}\right)\right] \tag{4.2}$$

由(4.2)式可知,若已知 Q、$\bar{u}$,只要再知道 σ_y 和 σ_z 便可以求得空间任意点的浓度。这里 σ_y 和 σ_z 即为大气扩散参数(米)。由式可见其量纲关系:

$$\left[\frac{M}{T}\right]\bigg/\left[\frac{L}{T}\right]\cdot[L^2] = \left[\frac{M}{L^3}\right]$$

浓度单位取 $\mathrm{mg/m^3}$,并有以下明显关系:

$$q(x,y,z) \propto Q$$
$$q(x,y,z) \propto \left[\bar{u}\sigma_y\sigma_z\right]^{-1}$$

式中 $q(x,y,z)$ 与分布形式有关。于是,首先假设烟流如图 4.1 示意,呈现圆锥形向下风方散开,在 x 处其截面半径为 r,面积为 πr^2,单位时间通过烟流截面的空气量为 $\bar{u}\pi r^2$。显然,应有:

$$q(x,y,z) = \frac{Q}{\bar{u}\pi r^2} \quad \text{或者} \quad Q = \bar{u}\pi r^2 \cdot q(x,y,z)$$

此时假定烟流截面上浓度是分布均匀的,即未加分布形式的假定。若不是圆截面而以 σ_y 和 σ_z 作为烟流在 y 和 z 方向散布范围的量度,于是 $[\sigma_y \sigma_z]$ 可表征烟流截面积,$[\bar{u}\sigma_y\sigma_z]$ 便是单位时间通过烟流截面(即参与稀释污染物)的空气量,即可供容纳单位时间排放出的污染物的空间体积。若体积大,则表示稀释情况良好,空气污染物浓度低;反之,则稀释不好,空气污物浓度高,故有:

$$q(x,y,z) \propto \frac{1}{\bar{u}\sigma_y\sigma_z}$$

并称之为大气稀释因子(或称大气稀释能力)。最后,式中与分布形式有关的项 $\exp\left[-\dfrac{y^2}{2\sigma_y^2}\right]$ 和 $\exp\left[-\dfrac{z^2}{2\sigma_z^2}\right]$ 是表示污染物浓度自烟流轴线向两侧(y 向)或上下(z 向)按正态分布形式散布,具有 $0 < \exp\left[-\dfrac{y^2}{2\sigma_y^2}\right] \leqslant 1$。

当 $y=0$,$\exp\left[-\dfrac{y^2}{2\sigma_y^2}\right]=1$ 计算给出的是轴线浓度 $q(x,0,z)$;

当 $y=\infty$,$\exp\left[-\dfrac{y^2}{2\sigma_y^2}\right]=0$ 计算浓度趋于零。

无界情形下 z 向分布与此类似。

综上分析可知,(4.2)式是建立在经验结果和简单的物理考虑的基础上导出的。上述第一项对任何理论处理和简单的物理考虑都是对的,而且表明源强因素的影响直接明显,影响大;第二项具有最重要的意义,因为它正是代表了不同气象条件和地形条件下物质散布的程度及其随空间距离的变化;第三项的意义次之,因为正态分布情况下,分布形式的影响不敏感。

1.2 有界情形

实际情形是由于地面的存在,烟流的散布是有界的。所以在研究扩散时必须考虑地面的影响,而且由于地面及其覆盖物的差异很大,对空气污染物散布的影响也就相当复杂。

考虑最简单的情形,假设地面无吸收和吸附作用,污染物本身是无沉降的被动成分,地面对污染物散布的作用犹如一个全反射体。研究离地高度为 H 的高架连续点源排放烟流的扩散情况。取如图 4.2 所示的坐标系,坐标原点选在污染源在地面的投影点上,x 轴为平均风方向,指向下风方;z 轴指向天顶,与地面垂直,取右手坐标系。

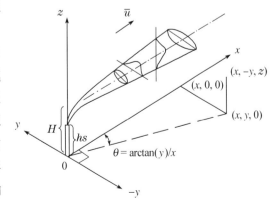

图 4.2 烟流扩散坐标系

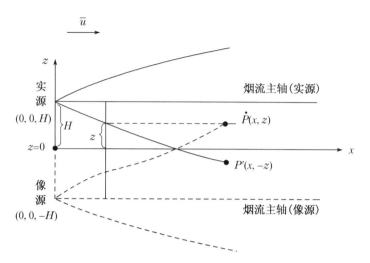

图 4.3　像源法处理原理示意

考虑地面全反射,可用像源法处理,其原理如图 4.3 所示。图中 $P(x,z)$ 点的浓度可以认为是两部分贡献之和:一是不存在地面时,$P(x,z)$ 点所接受的污染物浓度;另一部分是由于存在地面因其反射作用而增加接受的污染物浓度。它们分别相当于在地面($z=0$)的坐标系里,位在 $(0,0,H)$ 位置的实源的贡献和位在 $(0,0,-H)$ 位置的像源的贡献(假定地面不存在时)。于是,分别求之。

实源贡献 $q_{实}$:$P(x,z)$ 点在以实源为原点的坐标系中的垂直向坐标(注意:在此坐标系中 x 轴处在烟流中心线上)应由以地面为原点的 z 坐标变换为 $(z-H)$。于是,由(4.2)式可得

$$q_{实}(x,y,z;H) = \frac{Q}{2\pi\,\bar{u}\sigma_y\sigma_z} \cdot \exp\left\{-\frac{1}{2}\left[\frac{y^2}{\sigma_y^2} + \frac{(z-H)^2}{\sigma_z^2}\right]\right\}$$

像源贡献 $q_{像}$:像源在 $P(x,z)$ 点的浓度贡献相当于实源在图中 $P'(x,-z)$ 点所贡献的浓度。P' 点偏离实源烟流浓度分布中心线的距离为 $-(z+H)$。注意:此时已采用坐标变换法,由于 x 轴取为像源的烟流浓度分布中心线上,所以相当于 z 作坐标变换成为 $(z+H)$。然后,同样由(4.2)式可得

$$q_{像}(x,y,z;H) = \frac{Q}{2\pi\,\bar{u}\sigma_y\sigma_z} \cdot \exp\left\{-\frac{1}{2}\left[\frac{y^2}{\sigma_y^2} + \frac{(z+H)^2}{\sigma_z^2}\right]\right\}$$

显然,实际浓度应为两部分之和,即

$$q(x,y,z;H) = \frac{Q}{2\pi\,\bar{u}\sigma_y\sigma_z} \cdot \exp\left(-\frac{y^2}{2\sigma_y^2}\right) \cdot \left\{\exp\left[-\frac{(z-H)^2}{2\sigma_z^2}\right] + \exp\left[-\frac{(z+H)^2}{2\sigma_z^2}\right]\right\} \quad (4.3)$$

此式即为有界情形高架连续点源扩散公式。其物理意义及式中变量意义与(4.2)式相同,唯引入了排放烟流离地高度 H,它包含烟囱高度 h_s 和烟流的抬升高度 Δh,称之为烟流有效源高。它的引入会改变烟流在源下风方造成的浓度分布。

日常讨论中,经常引入相对浓度 $\left[\dfrac{q\,\bar{u}}{Q}\right]$(亦称归一化或标准化浓度)概念。此时(4.3)式

变成:

$$\frac{q\,\bar{u}}{Q} = \frac{1}{2\pi\sigma_y\sigma_z} \cdot \exp\left(-\frac{y^2}{2\sigma_y^2}\right) \cdot \left\{\exp\left[-\frac{(z-H)^2}{2\sigma_z^2}\right] + \exp\left[-\frac{(z+H)^2}{2\sigma_z^2}\right]\right\} \tag{4.4}$$

显然,这样的计算公式其结果排除了 $\bar{u}$ 和 Q 的因素,只反映湍流扩散的影响。

1.3　地面源

若为地面源,即(4.3)式中源高 $H=0$,则有

$$q(x,y,z;0) = \frac{Q}{\pi\,\bar{u}\sigma_y\sigma_z} \cdot \exp\left(-\frac{y^2}{2\sigma_y^2}\right)\exp\left(-\frac{z^2}{2\sigma_z^2}\right) \tag{4.5}$$

与(4.2)式比较,有界情形地面源造成的污染物浓度恰是无界时污染物浓度的两倍,这是假设地面全反射的必然结果。

同样,可用相对浓度的概念,则有

$$\frac{q\,\bar{u}}{Q} = \frac{1}{\pi\,\bar{u}\sigma_y\sigma_z} \cdot \exp\left(-\frac{y^2}{2\sigma_y^2}\right)\exp\left(-\frac{z^2}{2\sigma_z^2}\right) \tag{4.6}$$

1.4　地面浓度和地面最高浓度

在(4.3)式中,令 $z=0$,便得到高架源的地面浓度公式

$$q(x,y,0;H) = \frac{Q}{\pi\,\bar{u}\sigma_y\sigma_z} \cdot \exp\left[-\frac{1}{2}\left(\frac{y^2}{\sigma_y^2} + \frac{H^2}{\sigma_z^2}\right)\right] \tag{4.7}$$

对于高架源,尤其关注其造成的地面轴线浓度及其分布,它比两侧浓度高。此时,可令(4.3)式中 $y=0,z=0$,便得到高架源的地面轴线浓度公式

$$q(x,0,0;H) = \frac{Q}{\pi\,\bar{u}\sigma_y\sigma_z} \cdot \exp\left(-\frac{H^2}{2\sigma_z^2}\right) \tag{4.8}$$

由(4.7)和(4.8)式分析,绘出地面浓度分布以不同源高和不同稳定度对地面轴线浓度分布的影响,分别示于图 4.4(a)(b)(c)中。由图可见,在源附近地面浓度近于零,然后浓度渐增高,至某个距离 x_m 处有浓度极大值 q_m,之后再缓缓降低。在 y 方向上,浓度则按正态分布规律向两侧降低。这些都明显受到有效源高和稳定度状况的影响。

地面最高浓度 q_m 和出现地面最高浓度的距离 x_m 是空气污染气象学应用中两个最常用的量,可由以下方法估算。最简单情形下,令 σ_y 和 σ_z 之比为常数(即不随 x 变化),若令 $\sigma_y = c_1 x^p$、$\sigma_z = c_2 x^g$ 则 $p = g$,于是,有

$$q(x,0,0;H) = \frac{Q}{\pi\,\bar{u}c_1 x^p c_2 x^g} \cdot \exp\left(-\frac{H^2}{2c_2^2} \cdot x^{-2g}\right) = A x^{-2g}\exp\left[-\frac{H^2}{2c_2^2} \cdot x^{-2g}\right]$$

令 $\dfrac{dq}{dx}=0$,则 q 存在极值,即 $x = x_m$ 时,有 $q = q_m$。这样,有

$$\frac{dq}{dx} = A \cdot 2g x^{2g-1} \cdot \exp\left[-\frac{H^2}{2c_2^2} \cdot x^{-2g}\right]\left[x^{-2g}\left(\frac{H^2}{2c_2^2}\right) - 1\right] = 0$$

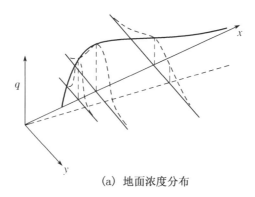

(a) 地面浓度分布

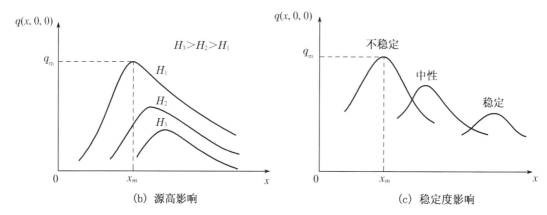

(b) 源高影响　　　　　　　　　　　　　(c) 稳定度影响

图4.4　高架源连续点源地面轴线浓度分布示意

则 $\dfrac{H^2}{2c_2^2 x^{2g}} - 1 = 0$，即 $\dfrac{H^2}{2\sigma_z^2} = 1$，或者 $\sigma_z^2 = \dfrac{H^2}{2}$，于是可得

$$\sigma_z \big|_{x=x_m} = \frac{H^2}{\sqrt{2}} \tag{4.9}$$

代此式入(4.8)式，则地面最高浓度为

$$q_m = \frac{2Q}{\pi e \, \bar{u} H^2} \cdot \frac{\sigma_z}{\sigma_y} \tag{4.10}$$

式中 $e = 2.718$，为自然对数的底。由(4.9)和(4.10)两式可见，若稳定不变，增加有效源高 H，则将会在更远距离处才出现达到最高浓度 q_m 所需的 σ_z 值，所以 x_m 随源高 H 增高而增大。q_m 则与 H^2 成反比关系，这些分析正如图4.4(b)示意。当层结稳定时，σ_z 随距离增加缓慢，必定在更远距离才达到 $\dfrac{H^2}{\sqrt{2}}$ 量值，所以 x_m 较大；反之，不稳定时 x_m 较小，即如图4.4(c)所示。

　　(4.9)和(4.10)式是一组常用的表达式，用来简略估算高架点源排放造成污染影响的基本特征。实际运用时应记住，对于不同稳定度类和不同风速 σ_y 和 σ_z 之比是变的，而且有效源高亦不同。当处在地形复杂、下风距离增大以及平均时间增长等情况下，(4.10)式的精确性降低。只要对各种气象条件反复运用(4.7)式和(4.8)式,可以得到更接近实际的地面最大浓度 q_m。

一般情况下,可得出与(4.9)式和(4.10)式相应的表达式:

$$x_m = \left[\frac{H}{c_2 \sqrt{1 + (p/g)}} \right]^{\frac{1}{g}}$$

$$q_m = \frac{2Q}{\pi e \, \bar{u} H^{[1+(p/g)]}} \left\{ \frac{1 + \left(\frac{p}{g} \right)^{\left(\frac{1}{2} + \frac{p}{2g} \right)}}{2c_1 c_2 - \left(\frac{p}{g} \right)} \cdot \exp\left(\frac{1}{2} - \frac{p}{2g} \right) \right\}$$

§2 连续线源、面源和体源扩散计算公式

实际处理的空气污染物排放源有点源、线源、面源和体源几种形式。运用上述连续点源烟流高斯扩散公式,经一定修正处理可以分别给出线源、面源和体源扩散计算的基本公式。

2.1 横风向积分浓度与线源扩散公式

对于连续点源地面横风向积分浓度亦常常是令人关注的,用 q_{cwl} 表示,它可由地面浓度公式(4.7)式求浓度在 y 方向 $[-\infty, \infty]$ 区间积分得到。对于高架源有

$$q_{cwl} = \frac{2Q}{\sqrt{2\pi} \sigma_z \bar{u}} \cdot \exp\left[-\frac{1}{2} \left(\frac{H}{\sigma_z} \right)^2 \right] \tag{4.11}$$

对于地面源有

$$q_{cwl} = \frac{2Q}{\sqrt{2\pi} \sigma_z \bar{u}} \tag{4.12}$$

上述两式中不出现 σ_y 这个量,而 q_{cwl} 则可以从地面浓度实测数据求得。于是,便可以从上面公式估算 σ_z,这是一个比较难以直接测量的量。故此,可以在扩散试验中,测量确定几个特定下风距离上的积分浓度。

呈线状分布的污染物排放源称为线源,如繁忙的公路和城市的街道通常被看作是线源。按照高斯扩散公式的体系,连续线源等于连续点源沿着线源长度范围积分,其浓度场是线上无数点源浓度贡献之和。点源计算浓度时总是把 x 轴向取成与风向一致,所以点源扩散公式与风向无关。线源计算浓度时则需考虑风各与其交角以及线源的长度。若为无限长线源,风向与其呈正交,则线源造成的地面浓度可由下式计算:

$$q_l(x, y, 0; H) = \frac{2Q_l}{\sqrt{2\pi} \sigma_z \bar{u}} \cdot \exp\left[-\frac{1}{2} \left(\frac{H}{\sigma_z} \right)^2 \right] \tag{4.13}$$

式中 Q_l 为线源源强,单位取毫克/(秒·米),且在横风向浓度呈均匀分布。同样,在(4.13)式中不出现水平扩散参数 σ_y 这个量,因为假设线源中任一单元段的横向扩散均为相邻的单元

段的反向扩散所补偿。另外,也不出现 y,这是因为给定下风距离 x 处,对任意 y 的浓度是相同的。显然,(4.13)式与横风向积分浓度的计算公式是一样的。若风向与线源呈一交角 φ 时,则浓度分布可简单地以下式近似计算

$$q_l(x,y,0;H) = \frac{2Q_l}{\sin\varphi \sqrt{2\pi}\,\sigma_z\,\bar{u}} \cdot \exp\left[-\frac{1}{2}\left(\frac{H}{\sigma_z}\right)^2\right] \tag{4.14}$$

但是,一般认为 $\varphi < 45°$ 时不宜采用此式。

对于无限长线源,若风向与线源平行,此时因只有上风向的线源才对计算点的浓度有贡献,所以有

$$q_l(x,y,0;H) = \frac{2Q_l}{\sqrt{2\pi} \cdot \bar{u}\sigma_z} \cdot \exp\left[-\frac{1}{2}\left(\frac{H}{\sigma_z}\right)^2\right] \tag{4.15}$$

浓度与顺风向位置无关。

若为有限长线源,设线源长度为 $2L_0$,即线源长度范围为 $[-L_0, +L_0]$。取已知的无界情形连续点源扩散公式(4.2)式,对其积分有

$$q_l(x,y,z) = \int_{-L_0}^{L_0} \frac{Q}{2\pi\,\bar{u}\sigma_y\sigma_z} \cdot \exp\left(-\frac{z^2}{2\sigma_z^2}\right) \cdot \exp\left[-\frac{(y-y')^2}{2\sigma_y^2}\right] \mathrm{d}y'$$

式中

$$\int_{-L_0}^{L_0} \exp\left[-\frac{(y-y')^2}{2\sigma_y^2}\right]\mathrm{d}y' = \int_{y+L_0}^{y-L_0} \exp\left(\frac{-\xi^2}{2\sigma_y^2}\right)\mathrm{d}\xi = \int_{y-L_0}^{y+L_0} \exp\left(\frac{-\xi^2}{2\sigma_y^2}\right)\mathrm{d}\xi$$

以上假令 $\xi = y - y'$,当 $y' = -L_0$,$\xi = y + L_0$,$\mathrm{d}y' = \mathrm{d}\xi$;当 $y' = L_0$,$\xi = y - L_0$。再令 $t = \dfrac{\xi}{\sqrt{2}\,\sigma_y}$,当

$\xi = y - L_0$,$t = \dfrac{y - L_0}{\sqrt{2}\,\sigma_y}$;当 $\xi = y + L_0$,$t = \dfrac{y + L_0}{\sqrt{2}\,\sigma_y}$;$\mathrm{d}\xi = \sqrt{2}\,\sigma_y\mathrm{d}t$。于是有

$$\int_{-L_0}^{L_0} \exp\left[-\frac{(y-y')^2}{2\sigma_y^2}\right]\mathrm{d}y' = \sqrt{2}\,\sigma_y \cdot \frac{\sqrt{\pi}}{2}\left[\mathrm{erf}\left(\frac{L_0-y}{\sqrt{2}\,\sigma_y}\right) + \mathrm{erf}\left(\frac{L_0+y}{\sqrt{2}\,\sigma_y}\right)\right]$$

式中,$\mathrm{erf}(\xi) = \dfrac{2}{\sqrt{\pi}}\displaystyle\int_0^\xi e^{-t^2}\mathrm{d}t$ 是误差函数,已知 ξ 后便可查表得到误差函数值。将此式代入前面的积分式便有:

$$q_l(x,y,z) = \frac{Q_l}{2\sqrt{2\pi}\bar{u}\sigma_z}\exp\left(-\frac{z^2}{2\sigma_z^2}\right)\left[\mathrm{erf}\left(\frac{L_0+y}{\sqrt{2}\,\sigma_y}\right) + \mathrm{erf}\left(\frac{L_0-y}{\sqrt{2}\,\sigma_y}\right)\right] \tag{4.16}$$

这是无界情形有限长线源扩散公式。对有界情形高架线源可有:

$$q_l(x,y,z;H) = \frac{Q_l}{2\sqrt{2\pi} \cdot \bar{u}\sigma_z} \cdot \left\{\exp\left[-\left(\frac{(z+H)^2}{2\sigma_z^2}\right)\right]\right.$$

$$\left. + \exp\left[-\left(\frac{(z-H)^2}{2\sigma_z^2}\right)\right]\right\} \cdot \left[\mathrm{erf}\left(\frac{L_0+y}{\sqrt{2}\,\sigma_y}\right) + \mathrm{erf}\left(\frac{L_0-y}{\sqrt{2}\,\sigma_y}\right)\right] \tag{4.17}$$

对于地面线源则有:

$$q_l(x,y,z;0) = \frac{Q_l}{\sqrt{2\pi} \cdot \bar{u}\sigma_z}\exp\left(-\frac{z^2}{2\sigma_z^2}\right) \cdot \left\{\text{erf}\left(\frac{L_0+y}{\sqrt{2}\,\sigma_y}\right) + \text{erf}\left(\frac{L_0-y}{\sqrt{2}\,\sigma_y}\right)\right\} \quad (4.18)$$

以上是取 x 轴与平均风向平行,坐标原点通过线源中点,风向与线源呈正交,所以线源在 y 轴上,其长为 $2L_0$。显然,只要令 $L_0\to\infty$,便可得无限长线源的扩散公式。

2.2 面源扩散公式

呈面块散布的污染物排放源称为面源,如由大量分散的居民燃煤和许多低矮烟源造成的数量多、高度低、源强小的排放可视为地面面源与近地面面源。按照高斯扩散公式体系处理此类扩散,原则上可以由点源扩散公式沿 x、y 方向积分给出,即对于面源排放源强 $Q_A(x,y)$,单位为 $g \cdot m^{-2} \cdot s^{-1}$,自整个上风方的半平面对 $x=0,y=0$ 造成的浓度贡献为

$$q_A(x=0,y=0) = \int_{-\infty}^{\infty}\int_0^{\infty} \frac{Q_A}{\pi\,\bar{u}\sigma_y\sigma_z} \cdot \exp\left(-\frac{y^2}{2\sigma_y^2}\right)dxdy \quad (4.19)$$

这里设为地面面源,即 $H_A=0$,故有 $\exp=\left[-\dfrac{H_A^2}{2\sigma_z^2}\right]=0$。若为近地面面源 $H_A\neq0$,则应有:

$$q_A(x=0,y=0;H_A) = \int_{-\infty}^{\infty}\int_0^{\infty} \frac{Q_A}{\pi\,\bar{u}\sigma_y\sigma_z} \cdot \exp\left(-\frac{y^2}{2\sigma_y^2}\right) \cdot \left[\exp\left(-\frac{H_A^2}{2\sigma_z^2}\right)\right]dxdy \quad (4.20)$$

实际应用(4.19)和(4.20)需要处理两式积分并作源的编目和模式化处理,这些将留到论述城市与区域多源扩散模式处理的章节再具体给出。

对于面源块的面积较小的情形,或者将大块面源划分为若干较小面源块的情况下,还可以采用将面源近似简化为点源的办法。即将每一个面源块(或称面源单元)简化成一个等效点源,假定整个单元的污染物排放集中于该点,然后便可用点源扩散公式来计算该面源造成的污染物浓度。但是,仅仅这样做会在等效点源附近得出不合理的高浓度。为此,可将该点源的位置移到一定的上风方位置,称其为虚拟点源(或简称虚点源)。计算时,面源在下风方造成的浓度分布可认为是由其上风方离等效点源 x_0 距离处的虚点源所作贡献形成的,也就是说,应在虚拟距离 x_0 处确定一个初始散布尺度,以模拟面源单元内众多分散点源的扩散。实际上,使这个虚点源经 x_0 距离在面源处的扩散参数正好为该面源的初始扩散参数 $\sigma_{y_0}(\sigma_{z_0})$ 或称初始扩散幅。这样,地面浓度公式为

$$q_A(x,y,0;H_A) = \frac{Q_A}{\pi\,\bar{u}\,(\sigma_y+\sigma_z)\sigma_z} \cdot \exp\left[-\frac{1}{2}\left(-\frac{y^2}{(\sigma_y+\sigma)^2}\right)\right] \cdot \exp\left[-\frac{1}{2}\frac{H_A^2}{\sigma_z^2}\right] \quad (4.21)$$

应用时,先定出 σ_{y_0} 和 σ_{z_0},然后计算出自面源中心(等效点源位置)向上风方推移的虚点源的位置。例如,在以指数形式表示扩散参数的情况下,即 $\sigma_y=c_1x^p$,$\sigma_z=c_2x^g$,则由 σ_{y_0} 和 σ_{z_0} 确定的虚源距离分别为 $x_{y_0}=\left(\dfrac{\sigma_{y_0}}{c_1}\right)^{\frac{1}{p}}$,$x_{z_0}=\left(\dfrac{\sigma_{z_0}}{c_2}\right)^{\frac{1}{g}}$,这里可以有 x_{y_0}。进一步便可由 σ_{y_0} 和 σ_{z_0}(即虚点源的位置)来确定计算点扩散参数值,即(4.21)式中的 $\sigma_y=\sigma_y(x+x_{y_0})$ 和 $\sigma_z=\sigma_z(x+x_{z_0})$,这里 x 是以等效点源为起算的下风距离。

运用此类虚点源法计算面源扩散时,常采用经验方法给出初始扩散幅 $\sigma_{y_0}(\sigma_{z_0})$,如图 4.5 示意其原理。图中面源方块边长为 a,则初始扩散幅为 $\sigma_{y_0}=\dfrac{a}{4.3}$,这是因为假定自虚点源出发的烟流抵达等效点源(即面源中心)位置时的横风向宽度 $2y_0=a$,然后根据(4.21)式得出的。从这个意义看,相当于把面源化成一个特殊的线源,其中心与等效点源位置重合并与风向呈正交,长度为 a。对这样的线源,可以用具有初始扩散幅 $\sigma_{y_0}=\dfrac{a}{4.3}$ 的点源扩散公式计算。于是,地面浓度有:

$$q_A(x,y,0;H_A)=\frac{Q_A}{\pi\,\bar{u}\,(\sigma_y+\sigma_z)\,\sigma_z}\cdot\exp\left[-\frac{y^2}{2\left(\sigma_y+\dfrac{a}{4.3}\right)}\right]\cdot\exp\left[-\frac{H_A^2}{2\sigma_z^2}\right]\quad(4.22)$$

若面源单元中各分散排放点的高度不相等,则应在公式中加上 σ_{z_0} 项,同理可取 $\dfrac{\overline{H}}{2.15}$,这里 $\overline{H}$ 是它们的平均高度。

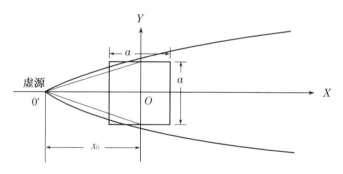

图 4.5　虚点源法原理示意

虚点源法是一种简便实用的方法,可应用于面源、线源,也可应用于估算建筑物附近的污染物排放和工厂无组织排放等情形以及如下节所述的体源排放类的扩散计算。

2.3　体源扩散公式

污染物自低矮烟道或房屋的排气通风系统排放,常会受到附近建筑物的空气动力学效应的影响,或者在一些工厂的无组织排放和泄漏排放情形里,污染物实际上可作为体源扩散形式处理。以图 4.6 所示情形为例,图中为一低矮烟道在方块形建筑物尾流空腔区里,并迅速混合进入一个由风速和建筑物横截面确定的体积范围内,按照高斯扩散公式体系有

$$q(x,y,0)=\frac{Q}{\pi\,\bar{u}\,(\sigma_y+\sigma_{y_0})(\sigma_z+\sigma_{z_0})}\cdot\exp\left[-\frac{y}{2(\sigma_y+\sigma_{y_0})^2}\right]\quad(4.23)$$

式中 σ_{y_0} 和 σ_{z_0} 的意义如上节所述,这里,表示建筑物下风方(自 $x=0$ 起算)尾迹流边缘处,相应于烟流边界的散布标准差;σ_y 和 σ_z 是大气扩散参数。如果建筑物高 H、宽 W,则尾迹流边界位在 $Y_b=\pm\dfrac{aW}{2}$ 和 $Z_b=aH$ 的位置,这里 a 为取决于建筑物形式的常数,如对圆形物体 $a=$

1.0,对立方体 $a=1.5$。按照上节所述经验做法,则初始散布标准差为

$$\sigma_{y_0}=\frac{aW}{4.3},\quad \sigma_{z_0}=\frac{aH}{2.15}$$

由此可见,这种处理途径实际上是假定一个虚点源位于建筑物上风方一定位置,在所定的虚点源距离 x_0 处,烟流尺度与建筑物尾迹流尺度相一致,显然,这种扩散计算方法决定于确定 x_0 及该处的扩散幅值。取一定实验常数,如 $a=1.21$,则运用(4.23)式在 $x=0$ 的浓度估算式简化如下

$$q_{x=0}=\frac{Q}{cA\bar{u}} \tag{4.24}$$

式中 $A=HW$ 为方块形建筑物迎风横截面积,常数取 $c=0.5$。这与通常的经验表达一样。

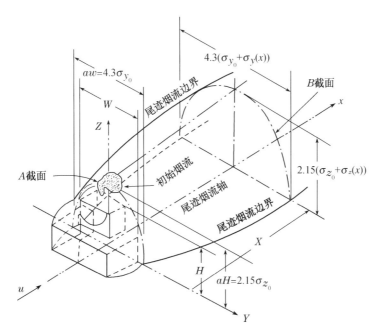

图 4.6　体源扩散示例

§3　烟团扩散模式

3.1　静风烟团模式

描述连续点源烟流扩散的高斯模式适用于流场均匀定常且平均风速不太小的情形。而微风乃至静风条件显然不符合这些前提,此时的扩散另具特征。于是,对这种情况下的扩散处理需要考虑:① x 方向的扩散;② 扩散参数随时间变化而且水平扩散增强;③ 风场随时间变化,还需考虑大湍涡的作用。这样,就需采用烟团积分模式作扩散计算,其扩散参数需选用微风条件下获得的,而与一般情形下的不同。与烟流模式相比,烟团扩散的施放时间和采

样时间比源到采样点的运行时间短,而烟流模式则长。风速小、风向不稳定使烟流活动不规则。描述非稳定过程的烟团模式的基本出发点是空间某点的污染物浓度由源不断释放的烟团的扩散贡献的叠加结果。对于每个短时间间隔而言,都有它的平均风速风向和源强。于是,从高架源连续释放的烟气经历时间 t 后造成的空间浓度分布为

$$q(x,y,z,t;H) = \int_0^\infty \frac{Q\mathrm{d}T}{(2\pi)^{\frac{3}{2}}\sigma_x(T)\sigma_y(T)\sigma_z(T)} \times \exp\left[-\frac{(x-\bar{u}T)^2}{2\sigma_x^2(T)}\right]\exp\left[-\frac{y^2}{2\sigma_y^2(T)}\right]$$
$$\left\{\exp\left[-\frac{(z+H)^2}{2\sigma_z^2(T)}\right] + \exp\left[-\frac{(z-H)^2}{2\sigma_z^2(T)}\right]\right\} \tag{4.25}$$

地面浓度则为:

$$q(x,y,0,t;H) = \int_0^\infty \frac{2Q\mathrm{d}T}{(2\pi)^{\frac{3}{2}}\sigma_x(T)\sigma_y(T)\sigma_z(T)} \times \exp\left[-\frac{(x-\bar{u}T)^2}{2\sigma_x^2(T)}\right]\exp\left[-\frac{y^2}{2\sigma_y^2(T)}\right] \times$$
$$\exp\left[-\frac{H^2}{2\sigma_z^2(T)}\right] \tag{4.26}$$

式中 $T=t-t'$ 表示所计算的那个烟团(t'时刻释放的)到达计算时刻(t)运行所需时间。这里忽略未计风速在 y 向分量 v 的影响。式中扩散参数 $\sigma_x(T)$,$\sigma_y(T)$,$\sigma_z(T)$ 是瞬时烟团的扩散参数。根据相对扩散的原理,可以假定它们只与滞后时间 T 有关或者通过 $x=\bar{u}T$ 的关系表示成距离的函数。

下面给出烟团扩散计算公式的导出过程,其基本思路是:由无界无风、无界有风和有界有风瞬时点源的扩散方程的解求取一个烟团的污染物浓度散布贡献,然后累积不断以一定时间释放的烟团的贡献以替代烟流散布的贡献。

无界无风瞬时点源(三维烟团释放)的解为:

$$q(x,y,z;t) = \frac{Q_i}{(2\pi)^{\frac{3}{2}}\sigma_x\sigma_y\sigma_z}\exp\left[-\frac{1}{2}\left(\frac{x^2}{\sigma_x^2}+\frac{y^2}{\sigma_y^2}+\frac{z^2}{\sigma_z^2}\right)\right] \tag{4.27}$$

物理意义含有:① 假设三个方向都呈正态分布时一个烟团的扩散方程解,即斐克扩散类似解;② 坐标以烟团中心为原点;③ Q_i 为该烟团质量。

无界有风瞬时点源,此时,以污染物烟团为原点的坐标移动 $x \to (x-\bar{u}t)$ 距离,如图 4.7 示意,对固定坐系"O"为 x 的地方,对烟团中心"O"系来说就是 $x-\bar{u}t$。于是,扩散公式形式与上式相同,唯式中 x 以 $(x-\bar{u}t)$ 替代。

有界有风瞬时点源,进一步将坐标系转换至源在地面的投影点上,则有

$$q_i(x,y,z,t;H) = \frac{Q_i}{(2\pi)^{\frac{3}{2}}\sigma_x\sigma_y\sigma_z}\exp\left[-\frac{(x-\bar{u}t)^2}{2\sigma_x^2}\right]\cdot\exp\left[-\frac{y^2}{2\sigma_y^2}\right]\cdot$$
$$\left\{\exp\left[-\frac{(z+H)^2}{2\sigma_z^2}\right] + \exp\left[-\frac{(z-H)^2}{2\sigma_z^2}\right]\right\} = Q_i\{I\} \tag{4.28}$$

这就是一个烟团贡献造成的污染物浓度分布。

由瞬时源变换成连续释放源,即以烟团的连续释放模拟替代烟流而取积分烟团模式。

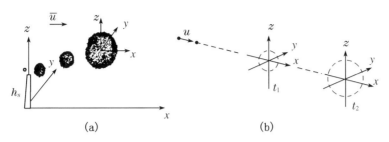

图 4.7　烟团扩散坐标系示意

设连续点源源强为 Q，在 Δt 时段内释放出来的污染物质量 $Q\Delta t$ 可以看成是一个瞬时烟团，即

$$q_i = Q\Delta t\{I\} \tag{4.29}$$

连续源的浓度场可看成由无数个依次释放的瞬时源贡献的浓度场之和

$$q = \sum q_i = \int_0^\infty Q_i\{I\}\,\mathrm{d}t \tag{4.30}$$

如图 4.8 示意，图中设自初始起每秒钟释放一个烟团，经过 10 秒以后可见：① 第 3 秒释放的烟团在第 10 秒时运行的时间为 7 秒，该烟团的扩散参数为 $\sigma_x(t=7)$，即烟团释放 7 秒后其浓度分布标准差；② 对以 3 号烟团为中心的坐标系而言，计算点 (x,y,z) 的坐标位置为 $x-7\,\bar{u}$。于是，瞬时点源释放的一个烟团的扩散计算公式为：

$$q(x,y,z,t;H) = \frac{Q_i}{(2\pi)^{\frac{3}{2}}\sigma_x(t-t')\sigma_y(t-t')\sigma_z(t-t')} \times \exp\left[-\frac{[x\cdot\bar{u}(t-t')]^2}{2\sigma_x^2(t-t')}\right] \times$$

$$\exp\left[-\frac{y^2}{2\sigma_y^2(t-t')}\right] \times \left\{\exp\left[-\frac{(z+H)^2}{2\sigma_z^2(t-t')}\right] + \exp\left[-\frac{(z-H)^2}{2\sigma_z^2(t-t')}\right]\right\}$$

$$\tag{4.31}$$

此式即表示 t' 时刻释放的烟团在 t 时刻造成的浓度分布。这里，为方便起见令 $T = t-t'$。最后，可得积分烟团扩散公式 (4.25) 和 (4.26) 式。在 (4.25) 式中，积分限自 $0\to\infty$，其物理意义为：$t-t'=0$，表示计算时刚释放的烟团的贡献；$t-t'=1$ 表示在计算时刻前一秒释放的烟团运行一秒后的贡献；$t-t'=\infty$ 表示在无限长时间前释放的烟团的贡献。而 $0\to\infty$ 的积分则表示了 $\infty,\cdots,N,N-1,\cdots,3,2,1,0$ 所有烟团贡献之总和。

　　实际计算时以差分代替积分，只要 ΔT 取得合适便可有足够高的计算精度。计算时，积分限不必取至无限长而是设自源到计算点距离 x 处的运行时间为 $T = \dfrac{x}{\bar{u}}$，则积分限取 $[(N+1)\times 3\,600(秒),(N-1)\times 3\,600(秒)]$，便足够精确（若 $N-1<0$ 则取为 0）。这表示只要取到达计算点前后 1 小时的各烟团的浓度贡献求和便可。

　　对 (4.25) 式可采用数值计算方法求算，它计算的是源高 H 的烟团排放在 (x,y,z) 点上的浓度。计算中的扩散参数应取 $\sigma_x = \sigma_x(t),\sigma_y = \sigma_y(t),\sigma_z = \sigma_z(t)$，这里 t 是烟团运行时间且有 $t = \dfrac{x'}{\bar{u}}$ 是烟团移行坐标的量值。这里的扩散参数是烟团污染物散布范围的量值，它决定于

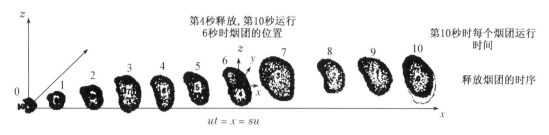

图 4.8   烟团模式计算时间示意

自身的运行时间(或距离),而不是决定于它到达计算点的时间(或距离)。

运用(4.25)式或(4.26)式积分求算浓度,必须知道扩散参数。微风或静风条件下的扩散参数又有其不同于一般情况下的特性。观测研究表明,σ_x 应由两部分贡献组成,一部分是水平湍涡的作用,另一部分是风切变作用,在层结稳定条件下,后者的作用影响较大。σ_y 的量值比连续源烟流的扩散参数值小,σ_z 则相近。此外,此类条件下测量扩散参数的技术要求较高,观测试验以及取得资料较少。尤其是对 σ_x 的资料更少,因此,有时不得不采用 $\sigma_x = \sigma_y$ 的粗略近似方法。至今,关于微风条件下扩散参数仍是一个未能成熟解决并达到推广应用程度的课题。这里只是推荐一些可供实用参考的微风扩散参数。实用中比较广泛运用的是根据 Turner(1964)由美国圣路易城扩散试验总结出的微风条件下的扩散参数。为模式运用方便,常将扩散参数表达成 $\sigma_x = \sigma_x(T)$,$\sigma_y = \sigma_y(T)$,$\sigma_z = \sigma_z(T)$,或者由 $x = \bar{u}T$ 表达成距离的函数,它们只与滞后时间 $t - t' = T$ 有关。常用取两种经验形式

$$\left.\begin{array}{l} \sigma_x = \sigma_y = \alpha t \\ \sigma_z = \gamma t \end{array}\right\} \tag{4.32}$$

式中 t 为烟团扩散经历时间,并分准静风($\bar{u} < 0.4$ 米/秒)和微风($\bar{u} = 0.5 \sim 0.9$ 米/秒)而给出两档系数,其系数如表 4.1 所列。以上微风条件下的扩散参数有一定实验依据,使用简便,可供实用参考。对于 $\sigma_x = \sigma_y$ 的近似用法,对中性和不稳定层结时比较可取,而对稳定层结情况下,往往因风切变较大而致 σ_x 与 σ_y 会有差异。实际工作中常需要运用实测方法确定局地或不同性质场址的微风扩散参数。

表 4.1   烟团扩散参数

大气稳定度	静风		小风	
	α	γ	α	γ
A	0.95	1.57	0.75	1.57
B	0.78	0.47	0.58	0.47
C	0.63	0.21	0.43	0.21
D	0.47	0.11	0.27	0.11
E	0.44	0.07	0.24	0.07
F	0.44	0.05	0.24	0.05

3.2 烟团轨迹模式

3.2.1 一般原理

烟团轨迹模式是一种比较简便灵活的实用扩散模式,可以处理有时空变化的气象条件及烟源参数,并用于不同尺度的大气扩散模拟,因此,比高斯烟流模式使用范围更广些。模式的物理概念清晰:它由一系列离散的烟团来近似模拟连续烟流,每个烟团的增长速率由大气的湍流扩散能力决定,评价区域任何一点的空气污染物浓度的高低取决于有多少个在输送路径上的烟团对该点有影响,以及每个烟团的大小、距该点的距离和包含的污染物量;而每个烟团中污染物含量又与污染物在源点的释放量和烟团在运行过程中发生的物理化学过程有关。通常,烟团轨迹模式由以下几个主要方面的处理构成:

① 烟团的质量守恒

② 烟团的生成

③ 烟团运动轨迹计算

④ 烟团中污染物散布

⑤ 迁移过程

⑥ 浓度计算

显然,这里讨论的烟团轨迹模式,实际上是惯常的直线高斯烟流模式的间断可变轨迹方式的翻版,模式设计来考虑在区域输送尺度支配烟流散布的平流扩散、变性和迁移机制并作相应处置。由足够多的不连续的具有圆形截面的烟团来模拟连续的烟流,烟团被输送一段距离(Δs)之后,污染物质的量是守恒的。烟团的生成与释放是人为设计的,需考虑如何正确选取释放烟团的时间步长和烟团大小,一般取烟团的半径为 $3\sigma_y$,在此半径范围已能包含进烟团全部质量的 99%,这就能满足计算精度的要求。时间步长的选取则取决于以下因素:

① 计算精度的要求。若时间步长太大,难以满足模拟连续烟流的要求。因此,理论上,步长取得越小越好。但是,步长越小,计算量越高。合理的原则是根据总的精度要求和模拟各项输入参数及模式效能的要求,作出恰当的选择。通常要求比总体精度高一个数量级就够了。

② 模拟的尺度范围。在离源较近的范围内,烟团半径较小,要求的时间步长应短些;离源较远处,烟团半径大,同样的精度要求允许取较长的时间步长。

③ 大气的湍流扩散速率。扩散速率高时,烟团增长快,在相同的离源距离处,烟团更大(风速相同),时间步长可以取得较长。反之,则应取较短的时间步长。

④ 平均风速。因为对相同的空间尺度而言,时间尺度与平均风速成反比。模式的计算结果最终是以浓度的空间分布能否达到规定精度来衡量的。所以当其他条件相同时,平均风速越小,时间步长应取短些,因为这时的时间尺度较小。一般来说,为保证烟团轨迹模式计算所得结果对烟流有较好的代表性,要求相邻两烟团之间的距离小于 σ_y。

烟团轨迹模式可以模拟非平直流场中的输送和扩散,此时,烟团的运行轨迹由下式决定:

$$R(t + \Delta t) = R(t) + \frac{V[R(t), t] + V[R(t + \Delta t), t + \Delta t]}{2} \cdot \Delta t \tag{4.33}$$

式中 $R(t) = [x(t), y(t), z(t)]$ 为 t 时刻烟团的坐标；$V[R(t), t] = \{u[R(t), t], v[R(t), t],$ $w[R(t), t]\}$ 为 t 时刻在 $R(t)$ 位置的风速；Δt 为时间步长。

在大多数烟团轨迹模式中，假定烟团为对称分布，其物质的浓度分布在水平和垂直两个方向上都为高斯型（当然，模式亦可取其他分布形式）。于是，在任一点 $(x, y, z; s)$ 的浓度为

$$q(x, y, z; s) = \frac{Q(s)}{(2\pi)^{\frac{3}{2}} \sigma_y^2(s) \sigma_z(s)} \cdot \exp\left(-\frac{y^2}{2\sigma_y^2(s)}\right) \cdot \exp\left(-\frac{z^2}{2\sigma_z^2(s)}\right) \tag{4.34}$$

这里 $Q(s)$ 为 s 处烟团物质量（克）；y 为离烟团中心的水平（径向）距离（米）；z 为烟团中心离地高度（米）。

烟团运行过程中，由于化学转化、干湿沉积等过程使其质量减少。设在 t 时刻烟团的质量为 $Q(t)$，根据质量守恒原理有：

$$\frac{dQ(t)}{dt} = -(k_d + k_t)Q(t) \tag{4.35}$$

式中 $k_d = \dfrac{V_d}{D}$ 为烟团中物质的沉积率；V_d 为沉积速度；D 为混合层厚度；k_t 为物质的化学转化率。对上式求积分可得：

$$Q(t + \Delta t) = Q(t) \cdot \exp[-(k_d + k_t)\Delta t] \tag{4.36}$$

此式表示烟团在运行过程中，其所含物质量随时间的变化，表征了大气迁移的作用，在浓度估算中应予计入。

综上所述，一个典型的烟团轨迹模式的计算流程如图 4.9 所示。

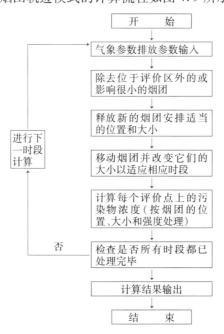

图 4.9　烟团轨迹模式的一般计算流程

3.2.2 ERT 烟团轨迹模式

ERT 烟团轨迹模式(MESOPUFF)是一种区域尺度可变轨迹高斯烟团模式,它通过可重叠的、间断释放的烟团模拟连续点源排放的烟流。每个烟团以拉格朗日方式平流,其历史与其前后的烟流均无关。各个烟团的尺度与其运行距离(或运行时间)成比例。模式可容纳多点源组合并包括有对烟流抬升、增长、熏烟扩散、$SO_2 \rightarrow SO_4^{2-}$ 的线性转换以及 SO_2 和 SO_4^{2-} 的干沉积等大气过程的模拟处理。只要选取适当的输入参数,模式对近至 5 km 范围的模拟效果可以与惯常的高斯烟流模式的使用效果相仿。

1. 基本方程

被输送 Δs 距离的烟团里的污染物质量守恒方程的表达式:

$$\Delta Q = \int_0^\infty \int_{-\infty}^\infty \int_{-\infty}^\infty G(r,\theta,z)\,\mathrm{d}r\mathrm{d}\theta\mathrm{d}z = \frac{\bar{u}}{\Delta s}\int_0^\infty \int_{-\infty}^\infty \int_{-\infty}^\infty q\mathrm{d}r\mathrm{d}\theta\mathrm{d}z\,|_{s+\Delta s} - \frac{\bar{u}}{\Delta s}\int_0^\infty \int_{-\infty}^\infty \int_{-\infty}^\infty q\mathrm{d}r\mathrm{d}\theta\mathrm{d}z\,|_s \quad (4.37)$$

这里 r,θ,z 是烟团中心点的柱坐标;$G(r,\theta,z)$ 是污染物浓度 $q(r,\theta,z;s)$ 的得失变化率,单位分别为 $g/(m^3 \cdot s)$ 和 g/m^3;ΔQ 是污染物质量的最终变化率,g/s;$\bar{u}$ 是风速 m/s,它在 $s \sim \Delta s$ 过程里为常数;这里 s 是烟团自释放后运行的总距离。

对位于混合层高度 D 以下的断续释放的烟团,定义圆形对称的地面烟团浓度为:

$$q(r,0,0;s) = \frac{Q(s)}{2\pi\sigma_y^2(s)g_1(z)} \cdot \exp\left(\frac{-r^2}{2\sigma_y^2(s)}\right)g_2(z) \quad (4.38)$$

式中 $Q(s)$ 是污染物质通量;$\sigma_y(s)$ 是径向高斯扩散参数;s 是烟团自施放后运行的距离;$r,\theta = 0, z = 0$ 是柱坐标系烟团中心点位置;$g_{1(z)}$ 和 $g_2(z)$ 是与烟团垂直浓度分布有关的函数。对它们,模式规定有两种可能算法,即

第一种,在最大混合层高度 D_m 范围里,垂直向均匀散布,即 $g_1(z) = D_m$;$g_2(z) = 1.0$。

第二种,高斯型多次反射算法。这里,对于 $\sigma_z < 2D$,则,$g_1(z) = \sqrt{2\pi}\sigma_z$;$g_2(z)$ 与多次反射影响有关;对于 $\sigma_z > 2D_m$,则 $g_1(z) = D_m, g_2(z) = 1.0$。

若采用第一种方案,则地面烟气浓度(距离 s 处)

$$q(r,0,0;s) = \frac{Q(s)}{2\pi\sigma_y^2(s)D_m} \cdot \exp\left(-\frac{-r^2}{2\sigma_y^2(s)}\right) \quad (4.39)$$

在距离 $s + \Delta s$ 处,地面浓度:

$$q(r,0,0;s+\Delta s) = \frac{Q(s+\Delta s)}{2\pi\sigma_y^2(s+\Delta s)D_m} \cdot \exp\left(-\frac{-r^2}{2\sigma_y^2(s+\Delta s)}\right) \quad (4.40)$$

2. 模式网格系

为便于模式的输入输出以及预处理、后处理等程序的沟通,设计了一个简单的直角坐标系。所有空间模式输入数据(源编目和气象场)都取同样的基本计算网格。另外,还设有取样网格,作为计算网格的子网格。取样网格的原点可以置于基本计算网格的任意位置(不一定在北或东网格边缘)。取样网格的分辨率是基本计算风格的分辨率的数倍。

3. 输入参数

由专门的中尺度气象包(MESOPAC)提供,分两大部分:一是模式参数输入,包括:网格尺寸、运算时段和时间步长、站名和位置以及所需的各变量及各种程序选择方式和其他输入参数;二是气象数据输入,包括各探空站的风、温、气压以及以下各项逐时气象场并内插到网格点上的数据,即水平 u、v 风分量,混合层高度,P-G-T 稳定度类。

4. 烟团轨迹、扩散和取样算法

拉格朗日轨迹函数——考虑烟团中心点在时间步长内被平流是如何运动的。令沿着轨迹在网格方向 x,y 的风分量为 $u[t,x(t),y(t)]$ 和 $v[t,x(t),y(t)]$。这里

$$X(t) = \frac{1}{\Delta d}\int_0^1 u[t',x(t'),y(t')]\mathrm{d}t'$$

$$Y(t) = \frac{1}{\Delta d}\int_0^1 v[t',x(t'),y(t')]\mathrm{d}t'$$

$$X(0) = x_0$$

$$Y(0) = y_0$$

$$u[0,X(0),Y(0)] = u(x_0,y_0)$$

$$v[0,X(0),Y(0)] = v(x_0,y_0) \tag{4.41}$$

而(x_0,y_0)是总长度为 s 的轨迹的起始坐标(即原点)。网格空间单位 Δd,在程序中转换成无量纲空间单位。矢量 u 和 v 提供了速度场的拉格朗日描述。因此,对更长时间间隔 Δt 的平流增量为:

$$\Delta x = \frac{1}{\Delta d}\int_t^{t+\Delta t} u[t',x(t'),y(t')]\mathrm{d}t'$$

$$\Delta y = \frac{1}{\Delta d}\int_t^{t+\Delta t} v[t',x(t'),y(t')]\mathrm{d}t' \tag{4.42}$$

对每个增大的烟团的中心点计算新坐标 $x(t+\Delta t)$ 和 $y(t+\Delta t)$ 之后,检查是否有出网格的,若有则可去掉不作进一步处理。

轨迹的风分量的积分则近似由两步迭代方法处理,即对时间和空间作双线性内插,如图 4.10 示意。图中各点位置如下式确定:

$$x_1 = x(t) + u[t,x(t),y(t)]\Delta t$$

$$y_1 = y(t) + v[t,x(t),y(t)]\Delta t$$

$$x_2 = x_1 + u[t+\Delta t,x_1,y_1]\Delta t$$

$$y_2 = y_1 + v[t+\Delta t,x_1,y_1]\Delta t$$

$$x(t+\Delta t) = 0.5[x(t)+x_2]$$

$$y(t+\Delta t) = 0.5[y(t)+y_2] \tag{4.43}$$

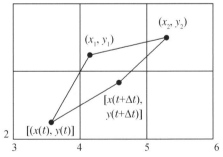

图 4.10　烟团中心轨迹内插方案示意

因此,新位置$[x(t+\Delta t),y(t+\Delta t)]$可由对前面位置$[x(t),y(t)]$的两个平流增量的矢量求和得到。第一项平流增量是由烟流增量计算(对整个间隔Δt,在时刻t,$[x(t),y(t)]$位置的风计算)。把这个增量加到位置$[x(t),y(t)]$上,得到位置(x_1,y_1)。但是,假定(x_1,y_1)并不是平流增量的实际端点,因为风可能会变的。第二项平流增量是利用(x_1,y_1)作为起点计算,而且以该点并在时间增量的末尾的风作计算。把这个增量加到位置(x_1,y_1)上,得到位置(x_2,y_2)。于是,新的烟团位置$[x(t+\Delta t),y(t+\Delta t)]$取在$[x(t),y(t)]$到$(x_2,y_2)$连线的中点。

按照双线性内插法,有效风分量$u(t)$和$v(t)$如下计算。令t_n和t_{n+1}是两个最接近于t时刻的网格风场的有效时间,时间内插权重t_1和t_2定义为:

$$t_2 = \frac{t-t_n}{t_{n+1}-t_n}, \quad t_n \leqslant t < t_{n+1} \tag{4.44}$$

$$t_1 = 1 - t_2$$

然后,由$[x(t),y(t)]$的位置可知:

$$\begin{aligned} x_q &= x(t) - 3 \\ x_p &= 1 - x \\ y_q &= y(t) - 2 \\ y_p &= 1 - y_{q0} \end{aligned} \tag{4.45}$$

这样便得出

$$\begin{aligned} u(t) &= t_1 x_p y_p u(t_n,3,2) + t_2 x_p y_p u(t_{n+1},3,2) + t_1 x_p y_p u(t_n,4,2) + t_2 x_p y_p u(t_{n+1},4,2) + \\ & t_1 x_p y_q u(t_n,3,3) + t_2 x_p y_q u(t_{n+1},3,3) + t_1 x_q y_q u(t_n,4,3) + t_2 x_q y_q u(t_{n+1},4,3) \end{aligned} \tag{4.46}$$

同理,亦可对$v(t)$,$u(t+\Delta t)$和$v(t+\Delta t)$写出类似的方程。因此,平流方程便可由下式计算:

$$\Delta x = \frac{1}{2\Delta d}[u(t) + u(t+\Delta t)]\Delta t \tag{4.47}$$

$$\Delta y = \frac{1}{2\Delta d}[v(t) + v(t+\Delta t)]\Delta t$$

相继的位置由下式给出

$$\begin{aligned} x(t+\Delta t) &= x(t) + \Delta x \\ y(t+\Delta t) &= y(t) + \Delta y \end{aligned} \tag{4.48}$$

烟团扩散函数——烟团扩散参数σ_y和σ_z分两种不同距离考虑:对100千米范围以内,采用Turner(1970)"大气扩散手册"所给曲线拟合的烟流增长公式;对100千米以外,则采用Heffter(1965)所给的烟流增长率。随运行时间t或沿烟流轨迹的距离s(离源)的增长率表达成:

$$\sigma_y(x+\Delta s) = \sigma_y(s) + \Delta s \left.\frac{\mathrm{d}\sigma_y}{\mathrm{d}s}\right|_{\frac{s+\Delta s}{2}} \tag{4.49}$$

$$\sigma_y(t+\Delta t) = \sigma_y(t) + \Delta t \left.\frac{\mathrm{d}\sigma_y}{\mathrm{d}t}\right|_{\frac{t+\Delta t}{2}}$$

对 σ_z 亦可取类似式。

对小于 100 千米的运行距离, σ_y 和 σ_z 的积分公式形如:

$$\sigma_y(x,\alpha) = y_a s^{0.9}$$
$$\sigma_z(s,\alpha) = z_a s^{(b_\alpha - 1)}$$

(4.50)

模式假定,在原点($s=0$ 处), σ_y 和 σ_z 为零。

对运行距离大于 100 千米的情形, σ_y 和 σ_z 增长的公式为:

$$\frac{\mathrm{d}\sigma_y}{\mathrm{d}t} = 0.5$$

(4.51)

$$\frac{\mathrm{d}\sigma_z}{\mathrm{d}t} = 0.5(2K_z)^{\frac{1}{2}} t^{\frac{1}{2}}$$

系数列于表 4.2。

表 4.2　扩散参数表达式中的系数

稳定度指数 α	烟团增长系数		
	y_α	Z_α	b_α
A	0.36	0.000 23	2.10
B	0.25	0.058	1.09
C	0.19	0.11	0.91
D	0.13	0.57	0.58
E	0.096	0.85	0.47
F	0.063	0.77	0.42

烟流取样函数——对每个滞留于网格上的烟团采用取样函数取样,以评估先前的时间步长时段里,在每个取样网格交点上经受的平均浓度。例如,考虑如图 4.11 描绘的假想烟团的情形。烟团中心点位于 (x,y),烟团半径截止于 $3\sigma_y$。在考虑的时间步长内,网格交会点 $(21,12)$, $(22,12)$ 和 $(22,13)$ 都与假想的烟团相遇。每个网格点分摊到一定的平均浓度,它是由 Δt 期间烟团存在所贡献的。在 $(22,12)$ 点,计算的网点浓度 $q(i,j)$ 由下式给出:

$$q(22,12) = \frac{Q(x,y)}{2\pi\sigma_y^2(x,y)g_1(z)} \cdot \exp\left(\frac{-r^2}{2\sigma_y^2(x,y)}\right)g_2(z)$$

(4.52)

每个网格点上的总浓度计作各烟团贡献之和

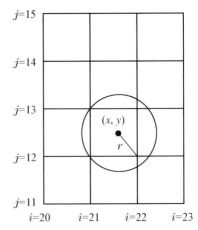

图 4.11　按取样函数计算浓度 $q(i,j)$

$$q_T(i,j) = \sum_{M=1}^{M_T} q_M(i,j) \tag{4.53}$$

这里 M_T 是在时间步长 Δt 落到交会点 (i,j) 的烟团总数。

5. SO_2 向 SO_4^{2-} 的转换

模式以简单的线性速率函数处理这一转换,每种污染物在时间步长 Δt 内的质量变化由下式表达:

$$\Delta Q^n(SO_2) = k_1 Q^n(SO_2)\Delta t$$
$$\Delta Q^n(SO_4^{2-}) = -1.5k_1 Q^n(SO_2)\Delta t \tag{4.54}$$

这里 $Q^n(SO_2)$ 是第 n 步长开始时的 SO_2 的量;k_1 是转换速率常数,取 $k_1 = -5.6 \times 10^{-6}$(就是每小时2%)。这样的转换处理,第一,与烟流范围里的 SO_2 的垂直或水平分布无关;第二,与烟流位在混合层高度之上或之下无关。

6. SO_2 和 SO_4^{2-} 的干沉积

由干沉积造成的每种污染物的质量变化由下式给出:

$$\Delta Q^n(SO_2) = -[V_d(SO_2)Q^n(SO_2)\Delta t]/D_m$$
$$\Delta Q^n(SO_4^{2-}) = -[V_d(SO_4^{2-})Q^n(SO_4^{2-})\Delta t]/D_m \tag{4.55}$$

这里 $Q^n(SO_2)$ 和 $Q^n(SO_4^{2-})$ 分别为第 n 步长起始时,烟团里 SO_2 和 SO_4^{2-} 的质量;$V_d(SO_2)$ 和 $V_d(SO_4^{2-})$ 是每种污染物的沉积速度;D_m 是烟团单元的垂直厚度。模式取用的值 $V_d(SO_2) = 0.01$ 米/秒,$V_d(SO_4^{2-}) = 0.001$ 米/秒。

7. 烟流抬升高度、混合层厚度和稳定度算法

烟流抬升高度——模式计算每个烟流片段的有效排放高度 $H = h_s + \Delta h$,Δh 的计算采用 Briggs(1975)的终极抬升模式。

混合层厚度——模式由中尺度气象包 MESOPAC 提供计算的每个时间步长、各网格点的混合层厚度场。每个网格点上的混合层厚度以两个互不相关的量值中的大者取值,此两值分别是:机械混合层厚度和对流混合层厚度。前者主要由风切变形成,后者主要由对流产生,往往两者是同时发生的。但在许多情况下,却又是明显地一种机制强于另一种机制。例如,夜间地面冷却,这时主要只是机械湍流能形成或者维持一个湍流混合层。反之,在强烈的日间加热条件下,往往是对流产生的湍流大大超过机械湍流。于是,最终的混合深度可只考虑对流作用。多云天或大风天,机械湍流和对流机制可能量级相当。因此,白天需要选择两者中的最大值,因为事实证明总有一个占主导的。

每日 00:00 ~ 12:00 的机械混合层厚度 D_m 由下式计算:

$$D_m = \frac{cU_*}{f} \tag{4.56}$$

这里 U_* 为摩擦速度;f 为柯氏参数;c 为常数,如取值 0.05 ~ 0.3 各不相同。假定 $c = 0.15U_*$ 为自由气流速度 U_g 的3.5%,则混合层厚度式可变成:

$$D_c = 53 \times 10^{-4} U_g / f \tag{4.57}$$

对流混合层厚度 D_c 假定日出时为零。此后,随着地面温度渐增,对流湍流使混合层增厚,到地面出现最高温度时,出现最大混合层厚度。在绝热图上,D_c 可由早晨的温度廓线获得。

稳定度算法——由 MESOPAC 提供计算的 P-G-T 稳定度类网格场(每个时间步长、第个网格点上)。按一般处理,夜间 P-G-T 稳定度类主要与风速有关。白天,P-G-T 稳定度类主要与入射太阳辐射和风速有关。因为混合层厚度同样与太阳辐射有关,由太阳辐射强度可以估算日间对流混合层厚度。作为一种粗略计算,模式假定 $D_c < 500$ 米时,辐射弱;$500 < D_c < 1\,000$ 米时,辐射中等;$D_c > 1\,000$ 米时,辐射强。考虑到 $D_c > 1\,000$ 米,则相应 P-G-T 稳定度为 C ~ A 类,混合层厚度可由零(日出时)到 1 千米(午后),太阳高度角从 0° 增加到日中的 60° 以上,具有足够的太阳辐射产生深厚的对流混合层。模式规定的稳定度划分依据与 Turner(1970)的考虑一致,列于表 4.3。表中估算混合层厚度 D_c 时,假定取 $U_* = 0.035u_g$,而 u_g 则取 $0.46u$(u 为每个网格点上的 10 米高风速值),粗糙度为 10 厘米,卡门常数 0.40。

表 4.3　稳定度划分

10 米风速(米/秒)	白天混合层厚度 D_c(米)			夜间
	>1 000	500 ~ 1 000	<500	
<2	A	A ~ B	B	
2 ~ 3	A ~ B	B	C	E ~ F
3 ~ 5	B	B ~ C	C	D ~ E
5 ~ 6	C	C ~ D	D	D
>6	C	D	D	D

3.2.3　讨论

从管理应用角度看,MESOPUFF 模式最吸引人之处是它的模拟能力与惯常运用的高斯烟流模式可相比拟:① 模式的水平网格可以小到 5 千米至 100 千米。而原来一般认为烟团轨迹模式对小于 100 千米范围的模拟是不太可靠的;② 能够处理最坏情况和平均扩散状况的模拟;③ 能够处理多点源和复合源的模拟;④ 可以处理数日到数周的问题。这些使它有可能方便地用于多种决策和管理应用,也可作为进一步研究的试验手段。

现行常用的烟团轨迹模式有三个基本假设:① 烟团的所有部分都遵循平行的轨迹移动,② 烟团尺度的变化只是由湍流扩散造成的,③ 烟团范围内的浓度分布遵循某种规定的函数形式(如高斯分布或其他形式)。显然,如果烟团的不同部分遵循不同轨迹的话,那么,其尺度和浓度分布的函数形式与仅受湍流扩散支配时的情形不同。而就烟团轨迹模式的区域尺度和远距离输送的应用前景而言,如何处理上述三方面问题具有十分重要的实际意义。因此,一段时间以来,许多学者的研究工作,一面以试验和理论分析确证上述简化假定;一面努力寻求处理修正原有模式的良好途径。例如,建立新型的能够处理风切变的烟团轨迹模式,为实际应用开辟新的前景。

§4　大气扩散参数

上述基本高斯扩散公式中,欲计算得出污染物浓度及其分布则必须知道源强 Q、平均风速 $\bar{u}$、有效源高 H 和大气扩散参数 σ_y,σ_z。其中 Q 和 $\bar{u}$ 往往通过测量获得或者由工程设计给出。于是,问题归之于如何给出有效源高和大气扩散参数。根据湍流统计理论对扩散问题的处理,空气污染物在随机湍流场中的扩散能力和散布范围由大气扩散参数表征。在三个分量方向上分别以 σ_x,σ_y,σ_z 表示,它随时空变化,尤其随着离源下风距离 x 有不同量值。它与一些重要气象因子和下垫面条件的关系十分密切,如大气稳定度状况、地形与地面粗糙度等。因此它是一个十分重要又相当复杂的特征量。长期以来,对它进行了大量的理论和实验研究,建立了众多有效的测量方法和数学表达式,在实际应用中发挥了很大的作用。

基本高斯扩散公式中,由于有风速不太小(如大于 2 米/秒)的假设,x 向的湍流扩散可予忽略不计,故而一般不引入 σ_x,而仅考虑 σ_y 和 σ_z。这时 σ_y 和 σ_z 在扩散计算中至少有两层作用,一是通过指数项影响浓度呈高斯分布的形态,二是在一定的源强和风速条件下,它们的乘积与造成的浓度成反比关系。因此,浓度随下风距离变化,即通过不同距离扩散参数的不同量值而体现。事实上,迄今建立并付诸应用的高斯模式,在进行空气质量模拟(亦即作污染物浓度计算)时,都是建立在高斯扩散公式基础上,运用各种不同条件下的大气扩散参数模式,其计算系统并不改变,只是以不同扩散参数 σ_y 和 σ_z 构成不同模式。

4.1　早期的大气扩散参数处理模式

4.1.1　梯度观测法

遵循大气扩散的统计理论处理途径,最早于 20 世纪 50 年代就提出了几种确定大气扩散参数 σ_y 和 σ_z 的方法,并建立了相应的扩散模式。它们在空气污染气象学学科发展及其应用中起重要作用,尽管不尽完善,但它们都具有一定的理论基础或实验依据并具有简单明了和应用方便的特点。

4.1.2　直接测量湍流特征量的方法

基于湍流活动与空气污染物散布的密切联系,如在早期大量扩散试验研究中,测量各种湍流特征量并由实验确定经验表达式和有关系数的量值,建立各种确定大气扩散的方法和相应模式。

4.2　稳定度扩散级别与扩散曲线法

由常规的地面气象观测资料,如风速、云与太阳辐射状况,对大气的稀释扩散能力判出稳定度扩散级别(A、B、C、D、E、F,共 6 类),分别给出 6 条扩散曲线,即扩散参数随离源下风距离 x 的变化曲线,曲线是由早期大量扩散试验(含气象观测和示踪物浓度的测量等)资料和理论分析总结得出。根据曲线便可得到不同稳定度状况下,离源不同下风距离的扩散参数的量值。显然,这是一种用常规气象资料估算大气扩散的简便实用的方法,常称为扩散曲线法,亦简称 P-G 法或 P-G-T 法。自建立以来被广泛应用并不断改进完善,形成一个实用体系。

4.2.1 P-G-T 法

为了对工业污染源和其他源排放的气态物质在大气中的扩散作定量的估算,英国气象学家 F. Pasquill(1961)基于 200 多次扩散试验资料分析,建立了一套估算方法,后经美国核气象学家 F. Gifford(1961)和美国公共卫生局的气象学家 D. B. Turner(1967)改进完善,构成了 P-G-T 实用系统,广泛应用于高斯扩散模式体系估算扩散参数 σ_y 和 σ_z。方法的要点是:首先,根据云况和日射以及地面风速,将大气稀释扩散能力划分为 A ~ F 六个等级;然后,根据扩散曲线读出不同下风距离处的扩散参数。方法的实际运用如下:

1. 根据气象观测资料划分稳定度扩散级别

Pasquill(1961)按表 4.4 所示划分给出 6 个稳定度扩散级别,即 A、B、C、D、E、F 类,依次规定为极不稳定、中等不稳定、弱不稳定、中性、弱稳定、中等稳定状况,有时将极稳定状况定义为 G 类。另外,可更为细致地采用 A ~ B、B ~ C、C ~ D、D ~ E 和 E ~ F 类,其稳定度扩散状况取两类间的内插值。这时日间的日射强对应于纬度(如英国)盛夏晴天阳光充足的中午,而日射弱则相应于隆冬时的晴天中午。当然,这都是指开阔平坦乡村地区,如根据城郊气象站或飞机场气象站的气象观测资料而言的,未考虑特殊的下垫面,如城市、山地、水面等的动力和热力状况。这时夜间是指日落前一小时到拂晓后一这一时段。对日间或夜间的阴天条件以及按上述定义的夜间时段的前后一小时的任何天空状况下,不论风速高低均归为中性(D)类稳定度。

表 4.4 Pasquill 的稳定度分级方法

地面风速 (米/秒)	日间日射程度			夜间天空状况	
	强	中等	弱	薄云遮阴天或 低云量≥4/8	云量≤3/8
<2	A	A ~ B	B		
2 ~ 3	A ~ B	B	C	E	F
3 ~ 5	B	B ~ C	C	D	E
5 ~ 6	C	C ~ D	D	D	D
>6	C	D	D	D	D

Pasquill 的方法根据风速、日射和夜间天空状况半定量地给出稳定度扩散级别,它未能比较确切地确定辐射状况,显然过于粗糙。于是,Turner(1961)引进了一个用太阳高度角来判定日射强弱的更好定量的规范方法以给出稳定度扩散级别。根据这样的原理,即单位时间、单位面积地面被照射到的太阳辐射量,无云时主要决定于太阳高度角 $h_\odot$。某时某地的太阳

高度角可由下式计算:

$$\sin h_{\odot} = \sin \varphi \sin \delta + \cos \varphi \cos \delta \cos \omega \qquad (4.58)$$

式中,φ 为地理纬度;δ 为赤纬(亦称太阳倾角);ω 为时角并有

$$\omega = (t - 12) \times 15° \qquad (4.59)$$

这里,t 为地方时,于是,时角 ω 中午为零,下午为正,每小时为 15°;赤纬则可根据天文年历查得。由上述两式可计算得到太阳高度角 $h_{\odot}$,并据此按照表 4.5 确定日射强度和相应的日射等级(或称净辐射指数)。日射等级除日间的 1 ~ 4 级外,尚有夜间的 - 1 和 - 2 级。前者表示由弱至强的正的净辐射,指向地面;后者表示负的净辐射,指向天空。不论日间或是夜间,只要总云量为 10 则净辐射指数为 0 级。于是,结合云况可以归纳得出确定日射等级的规则,示于表 4.6。最后,根据确定的日射等级和地面风速给出稳定度扩散级别,如表 4.7 所示。Turner 提出分级方法时,原是以 1、2、3、4、5、6、7 级分别相应于 Pasquill 分级方法中的 A、B、C、D、D ~ E、E、F 类。两种分级方法的原理是相同的,Turner 的分级方法定量较为确切,只要有地面风速、云量和云高的观测资料,就可以客观地定出稳定度扩散级别,可以由计算机完成分级工作。至今,仍是实际工作中最常应用的方法。

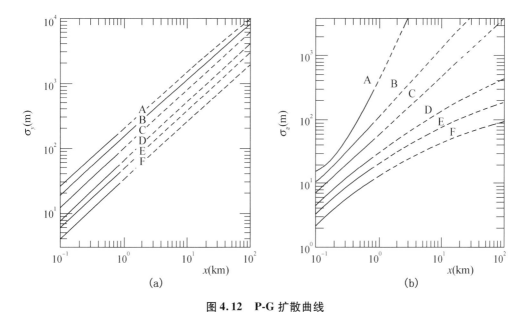

(a)　　　　　　　　　　　　　　　　(b)

图 4.12　P-G 扩散曲线

表 4.5　由太阳高度角 $h_{\odot}$ 确定日射强度与等级

$h_{\odot}$(度)	日射强度	日射等级
>60	强	4
35 ~ 60	中等	3
15 ~ 35	轻度	2
≤15	微弱	1

表 4.6　日射等级确定规则

时间	天空状况	日射等级
不论日间或夜间	总云量 10/10,而且云量 < 2 000 米	0
夜间	总云量 ≤ 4/10	-2
	总云量 > 4/10	-1
日间	$h_\odot < 15°$	1
	$15° < h_\odot < 35°$	2
	$35° < h_\odot < 60°$	3
	$h_\odot > 60°$	4
	云高 < 2 000 米的低云量为 6~9,而且: $h_\odot > 60°$ $h_\odot \leqslant 60°$	1 0
	云高 < 2 000 米的低云量为 > 9,不论 $h_\odot$	0

表 4.7　Turner 的稳定度分级方法

地面风速（米/秒）	日射等级						
	4	3	2	1	0	-1	-2
< 2	A	A ~ B	B	C	D	E	E
2 ~ 3	A ~ B	B	C	D	D	D ~ E	E
3 ~ 5	B	B ~ C	C	D	D	D	D ~ E
5 ~ 6	C	C	D	D	D	D	D ~ E
> 6	C	D	D	D	D	D	D

表 4.8　P-G 扩散曲线

距离（千米） （米）		0.1	0.2	0.3	0.4	0.5	0.6	0.8	1.0	1.2	1.4
A	σ_y	27.0	49.8	71.6	92.1	11.2	132	170	207	243	278
	σ_z	14.0	29.3	49.4	72.1	105	153	279	456	674	930
B	σ_y	19.1	35.8	51.6	61.0	81.4	75.8	123	151	178	203
	σ_z	10.7	20.5	30.2	40.5	51.2	62.8	84.6	109	133	157
C	σ_y	12.6	23.3	33.5	43.3	53.4	62.8	80.9	99.1	116	133
	σ_z	7.44	14.0	20.5	26.5	32.6	.8.6	50.7	61.4	73.0	83.7
D	σ_y	8.37	15.3	21.9	28.8	35.3	40.9	50.5	65.6	76.7	87.9
	σ_z	4.65	8.37	12.1	15.3	18.1	20.9	27.0	32.1	37.2	41.9

（续表）

距离（千米） （米）		0.1	0.2	0.3	0.4	0.5	0.6	0.8	1.0	1.2	1.4
E	σ_y	6.05	11.6	16.7	21.4	26.5	31.2	40.0	48.8	57.7	65.6
	σ_z	3.72	6.05	8.84	12.7	13.0	14.9	19.6	21.4	24.7	27.0
F	σ_y	4.19	7.91	10.7	14.4	17.7	20.5	26.5	32.6	38.1	43.3
	σ_z	2.33	4.19	5.58	6.98	8.37	9.77	12.1	14.0	15.8	17.2

距离（千米） （米）		1.6	1.8	2.0	3.0	4.0	6.0	8.0	10	12	16	20
A	σ_y	313										
	σ_z	1 230										
B	σ_y	228	253	278	395	508	723					
	σ_z	181	207	233	363	493	777					
C	σ_y	144	166	182	269	335	474	603	735			
	σ_z	95.3	107	116	167	219	316	409	498			
D	σ_y	98.6	109	121	173	221	315	405	488	569	729	884
	σ_z	47.0	52.1	56.7	79.1	100	140	177	212	244	307	372
E	σ_y	70.5	82.3	85.6	129	166	237	306	366	427	544	659
	σ_z	29.3	31.6	33.5	41.9	48.8	60.9	70.7	79.1	87.4	100	111
F	σ_y	48.8	34.5	60.5	86.5	102	156	207	242	285	365	437
	σ_z	19.1	20.5	21.9	27.0	31.2	37.7	42.8	46.5	50.2	55.8	60.5

2. 据稳定度扩散级别和扩散曲线给出大气扩散参数

根据确定的稳定度扩散级别，由图 4.12 所示扩散曲线上便可读出所需的不同离源距离（水平 100 千米范围）处的扩散参数 σ_y 和 σ_z（米）。应该说明，这里给出的扩散参数是 10 分钟时段的平均值，对不同的采样时段应予以校正。表 4.8 为列表值。这组曲线开始是由 Pasquill 应英国气象局要求，为提供一个易于应用的方法而制作的，以计算在特殊释放情况下风载物质的下风方浓度，由一些图表和曲线组成。后经 Gifford 重新整理成这里的 P-G 扩散曲线。曲线的绘制依据了大量扩散试验资料。他们以轴线浓度的十分之一定为烟流可见边缘，并定义烟流高度 h（米）和角宽度 θ（弧度）这两个烟流特征量，它们是离源下风距离 x 和气象状况的函数，并直接与前面定义的烟流宽度 $2y_0$ 和高度 Z_0 对应。于是，由关系

$$h = 2.15\sigma_z \quad \text{（表征总的垂直向伸展）} \tag{4.60}$$

$$\tan\frac{\theta}{2} = 2.15\frac{\sigma_y}{x} \quad \text{（表征总的横风向扩展）} \tag{4.61}$$

转换成由扩散参数表示,根据扩散试验资料得出扩散曲线,即各种气象条件(不同稳定度扩散级别)下,离源下风距离 x 与扩散参数 σ_y 和 σ_z 的关系曲线。曲线制作时,为使扩散参数的估算更可靠并且更具有普遍意义,他们尽可能应用了湍流扩散处理的理论原理,而不是单纯地不加鉴别地依据实测浓度资料(Pasquill,1976)。因此,对 σ_y 的估算应尽量采用统计理论的成果,而对 σ_z 的估算应用梯度输送理论的一些结果。具体制作时,对 σ_y 曲线,0.1 千米处的数据是利用风向脉动资料估算的,观测场地地面粗糙度为 0.03 米,采样时间为 3 分钟。100 千米处的 σ_y 值则是根据有限的扩散试验实测资料作推测估算而来的。对 σ_z 曲线,近距离范围应用了梯度输送理论,采用了地面源在中性层结条件下的垂直扩散的理论结果并参考了一些扩散试验资料。σ_z 的数据仅在 1 千米范围比较可靠,在更远距离范围,参考的扩散试验资料很有限,尤其是稳定和很稳定类的数据为推测的结果。归纳制定 P-G 扩散曲线的要点,如表4.9所示,所有这些均应在运用时参考。

表4.9　P-G 扩散曲线制作依据

	源高	不限(混合层高度以内)
横风向扩散	采样时间	<10 分钟
	近距离 $x=0.1\sim1.0$ 千米范围	依据风向脉动观测资料统计分析,观测场地地面粗糙度, $z_0 = 3$ 厘米
	较远距离 $x=1\sim10$ 千米范围	利用近距离资料外推;同时参考有限数量的示踪扩散试验资料
垂直向扩散	源　高	近地面源
	采样时间	不限
	近距离 $x=0.1\sim1.0$ 千米范围	依据扩散理论并利用风廓线观测资料
	较远距离 $x=1\sim10$ 千米范围	与 σ_y 相同;同时参考垂直湍流观测资料

综上所述即实用的求取扩散参数的 P-G-T 扩散曲线法。利用常规地面气象观测(宏观的)资料,根据表4.4或表4.7规定给出稳定度扩散级别,并由图4.12(a)和(b)所示的 P-G 扩散曲线得到不同下风距离 x 处的扩散参数 σ_y 和 σ_z。然后,将 σ_y 和 σ_z 代入本章 §1 的连续点源高斯扩散公式,便可计算得出连续点源下风方浓度分布(假定式中的平均风速和有效源高给定)。例如,可用此法估算地面最大浓度和出现的离源距离,按照(4.9)和(4.10)两式的粗略估算,步骤如下:

① 按照表4.4或表4.7定出所处稳定度扩散级别;

② 根据已知的有效源高 H,由(4.9)式计算得到 $\sigma_z\big|_{x=x_m}$ 量值;

③ 在图4.12(b)中相应稳定度扩散级别的 P-G 扩散曲线上,由 σ_z 的量值读出相应的 $x=x_m$ 值;

④ 在图4.12(a)中相应稳定度扩散级别的 P-G 扩散曲线上,由 $x=x_m$ 值读出相应的 σ_y 量值;

⑤ 将所得的 σ_y 和 σ_z 及已知的源强、平均风速和有效源高代入(4.10)式,便可估算该气

象状况下的地面最大浓度。

4.2.2　扩散曲线法的修改完善与讨论

扩散曲线法的实用体系利用常规气象观测资料作扩散估算,合理可取。因此,简便易行非常实用,这是它的最突出的优点。只是它在稳定度扩散级别的判定方面,在扩散曲线的实验基础与使用范围的局限性,以及图表曲线使用方式等方面存在一定问题。于是,在它建立至今的应用实践中,不断修改完善并作了比较充分的研究讨论。

1. 国家标准中的修改与应用

20 世纪 70 年代开始,在我国的环境保护研究实践中,曾相当广泛地应用扩散曲线法确定扩散参数。应用实践中对扩散曲线法积累了不少经验,并根据国情做了修改与总结,将其用于国家标准 GB/T1320—91(1992)供作规范使用。

为确定稳定度扩散级别 A,B,C,D,E,F 类,首先,按下式计算出当时的太阳倾角(即赤纬 δ):

$$\delta = [0.006\,918 - 0.399\,912\cos\theta_0 + 0.070\,257\sin\theta_0 - 0.006\,758\cos2\theta_0 +$$

$$0.000\,907\sin2\theta_0 - 0.002\,697\cos3\theta_0 + 0.001\,480\sin3\theta_0] \times \frac{180}{\pi} \qquad (4.62)$$

式 $\theta_0 = 360d_n/365$(度),d_n 为一年中日期的序数 1,2,3,$\cdots$,365。然后,以下式计算出太阳高度角 $h_\odot$,即

$$h_\odot = \arcsin[\sin\phi\sin\delta + \cos\phi\cos\delta\cos(15t + \lambda - 300)] \qquad (4.63)$$

式中 λ 为当地经度,其余符号意义同前。再由下表 4.10(a)和表 4.10(b)根据计算所得的太阳高度角和观测所得的云量和地面风速,确定太阳辐射等级并最后给出稳定度扩散级别。这里,方法的主要修改是适应我国大量地面气象观测站无云高观测资料的情况,而仅以总云量和低云量来确定太阳辐射等级。

表 4.10(a)　太阳辐射等级

总云量 */低云量	夜间	$h_\odot$			
		$h_\odot \leq 15°$	$15° < h_\odot \leq 35°$	$35° < h_\odot \leq 65°$	$h_\odot > 65°$
$\leq 4/\leq 4$	-2	-1	$+1$	$+2$	$+3$
$5\sim7/\leq4$	-1	0	$+1$	$+2$	$+3$
$\geq8/\leq4$	-1	0	0	$+1$	$+1$
$\geq5/5\sim7$	0	0	0	0	$+1$
$\geq8/\geq8$	0	0	0	0	0

*云量(全天空十分制)观测规范见中央气象局编定的《地面气象观测规范》第3.3节。

表 4.10(b)　大气稳定度的等级

地面风速 * 米/秒	太阳辐射等级					
	+3	+2	+1	0	-1	-2
≤1.9	A	A ~ B	B	D	E	F
2 ~ 2.9	A ~ B	B	C	D	E	F
3 ~ 4.9	B	B ~ C	C	D	D	E
5 ~ 5.9	C	C ~ D	D	D	D	D
≥	D	D	D	D	D	D

* 地面风速(米/秒)系指离地面 10 米高度处 10 分钟平均风速。

表 4.11(a)　横向扩散参数幂函数表达式系数值 $\sigma_y = \gamma_1 x^{\alpha_1}$

(取样时间 0.5 小时)

稳定度	α_1	γ_1	下风距离(米)
A	0.901 074 0.850 934	0.425 809 0.602 052	0 ~ 1 000 > 1 000
B	0.914 370 0.865 014	0.281 846 0.396 353	0 ~ 1 000 > 1 000
B ~ C	0.949 325 0.865 014	0.229 500 0.314 238	0 ~ 1 000 > 1 000
C	0.924 279 0.885 157	0.177 754 0.232 123	1 ~ 1 000 > 1 000
C ~ D	0.926 849 0.886 940	0.143 940 0.189 396	1 ~ 1 000 > 1 000
D	0.929 418 0.888 723	0.110 726 0.146 669	1 ~ 1 000 > 1 000
D ~ E	0.925 118 0.892 794	0.098 563 1 0.124 308	1 ~ 1 000 > 1 000
E	0.920 818 0.896 864	0.086 400 1 0.101 947	1 ~ 1 000 > 1 000
F	0.929 418 0.888 723	0.055 363 4 0.733 348	0 ~ 1 000 > 1 000

表 4.11(b)　　垂直扩散参数幂函数表达式系数值 $\sigma_z = \gamma_2 x^{\alpha_1}$

稳定度	α_1	γ_2	下风距离(米)
A	1.121 54	0.079 990 4	0 ~ 300
	1.513 60	0.008 547 71	300 ~ 500
	2.108 81	0.000 211 545	> 500
B	0.964 435	0.127 190	0 ~ 500
	1.063 56	0.057 025	> 500
B ~ C	0.941 015	0.114 682	0 ~ 500
	1.007 70	0.075 718 2	> 500
C	0.917 595	0.106 803	> 0
C ~ D	0.838 628	0.126 152	0 ~ 2 000
	0.756 410	0.235 667	2 000 ~ 10 000
	0.815 575	0.136 659	> 10 000
D	0.826 212	0.104 634	0 ~ 2 000
	0.632 023	0.400 167	2 000 ~ 10 000
	0.555 36	0.810 763	> 10 000
D ~ E	0.776 864	0.111 771	0 ~ 2 000
	0.572 347	0.528 992 2	2 000 ~ 10 000
	0.499 149	1.038 10	> 10 000
E	0.788 370	0.092 752 9	0 ~ 1 000
	0.656 188 8	0.433 384	1 000 ~ 10 000
	0.414 743	1.732 41	> 10 000
F	0.784 400	0.062 076 5	0 ~ 1 000
	0.525 969	0.370 015	1 000 ~ 10 000
	0.322 659	2.406 91	> 10 000

　　为确定扩散参数,将 P-G-T 法的图列表曲线方式,修改为指数表达形式。给出各类稳定度级别,不同下风距离的扩散参数表达式于表 4.11(a)和表 4.11(b)。表中扩散参数适用于0.5 小时采样时间,对大于这个时段的情形,垂直扩散参数不变,水平扩散参数则按下式换算

$$\sigma_{y_{\tau_2}} = \sigma_{y_{\tau_1}} \left(\frac{\tau_2}{\tau_1} \right)^q \tag{4.64}$$

式中 τ_1,τ_2 分别为两种不同的采样时间,q 为时间稀释指数并规定:$q = 0.3$(对 1 h $\leqslant \tau <$ 100 h);$q = 0.2$(对 0.5 h $\leqslant \tau <$ 1 h)。

　　由表可见,本方法不仅将稳定扩散级别内插分细,而且还规定对不同下垫面运用时,确定扩散参数应参考以下意见:

　　① 平原地区农村及城市远郊区的扩散参数选取,对 A,B,C 类可由表直接查算;对 D,E,F 类则需向不稳定方向提半级后查算。

　　② 工业区或城区中点源的扩散参数选取,A,B 类不提级,C 类升到 B 级,D,E 和 F 类则向不稳定方向提一级后查算。

　　③ 丘陵山区的农村或城市,其扩散参数选取原则同城市工业区。

2. 不同稳定度分类方法

扩散曲线法正确确定扩散参数的关键是正确划分稳定度扩散级别。由于支配和影响大气稳定度状况的因子很多,实际大气湍流运动又十分复杂,加上大气过程的时空尺度不同,下垫面状况各异,使得问题更加复杂。于是,就扩散曲线法的实用体系,仅根据地面宏观气象观测资料判定稳定度类的做法反映出较大的局限性。尤其是个例情况更常出现偏差,从而会使得根据稳定度级别确定的扩散参数互不相同,以致估算所得的污染物浓度也会造成偏差。这就需要一方面寻求较好的更加符合实际的稳定度分类方法,另一方面研究比较各种不同稳定度分类方法所得结果的差异或一致性,供实际运用参考。这里介绍几种常用的分类方法及研究与讨论:

(1) 风向脉动标准差方法

决定大气稀释扩散速率的最终因子是大气运动的性质,即风和湍流。在大致相同的宏观气象条件下,流场的性质可以有相当大的差异。因此,仅根据宏观气象条件来划分扩散级别显得过于粗糙。而风向脉动标准差 σ_A(水平)和 σ_E(垂直)却是表征湍流强度的直接参量,与扩散参数 σ_y 和 σ_z 的关系密切,可以用它来判定扩散级别。

美国国家环保局在空气质量模式守则的附录里(EPA, 1990),推荐了一种以水平风的脉动标准 σ_A 作为判据划分稳定度类的方法。划分判据如表4.12和表4.13所示。表4.13则示出了以风速作细致调整的方法,使这一方法更趋完善,其中 σ_A 和平均风速的观测数据应是在粗糙度长 $z_0 = 15$ 厘米的平坦地面上,10米高度处的测量值。采样时段为15分钟,最少应需3分钟,也可以长达60分钟。

水平风向脉动标准差 σ_A 的方法比较适合于风向发生弯曲时使用。这时,为了尽量减小风向弯曲造成的影响,计算 σ_A 时可将较长的采样时段例如1小时划分成15分钟一段,而且每15分钟时段要保证有360个样本数。最终的小时量值应按照下式计算

$$\sigma_{60} = \sqrt{\frac{\sigma_{15}^2 + \sigma_{15}^2 + \sigma_{15}^2 + \sigma_{15}^2}{4}} \tag{4.65}$$

式中 σ_{60} 和 σ_{15} 分别表示以60分钟和15分钟时段对水平风向脉动观测记录作处理所得的水平风向脉动标准差 σ_A 的量值。

表4.12 水平/垂直风向脉动标准差判据

稳定度类	σ_A(度)	σ_E(度)
A	≥22.5	≥11.5
B	17.5 ~ 22.5	10.0 ~ 11.5
C	12.5 ~ 17.5	7.8 ~ 10.0
D	7.5 ~ 12.5	5.0 ~ 7.8
E	3.8 ~ 7.5	2.4 ~ 5.0
F	<3.8	≤2.4

表 4.13 以风速调整 σ_A 的分类判据

表4.12 所得的稳定度类别		平均风速(米/秒)	按风速调整最终判定的稳定度类别
日间	A	<3	A
		3~4	B
		4~6	C
		≥6	D
	B	<4	B
		4~6	C
		≥6	D
	C	<6	C
		≥6	D
	D,E 或 F	不论大小	D
夜间	A	<2.9	F
		2.9~3.6	E
		≥3.6	D
	B	<2.4	F
		2.4~3.0	E
		≥3.0	D
	C	<2.4	E
		≥2.4	D
	D	不论大小	D
	E	<5.0	E
		≥5.0	D
	F	<3.0	F
		3.0~5.0	E
		≥5.0	D

表 4.14 以风速调整 σ_E 的分类判据

表4.12 所得的稳定度类别		平均风速(米/秒)	最终判定的稳定度类别
日间	A	<3	A
		3~4	B
		4~6	C
		≥6	D

（续表）

表 4.12 所得的稳定度类别		平均风速（米/秒）	最终判定的稳定度类别
日间	B	<4	B
		4~6	C
		≥6	D
	C	<6	C
		≥6	D
	D,E 或 F	不论大小	D
夜间	A	不论大小	D
	B	不论大小	D
	C	不论大小	D
	D	不论大小	D
	E	<5	E
		≥5	D
	F	<5	F
		≥5	D

　　类似地，可以采用垂直风向脉动标准差 σ_E 这个湍流特征量作判据，划分稳定度扩散级别。分类的方法如表 4.12 和表 4.14 所示，后者同样是作风速调整用的，数据观测条件与上同。

　　（2）与温度递减率有关的分类方法

　　近地层温度随高度的变化也是大气稳定度状况的定量判据，与此有关的有几种方法。

　　其一，是以温度递减率，即以两层（例如 10 米和 60 米）垂直温度梯度来表征水平和垂直向的湍流状况。国际原子能机构（1980）推荐具有大量实验基础的以下判据（见表 4.15），表中还列出相应的 σ_A 的稳定度划分标准。长期实践经验表明，此种方法对处于稳定大气状况的情形是可靠的，而对于不稳定状况或者对高架源排放的情形不太可靠。当发生烟流在风速很低、层结稳定的情况下弯曲时，对 σ_y 的估算会有严重过低估计，这时宜用水平风向脉动标准差方法。

表 4.15　温度梯度分类方案

P-G-T 稳定度类	$\frac{\Delta T}{\Delta Z}$（℃/100 m）	σ_A（°）
A	< -1.9	>22.5（25）
B	-1.9~-1.7	22.5~17.5（20）
C	-1.7~-1.5	17.5~12.5（15）
D	-1.5~-0.5	12.5~7.5（10）
E	-0.5~1.5	7.5~3.8（5）
F	>1.5	3.8~2.1（2.5）

其二,是以温度递减率与风速结合考虑的方案,这种方案同时考虑了支配湍流活动的机械因子和热力因子。因此,一般认为较之仅以温度递减率作判断的方案要好。此类方案有两种处理方法,一种是以表 4.16 所示判据划分稳定度类;另一种则是定义的总体理查逊数的方法,即以下式计算结果划分稳定度类:

$$R_{i_B} = \frac{\Delta\theta}{\Delta z}(u_f)^{-2} \times 10^5 \tag{4.66}$$

这里 $\frac{\Delta\theta}{\Delta z}$ 是取烟流中心线高度的位温递减率,u_f 为参考高度的风速。

表 4.16   以温度递减率和风速划分稳定度类的方案

风速 (米/秒)	$\Delta T/\Delta Z$(℃/100 m),20 ~ 120 米高两层						
	< -1.5	-1.4 ~ -1.2	-1.1 ~ -0.9	-0.8 ~ -0.7	-0.6 ~ 0	0.1 ~ 2.0	>2.0
<1	A	A	B	C	D	F	F
1 ~ 2	A	B	B	C	D	F	F
2 ~ 3	A	B	C	D	D	E	F
3 ~ 5	B	B	C	D	D	D	E
5 ~ 7	C	C	D	D	D	D	E
>7	D	D	D	D	D	D	D

其三,分立 σ 方案,即分别以温度梯度和 σ_A 表征湍流的垂直和水平活动。

其四,美国国家环保局(U. S. EPA, 1990)推荐,在缺乏云量和云高资料时,采用表 4.17 替换原 P-G-T 方案。

表 4.17   EPA 推荐的一种新方案

	风速(m/s)				
	< 2.0	2.0 ~ 3.0	3.0 ~ 5.0	5.0 ~ 6.0	> 6.0
日间,用入射太阳辐射 SR(W/m²)					
> 700	A	A	B	C	C
700 ~ 350	A	B	B	C	D
350 ~ 50	B	C	C	D	D
< 50	D	D	D	D	D
夜间,用温度递减率 $\frac{\Delta T}{\Delta Z}$(℃/m)					
< -0.01	D	D	D	D	D
-0.01 ~ 0.01	E	E	D	D	D
≥0.01	F	F	E	D	D

[表注] (1)此表方法主要根据 Bowen, B. M. etal, (1983)的工作推荐的;(2)表中"日间"是指日出后 1 小时起算的;"夜间"是指因落前 1 小时起算的;(3)表中风速为 10 米高度上的平均风速;(4)表中温度递减率是取 2 米和 10 米两高度层间的气温差。

（3）边界层（PBL）湍流参量方法

大气稳定度状况实质上是大气热力过程和动力过程对湍流的产生、发展或抑制能力的一种量度。因此，采用一些具有明确理论意义的边界层湍流参量作为划分稳定度扩散级别的判据，应该能比 P-G-T 的原方案更加客观地表征大气稳定度状况。这类判据中最常作用的是梯度理查逊数（Ri），总体理查逊数（Ri_B）和莫宁-奥布霍夫长度（L，米）。

梯度理查逊数 Ri 反映了气块反抗浮力作功的动能消耗率与平均动能转化湍能的产生率之比

$$\mathrm{Ri} = \frac{g}{\theta} \frac{\partial \theta / \partial z}{(\partial u / \partial z)^2} \qquad (4.67)$$

可以按此式直接计算得到 Ri。对于近地层，可将上式写成易于处理的形式

$$\mathrm{Ri} = \frac{g}{T} \frac{\Delta \theta \cdot \partial z}{(\Delta u)^2} \qquad (4.68)$$

显然，只要有近地层的温度梯度和风速梯度这样的微气象观测资料，便可计算得出 Ri 量值并将其作为一种较好的大气稳定度指标。实际使用时，应正确选取适当的特征高度和 Δz 气层，因为，显然，在定常大气边界层里，它是随高度变化的。另外，尤其应精确地确定小量 $(\Delta u)^2$，在计算式中它处于特别敏感的位置，任何风速测量的误差将会造成 Ri 计算结果的很大偏差。

为避免 $(\Delta u)^2$ 精确量值难以获得的困难，常换用总体理查逊数表征

$$\mathrm{Ri}_B = \frac{g}{\theta} \frac{\partial \theta / \partial z}{u^2} \cdot z^2 \qquad (4.69)$$

同样，在近地层可取以下形式计算

$$\mathrm{Ri}_B = \frac{g}{T_2} \frac{\Delta \theta \cdot z_2}{u_2^2} \qquad (4.70)$$

式中带下标 2 的量表示为 z_2 高度处的量，$\Delta \theta = \theta_2 - \theta_0$，其中 θ_0 表示为粗糙度长 z_0 处的位温。许多研究结果表明，Ri 与 Ri_B 之间在一定高度层内有良好的对应关系。

莫宁-奥布霍夫长度 L 是另一个比较有效的表征边界层湍流状态的指数，形如

$$L = -\frac{u_*^3 c_p \rho T}{kg H_T} \qquad (4.71)$$

或者以无量纲高度 $\left(\dfrac{z}{L} \right)$ 形式表达

$$\frac{z}{L} = -\frac{g}{T} \frac{H_T k z}{c_p \rho u_*^3} \qquad (4.72)$$

式中 u_* 为摩擦速度，H_T 为垂直热通量，T 为绝对温度，k 为卡门常数，c_p, ρ, g 则为一般意义的物理常数。显然，这虽是一个有用的稳定参数，但作为实际应用的判据，其计算获取必须具有专门研究的观测资料。

原则上，这种方法优于温度递减率方法，因为它引入了更为全面的物理因子，考虑了不同场址热力湍流参数和机械湍流参数的变化。但是，实际使用中却因观测技术方面的问题，

往往会有不同程度的偏差。因此,实际使用时必须注意其应用条件。这里给出一些研究工作中所得稳定度划分的判据。表 4.18 给出三组不同条件下所得的有关参数相应于 P-G-T 稳定度扩散级别的判据。

表 4.18　Ri 和 L 稳定度分类判据

稳定度类	Pasquill & Smith(1971)		中科院大气物理研究所(1980)		U. S. EPA(1981)		
	$Ri(2\ m$ 高度上$)L(m)$ $(z_0 = 1\ cm)$		$Ri(32 \sim 120\ m$ 两层$)$ $(z_0 = 50\ cm)\dfrac{\Delta T}{\Delta z}$(℃$/100\ m$)		$Ri\quad Ri_B L(m)$ $(2 \sim 7\ m$ 层$)$ $(z_0 = 1\ cm)$		
A	$-1.0 \sim -0.7$	$-2 \sim -3$	< -4.262	< -1.9	-2	-0.03	-5
B	$-0.5 \sim -0.4$	$-4 \sim -5$	$-4.262 \sim -0.892$	$-1.9 \sim -1.7$	-1	-0.02	-10
C	$-0.17 \sim -0.13$	$-12 \sim -15$	$-0.892 \sim -0.0807$	$-1.7 \sim -1.5$	-0.5	-0.01	-20
D	0	∞	$-0.0807 \sim 0.0918$	$-1.5 \sim -0.5$	0	0	∞
E	$0.03 \sim 0.05$	$35 \sim 75$	$0.0918 \sim 0.1668$	$-1.5 \sim 1.5$	0.07	0.004	100
F	$0.05 \sim 1.11$	$8 \sim 35$	$\geqslant 0.1668$	$1.5 \sim 4.0$	$0.14 \sim 0.17$	$0.05 \sim 0.17$	$10 \sim 20$

本小节讲述了力求更为客观地定量判定稳定度扩散级别的各类方法和判据或指数,这是改进与完善并保证扩散曲线法更好使用的关键之一。应该注意的是,所有这些方法和判据都有一定的作用条件和相应条件下的实验基础与适用范围,千万不能滥用。除了作用公认已有统一规范的方案,如 P-G-T 方案,国家标准给出的修改方案,采用任何其他方案都应当验证确认其可行性,提供充分的实验依据和例证。必要时还应作专门论证。

3. 不同源高和不同下垫面的应用

P-G 扩散曲线的实验依据是平坦理想条件下,大量低矮源(或地面源)扩散试验结果,因此,需要研究对不同源高和不同下垫面条件下应用扩散曲线法确定扩散参数的修正与方法选择。

就不同源高的应用,有两方面问题,一是使用不同的稳定度判据划分稳定度类,不同高度层有不同的频率分布;二是对于不同的源根据相应实验基础得出的扩散曲线均有差异。表 4.19 和表 4.20 示出两种判据做出不同高度层的各类稳定度的频率分布。由表 4.19 可见,稳定度频率分布随高度有系统变化。按照同样判据,以不同高度层上的水平风向脉动标准差 σ_A 作稳定度分类,各类出现的频率不同,大体上可分成高层(182 ~ 304 米)、中层(91 ~ 137 米)和低层(10 ~ 36 米)三层,随着高度的增加频数向稳定类增高。表 4.20 则可见到,以不同高度层次的 $\dfrac{\Delta T}{\Delta z}$ 作分类判据,各稳定度类的频率分布不同。

表 4.19　用 σ_A 作稳定度分类的频率分布(%)

高度(米)	A	B	C	D	E	F
10	22.6	13.9	21.8	28.9	8.9	0.4
36	19.3	11.8	19.4	32.4	15.9	0.7
91	9.6	6.7	13.5	21.7	29.6	16.4
137	9.3	5.8	11.7	20.8	28.5	18.4
182	7.0	2.9	6.8	17.1	25.9	25.6
243	7.7	4.3	9.4	17.7	27.6	22.9
304	7.2	3.7	8.0	17.2	28.7	23.9

表注:σ_A 的采样时段为 1 小时。

表 4.20　用 $\dfrac{\Delta T}{\Delta z}$ 作稳定度分类的频率分布(%)

高度(米)	A	B	C	D	E	F
10~19	2.9	4.0	5.9	22.3	14.8	33.8
36~137	3.8	8.2	14.9	30.5	34.5	8.0
91~137	16.0	11.7	12.6	32.8	23.2	3.6

　　就不同下垫面粗糙条件的应用,问题比较复杂。因为不仅是 P-G 扩散曲线法的原方案,就是各种修改与完善的方法其实验基础也都是建立在下垫面平坦开阔,地面粗糙度很小的理想情形下的。但是,实际应用中遇到的大量课题则多半是不同的粗糙下垫面条件下运用的扩散参数,在大量实验基础上,对 P-G 方案做出合理的修正与补充则是十分必要的。事实上,大量实践证明,这样做法也的确是有效的。

　　一种做法就是像本节所述,在国家标准 GB/T13201—91 中的推荐方案,即对不同粗糙面如城市、丘陵山区或平原、城郊和工业区等确定稳定度扩散级别时,根据不同情况作提级处理。这种做法虽然具有较强的经验性,但是,只要有比较周密的浓度分布资料作细致检验,然后作实验性调整,往往就能取得令人满意的效果。

　　实用中,复杂地形条件下使用稳定度扩散级别方法确定扩散参数,是相当困难的。其 σ_y,σ_z 量值比 P-G 曲线预计的可大到 2~10 倍。最好应作实地 σ_A 和 σ_E 这类特征量观测。

　　以实验为依据是处理这类问题的有效途径,例如,Golder(1972)采用 5 组微气象观测资料,计算边界层湍流参量 L 作为稳定度判据,并与稳定度扩散级别相联系,得出 P-G 稳定度类、L 以及粗糙度长 z_0 间的关系,如图 4.13 所示。图中清楚总结出了不同粗糙度长 z_0 情况下,它对稳定类与稳定度判据 L 关系的影响,由同样的观测资料还可以计算得出其他稳定度判据,如 Ri,Ri_B 等边界层参量与粗糙度长 z_0 的关系。这就为我们提供了有充分实验依据的分析结果,对不同粗糙度情况下作稳定度分类处理时可作参考。

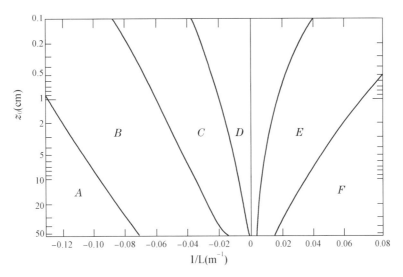

图 4.13 不同粗糙度和湍流参量 L 所对应的稳定度分类

4. 扩散曲线法的内插完善

P-G 扩散曲线,BNL 扩散曲线和 TVA 扩散曲线等都具有各自的特性,因为作为它们的实验依据的实验条件各不相同。Briggs(1974)分析这些曲线在不同距离的特性,将其结合一起,提出了一套内插公式,示于表4.21(a)。这套公式适用于开阔乡间条件,用来计算地面浓度,尤其是对高架源烟流排放造成的最大浓度计算用。这些公式计算值反映了较高的源,较大下风距离范围应用。公式反映了在各类稳定度情况下,初期烟流的扩散速率与下风距离 x 成比例,而至较远距离后,则与 $x^{\frac{1}{2}}$ 成比例。这与扩散理论的推断结论是一致的。

表 4.21 Briggs 的扩散参数表达式

(a)开阔乡间条件

稳定度类	σ_y(米)	σ_z(米)
A	$0.22x(1+0.0001x)^{-\frac{1}{2}}$	$0.20x$
B	$0.22x(1+0.0001x)^{-\frac{1}{2}}$	$0.20x$
C	$0.11x(1+0.0001x)^{-\frac{1}{2}}$	$0.08x(1+0.0002x)^{-\frac{1}{2}}$
D	$0.08x(1+0.0001x)^{-\frac{1}{2}}$	$0.06x(1+0.0015x)^{-\frac{1}{2}}$
E	$0.06x(1+0.0001x)^{-\frac{1}{2}}$	$0.03x(1+0.0003x)^{-1}$
F	$0.04x(1+0.0001x)^{-\frac{1}{2}}$	$0.016x(1+0.0003x)^{-1}$

(b)城市条件

稳定度类	σ_y(米)	σ_z(米)
A~B	$0.32x(1+0.0004x)^{-\frac{1}{2}}$	$0.24x(1+0.001x)^{-\frac{1}{2}}$
C	$0.22x(1+0.0004x)^{-\frac{1}{2}}$	$0.20x$
D	$0.16x(1+0.0004x)^{-\frac{1}{2}}$	$0.14x(1+0.0003x)^{-\frac{1}{2}}$
E~F	$0.11x(1+0.0004x)^{-\frac{1}{2}}$	$0.32x(1+0.0004x)^{-\frac{1}{2}}$

对城市的参数是在美国圣路易斯城一系列扩散试验的基础上分析给出的（表 4.21（b））。城市区与开阔乡间相比,扩散增强,这反映了城市粗糙度大和热容量大两方面因素。估算表明,湍强净增 40% ,这必然反映在扩散参数上。

4.3　风向脉动与扩散函数法

扩散曲线法使用常规气象观测资料,虽然简便实用,但是它的实验基础具有较大的经验性,使用中各种稳定度分类方案所得结果有许多不一致和不确切性。另外,仅根据宏观气象状况作为判据,对流场结构和大气扩散特性之间的关系反映不够,在稳定度扩散级别和湍流特性之间缺乏清晰的关系。于是,20 世纪 70 年代中期以来,人们一直在寻求尽可能少地使用定性的稳定度分类的途径,并在一定的理论基础上,寻找更好反映流场结构与大气扩散特性间明确关系的处理方法。大多数人首先关注的是将扩散参数 σ_y 和 σ_z 与风向脉动标准差 σ_A 和 σ_E 联系起来的途径,试图去除扩散曲线法经验性的一面。由此形成了一种由风向脉动与扩散函数确定扩散参数的方法,这也是扩散参数研究的重要进展之一。

4.3.1　方法原理

按照大气扩散的湍流统计理论,在均匀定常条件下,粒子位移的总体平均由泰勒公式表述,即

$$\sigma_{y,z}^2 = 2 \overline{(v,w)'^2} \int_0^T \int_0^t R_L(\xi) \mathrm{d}\xi \mathrm{d}t \tag{4.73}$$

这里 $\overline{(v,w)'^2}$ 可分别表示 v,w 分量的方差;$R_L(\xi)$ 为相应风速脉动分量的拉格朗日自相关,T 为扩散(或运行)时间。由泰勒公式可得以下关系式,即

$$\sigma_{y,z} = \sigma_{v,w} \cdot T \cdot f_{y,z}\left(\frac{T}{t_L}\right) \tag{4.74}$$

或者分别写出扩散参数的表达式

$$\sigma_y = \sigma_v \cdot T \cdot f_y\left(\frac{T}{t_L}\right)$$
$$\sigma_z = \sigma_w \cdot T \cdot f_z\left(\frac{T}{t_L}\right) \tag{4.75}$$

这时 t_L 为拉格朗日时间尺度,定义为

$$t_L = \int_0^\infty R(\xi) \mathrm{d}\xi \tag{4.76}$$

它是稳定度和源高的函数。f_y 和 f_z 为普适函数,亦称扩散函数,它们的函数形式随稳定度和源高变化而不同,它们亦受泰勒公式同样的假定条件的限制。上式中各变量的平均时间完全相同。湍流参量均取源高处的实测或估算量值。实用中,常以距离 x 表示更为方便而不以时间 T 表述,于是可表达成

$$\sigma_y = \sigma_A \cdot x \cdot f_y\left(\frac{x}{\bar{u}\,t_L}\right) \tag{4.77}$$

$$\sigma_z = \sigma_E \cdot x \cdot f_z\left(\frac{x}{\bar{u}\,t_L}\right)$$

这里假设有小角度近似:

$$\begin{array}{ll} \sigma_A = \dfrac{\sigma_u}{\bar{u}} & \sigma_v = \sigma_A \cdot \bar{u} \\[2mm] & \text{或} \\[2mm] \sigma_E = \dfrac{\sigma_w}{\bar{u}} & \sigma_w = \sigma_E \cdot \bar{u} \end{array} \tag{4.78}$$

亦即 $\sigma_v \cdot T = \sigma_A \cdot x$ 和 $\sigma_w \cdot T = \sigma_E \cdot x$,这里 σ_A 和 σ_E 分别为风向方位角和风向高度角的脉动标准差。或者,因为均匀定常条件下 $(\bar{u}\,t_L)$ 为常数,于是可得简化表达式

$$\sigma_y = \sigma_A \cdot x \cdot f_y(x) \tag{4.79}$$

$$\sigma_z = \sigma_E \cdot x \cdot f_z(x)$$

泰勒公式的物理意义表明,初始时段自相关系数为 1,而随运行时间的增长渐渐趋向于零,亦就是说,近源处,烟流的增长与运行时间呈线性关系,即 $\sigma_y \propto T$;离源远处,烟流增长与运行时间的关系变为 $\sigma_y \propto \sqrt{T}$。这意味着,在 $x < 0.1$ 千米范围 $(T \to 0)$,扩散函数 $f \to 1$;至远处 $x > 0.1$ 千米以后 $(T \to \infty)$,扩散函数缓减小至 $f \to 0$,尺度变大。

至此可知,在具备湍流量 σ_A 和 σ_E 的观测资料的情况下,只要能给出扩散函数 f_y 和 f_z 的形式并设计出正确估算湍流时间尺度 t_L 的方法,便可以求得所需的扩散系数 σ_y 和 σ_z。这里我们可以清楚看到这种方法的一些特点,例如:① 方法的原理与湍流统计理论的基础泰勒公式一致;② 方法舍弃了分立的稳定度级别的概念,而采用了连续稳定度影响的概念,更接近实际;③ 方法考虑了源高的影响,而且认为它是稳定度状况的函数;④ 方法同样具有使用方便并且可以应用于多种情况的优点。

4.3.2　扩散函数 f_y 和 f_z 的确定

理论上,假定自相关系数取简单指数形式 $R(\xi) = \exp\left[-\dfrac{T}{t_L}\right]$,将此表达式代入泰勒公式并作积分求解,可得到

$$\sigma_y^2 = 2\sigma_v^2 \cdot t_L^2 \left[\frac{T}{t_L} - 1 + \exp\left(-\frac{T}{t_L}\right)\right] \tag{4.80}$$

或者

$$\frac{\sigma_y}{\sigma_v \cdot T} = \sqrt{2} \cdot \frac{t_L}{T}\left[\frac{T}{t_L} - 1 + \exp\left(-\frac{T}{t_L}\right)\right]^{\frac{1}{2}} = f_y\left(\frac{T}{t_L}\right) = f_y\left(\frac{x}{\bar{u}\,t_L}\right) \tag{4.81}$$

上述关系表明:当 $T \to 0$,$f = 1$;当 $T \to \infty$,$f = \left(\dfrac{2t_L}{T}\right)^{\frac{1}{2}}$。同理可得 σ_w 和 f_z 的关系式。

显然,这就是由泰勒方程(4.80)导出的扩散函数的理论形式。Pasquill(1976)给出他根据试验资料所得的 $f_y(x)$ 数据,见表 4.22。同时假设:$T = \dfrac{x}{\bar{u}}$,而 $\bar{u} = 5$ 米/秒,$t_L = 50$ 秒;然后根

据(4.81)式给出 f_y 曲线。两者同示于图 4.14 中,由图比较可见,两者在中间范围内比较一致,这里扩散函数 f_y 大约为 0.5($x = 1$ 千米);但是,在近距离范围,理论值比试验值稍高,而远距离则反之。

表 4.22　扩散函数 f_y 的试验值

x(公里)	0.0	0.1	0.2	0.4	1.0	2.0	4.0	10	>10
$f_y(x)$	1.0	0.8	0.7	0.65	0.6	0.4	0.4	0.33	$0.33\left(\dfrac{10}{x}\right)^{\frac{1}{2}}$

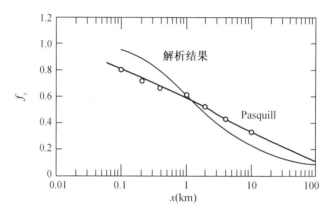

图 4.14　扩散函数 f_y 的理论形式与试验值比较

尽管泰勒公式可以用来推求出扩散函数的理论形式,而且由上例说明,它的形式与试验结果基本吻合。但是,这些年来,人们还是依据试验资料得出不同条件下适用的一些经验表达式,并且证明是适宜的。这正是实际运用风向脉动与扩散函数法确定扩散参数的重要一步。

1977 年由美国气象学会召集的关于稳定度分类方案的扩散曲线专题讨论会上(Hanna等,1977),与会专家一致推荐由 Pasquill(1976)提出并经 Draxler(1976)具体阐述的这种扩散函数法,同时给出应用实施意见。此后,不少研究者给出各类情况下的扩散函数并比较其性能和使用效果及修改意见,促进了扩散参数研究发展(Irwin,1979)。表 4.23 给出几种扩散函数表达式。

表 4.23　几种扩散函数表达式汇摘

方　案	水平扩散	垂直扩散
1 (Draxler,1976)	高架源: $\dfrac{1}{f_y} = 1 + 0.9\left(\dfrac{T}{1\,000}\right)^{0.5}$ 地面源: $\dfrac{1}{f_y} = 1 + 0.9\left(\dfrac{T}{300}\right)^{0.5}$（不稳定）	高架源: $\dfrac{1}{f_z} = 1 + 0.9\left(\dfrac{T}{500}\right)^{0.5}$（不稳定） $\dfrac{1}{f_z} = 1 + 0.945\left(\dfrac{T}{100}\right)^{0.806}$（不稳定）

（续表）

方 案	水平扩散	垂直扩散
	$\dfrac{1}{f_y} = \begin{cases} 1 + 0.9\left(\dfrac{T}{300}\right)^{0.5}, T < 550 \\ 1 + 28/(T)^{0.5}, T > 550 \end{cases}$（稳定）	地面源： $\dfrac{1}{f_z} = \left(\dfrac{0.3}{0.16}\right)\left(\dfrac{T}{100} - 0.4\right)^2 + 0.7$（不稳定） $\dfrac{1}{f_z} = 1 + 0.9\left(\dfrac{T}{50}\right)^{0.5}$（稳定）
2 （Cramer，1976）	$\dfrac{1}{f_y} = \left(\dfrac{50}{x}\right)\left(\dfrac{x-5}{45}\right)^{0.9}$	$\dfrac{1}{f_z} = 1$
3 （Irwin，1983）	$\dfrac{1}{f_y} = 1 + 0.9\left(\dfrac{T}{1\,000}\right)^{0.5}$	$\dfrac{1}{f_z} = 1$（不稳定） $\dfrac{1}{f_z} = 1 + 0.9\left(\dfrac{T}{50}\right)^{0.5}$（稳定）
4 （Irwin，1983）	$\dfrac{1}{f_y} = 1 + 0.9\left(\dfrac{T}{1\,000}\right)^{0.5}$	$\dfrac{1}{f_z} = 1 + 0.9\left(\dfrac{T}{500}\right)^{0.5}$（不稳定） $\dfrac{1}{f_z} = 1 + 0.9\left(\dfrac{T}{50}\right)^{0.5}$（稳定）
5 （Pasquill，1976）	$\dfrac{1}{f_y} = \begin{cases} 1 + \left(\dfrac{T}{2\,500}\right)^{0.5}, x < 10\,000 \\ 3\left(\dfrac{x}{10\,000}\right)^{0.5}, x > 10\,000 \end{cases}$	P-G 方案

§5 烟流抬升与大气清除过程

运用高斯扩散公式作空气污染物散布的浓度估算时，除大气扩散参数外，还需正确处理烟流抬升高度和与其密切有关的源高处平均风速等模式参数。

5.1 烟流抬升及抬升高度计算与应用

高斯烟流扩散公式中涉及的排放高度，即源高 H 是有效源高，它包含排放源（如烟囱）的自然高度 h_s 和烟流抬升高度 Δh，即有

$$H = h_s + \Delta h \tag{4.82}$$

实际应用中，高架连续点源的排放大多以工业烟囱为对象，这类排放源发出的烟气既有一定的出口速度（动力抬升因子），又多为热的烟气，即具有比出口处环境气温高的烟气温度（热力抬升因子），它们自烟囱排出后形成烟流并可上升至相当的高度，能够到达的高度与烟源自身条件和周围环境的气象条件有关，也就是说，在有些烟源条件和气象条件下烟流可能上升很高，有些情况下却上升不高，有时甚至被压下冲。因此，在高斯扩散公式中它体现了改变污染物散布浓度的分布形式的作用。从本章§1 中（4.9）和（4.10）式清楚可见，在相同的大气状况下，抬升高度（即有效源高）不同，由烟气排放造成的地面最大浓度和离源距离均

不同。除了风速很高和发生烟囱或附近建筑物空气动力学下洗的特殊情况外,一般,烟流抬升能将烟源的实际排放高度提高到 2 ~ 10 倍的有效源高高度上,从而可能使地面最大浓度降低 3 ~ 100 倍。甚至,发生烟流穿透进入空中稳定层的情况下,地面最大浓度更小。于是,对于地面相同的污染程度,抬升高的烟流排放源可取较小的自然排放高度,可以设计较矮的烟囱。可见,烟流抬升具有重要的实际意义。

关于烟流抬升问题多年来进行了大量的试验研究和理论探讨。得出过供各种条件下应用的许多烟流抬升高度计算公式,并已初步确定了烟流抬升的物理模型和基本理论体系。

5.1.1　烟流抬升物理模型及影响因子

考虑连续点源排放热烟流,并假设它沿其轴线轨迹持续排放,属于连续烟流模型,描述此类烟流抬升模型的基本几何形式如图 4.15 所示。看图示有风弯曲烟流模型,抬升大致经历以下几个阶段,即喷出阶段、浮升阶段、瓦解阶段和变平阶段,即最后达到烟流抬升高度 Δh 的终极抬升阶段。

喷出阶段,烟气在自身具有的初始动量(由出口速度提供)作用下垂直向上喷射。此时,内部流动相对比较规则,边缘上烟气和周围空气的湍流交换尚未发展,因此烟流轮廓清晰,内部基本维持原来状态。随着烟气上升,烟流内外空气开始逐渐发生湍流混合(由速度切变造成),烟流体扩大并获水平动量(由源高处风速提供)烟流渐渐向水平下风方弯曲。随着水平动量增大,因初始动量而具有的上升速度减小,主导地位消失,动力抬升转而由浮力作用取代成为主导因子。观测表明,通常喷出阶段是个短暂的阶段,动力抬升一般维持至烟囱出口口径的 10 倍左右水平距离的范围。

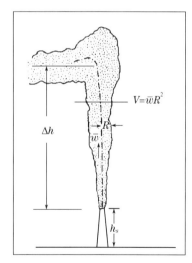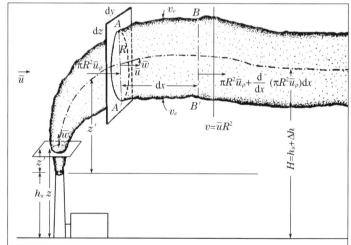

(a) 垂直烟流(无风)　　　　　(b) 弯曲烟流(有风)

图 4.15　烟流抬升几何模型示意

浮升阶段,烟气排放出烟囱口后,由于烟气温度与出口环境气温之差造成的浮力加速度的作用,由其造成的烟气上升速度不久便超过动力上升速度并使烟流继续上升而进入浮力抬升阶段。这时,烟流体增大,烟流内外温差和浮力继续使烟流抬升,随着烟流内外的速度切变作用的加入,使更多的空气参与混合,即烟流边缘的卷夹过程加剧,产生边缘湍流活动带。尽管如此,在烟流抬升的这一阶段,浮力抬升起主导作用,由速度切变造成的自生湍流是导致烟气与周围空气混合的主要因素,环境湍流的作用还较弱。但持续的混合过程会使烟流体内外的温差不断减小,上升速度减缓,烟流开始趋向变平而转入抬升的下一阶段。观测表明,这一阶段是热烟流抬升的主要阶段。

瓦解阶段,至浮升阶段的后期烟流上升速度逐渐减缓,由速度切变造成的自生湍流变得很弱。可是,另一方面,随着烟流体的不断增大,至相当于大气湍流的惯性次区涡旋尺度,越来越多的尺度与之相当的大气湍涡参与混合,环境湍流的作用明显增强并逐渐达到占主导优势的地步。当烟流体增大到环境湍流含能涡旋尺度时,环境湍流的作用急剧增大,环境湍涡大量卷入烟流体,使其自身结构在短时间内瓦解,烟气原先的动力抬升和热力抬升的性质消失,烟流的抬升基本停止。显然,这个阶段通常也是较短的。

变平阶段,以大气中大湍涡为代表的环境湍流起主导作用,使烟流体继续散开胀大,抬升完全停止,烟流渐渐变平。此时,烟流达终极抬升高度并以此计算实际的烟流抬升高度 Δh。

实际抬升过程是复杂多变的,也不可能完全按上述模型划出典型阶段。但是,进行这样的阶段分析,可以比较清晰地知道各阶段的基本影响因子,一方面有利于在理论处理中突出主要因子,另一方面则可直接分析影响烟流抬升的各种因子及其作用。大量观测试验(含现场观测和室内物理模拟试验)结果表明,影响热烟流抬升的基本因子可归纳成以下几类。

① 排放源及排放烟气的性质。源排放烟气的初始动量和浮力是决定其上升高度的基本因素。前者决定于烟气出口速度 w_o 和源出口半径 R_0;后者决定于烟气密度和周围环境空气的密度之差。若不计烟气与空气成分的密度差异,压力相同情况下,密度差可以温度差表示,于是有浮力加速度关系

$$g\left(\frac{\rho_a - \rho_s}{\rho_s}\right) = g\left(\frac{T_s - T_a}{T_a}\right) \tag{4.83}$$

这里下标 a 和 s 分别表示空气和烟气。这一项(即浮力项)是热烟流抬升的主要贡献项,它涉及烟气的热释放量(率),是烟流抬升高度计算公式中的一个主要参量。

② 环境大气的性质。烟气与周围空气混合的速率对烟流抬升的影响也十分重要。混合愈快相当于把烟气的初始动量和热量更快地分散给周围空气,于是,烟流上升速度很快减小,抬升高度则低;反之,烟流抬升就高。与混合速率有关的因子主要是平均风速 $\bar{u}$ 和环境湍流强度 i,尤以平均风速的作用更为明显。平均风速愈大,湍流强度愈强,则混合愈剧烈,抬升高度愈低。因此,平均风速也是抬升高度计算公式中的一个主要参量。

烟流所在气层的温度层结表征大气稳定度状况,是影响烟流抬升的又一个重要因子。大气层结不稳定时,会使烟流浮力抬升增强,反之会抑制烟流的抬升。因此,不仅对不同的

稳定度状况采取不同的烟流抬升高度计算公式,而且还常以稳定度参量作为一个计算参量。

③ 下垫面性质。首先是地形的影响,地面粗糙度是影响湍流强弱的因素之一,粗糙地面上空湍流活跃,不利于烟流抬升。离地越高,地面粗糙度的影响减弱,有利于烟流抬升。另外,复杂的地形,如坡、谷等会形成局部热力状况的特殊分布,从而影响烟流抬升。下垫面的建筑物和地形障碍物的空气动力学效应也会直接支配烟流的抬升,这和烟源与障碍物的相对位置有关。

5.1.2 烟流抬升轨迹与终极抬升概念

由图 4.15(b)几何模型和上节烟流抬升过程的分析可见,烟气自出口排出后,形成烟流并经历初期的准垂直形式,然后弯曲并扩大至瓦解变平,达到终极抬升高度并以此高度计算烟流抬升高度 Δh 和有效源高 H。在这之前,烟流轴线离地面高度不时变化,连成烟流抬升轨迹或烟流轨迹,常以 $z(x)$ 表示。显然,只有经过相当距离后,达到出现变平轨迹的离源距离上,才会有 $z(x_T) = H$。这里的 x_T 称为终极抬升距离。因此,有了烟流抬升轨迹,只有知道 x_T 才可确定烟流抬升高度。这在实用抬升公式中是个很重要的概念,并以此处理方法建立烟流终极抬升模式。

由瓦解到变平达到终极抬升的过程中,必须考虑终极抬升的概念,否则就会得出烟流无限抬升的不符合实际的推论。这里使烟流变平而不致无限上升的支配因素就是环境湍流的主导作用。观测事实表明,在烟流抬升的主要阶段,由速度切变引起的自生湍流起主导作用。这时往往不考虑环境湍流的作用,例如,烟流轴线就按照"三分之二"次律上升,直至环境湍流起主导作用为止。这一水平距离,常取约 10 倍烟源高度的距离。

终极抬升的问题是至今尚未解决的一个烟流抬升课题,下面还将研究它。有人根据实验,将烟流轴的上升斜率≤0.05 时规定为"变平"。事实上,终极抬升应与达到该高度时的终极抬升距离,例如上面提到的 10 倍烟源高度,以及出现地面最大污染物浓度 q_{max} 相联系。为得到实用的抬升高度计算公式,常采用经验截止和理论截止的方法确定终极抬升高度。前者以 $x_T = 10h_s$ 代入烟流抬升的轨迹方程;后者则引入环境湍流作用求解支配方程得出烟流抬升高度。

5.1.3 烟流抬升方程及其闭合求解

烟流是由运动中的流体构成的,于是,大多数烟流抬升模式基于流体力学的基本定律,即质量守恒、浮力守恒和动量守恒来考察烟流抬升问题,通过积分这些守恒表达式(在烟流的截面上积分),以方便的形式来描述烟流轨迹。如前述,考虑连续源排放的烟流并假定烟流持续顺其轴线(即轨迹)移行。烟流的物理状态可通过对烟流轴上几个截面积守恒方程予以总体描述。最后得出穿过积分截面的质量通量方程、浮力通量方程和动量通量方程。通常按图 4.15 所示弯曲烟流(有风)和垂直烟流(无风)两种类型分别处理。对垂直烟流取水平截面积分,对弯曲烟流则取垂直于下风方向的截面积分。前者得出随离源出口高度 y' 变化的通量方程,后者得出随离源下风距离 x 变化的通量方程。另外,观测表明,在烟流抬升的早期两阶段(瓦解阶段以前)烟流是连续均匀的。因此,可以认为,在不同高度烟流横截面上烟流内部的物理属性,如速度、温度等分布均匀,只是到了烟流的边缘上才突变成与周围大气相应的属性,也就是说,这些属性在烟流内部有一定量值,在烟流外部则有不同的量值,在烟流半宽 R 处其量值不连续,分布呈现凸形式,即所谓的"Top-Hat"模型。

1. 烟流抬升方程

分别对图4.15示意的有风弯曲烟流和无风竖直烟流列出抬升方程。对弯曲烟流

$$\left.\begin{aligned}
&\bar{u}\frac{\mathrm{d}R^2}{\mathrm{d}x}=2Rv_e \text{ 或} \frac{\mathrm{d}R^2}{\mathrm{d}t}=2Rv_e &&\text{(质量守恒)}&&\text{(a)}\\
&\frac{\mathrm{d}(\bar{w}V)}{\mathrm{d}x}=\frac{F_z}{\bar{u}} \text{ 或} \frac{\mathrm{d}(\bar{w}V)}{\mathrm{d}t}=F_z &&\text{(动量守恒)}&&\text{(b)}\\
&\frac{\mathrm{d}F_z}{\mathrm{d}z}=-SV \text{ 或} \frac{\mathrm{d}F_z}{\mathrm{d}t}=-S(\bar{w}V) &&\text{(浮力守恒)}&&\text{(c)}
\end{aligned}\right\} \qquad (4.84)$$

对竖直烟流

$$\left.\begin{aligned}
&\frac{\mathrm{d}V}{\mathrm{d}z}=2Rv_e &&\text{(质量守恒)}&&\text{(a)}\\
&\frac{\mathrm{d}(\bar{w}V)}{\mathrm{d}z}=\frac{F_z}{\bar{w}} &&\text{(动量守恒)}&&\text{(b)}\\
&\frac{\mathrm{d}F_z}{\mathrm{d}z}=-SV &&\text{(浮力守恒)}&&\text{(c)}
\end{aligned}\right\} \qquad (4.85)$$

以上方程组中诸符号及其参量意义如图4.15所示,有源高处平均风速 $\bar{u}$,烟气上升速度 $\bar{w}$,排放出口半径 R_0 ,烟流半宽 R ,卷夹速度 v_e ,以及定义如下的体积通量 V

$$\left.\begin{aligned}
&V=\bar{u}R^2 &&\text{(弯曲烟流)}&&\text{(a)}\\
&V=\bar{w}R^2 &&\text{(竖直烟流)}&&\text{(b)}
\end{aligned}\right\} \qquad (4.86)$$

即单位时间通过一定截面的体积(即流过的烟气体积)。看弯曲烟流抬升方程组(4.84),(a)式的物理意义是单位时间流入的空气体积随离源距离的变化(左端)与由于卷夹作用进入烟流的空气量(右端)有关,即维持质量守恒关系。(b)式的物理意义是烟气的垂直通量增值(左端)与浮力通量(以 F_z 表征)和风速有关,即维持动量守恒关系。(c)式的物理意义是烟气体积通量和大气稳定度(右端)有关。式中大气稳定度能量 S 定义由下式表述

$$S=\frac{g}{\theta_a}\frac{\partial\theta_a}{\partial z} \quad
\begin{cases}
> & \text{稳定}\\
=0 & \text{中性}\\
< & \text{不稳定}
\end{cases} \qquad (4.87)$$

它的物理意义是单位质量空气在垂直方向移动单位距离,因浮力作功而引起的加速度变化,即改变量 $\frac{\partial\theta_a}{\partial z}$ 和改变的成数 $\frac{1}{\theta_a}\cdot\frac{\partial\theta_a}{\partial z}$ 。于是,看(4.84c)式,在体积通量 V 一定的情况下,对应三种稳定度状况,分别有:

$$\frac{\mathrm{d}F_z}{\mathrm{d}z}\begin{cases} >0 & \text{烟气受抑制} \\ =0 & \text{烟气维持中性平衡,浮力通量为常数} \\ <0 & \text{烟气活跃不稳定发展} \end{cases}$$

式中浮力能量参数 F_z 表达为

$$F_z = R^2\,\bar{u}g\,\frac{\Delta\rho}{\rho} = R^2\,\bar{u}g\,\frac{\Delta T}{T_s}(\mathrm{m}^4/\mathrm{s}^3) \tag{4.88}$$

式中 $\Delta\rho,\Delta T$ 分别表示烟气排放并取得水平速度 $\bar{u}$ 后,与周围空气间的密度差和温度差,这里烟气密度 ρ_s 改由 ρ 表示,以示与出口处的烟气密度有所区别;T_a 为大气温度,可见,F_z 的物理意义是单位时间单位质量烟气所受到的浮力贡献(增加动量),或者可以较为方便地用排放口烟流参数表示,则有

$$F_z = R_0^2\,\overline{w_0}g\left(\frac{T_s - T_a}{T_s}\right) \tag{4.89}$$

式中 R_0,w_0 分别为排放出口半径和出口速度的初始值,T_s 为烟气温度,T_a 为大气温度。这里 F_z 称之为浮力通量或浮力参数,通常也称之为浮力通量参数,定义为单位时间、单位质量排出烟气所受的浮力,是支配烟流抬升的一个重要特征量,它可由浮力分析得出其物理意义并导出其数学表达式。

考察 t 时间内排放出质量为 m_s 的一团烟气,作用在这团烟气上的力为

$$f = (m_a - m_s)g \tag{4.90}$$

式中烟气质量 $m_a = \pi R^2\,\bar{w}t\cdot\rho_s$,周围空气质量 $m_a = \pi R^2\,\bar{w}t\cdot\rho_a$。

于是,净举力为

$$f = \pi R^2\,\bar{w}\cdot t\cdot g(\rho_a - \rho_s) \tag{4.91}$$

数学处理上,规定(4.91)式除以($\pi\rho_a t$)即为定义的浮力通量参数,即有

$$F_z = g\cdot\bar{w}\cdot R^2\left(\frac{\rho_a - \rho_s}{\rho_a}\right) \tag{4.92}$$

利用状态方程,并取近似 $\rho_s T_s \approx \rho_a T_a$ 便可得到浮力通量参数的数学表达式(4.89)。

在烟流抬升高度的实际计算中常采用烟源的热释放率 Q_H 这一特征参量,表达成

$$Q_H = \pi R_0^2\,\overline{w_0}\rho_s c_p(T_s - T_a),\text{卡/秒} \tag{4.93}$$

可见,其物理意义是单位时间、单位质量烟气升高 ΔT 度释放的热量。式(4.93)可变换为

$$T_s - T_a = \frac{Q_H}{\pi R_0^2\,\overline{w_0}\rho_s c_p}$$

于是,可得 F_z 与 Q_H 的换算关系　　　　$$F_z \cong \frac{g\cdot Q_H}{\pi c_p \rho_a T_a} \tag{4.94}$$

或者取 $T_a = 273\ \mathrm{K}, \rho_a = 1.29\ \mathrm{kg/m^3}, g = 9.8\ \mathrm{m/s^2}, c_p = 240\ \mathrm{cal/(kg\cdot ℃\cdot h)}$,

$$F_z = 3.7\times 10^{-5}Q_H \tag{4.95}$$

2. 抬升方程的推导

以弯曲烟流为例,取图 4.15(b)水平段侧面示意。首先,看方程(4.84a),通过 AA' 截面单位时间流入的质量为

$$\pi R^2 \bar{u} \rho$$

通过 BB' 截面单位时间流出的质量为

$$\pi R^2 \bar{u} \rho + \frac{\mathrm{d}}{\mathrm{d}x}(\pi R^2 \bar{u}\rho)\mathrm{d}x。$$

于是,单位时间的净增量为

$$\frac{\mathrm{d}}{\mathrm{d}x}(\pi R^2 \bar{u}\rho)\mathrm{d}x$$

这部分净增量是由于湍流交换作用而从烟流边缘卷夹进入烟流体的空气造成的。设卷夹速度为 v_e,则单位时间卷入的空气量为

$$2\pi R v_e \rho \mathrm{d}x$$

所以有

$$\frac{\mathrm{d}}{\mathrm{d}x}(\pi R^2 \bar{u}\rho)\mathrm{d}x = 2\pi R v_e \rho \mathrm{d}x$$

或者

$$\bar{u}\frac{\mathrm{d}R^2}{\mathrm{d}x} = 2R v_e$$

显然,这就是(4.84a)式。这里导出过程中是忽略了烟气密度与空气密度的差异的,事实上,此项差异影响很小,通常,只需在浮力项中考虑其影响。

再看方程(4.84b)。类似上述分析,就图 4.15 所示烟流水平段,单位时间从 AA' 截面到 BB' 截面的垂直动量增量为

$$\frac{\mathrm{d}}{\mathrm{d}x}(\pi R^2 \bar{u}\rho \bar{w})\mathrm{d}x$$

式中 $\bar{w}$ 为烟流元的平均上升速度,这个动量的增加量是在 $\mathrm{d}x$ 距离$\left(\text{或}\frac{\mathrm{d}x}{\bar{u}}\text{时间内}\right)$浮力加速度作用的结果,所以有

$$\frac{\mathrm{d}}{\mathrm{d}x}(\pi R^2 \bar{u}\rho \bar{w})\mathrm{d}x = \left(\pi R^2 \bar{u} \cdot g \cdot \rho \cdot \frac{\Delta\rho}{\rho}\right)\frac{\mathrm{d}x}{\bar{u}} \tag{4.96}$$

此式右端括号内的项表示单位时间内浮力引起的动量的增加量。若消去常数 π,即为定义的弯曲烟流的浮力通量参数表达式(4.88)。代此入(4.96)式有

$$\bar{u}\frac{\mathrm{d}R^2\bar{w}}{\mathrm{d}x} = \frac{F_z}{\bar{u}}$$

于是有

$$\frac{\mathrm{d}(\bar{w}V)}{\mathrm{d}x} = \frac{F_z}{\bar{u}}$$

这就是(4.84b)式,其中体积通量 V 由(4.86)式表述。

最后,看方程(4.84c)。根据浮力通量参数的表达式可有

$$\frac{\mathrm{d}F_z}{\mathrm{d}z} = \frac{\mathrm{d}}{\mathrm{d}z}\left(R^2\,\bar{u}g\,\frac{\Delta\rho}{\rho}\right) = -S(R^2\,\bar{u}) \tag{4.97}$$

根据(4.86)式和(4.87)式可有

$$\frac{\mathrm{d}F_z}{\mathrm{d}z} = -SV$$

这就是(4.84c)式。

至此,有关弯曲烟流的抬升方程都已推导求得。类似地,取竖直烟流的垂直烟流段,便可推导求出竖直烟流抬升方程。

3. 方程组的闭合问题与 Taylor 闭合假设

方程组(4.84)和(4.85)中,因为有 R、v_e、$\bar{w}$、F_z 四个未知量,因此是不闭合的,无法求解。于是,研究工作集中于求出理论的或经验的闭合条件(亦称闭合假设),即必须再找出一个关系式才能求解方程组预报烟流抬升高度,这就是烟流抬升方程的闭合问题。历来,闭合假设曾涉及夹卷速度、烟流半宽、雷诺应力和湍流动能等变量。无论引入哪一个未知参量,该参量必须与一些能由已知方程预报得知的其他变量联系起来,建立确定的关系。闭合假设各不相同,不同研究者给出许多不同方法。不同模式有不同闭合假设,它是烟流抬升预报模式的核心。对于我们这里讲述的质量-浮力-动量守恒方程组而言,最常采用的闭合条件是所谓"Taylor 夹卷假设",这也是迄今大多数烟流抬升模式采用的最简单的一种闭合途径。它是 Taylor(1945)首先提出的,后来发展并由 Morton 等人(1956)发表于公开文献中,广泛应用并常常被作为进一步研究工作的出发点。Taylor 假设基于这样一个思想,即因为烟流里的湍流是烟流和周围流体间的速度切变产生的,因此,所有湍流速度,包括夹卷速度,局部地以平均烟流垂直速度 $\bar{w}$ 量度。也就是说,烟流周围的空气被夹卷进入烟流的速率是与烟流和周围流体之间的速度切变成比例的,而且这种切变主要是烟流的垂直速度。对竖直烟流,Taylor 夹卷假设表达为

$$v_e = \alpha\,\bar{w} \tag{4.98}$$

这里 α 为无理纲夹卷常数,常取 $a = 0.08$。再联合(4.85a)式和(4.86b)式可有

$$\frac{\mathrm{d}V}{\mathrm{d}z'} = 2\pi\alpha R\,\bar{w} = 2\alpha(\pi\,\bar{w}V)^{\frac{1}{2}} \tag{4.99}$$

以弯曲烟流,Taylor 夹卷假设表达为

$$v_e = \beta\,\bar{w}_c \tag{4.100}$$

这里 β 为无量纲夹卷常数,对浮升烟流,常取 $\beta = 0.6$;对纯动力射流,取 $\beta = 0.4 + 1.2/R$。式中 $\bar{\omega}_c$ 表示烟流运动的垂直分量,因为这类烟流在它们把周围空气卷夹进烟流时,获得水平速度,而大部分速度切变则源自烟流运动的垂直分量。垂直速度切变是烟流自生湍流的主要来源。联合(4.84a)和(4.86a)式可有

$$\frac{\mathrm{d}V}{\mathrm{d}z'} = 2\pi\beta R\,\bar{u} = 2\beta(\pi\,\bar{w}V)^{\frac{1}{2}} \tag{4.101}$$

如果 $\bar{u}$ 不随高度变化,就可有简单的线性关系

$$\frac{\mathrm{d}R}{\mathrm{d}z'} = \beta \tag{4.102}$$

$$R = R_0 + \beta z' \cong \beta z' \tag{4.103}$$

4. 中性层结有风时的烟流抬升

中性层结条件下,因为 $S \rightarrow 0$(4.87 式)。另外,由于有风,通常自源排放的烟流在近源处弯曲,然后变成略成向上偏斜的形式。这种情况下,宜用弯曲烟流抬升模型,其抬升方程组为

$$\left. \begin{array}{ll} \dfrac{\mathrm{d}R^2}{\mathrm{d}x} = 2Rv_e & (\text{a}) \\[2mm] \dfrac{\mathrm{d}(\bar{w}V)}{\mathrm{d}t} = F_z & (\text{b}) \\[2mm] F_z = F = \text{常数} & (\text{c}) \end{array} \right\} \tag{4.104}$$

假定,在抬升的第一、二阶段,烟流对周围空气的卷夹主要是由于烟气与空气间的速度切变造成的,忽略不计环境湍流的作用,取 Taylor 闭合假设 $v_e = \beta\,\bar{w}$。于是,可有

$$\frac{\mathrm{d}R^2}{\mathrm{d}x} = 2\beta R\,\bar{w} \tag{4.105}$$

积分此式可得

$$R = R_0 + \beta z \tag{4.106}$$

式中 R_0 为烟流初始半宽(即排放源出口半径),到浮升阶段 R_0 可忽略不计。于是,可有

$$R = \beta z \tag{4.107}$$

可见,在忽略环境湍流作用的浮升过程中,烟流半宽与它所处高度成正比。已知中性层结条件下,$F_z = F = \text{常数}$。对(4.104b)式积分可有

$$\bar{w}V = F_m + Ft \tag{4.108}$$

这里 $\bar{w} = \dfrac{\mathrm{d}z}{\mathrm{d}t}$,$\overline{wV} = \bar{w}\bar{u}R^2$,$F_m$ 为初始垂直动量,有

$$F_m = (\bar{w}V)_0 = \overline{w_0^2}R_0^2 \tag{4.109}$$

据上述诸关系,再加上(4.107)式关系代入(4.108)式可得

$$\bar{u}(\beta z)^2\,\frac{\mathrm{d}z}{\mathrm{d}t} = F_m + Ft \tag{4.110}$$

积分此式,最后可得

$$z = \left[\frac{3F_m}{\beta^2\,\bar{u}}t + \frac{3F}{2\beta^2 u}t^2 \right]^{\frac{1}{3}} \tag{4.111}$$

这就是中性层结有风时弯曲烟流运动的解。若令 $t = \dfrac{x}{\bar{u}}$,便可得 $z \sim x$ 关系,即烟流轨迹方程。

利用上述所得解,还可以分别得出单纯考虑动力因子和单纯考虑浮力因子时的两种解,即分别考虑两种特定情形:

① 动力抬升,即浮力项等于零(非热源)或者 t 很小的情形。这时(4.111)式的右端第二项可略去,于是有

$$z = \left(\frac{3}{\beta^2} \frac{F_m}{\bar{u}} \cdot t \right)^{\frac{1}{3}} = \left(\frac{3F}{\beta^2} \right)^{\frac{1}{3}} \bar{u}^{-\frac{2}{3}} x^{\frac{1}{3}} \tag{4.112}$$

这就是烟流动力抬升的规律,称之为"三分之一次律",这里 $\beta = 0.4 + \dfrac{1.2}{R}$,$R = \dfrac{\bar{w_0}}{\bar{u}}$,$x = \bar{u}t$。

② 热力抬升,即时间足够长以后,(4.111)式右端第二项比第一项大得多,于是有

$$z = \left(\frac{3F_m}{\beta^2} \frac{}{\bar{u}} \cdot t^2 \right)^{\frac{1}{3}} = \left(\frac{3}{2\beta^2} \right)^{\frac{1}{3}} F^{\frac{1}{3}} \bar{u}^{-1} x^{\frac{2}{3}} \tag{4.113}$$

这就是烟流热力抬升的规律,称之为"三分之二次律"。

可见,对任何兼有动力和热力抬升的烟流,近距离(t 短)的抬升由动力项支配,远距离(t 长)由浮力项支配。只要浮力项不太小,经过不太远的距离后,它的贡献就会超过动力抬升作用。于是,可由(4.111)式定出这个转折点,即当

$$t = t_c = \frac{2F_m}{F} \tag{4.114}$$

时两项作用相当。利用 $F = F_z$ 的定义式(4.89)和(4.109)式关系可得

$$t_c = \frac{2 \overline{w_0} T_s}{g(T_s - T_a)} \tag{4.115}$$

这就是由动力抬升占优势转换为热力抬升占优势的时间。实际应用中,对于采暖锅炉和火电厂这类热烟流排放源,约有 $t_c = 10 \sim 20$ 秒。一般情况下,对此类烟源,动力抬升的贡献所占份额很小。所以,计算此类强热源排放的烟流抬升高度时,常可以忽略动力抬升项而直接运用(4.113)式表达的三分之二次律。Briggs(1975)根据大量观测试验资料分析得到 $\dfrac{z}{F^{\frac{1}{3}} \bar{u}^{-1} x^{\frac{2}{3}}}$ 的量值落在 $1.2 \sim 2.6$ 范围,大多数据在 $1.5 \sim 1.7$ 之间。因此他建议对(4.71)式的系数取 1.6。于是,中性层结有风时的实用烟流抬升路径方程为

$$z = 1.6 F^{\frac{1}{3}} \bar{u}^{-1} x^{\frac{2}{3}} \tag{4.116}$$

这就是著名的 Briggs 三分之二次律。观测的烟流抬升路径是与三分之二次律大致符合的。由式可知,烟流抬升轨迹高度有以下关系:

$z \propto x^{\frac{2}{3}}$,与离源下风距离呈 $\dfrac{2}{3}$ 次幂关系;

$z \propto F^{\frac{1}{3}}$,与浮力能量参数呈 $\dfrac{1}{3}$ 次幂关系;

$z \propto \bar{u}^{-1}$,与烟流所在高度平均风速呈 -1 次幂关系。

这些正是与观测结果一致的基本事实。显然,(4.116)式中的系数应由实验确定。这里由 $\left[\dfrac{3}{2\beta^2}\right]^{\frac{1}{3}}=1.6$ 的关系可以得出相应的 $\beta=0.6$ 的实验值。所有的风洞试验研究结果亦都表明与 1.6 的取值一致。只是在一些情况下,例如发生由烟囱、建筑或地形引起的烟流下洗情况以及地形高度变化和由江湖水域诱生对流活动等情况下观测实验系数会有较明显偏差。

5. 稳定层结条件下的烟流抬升

在稳定大气中,满足浮力守恒关系的烟流其抬升受到限制,因为这种情况下,一方面由卷夹周围空气而产生负浮力;另一方面较高的环境位温使其变平,即抬升受抑。此时,守恒方程(4.84c)式中,$S>0,\dfrac{\mathrm{d}F_z}{\mathrm{d}t}<0$。于是,代关系式 $\mathrm{d}z'=\bar{w}\mathrm{d}t$ 进动量守恒的浮力守恒方程,就 t 微分动量方程(4.84b),再代入(4.84c)便可得新的浮力守恒方程

$$\frac{\mathrm{d}^2(\bar{w}V)}{\mathrm{d}t^2}=-\omega^2(\bar{w}V) \tag{4.117}$$

式中 $\omega=S^{\frac{1}{2}}$ 为 Brunt-Vaisala 频率。这是一个简单的谐振方程,其振荡频率即为 ω $\left(或周期为\dfrac{2\pi}{\omega}\right)$,因为体积通量 V 是随时间增长的,而 $\bar{w}V$ 是振荡的,所以 $\bar{w}$ 必具阻尼谐振的性质。由(4.117)式描述的烟流抬升至某个渐近高度并按照阻尼振荡的方式趋近于它。至此可知,(4.117)式只是根据守恒原理得出的,未涉及任何闭合假设。而且可得一个结论,即当 $T\ll\omega^{-1}$ 时,稳定层结对烟流抬升的影响很小。但当 ωt 相当大的情况下,问题变得相当复杂,(4.117)式的可靠性和运用值得进一步研究。

当 S 在烟流所处大气层内随高度近似不为常数的情况下,例如,在一些空中稳定气层里以及夜间最低 100 米左右大气层里就经常是这样的,(4.117)式就是描述了一种简单的谐和振荡。设初始条件为 $t=0$ 时:

$$\begin{aligned}\bar{w}V\big|_{t=0}&=F_m &&（即初始通量）\\[2mm]\frac{\mathrm{d}(\bar{w})}{\mathrm{d}t}\big|_{t=0}&=F &&（即动量守恒关系）\end{aligned} \tag{4.118}$$

于是,方程(4.117)式的解为

$$\bar{w}V=F_m\cos(\omega t)+\left(\frac{F}{\omega}\right)\sin(\omega t) \tag{4.119}$$

因而,最大抬升(即 $\bar{w}$ 趋于零的位置)分别出现在 $\omega t=\dfrac{\pi}{2}$(对动力抬升)和 π(对强浮力抬升)处。一般情况下,最大抬升出现在 $\omega t=\arctan\left(-\omega\dfrac{F_m}{F}\right)$ 处。当 S 为常数时,由方程

$$\frac{\mathrm{d}^2F_z}{\mathrm{d}t^2}=-SF_z \tag{4.120}$$

得其解

$$F_z = F\cos(\omega t) - wF_m\sin(\omega t) \tag{4.121}$$

可见,浮力能量 F_z 和动量通量 $\bar{w}V$ 均作振荡变化,而相位差90°。动力抬升很快便出现负浮力,而浮力烟流则在 $\omega t = \dfrac{\pi}{2}$ 处才开始成负浮力,这里正是达最大抬升的时间的一半。上述结果表明动能和热能(克服浮力 – 重力作功)的交替转化。当然,事实上因为存在阻尼的缘故,不大可能出现剧烈的振荡。可见,在稳定大气中,烟流抬升速度作振荡变化,在 $\bar{w} = 0$ 处,烟流达最高或最低点,即由于夹卷作用的结果,体积能量 V 总随时间而增大,故垂直速度 $\bar{w}$ 定义像一个阻尼谐波振荡那样起作用,垂直速度 $\bar{w}$ 第一次降到零的地方就是烟流最大抬升之处,实用中关心的当然主要是最大抬升高度。

至此,基于守恒方程讨论了进入稳定气层的烟流抬升问题,进一步则需致力于一定的闭合假设求解不同情况下的烟流抬升轨迹和最大高度的公式。因为层结稳定情况下,静风频率高,所以分别实际考虑两种情形,即稳定有微风($\bar{u} \neq 0$)和稳定无风($\bar{u} = 0$),前者呈弯曲烟流,后者呈垂直烟流。对垂直烟流,利用(4.118)式以及(4.85a)式并引用 Taylor 夹卷假设(4.98)式并代入以下关系:$\mathrm{d}z' = \bar{w}\mathrm{d}t$ 和 $V = \bar{w}R^2$,便可得垂直烟流里 $\bar{w}$ 和 z 的解,但只能由数值解方式求解(Morton 等,1956,1973)。他们给出夹卷系数 $a = 0.132$,便得烟流最大抬升高度的预报方程为

$$z_{\max} = 5.0F^{\frac{1}{4}}S^{-\frac{3}{5}} \tag{4.122}$$

实验资料拟合所得结果与此式预报结果相当吻合,其系数对烟流顶部取为5.0,对底部取为3.0,平均4.0 为宜。

对弯曲烟流,烟流轨迹可比较容易地从(4.119)式得出,因为 $w = \dfrac{\mathrm{d}z}{\mathrm{d}t}$,$t = x\,\bar{u}$ 而 V 与 z' 的关系比较简单。假定(4.103)式正确,于是有

$$V = \bar{u}R^2 = \bar{u}(\beta z')^2 \tag{4.123}$$

积分(4.119)式并知道在 $wt = \arctan\left(-\omega\dfrac{F_m}{F}\right)$ 处出现最大抬升,于是可得烟流最大抬升高度的预报方程为

$$z_{\max} = \left(\frac{3F}{\beta^2\,\bar{u}S}\right)^{\frac{1}{3}}\left(1 + \left[1 + \left(\omega\frac{F_m}{F}\right)^2\right]^{\frac{1}{2}}\right)^{\frac{1}{3}} \tag{4.124}$$

此式可以用来预报稳定层结大气中弯曲烟流的抬升。对于大多数热烟流言,$\omega\dfrac{F_m}{F} \leqslant 0.1$ 而且初始动量的影响可忽略不计,于是,取 $\beta = 0.6$ 时,(4.124)式中的系数可取2.8。这个系数量值与稳定层结风洞试验的测量结果(Hewett 等,1971)一致,但 Briggs(1975)根据10组烟流抬升观测资料分析(大多为火电厂烟流的观测结果)建议

$$\Delta h = 2.6\left(\frac{F}{\bar{u}S}\right)^{\frac{1}{3}} \tag{4.125}$$

实验系数的最佳拟合值落在 2.3~3.1 范围。

6. 不稳定层结条件下的烟流抬升

理论上说,大气不稳定层结条件下,因为 $S<0$,$\dfrac{\mathrm{d}F_z}{\mathrm{d}t}>0$,即浮力通量及上升速度均持续增大,抬升无止境。显然,这是与实际情况不符的。实际情况是,在自生湍流和环境湍流作用下,烟流起伏变化很不稳定,混合加速会使抬升减缓,即浮力加强与湍流混合作用相互抵消,不稳定层结条件下,由于湍流活动比较旺盛及其随机性,试验观测不易准确,观测资料离散性很大,但平均结果还是接近中性时的烟流抬升结果,因此,实际应用中常采用中性层结条件下的烟流抬升公式,只是取略比中性时大一些的实验系数。

5.1.4 环境湍流与烟流抬升

从本节第一个问题关于烟流抬升物理模型及影响因子的分析和有关烟流终极抬升及有效源高的概念看,环境湍流在烟流抬升的后期阶段有重要支配作用。事实上,如上段所述,从理论上说,中性和不稳定层结条件下的浮力烟流抬升是"无限"的,正是由于烟流在环境大气湍流的作用下混合,由自生湍流和环境湍流共同作用,才不可能发生上述不合理现象。为得到实用的合理的终极抬升高度,需要考虑环境湍流作用,作为一种闭合假设求解支配方程,求得终极抬升高度;或者根据试验观测,定出终极抬升距离 x_T,代入抬升高度公式以求得终极抬升高度。这就是确定终极抬升的所谓理论截止和经验截止的方法。另一方面,环境湍流与烟流抬升的关系还体现在对烟流抬升的限制影响方面,例如,机械湍流限制,对流湍流限制和其他一些实际问题的影响。这些正是有关烟流抬升研究发展的一些领域,研究有一定进展,但远未完全解决。

1. 引入环境湍流影响的闭合假设

研究者一致认为,在离源近区,主要是由烟流的自生湍流引起夹卷过程,而环境湍流则只是到了一定阶段之后的下风距离处才起主导作用。引入环境湍流影响的最常见的途径是将其与夹卷速度 v_e 相联系的假设,这方面有三种闭合假设(Briggs,1975):

其一,$v_e \propto \dfrac{K}{R}$,这里 K 是环境湍流的扩散率。只要 $R \gg$ 环境湍流的主导尺度 l,这种方法就是可靠的。

其二,$v_e \propto u'$,这里 u' 是环境湍流的均方根速度。如果 R 与 l 量级相同,这种方法就是可靠的。

其三,$v \propto (\varepsilon R)^{\frac{1}{3}}$,这里 ε 是环境湍流的能量耗散率。如果 $R \ll l$,这种方法便是可靠的,因为湍能耗散率 ε 与环境湍流中较小湍涡(即惯性次区)的含能直接有关。

对于中性层结有风时浮升烟流的抬升,三分之二次律能较好地描述抬升前期的烟流路径。为了得到终极抬升高度(即最大抬升高度),如前述,可以采用经验截止方法,即根据实测的抬升高度资料定出达到终极抬升高度的离源下风距离 x_T。于是,中性层结有风时的浮升烟流抬升公式(4.115)可表示成

$$\Delta h = 1.6 F^{\frac{1}{3}} \bar{u}^{-1} x^{\frac{2}{3}} \tag{4.126}$$

理论上,目前流行有几种考虑环境湍流作用的方法:

第一种方法就是运用前述第三种闭合假设的分段作用模式。模式分阶段考虑环境湍流和自生湍流的作用,假定前期抬升由自生湍流支配,此时 $v_e = \beta \bar{w}$;后期则完全由环境湍流支配,且按照第三种闭合假设处理。于是有基本假定

$$v_e = \max\left[c(\varepsilon R)^{\frac{1}{3}}, \beta \bar{w} \right] \tag{4.127}$$

这里 c 为无因次系数。据此及抬升方程组可能定出前后期的转折距离和烟流抬升路径。显然,前期的路径就是三分之二次律。为定出前后期的转折位置,可令

$$\beta \bar{w} = c(\varepsilon R^*)^{\frac{1}{3}} \tag{4.128}$$

式中上标星号表示转折位置的值。据此式和(4.107)和(4.113)式便可得到转折点离源距离为

$$x^* = \left(\frac{2}{3}\right)^{\frac{1}{5}} \beta^{\frac{2}{5}} F^{\frac{2}{5}} (c^{-3} \varepsilon^{-1} \bar{u})^{\frac{3}{5}} \tag{4.129}$$

于是,后期的烟流抬升路径方程为

$$z = \left(\frac{3}{2\beta^2}\right)^{\frac{1}{3}} F^{\frac{1}{3}} \bar{u}^{-1} (x^*)^{\frac{2}{3}} \left[\frac{2}{5} + \frac{16x}{15x^*} + \frac{11}{5}\left(\frac{x}{x^*}\right)^2 \right] \cdot \left(1 + \frac{4x}{5x^*}\right)^{-2} \tag{4.130}$$

此式表明,在进入环境湍流支配阶段以后,烟流上升比三分之二次律更快地趋向平缓。观测检验表明,此式结果与观测结果一致性不佳。

第二种方法称为突然作用模式,是假定环境湍流在完成抬升的主要阶段不起作用,仅把它作为确定抬升终止点的参量引入理论模式,整个抬升过程始终遵循三分之二次律,一旦环境湍流发生作用,抬升就突然截止。假定烟流内部的湍能耗散率 $\bar{\varepsilon}$ 等于环境湍能耗散率 ε 时,烟流进入瓦解阶段,抬升基本终止。由量纲分析有

$$\bar{\varepsilon} = \eta \frac{\bar{w}^3}{z} \tag{4.131}$$

式中 η 为无因次系数。根据 $\varepsilon = \bar{\varepsilon}$ 的假定和(4.113)式可得到

$$x_T = \left(\frac{2}{3}\right)^{\frac{9}{5}} \left(\frac{3}{2\beta^2}\right)^{\frac{2}{5}} F^{\frac{2}{5}} \bar{u}^{\frac{3}{5}} \left(\frac{\eta}{\varepsilon}\right)^{\frac{3}{5}} \tag{4.132}$$

此时抬升终止。将此式代入(4.126)式可得到

$$\Delta h = \left(\frac{2}{3\beta^2}\right)^{\frac{3}{5}} \left(\frac{F}{\bar{u}}\right)^{\frac{3}{5}} \left(\frac{\eta}{\varepsilon}\right)^{\frac{2}{5}} \tag{4.133}$$

这就是 Briggs 的溃散模式。同样,尚没有强有力的观测事实能清楚说明其物理模型(Briggs, 1981)。

对近中性层结的情形,取(4.131)式中 $\eta = 1.5$ 并对浮升弯曲烟流,根据三分之二次律(4.116)式并按定义 $w = \frac{dz}{dt}$ 和 $dx = \bar{u} dt$, $z = h_s + \Delta h$ 可导出烟流抬升高度公式

$$\Delta h = 1.54 \left(\frac{F_0}{\bar{u} u_*^2} \right)^{\frac{2}{3}} h_s^{\frac{1}{3}} \tag{4.134}$$

这里 F_0 为初始浮力通量,导出时取用近中性时正确的关系

$$\varepsilon = \frac{u_*^3}{0.4z} \tag{4.135}$$

对流状况下,以下式表达湍能耗散率

$$\varepsilon = 0.25 F_g \tag{4.136}$$

式中 $F_g = \left(\frac{g}{T} \right) \overline{w'T'}$ 为地面浮力通量,它与地面热通量成比例。

于是,可得浮升烟流抬升高度公式

$$\Delta h = 3 \left(\frac{F_0}{\bar{u}} \right)^{\frac{3}{5}} F_g^{-\frac{2}{3}} \tag{4.137}$$

由于大气不稳定状况下烟流抬升观测困难,故这仅是一个不太确切的试验性公式。

第三种方法是从抬升的前期就考虑环境湍流的作用,由中国学者发展建立(陈家宜,1981;李宗恺,1982)。分析烟流抬升观测资料发现:抬升高度与离源下风距离的关系虽符合幂次律,但平均路径与三分之二次律有偏离,即实际的烟流路径更快地趋于变平,认为这是环境湍流前期参与混合过程的结果。在此基础上提出了自生湍流和环境湍流的联合作用模型。显然,在此模型中,烟流半宽随高度的增长应当比线性关系更快。据观测资料分析可得

$$R = \beta z^{(1+ri)} \tag{4.138}$$

式中 i 为环境湍流强度,r 为无因次系数。由此式和抬升方程组可解得中性层结有风时浮升烟流的抬升方程为

$$z = \left(\frac{3+2ri}{2\beta^2} \right)^{\frac{1}{3+2ri}} F^{\frac{1}{3+2ri}} \bar{u}^{-\frac{3}{3+2ri}} x^{\frac{2}{3+2ri}} \tag{4.139}$$

由式可见,在 $i=0$ 时,即蜕变为三分之二次律,无因次系数 r 则由观测资料确定。第二种突然作用模式未考虑环境湍流的累积作用,导出的终极抬升高度公式大多偏高。这里联合作用模式导出的终极抬升高度则比较低。

2.　受环境湍流制约的烟流抬升

在非稳定层结气层,由切变运动和自下而上的加热过程使气层动荡不定。整个气层充满湍涡活动,即湍流。它以两种不同方式制约抬升烟流的有效源高。其一,如果小尺度运动足够活跃,它们就能使足够的周围空气与烟流混合,这样烟流的浮力和垂直动量充分地被缓减,使得烟流趋向于一个渐近高度。其二,如果大尺度湍涡足够活跃,它们可能将一些烟流段扯移到地以致造成地面最高浓度。这些都会发生在达到终极抬升之前。这种情况下,就不能只以一渐近的烟流抬升高度作处理。以上两种物理模型都有可能占主导,这取决于烟源参数和不同尺度湍涡的活跃程度。

湍流源于不同机制,分有机械湍流和对流湍流两种,前者的强度与风速和粗糙元的尺寸

(包括突起的地形特征,构筑物和植被)有关;后者的强度主要与自地面传给大气层的显热的速率以及混合层厚度 z_i(这里通常定义 $0 \leqslant z \leqslant z_i$)有关。机械湍流的强度,尤其是对于小湍涡,是随着高度迅速减弱的,因此,机械湍流成为制约因素时,烟流抬升将与源高有关。与此对照的,对流湍流的强度在混合层的大部分区域相对为常值。基于这些物理考虑,我们讲述一些环境湍流与烟流抬升的关系及处理模式。

(1) 溃散模式和触地模式

溃散模式(Break up model)通过引入一种闭合假设((4.131)式)考虑环境湍流对烟流抬升的影响,已如前述。这里主要论述触地模式(Touch down model)。模式假定,在抬升终止之前,大的向下运动的湍涡将相当部分的烟流物质带向地面。利用中性层结有风时的烟流抬升方程(4.112)式和(4.116)式描述烟流轴线的相对抬升并且假设这种运动叠加在一个平均负垂直速度 w_d 上。为计算烟流触地距离 $x = x_d$,令

$$h_s + z_b' - w_d \frac{x}{\bar{u}} = 0 \tag{4.140}$$

式中 z_b' 是烟流底的相对抬升,模型概念如图4.16所示。显然,以 $x = x_d$ 的平均抬升高度处理是最适宜于预测最大平均地面浓度的。为了得到这个平均烟流抬升,可将 $x = x_d$ 代回到(4.112)式和(4.116)式以求得烟流轴线的抬升高度(当然平均环境垂直速度近似为零)。

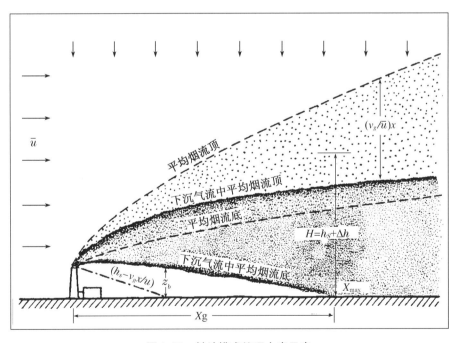

图4.16　触地模式处理方案示意

另一方面,模式易于用来预测最大瞬时地面浓度烟流段的内半宽近似为 $\beta' z_c' = 0.4 z_c'$(对浮升烟流),这里 z_c' 是由(4.116)式计算所得的值。平均烟流段的体积扩张为

$$\sim \pi \bar{u} (0.4 z_c')^2$$

因而,在烟流段里瞬时浓度近似为

$$Q/\pi \bar{u}(0.4z_c')^2$$

这里 Q 为源强。照相观测结果(Briggs,1969)表明

$$z_b' = 0.5z_c'$$

于是,可知在以下位置发生触地现象

$$h_s = 0.5z_c' - w_d\frac{x}{\bar{u}} = 0 \tag{4.141}$$

并有

$$\frac{\Delta h_d}{h_s} = 1.6\left[\frac{F_b}{\bar{u}\omega_d^2 h_s}\right]^{\frac{1}{3}}\left[1 + 0.5\frac{\Delta h_d}{h_s}\right]^{\frac{2}{3}} \tag{4.142}$$

这里 Δh_d 定义为 $x = x_d$ 处的 z_c'。

对于动力抬升的情形,有

$$\left.\begin{array}{c} h_s + \left[1 - \dfrac{\beta}{2}\right]z_c' - \dfrac{w_d x}{u} = 0 \\[3mm] \dfrac{\Delta h_d}{h_s} = 1.6\left[\dfrac{3F_m}{\beta^2\,\bar{u}w_d h_s^2}\right]^{\frac{1}{3}}\left[1 + \left(1 - \dfrac{\beta}{2}\right)\dfrac{\Delta h_d}{h_s}\right]^{\frac{1}{3}} \end{array}\right\} \tag{4.143}$$

取一些实用近似,例如有

$$\Delta h_d \cong 2.9\left[\frac{F_b}{\bar{u}w_d^2}\right]^{\frac{3}{5}}h_s^{\frac{2}{5}} \tag{4.144}$$

对(4.143)式的有关量取

$$\beta = 0.4 + \frac{1.2}{R}\text{和}\ R = \frac{w_0}{\bar{u}},z_b' \cong \left(1 - \frac{\beta}{2}\right)z_c'$$

(2) 机械湍流制约时的烟流抬升

预报机械湍流制约情况下的烟流抬升,需要知道湍能耗散率 ε,由大湍涡造成的下移速度 w_d 以及近地面层的垂直范围等。运用溃散模式的闭合假设(4.135)式和(4.133)式抬升高度计算式,在溃散高度 $z = h_s + \Delta h$ 处,对浮升烟流有

$$\Delta h = 1.2\left[\frac{F_b}{\bar{u}u_*^2}\right]^{\frac{3}{5}}(h_s + \Delta h)^{\frac{2}{5}} \tag{4.145}$$

这里取 $\beta = 0.6,\eta = 1.5,k = 0.4$,或者近似简化有

$$\Delta h \cong 1.54\left[\frac{F_b}{\bar{u}u_*^2}\right]^{\frac{2}{3}}h_s^{\frac{1}{3}} \tag{4.146}$$

对动力抬升烟流,将闭合假设(4.135)式代入溃散模式的动力抬升表达式便有

$$\Delta h = 0.93\left[\frac{F_b}{\beta^2\,\bar{u}u_*}\right]^{\frac{3}{7}}(h_s + \Delta h)^{\frac{1}{7}} \tag{4.147}$$

这里取 $\beta = 0.4 + \dfrac{1.2}{R}, \eta = 1.5, k = 0.4$。若不计入 h_s，则可简化为：

$$\Delta h \cong \frac{0.9\left(\dfrac{\bar{u}}{u_*}\right)^{\frac{1}{2}} F_m^{\frac{1}{2}}}{\beta \bar{u}} \tag{4.148}$$

与触地模式相比较，溃散模式这里的计算结果至少小两倍。因此，认为溃散模式对动力抬升情况下的抬升高度计算应是比较适宜的。

（3）对流湍流制约时的烟流抬升

为估算对流湍流对烟流抬升的影响，同样需要知道湍能耗散率 ε 和平均下移速度 w_d。另外还需知道对流边界层湍流的一些重要参量，如混合层高度 z_i，热通量参数 $H_T = \left(\dfrac{g}{T}\right)\overline{w'T'}$ 以及对流尺度速度 $w_* = (H_T z_i)^{\frac{1}{3}}$ 等。

为计算溃散阶段的浮升烟流，代 $\varepsilon = 0.25 H_T$ 入（4.148）式，结果可得

$$\Delta h = 3\left[\frac{F_b}{\bar{u}}\right]^{\frac{3}{5}} H_T^{-\frac{2}{5}} \tag{4.149}$$

这里取 $\beta = 0.6, \eta = 1.5$。一般认为此式是比较简便（例如比触地模式简单），因为它不需要知道混合高度，而且是略偏保守的。

对于动力抬升烟流，类似处理可有

$$\Delta h = 1.3\left[0.4 + \frac{1.2}{R}\right]^{-\frac{6}{7}}\left[\frac{F_m}{\bar{u}}\right]^{\frac{3}{7}} H_T^{-\frac{1}{7}} \tag{4.150}$$

同样，与触地模式相比，这里的计算结果肯定也是比较保守的。

虽然，长久以来早已认识到对流湍流对烟流的扩散具有重大的影响，但只是近来才试图考虑它对烟流抬升的影响问题。主要困难是缺乏试验资料。近些年来，对流边界层湍流研究的进展，使得有可能大量搜集并运用有关理论和试验结果以及相应参量于抬升高度的研究，并且将进一步推动环境湍流对烟流抬升影响的研究。

5.1.5　烟流抬升高度实用计算公式

烟流抬升理论和试验研究的一个主要目的是建立可行的实用计算公式，供大气扩散模拟中确定抬升高度和有效源高，这尤其在大量工程中有广泛的应用。迄今，此类公式很多，有的是纯经验的，在野外或在风洞实验室中同时测定烟流抬升高度、源参数和气象条件，由实验资料拟合得出经验公式。有的是理论公式，其中通常也包含有一些经验假定或必须由观测资料或模拟实验确定的经验系数。由此可见，一方面这些公式大多带有较强的经验性，另一方面因此而必须予以观测检验。众多的抬升公式，加上理论研究发展尚不完善和观测试验技术的困难带来的不确切性，不可避免地造成一些混乱，或者使得不同公式的应用结果缺少应有的一致性或可比性，给实际应用造成了一定困难，下面我们给出目前实用中的主要计算公式。

1. Briggs 浮升烟流抬升公式

美国 Briggs(US EPA)自 20 世纪 60 年代后期至 80 年代初期的十几年内,建立了一套烟流抬升的理论体系,并且在主要利用大量火电厂浮升烟流观测试验资料的基础上,发展完善其理论体系,引入了环境湍流影响机制并建立了相应的处理模式。在所有这些工作的基础上,给出各种情况下可供实用的抬升公式,成为迄今为止应用最广泛的烟流抬升高度计算系统。实践表明,他的这一体系主要适合于大热源排放的浮升烟流。

中性和不稳定层结有风条件下:

$$\left.\begin{array}{l} \Delta h = 1.6 F^{\frac{1}{3}} \bar{u}^{-1} x^{\frac{2}{3}}, x < 10 h_s; \\ \Delta h = 1.6 F^{\frac{1}{3}} \bar{u}^{-1} x^{\frac{2}{3}} (10 h_s)^{\frac{2}{3}}, x \geq 10 h_s, x = x_T = 10 h_s \end{array}\right\} \qquad (4.151)$$

这里 $x = x_T = 10 h_s$ 的规定是根据大量火电厂烟流抬升观测资料给出的。这就是广泛应用的三分之二次律和十倍烟囱高度的终极抬升模式。另外,Briggs(1970)还提出了另一种终极抬升模式并据此提出一种烟流抬升公式,即

$$\Delta h = 1.6 F^{\frac{1}{3}} \bar{u}^{-1} (3.5 x^*)^{\frac{2}{3}} \qquad (4.152)$$

$$x_* = \begin{cases} 14 F^{\frac{5}{8}} (\text{米}), F \leq 55 \\ 34 F^{\frac{2}{5}} (\text{米}), F > 55 \end{cases} \qquad (4.153)$$

意味着 $x_T = 3.5 x^*$。以上两式都是按分段作用模式引入环境湍流影响给出的。Briggs(1975)还在环境湍流突然作用模式的基础上,利用(4.133)式关系给出

$$\Delta h = 1.3 \frac{F}{\bar{u} u_*^2} \left(1 + \frac{h_s}{\Delta h}\right)^{\frac{2}{3}} \qquad (4.154)$$

除此以外,Briggs 还曾提出过另外一些抬升公式。所有这些公式的一个重要特点是,烟流抬升高度与烟囱本身高度有关,随着 h_s 的增加,烟流抬升亦更高。由于环境湍流是决定终极抬升的重要因素,而它本身又是随高度减弱的,所以凡考虑这一因子的抬升高度公式中,都具有这一特点。唯(4.153)式比较简化,不包含高度因子,使用比较方便,计算结果也甚符合实际。但总的来说,此式适用范围较窄,对高烟囱偏保守,相反条件下又不太安全,计算烟囱高度偏低。

稳定层结条件:

$$\Delta h = (2.4 \sim 2.9) \left(\frac{F}{\bar{u} S}\right)^{\frac{1}{3}} \quad (\text{有风时}) \qquad (4.155)$$

$$\Delta h = 50 F^{\frac{1}{4}} S^{-\frac{3}{8}} \quad (\text{静风时}) \qquad (4.156)$$

2. 中国国家标准中的抬升高度计算公式

在中国,由国家环保局和国家技术监督局联合发布的国家标准:制定地方大气污染物排放标准的技术方法 GB/T13201-91,给出了抬升高度计算公式。该方案是以三分之二次律为基础,按我国专门的烟流抬升观测试验资料为依据,给出有关系数,结合国情给出计算公式

和处理方法如下所述。

当烟气热释放率 $Q_H \geqslant 2\,100$ kJ/s，且烟气温度与环境气温的差值 $\Delta T \geqslant 35$ K 时

$$\Delta h = n_0 \times Q_H^{n_1} \times h_s^{n_2} \times \bar{u}^{-1} \qquad (4.157)$$

其中

$$Q_H = 0.35 \times p \times Q_v \times \frac{\Delta T}{T_s};\ \Delta T = T_s - T_a$$

n_0 为烟气热状况及地表状况系数，n_1 为烟气热释放指数，n_2 为烟囱高度指数，它们的取值见表 4.24。p 为气压，取邻近气象站的年平均值，hPa；Q_v 为实际排烟率，米^3/秒。源出口处平均风速 $\bar{u}$，米/秒，以排气筒所在地邻近气象台站的最近 5 年平均风速，按幂次律关系换算到烟囱口高度处的平均风速，换算关系式为

$$\left.\begin{array}{l} \bar{u} = u_1 \left(\dfrac{z_2}{z_1}\right)^m, z_2 \leqslant 200 \text{ 米} \\[3mm] \bar{u} = u_1 \left(\dfrac{200}{z_1}\right)^m, z_2 > 200 \text{ 米} \end{array}\right\} \qquad (4.158)$$

式中 u_1 为邻近气象台站 z_1 高度上 5 年平均风速，z_1 为气象台站测风仪设置高度，z_2 为排放口高度（与 z_1 同样高度基准），指数 m 如表 4.25 所列。

表 4.24 n_0、n_1、n_2 的选值

千焦/秒	地表状况（平原地区）	n_0	n_1	n_2
$\geqslant 21\,000$	农村或城市远郊区	1.427	1/3	2/3
	城区及近郊区	1.303	1/3	2/3
$2\,100 \leqslant Q_H < 21\,000$ 且 $\Delta T \geqslant 35$ K	农村或城市远郊区	0.332	3/5	2/5
	城区近郊区	0.292	3/5	2/5

表 4.25   风廓线指数 m 的选值

稳定度类	A	B	C	D	E、F
城市	0.10	0.15	0.20	0.25	0.30
乡村	0.07	0.07	0.10	0.15	0.25

当烟气热释放率 Q_H 在 $1\,700 \sim 2\,100$ kJ/s 范围时，按下式计算

$$\Delta h = \Delta h_1 + (\Delta h_2 - \Delta h_1) \times \frac{Q_H - 1\,700}{400} \qquad (4.159)$$

式中 $\Delta h = [2 \times (1.5 w_0 d + 0.01 Q_H) - 0.048 \times Q_H - 1\,700] \times \dfrac{1}{\bar{u}}$，单位为米，$w_0$ 为烟气出口速度，单位为米/秒，d 为烟囱出口内径，单位为米。

当烟气热释放率 $Q_H \leqslant 1\,700$ kJ/s 或者 $\Delta T < 35$ K 时，按下式计算

$$\Delta h = 2 \times (1.5w_0 d + 0.01Q_H) \times \frac{1}{\bar{u}} \qquad (4.160)$$

对于地面风速的年平均值≤1.5 m/s 的地区,应使用以下计算公式

$$\Delta h = 5.5Q_H^{\frac{1}{3}} \times \left(\frac{\Delta T_a}{\Delta z} + 0.0098 \right)^{-\frac{3}{8}} \qquad (4.161)$$

式中$\frac{\Delta T_a}{\Delta z}$为排放源高度以上层环境温度垂直变化率,取值不小于 0.01 K/m。

3. 最高地面浓度与临界风速

高架源排放造成的地面浓度在离源一定距离 x_m 处会出现最大值 q_m,可由高斯扩散公式体系(4.9)和(4.10)式确定这个最高浓度。由式中清楚可见,有效源高 H 或者说烟流抬升高度 Δh 的作用。另一方面,由于平均风速对烟流抬升的直接影响,亦就会影响到地面浓度的分布。

平均风速具有双重影响,风速加会增强对空气污染物的稀释速率,降低地面浓度;风速的加大又会降低烟流抬升高度,从而相当于降低有效源高,增高地面浓度,这正是效果相反的双重作用。换句话说,在两种情况下,地面最高浓度(MGC)相对较低,即高风速时,它使得轴向扩散增强;低风速时,它使得 $\triangle h$ 增大从而增强径向扩散。而最高的 MGC 值或称之为绝对最大浓度$[q_m]_{abs}$就可能落在这两种风速之间的某个量值时发生,这个风速值称为临界风速 u_c,有时亦称为危险风速,显然,这里的临界或危险的意义都是指可能出现极大的地面污染物浓度而言的。因此,研究并确定这个风速及其可能造成的地面浓度,显然是十分必要的。大多数烟流抬升公式中有 $\Delta h \propto \bar{u}^{-1}$ 的关系,于是,可定义以下关系式

$$\Delta h = \frac{B}{\bar{u}} \qquad (4.162)$$

这里 B 为与风速无关的一个常数。将此式代入(4.10)式,有

$$q_m = \frac{2Q\sigma_z}{\pi e \sigma_y} \frac{1}{\left(h_s + \frac{B}{\bar{u}} \right)^2 \bar{u}} = A \frac{\bar{u}}{(h_s + \bar{u} + B)^2} \qquad (4.163)$$

式中 $A = \frac{2Q\sigma_z}{\pi e \sigma_y}$与平均风速无关,为求得上述可能出现$[q_m]_{abs}$时的平均风速,即临界风速 u_c,可令 $\frac{\mathrm{d}q_m}{\mathrm{d}\bar{u}} = 0$ 求导数得

$$\frac{\mathrm{d}q_m}{\mathrm{d}\bar{u}} = \frac{\mathrm{d}}{\mathrm{d}\bar{u}} \left[\frac{A\bar{u}}{(h_s\bar{u} + B)^2} \right] = A \left[\frac{(B - h_s\bar{u})}{(h_s + \bar{u} + B)^3} \right] = 0$$

因为式中 $A \neq 0$,$h_s\bar{u} + B \neq 0$,只有 $B - h_s\bar{u} = 0$,于是可有

$$u_c = \bar{u} = \frac{B}{h_s} \qquad (4.164)$$

代此式入(4.163)式,得绝对最大浓度$[q_m]_{abs}$,有

$$[q_m]_{abs} = \frac{A}{4Bh_s} = \frac{Q\sigma_z}{2\pi e h_s \sigma_y B} \tag{4.165}$$

由上述讨论可知,当存在有烟流抬升时,地面最大浓度q_m不再是随风速的增大而单调减低的,而是先随风随的增大而增高,至风速达到临界风速u_c时,q_m达极大值,称为绝对最大浓度$[q_m]_{abs}$。然后,浓度再渐渐降低。

因为对烟流抬升和地面浓度的计算,平均风速都具有重要作用,所以,在高斯扩散公式和烟流抬升高度计算公式中都有平均风速$\bar{u}$这一参量。一般认为这个量值应该是整个烟流厚度范围里各层风速的平均值。实际工作中常采用源高处的平均风速,或者也有采用有效源高$(H = h_s + \Delta h)$处的平均风速的。

实际工作中,除了在一些专门的研究计划中才有可能采集现场烟流所在位置的气象参数,在大量工程应用中往往不具备此类观测条件,而只有利用近地面观测值,如风速表高度10米处的测风数据推算至要求高度。为此,当然可以运用各种由大气边界层理论或实验得出的风廓线公式来求算,但目前应用最广泛并证明是有效的则是乘幂律公式

$$\overline{u_z} = \overline{u_{10}} \left(\frac{z}{10} \right)^m \tag{4.166}$$

式中$\overline{u_{10}}$为10米高度的风速值,$\overline{u_z}$为欲求的z高度上的平均风速,m为风廓线指数,与大气稳定度状况和下垫面特性等有关,由试验得。其取值例如表4.25所列。这里表4.26所列为美国国家环保局的给定值,亦可供选用参考。

表4.26 美国国家环保局(US EPA)规定的风廓线指数m的取值

稳定度类	A	B	C	D	E	F
城市	0.15	0.15	0.20	0.25	0.40	0.60
乡村	0.07	0.07	0.10	0.15	0.35	0.55

4. 烟流抬升与高架稳定层及穿透处理

在烟流抬升过程发生的大气边界层里,经常出现这样的层结结构,即下层大气充分混合,自地面以上为近乎绝热层,而上部盖有一定厚度的稳定层。烟流抬升受上部稳定层限制,如果这稳定层的底相当低,烟流可能完全伸进稳定层。如果稳定层的底较高,烟流不能完全穿透,那么烟流可能部分穿透稳定层。显然,如果烟流能够穿透上部稳定层,即使只是部份穿透,污染物的地面浓度可以大为降低;否则烟流将封闭在稳定层以下,发生我们在下一节里将要讲述的封闭型扩散过程,这会对地面造成较高的污染物浓度。因此,这种情况下的烟流抬升过程的研究和处理对于大气扩散模拟具有明显的实际意义。

任意给定一高架逆温层,高度在烟囱顶以上z_i处,逆温层位温跳变为$\Delta\theta_i$,如图4.17所示。由逆温强度造成的浮力加速度为$g\left(\dfrac{\Delta\theta_i}{\theta_a}\right)$。如果烟流穿透逆温层,其浮力通量减小

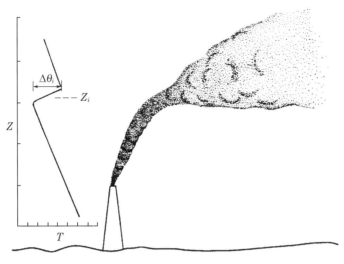

图 4.17　浮升烟流穿透高架逆温层示意

$g\left(\dfrac{\Delta\theta_i}{\theta_a}\right)V_i$，这里 V_i 是高度 z_i 处的烟流体积通量。于是，可以认为，如果烟流的浮力通量

$F>g\left(\dfrac{\Delta\theta_i}{\theta_a}\right)V_i$，则将会发生烟流穿透逆温层的过程。Briggs(1982)基于这样的考虑，提出满足

以下条件时，可预期会发生逆温层穿透：

$$
\left.
\begin{aligned}
&z_i<4.9F_0^{\frac{2}{5}}\left(\frac{g}{\theta_a}\Delta\theta_i\right)^{-\frac{3}{5}}, &&\text{对垂直浮力烟流}(a)\\[2mm]
&z_i<6.2\frac{F_0/M^{\frac{1}{2}}}{(g/\theta_a)\Delta\theta_i}, &&\text{对垂直动力烟流}(b)\\[2mm]
&z_i<2.5\left\{\frac{F_0}{\left[\bar u(g/\theta_a)\Delta\theta_i\right]}\right\}^{\frac{1}{2}}, &&\text{对弯曲浮力烟流}(c)
\end{aligned}
\right\}
\qquad(4.167)
$$

这里 M 即动量，F_0 为初始浮力通量。对于弯曲动力烟流，因为穿透逆温层的能力很弱，所以
这里未予考虑。以上方案曾以火电厂观测资料检验，结果相当一致。Briggs(1975)认为，如
果烟流的终极抬升 Δh 落在烟囱上方逆温层高度 z_i 的两倍范围内的话，只有一部分(成数 p)
烟流可能穿透逆温层。于是他提出确定穿透部分(成数)的公式为

$$
p=1.5-\frac{z_i}{\Delta h}\qquad(4.168)
$$

可见，烟流被逆温层底反射并向下散布的部分为$(1-p)$。

　　在实际工程应用中，普遍采用高斯烟流模式作为气质评价的管理应用模式，对于大电厂
高烟囱热烟流排放的情形，如图 4.17 所示，需要考虑烟流的反射与穿透处理，否则扩散计算
会有较大偏差。为了考虑这类混合层上部稳定层结对浮升烟流的抑制和反射作用的一种模
式称为封闭型模式，它对浮升烟流的穿透影响采取简单的"极端"处理方案，即一旦有效源高

H 大于混合层高度 z_i 时,烟流便完全穿插入上部逆温层,于是地面浓度为零;而有效源高 H 小于混合层高度 z_i 时,烟流则全部被封闭在混合层内。显然,这种不考虑部分穿透可能性的做法,必将人为低估或高估地面浓度,不完全符合实际情况。相比之下,按上述(4.126)表述的 Briggs 部分穿透模型应是比较合理的。当(4.168)式中 $p \geqslant 1$ 时,$\Delta h \geqslant 2z_i$ 烟流全部位于混合层顶以上,属全穿透情形;当 $p \leqslant 1$ 时,$\Delta h \leqslant \dfrac{z_i}{1.5}$ 烟流全部落在混合层内,属全封闭情形;当 $0 < p < 1$ 时则为部分穿透情形。

上述方案中,对于大气层结垂直不均一情况,确定烟流抬升高度至关重要,通常,不可能以一个公式计算。另一种方案(Weil 和 Brower,1984)对弯曲浮升烟流的穿透处理,定义了一种较为保守的穿透系数

$$p = 1.5 - \frac{z_i}{\Delta h_1} \tag{4.169}$$

式中 Δh_1 按(4.125)式计算。然后,根据所得 p 值修正源强 Q 和抬升高度 Δh,以计入浮升烟流穿透逆温层过程对高架烟流输送和扩散的影响。这种方案设定,留在混合层里的污染物贡献于地面浓度,此时,修正源强 $Q = Q_s(1 - p)$,这里 Q_s 为排放源强。假定混合层里烟流抬升高度 Δh 与 p 成正比并在 $p = 0 \sim 1$ 之间变化。总结此方案的计算公式如下:

当 $p = 1$ 时,$Q = 0$,$\Delta h = z_i'$,这里 $z_i' = z_i - h_s$,若忽略不计烟囱高度,则可取 $z_i' = z_i$。

当 $p = 0$ 时,$Q = Q_s$,$\Delta h = \min[\Delta h_2, \Delta h_3]$ 这里 Δh_2 为对流混合状况下的烟流抬升高度,$\Delta h_s = 0.62z_i'$ 是 $p = 0$ 时的建议值。

当 $0 < p < 1$ 时,$Q = Q_s(1 - p)$,$\Delta h = (0.62 + 038p)z_i'$。由于(4.169)式采用稳定层结条件下的抬升公式的计算值以代替 Briggs 方案中的(4.168)式的抬升高度 Δh,这意味着不考虑混合层的存在,把不稳定或中性层结按稳定层结处理。这有可能低估了烟流抬升高度,减小了穿透成数 p,从而低估烟流穿透,是过于保守的。

为了更真实地处理浮升弯曲烟流的穿透过程,南京大学马福建、蒋维楣等(1989)提出了一种新的方案,试图改进上述过于保守的模式。新方案以 Briggs 提出的穿透系数表达式(4.168)为基础,但以更合理的方式确定烟流抬升高度,即当 $z < z_i$ 时,采用以下抬升公式

$$\Delta h = 2.1 Q_H^{\frac{1}{3}} h_s^{\frac{2}{3}} \bar{u}^{-1} \tag{4.170}$$

或者

$$\Delta h = 6.3 F^{\frac{1}{3}} h_s^{\frac{2}{3}} \bar{u}^{-1} \tag{4.171}$$

当 $z > z_i$ 时,采用 Briggs 提出的穿透进入上部稳定层的浮升烟流抬升公式(Briggs,1975):

$$\left(\frac{\Delta h}{z_i'}\right)^2 \left(\frac{\Delta h}{z_i'} - 1\right) = \frac{25F}{2\,\bar{u}Sz_i'^3} - \frac{4}{27} \tag{4.172}$$

可见,烟流是否能穿透进入稳定层,主要取决于烟流参数 F,S,气象条件 $\bar{u}$ 与 z_i' 之间的关系。若 $\Delta h = z_i'$,则烟流中心线与混合层高度 z_i 相一致,即烟流的上半部渗入稳定层。这种情况下,由(4.172)式得浮力通量参数

$$F_* = 0.0119\, \bar{u} S z_i'^3 \tag{4.173}$$

于是,可根据 F 和 F_* 来选定抬升公式。为处理好 $F \cong F_*$ 时,用两种不同抬升公式计算 Δh 的解,规定由(4.171)式得

$$\Delta h = 0.102 \left(\frac{h_s}{\bar{u}} \right)^{\frac{2}{3}} z_i' \tag{4.174}$$

综上所述,选定抬升公式的方案为:

① $F \leqslant F_*$ 时,由(4.170)式计算 Δh,且满足 $\Delta h = \min[\Delta h, z_i']$,要求。

② $F > F_*$ 时,由(4.172)式计算 Δh。

图4.18 是(4.172)式的图解结果。可见,穿透过程对烟流输送和扩散的影响可以通过穿透系数对源强和烟流抬升高度的修正来实现。修正后的抬升高度比实际略低,以免不安全结果。表4.27 列出两种穿透方案的比较。

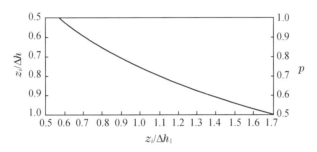

图 4.18 由 z_i',Δh_1 确定 p 值的图解

表 4.27 浮升弯曲烟流穿透模式

南京大学(1989)方案	美国 PPSP 模式(1984)方案
穿透系数 $p = 1.5 - \dfrac{z_i'}{\Delta h}$ 式中 Δh 按下述原则求取: (1) $F \leqslant F_*$,用(4.170)式,且 $\Delta h = \min(\Delta h, z_i')$ (2) $F > F_*$,用(4.172)式计算	穿透系数 $p = 1.5 - \dfrac{z_i'}{\Delta h_1}$ 式中 Δh_1 按下式求取: $\Delta h_1 = 2.6 \left(\dfrac{F}{uS} \right)^{\frac{1}{3}}$,且 $S = \dfrac{e}{T} rd$
源强和烟流抬升高度修正: (1) 无穿透 $p \leqslant 0$,则 $Q = Q_s$;$\Delta h = \min(\Delta h, 0.62 z_i') \Delta h$ (2) 部分穿透 $0 < p < 1$,则 $Q = (1-p)Q_s$; $\Delta h = (0.67 + 0.33 p) z_i'$ (3) 全穿透 $p \geqslant 1$,则 $Q = 0$; $\Delta h = z_i'$	源强和烟流抬升高度修正: (1) 无穿透 $p \leqslant 0$,$Q = Q_s$,$\Delta h = \min[\Delta h_2, \Delta h_3]$,其中 Δh_2 为对流混合状态下的烟流抬升高度,$\Delta h_3 = 0.62 z_i'$ (2) 部分穿透 $0 < p < 1$,若 $\Delta h \geqslant 0.62 z_i'$,$Q = (1-p)Q_s$,$\Delta h = (0.62 + 0.38 p) z_i'$; 若 $\Delta h < 0.62 z_i'$ 时,$Q = Q_s$,$\Delta h = \Delta h_1$ (3) 全穿透 $p \geqslant 1$,则 $Q = 0$,$\Delta h = z_i'$

5.2　大气清除过程及计算处理

高斯烟流扩散模式处理空气污染物在大气中的稀释扩散规律时,不考虑它们的历程中发生的一些非扩散过程。假定污染物是被动粒子,进入大气后的运动与周围气块完全相同。另外,假定污染物在大气中是保守的,即它们始终保持其原有性质,不因任何物理、化学过程而发生转化,也不被清除。显然,这些都是不符合实际情况的。事实上,除了前面讨论的大气湍流扩散过程之外,还有一些非扩散过程对排入大气的污染物的散布也是起作用的。其一,空气污染物,尤其是工业烟气进入大气后由排放方式造成的动量和浮力作用,会使烟流抬升,增加烟源有效高度。其二,污染物在其输送扩散过程中还会发生干沉积、湿沉积和由化学变化形成的迁移转化,这些过程不但影响污染物在大范围内的收支平衡,还不断地改变污染物浓度分布,有的过程还会在大气层形成二次污染并造成对地面水和土壤的污染。其三,大气层的固体下边界或称下垫面及其上覆盖的各种固体障碍物,强迫自然气流发生形变并约束造成的污染物输送扩散规律的变化。这里着重论述第二类过程的作用与影响。

5.2.1　大气清除过程的一般表述

空气污染物被最终从大气中清除的基本机制是:① 干沉积——由地面的土壤、水、植物、建筑物等通过污染物质的重力沉降、碰撞与捕获、吸收与吸附、光合作用或其他生物、化学、物理过程实现;② 湿沉积——由云、雾和降水(雨,雪等形式)等通过污染物质被吸收进入水滴或随水滴被清除。此外,化学转化当然亦是一种清除机制,但它是由一种物质转换成另一种物质,因此,它只是对原生污染物的清除,同时却又滋生新的次生污染物。图 3.19 示意了气体污染物和粒子污染物发生干沉积和湿沉积清除过程的一些途径,由图可见清除过程中的各种形式的作用。

令气体污染物在 (x,y,z) 位置,t 时刻的平均浓度为 $q(x,y,z;t)$,而平均的气溶胶尺度分布函数为 $F(D_p;x,y,z,t)$。在许多情况下,作为一阶过程可由湿沉积表示气体和粒子的局地清除率,即 $\Lambda(z,t)q(x,y,z;t)$ 和 $\Lambda(D_p;z,t)F(D_p;x,y,z,t)$,这里 $\Lambda(z,t)$ 和 $\Lambda(D_p;z,t)$ 则分别为气体的和粒子的冲洗系数(Washout coefficients),通常它们与离地高度和时间有关。这种一阶表示式适用于不可逆的清除情形,例如,对于气溶胶粒子或高可溶性气体,这种情况下,清除率与气悬物质的浓度呈线性关系而与先前已被清除的物质的量无关。

干沉积定义为那些使污染物质在地面被清除的过程。物质垂直向下的通量可用一个称之为沉积速度(deposition veloeity)v_d 的经验参数乘上某高度 z_1 处的物质浓度来表示,即 $v_d q(x,y,z;t)$。如果污染物浓度 q 可由大气扩散方程计算得,那么可有 $z=z_1$ 处的边界条件

$$K_{zz}\left(\frac{\partial q}{\partial z}\right)_{z=z_1} = v_d q(x,y,z;t) \tag{4.175}$$

这里沉积速度 v_d 与以下诸因素有关,即① 被清除的粒子种类或物质;② 表征近地面层状态的特性的气象参数;③ 地面本身的性质。

对地面的湿通量则是自空中所有体积单元湿清除之和,假定被清除物质由降水形式降

落的,那么,定义有

$$w_{气体} = \int_0^\infty \Lambda(z,t)q(x,y,z;t)\,\mathrm{d}z \tag{4.176}$$

$$w_{粒子} = \int_0^\infty \Lambda(D_p;z,t)F(d;x,y,z;t)\,\mathrm{d}z$$

根据此定义湿沉积速度 v_ω,即

$$v_w = \frac{w}{q(x,y,0;t)} \tag{4.177}$$

因而,如果正被清除的物质在厚度为 H 的一层里垂直分布是均匀的,那么,湿沉积速度有

$$v_w = \int_0^H \Lambda(z,t)\,\mathrm{d}z = \bar{\Lambda}H \tag{4.178}$$

例如,对于 $H=1$ 千米,$\Lambda=10^{-4}$/秒,则 $v_w=10$ 厘米/秒。

定义冲洗比(Washout ratio)w_r:

$$w_r = \frac{地面降水中的物质浓度}{地面空气中的物质浓度} = \frac{q(水相)}{q(x,y,0;t)} \tag{4.179}$$

于是,湿沉积速度 v_w 与冲洗比 w_r 之间有关系

$$v_w = \frac{w}{q(x,y,0;t)} = \frac{P_o \cdot q(水相)}{q(x,y,0;t)} = w_r p_0 \tag{4.180}$$

这里 p_0 为降水强度,通常典型值如 0.5 毫米/小时(细雨);25 毫米/小时(大雨)。于是,如果 $w_r=10^6$ 和 $p_0=1$ 毫米/小时,那么 $v_w=28$ 厘米/秒。为计算干、湿沉积率,就需要确定冲洗系数 Λ 和沉积速度 v_d,下面分别予以讨论。

5.2.2 高斯烟流扩散公式的修正形式

目前,考虑到各种清除和迁移转化过程的影响,包括重力沉降、下垫面干沉积、降水清洗、化学转化和放射性衰变等。对空气污染物散布计算应予修正,大多采用简单的修正形式,适用于不超水平 50 千米范围的扩散计算,经修正后的高架连续点源高斯烟流扩散公式:

$$q(x,y,z;H) = \frac{Q(x)}{2\pi \bar{u}\sigma_y\sigma_z} \cdot \exp\left(-\frac{y^2}{2\sigma_y^2}\right) \cdot \left\{ \exp\left[-\frac{\left(z-H+\frac{v_s x}{\bar{u}}\right)^2}{2\sigma_z^2}\right] + \right.$$

$$\left. \alpha \cdot \exp\left[-\frac{\left(z+H-\frac{v_s x}{\bar{u}}\right)^2}{2\sigma_z^2}\right]\right\} \cdot \mathrm{e}^{-\frac{0.693}{T_{\frac{1}{2}}}\cdot\frac{x}{\bar{u}}} \tag{4.181}$$

式中 $\frac{v_s x}{\bar{u}}$ 项为大粒子重力沉降作用的影响,v_s 为粒子沉降末速度;α 是下垫面反射系数;$T_{\frac{1}{2}}$ 为污染物半衰期时间,这是综合考虑了降水清洗、化学反应和放射性衰变等因子后,按简单指数衰变规律而得的;源项随离源距离 x 而变化,表示为

$$Q(x) = Q\left[\exp\int_0^x \frac{1}{\sigma_z e^{\frac{H^2}{2\sigma_z^2}}}\mathrm{d}x\right]^{-\sqrt{\frac{2}{x}}\cdot\frac{v_d}{\bar{u}}} \tag{4.182}$$

或者,不考虑大粒子沉降影响而写成

$$q(x,y,z;H) = \frac{Q}{2\pi \bar{u}\sigma_y\sigma_z} \cdot \exp\left(-\frac{y^2}{2\sigma_y^2}\right) \cdot \left\{\exp\left[-\frac{(z-H)^2}{2\sigma_z^2}\right] + \right.$$

$$\left. \exp\left[-\frac{(z+H)^2}{2\sigma_z^2}\right]\right\} \cdot \exp\left[-\frac{0.693x}{T_{\frac{1}{2}}\bar{u}}\right] \tag{4.183}$$

这是一种常用的简单形式,只考虑了综合影响衰变时间 $T_{\frac{1}{2}}$ 的修正,它由经验确定。以上各项及参量的确定由以下各节论述。

5.2.3　干沉积—下垫面清除

1. 大粒子的重力沉降

大气中各种处于气溶胶状态的颗粒污染物有一定的尺度分布,粒子在大气中运动时会产生重力沉降。若沉降速度 v_s 比垂直湍流脉动速度 w' 小得多(即 $v_s \ll w'$),可以不考虑重力沉降作用的影响。观测表明,在近地面层大气中 w' 为 10 厘米/秒量级,所以对 v_s 为 10 厘米/秒量级的情形就必须考虑沉降影响。一般认为,粒径大于 20 微米的粒子就有明显的重力沉降速度,而对于粒径 20~60 微米范围的粒子,粘滞性不大的情况下,可采用斯托克斯公式计算它们的末速度 v_s,其大小与粒子的密度 ρ 有关,即

$$v_s = \frac{2}{9} \cdot \frac{r^2}{\mu} g(\rho-\rho_a) \cong \frac{2}{9} \cdot \frac{r^2}{\mu} \cdot g\rho \tag{4.184}$$

式中 r 为粒子半径, ρ_a 为空气密度, g 为重力加速度, μ 为空气的动力粘滞系数(1.8×10^{-4} 克/(厘米·秒)), g 为重力加速度。对于粒径更大的粒子,斯托克斯公式须作些修正。对粒径 $\geqslant 200$ 微米的粒子,其沉降速度 $v_s > 100$ 厘米/秒时,很快下落穿过湍流区,扩散不重要,可按弹道计算方法处理。 $v_s < 100$ 厘米/秒(粒径 < 200 微米)的情况下,假定粒子无惯性而由湍流支配,用高斯扩散公式处理,但以 $(H-z_g)$ 替换有效源高 H,以考虑重力沉降影响修正,这里 $z_g = \frac{v_s x}{\bar{u}}$。这是常称的偏斜烟流模式处理,原理如图 4.19 示意。显然,这是一种将湍流扩散与重力沉降分别处理,然后叠加的较简单的办法,未考虑两种过程间的相互作用和影响,显然,这不完全符合实际情况。实际上,粒子下降引起它与空气间的相对运动,亦会改变粒子扩散

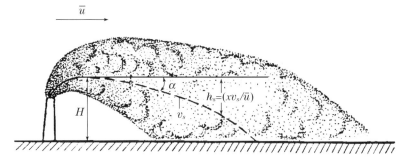

图 4.19　偏斜烟流模型示意

速率,其惯性亦会影响扩散。

若粒子扩散仍用高斯型扩散公式,由于有重力沉降,应将重力沉降的位移迭加到烟流轴线上去,于是烟流呈向下倾斜状。这时,轴线与水平夹角 A,应有

$$\tan A = \frac{v_s}{\bar{u}}$$

所有粒子相当于自下斜的烟流轴线上扩散。考虑无界情形,x 轴取在烟流中心线处,坐标原点在源处。考虑沉降作用,在离原点 x 距离处,下沉的烟流轴线向下的位移为

$$v_s t = v_s \frac{x}{\bar{u}} = x \tan A$$

因此,对原来 x 轴而言高度为 z 的点,对新的(有沉降时)烟流轴线,其垂直距离为

$$z + z_g = z + \frac{v_s x}{\bar{u}}$$

因为有沉降时的扩散是在倾斜的烟流轴线上的进行的,所以,求任意点的浓度时,只需将无界时的扩散公式作坐标变换:$z = z + z_g$ 即可。

考虑有地面影响的情形。先研究地面是可穿透的,也就是说,地面对粒子全吸收而且地面对气流的"反射"不影响粒子的运动轨迹。高架源,x 轴取在地面源处,如图 4.20 示意。图中任意点 P 与下斜烟流轴线的垂直向距离为 $\overline{PB}$ 并有

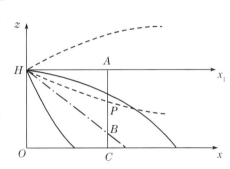

图 4.20 有地面影响时的扩散示意

$$\overline{PB} = \overline{AB} - \overline{AP} = \overline{AB} - (\overline{AC} - \overline{PC}) = \overline{AB} + \overline{PC} - \overline{AC} = \left(\frac{v_s x}{\bar{u}} + z \right) - H \tag{4.185}$$

当考虑以下斜烟流轴线为基准的扩散时,只需将(4.185)式代替(4.184)式引入高斯扩散公式即可。这时便可有

$$q(x,y,z;H) = \frac{Q}{2\pi \bar{u} \sigma_y \sigma_z} \cdot \exp\left(-\frac{y^2}{2\sigma_y^2} \right) \exp\left\{ -\frac{\left[z + \left(\frac{v_s x}{\bar{u}} \right) - H \right]^2}{2\sigma_z^2} \right\} \tag{4.186}$$

实际上,地面是不可穿透的,要考虑地面的反射作用。运用本章 §1 所述的像源法,当粒子在扩散过程中不断沉降,两者迭加的效果可以认为是烟流在行进过程中源以 v_s 速度在向下移动,而且经历 x 距离移动了 $v_s t$,即如图 4.21 示意的 $AH_1 = \frac{v_s x}{\bar{u}}$。根据像源法原理,实源向下移动,相当于虚源向上移动了 $\overline{A'H_1'}$。这相当于源的高度不断降

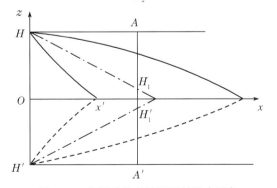

图 4.21 像源法处理地面反射影响示意

低,在 x 处,源高由 H 降低到 $\left(H-\dfrac{v_s x}{\bar{u}}\right)$。于是,高斯烟流扩散公式修正成

$$q(x,y,z;H)=\frac{Q}{2\pi\,\bar{u}\sigma_y\sigma_z}\cdot\exp\left(-\frac{y^2}{2\sigma_y^2}\right)\cdot\left\{\exp\left[-\frac{\left(z-H+\dfrac{v_s x}{\bar{u}}\right)^2}{2\sigma_z^2}\right]+\exp\left[-\frac{\left(z+H+\dfrac{v_s x}{\bar{u}}\right)^2}{2\sigma_z^2}\right]\right\}$$

$$(4.187)$$

考虑到地面并非全反射,而有一部分被吸收。于是,反向项乘以一反射系数 $\alpha<1$ 为宜。这样,需在(4.187)式等号右侧最后一指数项前加上一反射系数 α(见(4.181)式)。α 是经验常数,可由考虑沉降影响时的质量守恒条件确定。由上述各式均可求得地面浓度 $q(x,y,0)$。于是,地面任意位置 (x,y) 的粒子沉降作用可由下式表述(对 $v_s=5\sim160$ 厘米/秒范围的粒子):

$$w_s=v_s\cdot q(x,y,0)\qquad\qquad(4.188)$$

式中 w_s 是单位面积、单位时间的质量沉降率。这种情况下,按高斯扩散公式计算,大致有一半粒子会在烟流轴线触地的这段水平距离 $\left(\dfrac{H\bar{u}}{v_s}\text{,见图}4.19\right)$ 内沉降。例如,对 $H=100$ 米,$\bar{u}=5$ 米/秒,密度为 5 克/厘米^3 的情形,对粒径为 20 微米,$v_s=6$ 厘米/秒的粒子,这段距离约为 8.3 千米。由此可知,短时间内粒子沉积量虽不大,但长期积累还是可以达到可观的数量的。如每天燃煤 $5\,000\sim10\,000$ 吨的电厂,即使除尘效率可达 95%,每天仍会有 $25\sim50$ 吨粉尘排放大气。若有 75% 在 $1\sim2$ 千米范围内沉降,则平均每月每平方千米范围的尘量可达 $20\sim40$ 吨。

　　2. 气体和小粒子的干沉积

　　在高斯扩散模型中,气体和很小的粒子(粒径小于 $10\sim20$ 微米)上述沉降作用可忽略不考虑,但是,它们会由于湍流扩散和布朗运动沉积到各种表面。吸收、碰撞、光合作用和其他生物学、化学和物理学过程会使物质沉积到地面。这种情况下,沉积速度 v_d 可定义为实测沉积速率 ω_d 和地面 $q(x,y,0)$ 的经验函数

$$v_d=\frac{w_d}{q(x,y,0)}\text{或者}\omega_d=v_d\cdot q(x,y,0)\qquad\qquad(4.189)$$

一旦干沉积速度 v_d 确定,(4.189)式便可用来计算气体和小粒子的干沉积,而 $q(x,y,0)$ 则可由适当的扩散公式计算得到。由于清除过程是很缓慢的,不像重力沉降那样明显和易于处理。一般都假定下垫面的这类清除作用不影响大气中污染物的浓度分布形式,而只影响大气中污染物的总量,或者说影响有效源强 $Q_e(x)$。现在已有一些将干沉积清除作用与扩散模式相结合的方法。对高斯烟流扩散公式进行此项影响修正的也有多种办法,最普遍采用的一种方法是所谓"源损耗"模式或称有效源强法。

　　有效源强 $Q_e(x)$ 随离源下风距离改变,以考虑空中污染物质的量的减损,且有

$$Q_e(x)=Q-\int_0^x\int_{-\infty}^{\infty}q(x',y,0)v_d\mathrm{d}y\mathrm{d}x'\qquad\qquad(4.190)$$

对此式微商求解

$$\frac{Q_e(x)}{\mathrm{d}x} = -\int_{-\infty}^{\infty} q(x',y,0)\upsilon_d\mathrm{d}y = -\int_{-\infty}^{\infty} w_d(x,y)\mathrm{d}y \qquad (4.191)$$

高斯扩散公式中的源强以 $Q_e(x)$ 代之，并代入此式，有

$$\frac{Q_e(x)}{\mathrm{d}x} = -\sqrt{\frac{2}{\pi}} \cdot \frac{\upsilon_d Q_e(x)}{\bar{u}\sigma_z}\mathrm{e}^{-\frac{H^2}{2\sigma_z^2}} \qquad (4.192)$$

积分此式，有

$$Q_e(x) = Q\exp\left[\int_0^x \frac{\mathrm{d}x}{\sigma_z\exp\left(-\frac{H^2}{2\sigma_z^2}\right)}\right]^{-\sqrt{\frac{2}{\pi}}\cdot\frac{\upsilon_d}{\bar{u}}} \qquad (4.193)$$

可见，只要能给出 υ_d 和 σ_z，便可求得，进一步还可导得

$$\frac{Q(x)}{Q(o)} = \left[\exp\int_0^x \frac{\mathrm{d}x}{\sigma_z\cdot\exp\left(-\frac{H^2}{2\sigma_z^2}\right)}\right]^{-\sqrt{\frac{2}{\pi}}\cdot\frac{\upsilon_d}{\bar{u}}} \qquad (4.194)$$

此式可采用图解法求解（Van der Hoven，1968）。然后，以 $Q_e(x)$ 去代替高斯公式中的固定的源强 Q。表 4.28 为计算所得的烟流物质减损 50% 所需的离源下风距离 x。计算取 $\bar{u}=1.0$ 米/秒，沉积速度 $\upsilon_d=0.01$ 米/秒。由于式中 $\exp\left(-\frac{H^2}{2\sigma_z^2}\right)$ 的缘故，表中结果，对任意给定的源高而言，并不总是单调地随稳定度减小的。

表 4.28　干沉积使 Q 减弱损 50% 的距离（千米）

P-G 稳定度类	源高（米）			
	0	10	5	100
A、B	>10			
C	1.8	18	43	60
D	0.4	3.5	8.6	19
E	0.15	2.2	8.3	17
F	0.10	2.0	10.0	28

这种模式意味着，假定烟流里物质的减损是在整个烟流厚度层里发生的，而不只发生在边缘表面部位。这就是把干沉积清除造成的污染物浓度的减损分配给予的整个垂直范围，所以烟流的垂直分布（廓线）不随距离而变。这样做的结果，显然是人为地夸大了垂直扩散的作用。试验表明，在贴近地面的范围内，干沉积作用使粒子浓度随高度减小的速率比无沉积作用时的速率要大得多，而在远离地面处，两者的浓度垂直分布相差无几（Nickola，1974）。这表明实际上干沉积主要是优先清除近地面处的污染物，而并非在整个烟流厚度层范围均匀起作用的。故此，源损耗模式尚有必要进一步改善。这方面的工作，例如，修正的源损耗

模式（Horst,1980）和表面损耗模式（Horst,1977）。前者对源损耗模式的垂直浓度分布函数中引入浓度廓线修正函数,对源模式作改进;后者则舍弃源损耗的概念,直接从由于干沉积作用所造成的地面损耗来估算沉积污染物的浓度分布,提出表面损耗的概念。对这些方案,虽然亦作了计算比较,但由于缺乏实测检验仍有待进一步研究。

任何考虑干沉积作用的扩散处理,必须知道干沉积速度,它在模式中作为地表界面处质量输送边界条件,并如(4.189)式定义,即沉积率与某高度单位体积气悬污染物浓度之比。

重力沉降、湍流运动、布朗运动、惯性作用和静电作用等是形成干沉积的主要物理过程。化学反应、溶解、解吸等则是形成干沉积的主要化学过程。对于植被那样的生物沉积表面,植被生长的形态特征、生命过程以及静电性质等则是影响干沉积的主要生物学特征。这几方面过程都会受气象条件、污染物性质和沉积表面的特性的影响。

5.2.4　湿沉积—降水清除

为模拟上述降水清除过程对空气污染物散布的影响,一般采用两种方法,即定义清除系数 Λ 和清洗比 ω_r 的处理方法。

1. 清除系数的处理方法

空气污染物在 t 时刻一定体积内的总量定义为

$$Q_t = \iiint_v q\,\mathrm{d}x\mathrm{d}y\mathrm{d}z$$

由于降水清除作用而随时间变化为

$$\frac{\partial Q_t}{\partial t} = -\Lambda Q_t \tag{4.195}$$

这里 Λ 即为降水清除系数,并有

$$\Lambda = \frac{1}{Q_t} \iiint_v \Lambda' q\,\mathrm{d}x\mathrm{d}y\mathrm{d}z \tag{4.196}$$

假定污染物性状和平均降水清除系数不随时间变化,则方程(4.195)式求解为

$$Q_t = Q_t \exp(-\Lambda t) \tag{4.197}$$

类似于干沉积处理中的源损耗概念,由降水清除造成的污染物浓度变化为

$$q(t) = q_0 \exp(-\Lambda t) \tag{4.198}$$

其中 q_0 为降水清除开始时刻(t_0)的污染物浓度,t 为降水清除开始计算的清除时间。(4.198)式是降水清除处理中的常用表达式,它适用于瞬时的空间平均浓度场,而不适用于时间平均浓度场。由式可见,由于降水清除作用造成的污染物浓度的变化是一个随清除时间指数衰减的过程,而定量描述这一过程的参数即平均降水清除系数 Λ(时间$^{-1}$)。清除系数显然与降水强度、降水性质和捕获效率等因素有关,并且假定单位时间、单位体积空气内被清除的污染物质量与其浓度成正比,其比例系数即为 Λ。或者说,由清除造成的浓度变化率与浓度本身成正比,其比例系数为 Λ,即

$$\frac{\mathrm{d}q}{\mathrm{d}t} = -\Lambda q \tag{4.199}$$

积分此式即(4.198)式。

由降水清除造成的空气污染物在地面的通量由下式给出:

$$F_{湿沉积} = \int_0^{z_\omega} \Lambda q \, dz \qquad (4.200)$$

式中 z_ω 是由降水造成变湿的烟流层的厚度。在降水完全穿过浓度呈高斯分布的烟流层的情况下,有

$$F_{湿沉积} = \frac{\Lambda Q}{\sqrt{2\pi}\,\sigma_y\,\bar{u}}\left(-\frac{y^2}{2\sigma_y^2}\right) \qquad (4.201)$$

严格说来,这种处理方法只能应用于单分散的粒子以及十分活泼的气体,它们为降水捕获是不可逆的。况且在导出(4.198)式时,假设清除系数与时间和空间无关。然而,实际上,模拟处理时,往往令其随地点而变,以考虑所研究地区的降水和清除率的变化。这种处理方法不能直接应用于有一定粒径范围,即多分散的气溶胶,除非对粒子尺度取平均值,这种情况下所得清除率将不止小一个量级。这种处理亦不宜应用于不活泼的或者只溶于水的那些气体。因为在这种情况下,必须考虑当水滴从污染物高浓度区落向地面时,这些气体从水滴中解吸出来的可能性。实验发现,近源处,湿沉积不会改变烟流浓度的高斯分布形式,但浓度会随距离按指数规律减小。离源远处,烟流从初始高度下洗或偏斜,下降的高度与降水速率、水滴大小、气体的化学属性、风速和下风距离有关。

2. 清洗比的处理方法

令 K_0 和 q_0 分别表示某参考高度上,降水(如雨滴里)和空气的污染物浓度,均以单位体积质量表示。然后,定义清洗比

$$\omega_r = \frac{K_0}{q_0} \qquad (4.202)$$

或者以单位质量降水里空气污染物的浓度,例如每克水中的污染物(微克),表示 K_0'。于是,清洗比表示成

$$\omega' = \frac{\rho_a K_0'}{q_0} \qquad (4.203)$$

这里 ρ_a 是空气密度(~ 1.2 千克/米³)。无量纲比由下式表达

$$\omega' = \frac{\rho_a}{q_\omega}\omega' \qquad (4.204)$$

这里 ρ_ω 是水的密度(1 克/厘米³)。因而,ω_r 几乎是 ω' 的 1 000 倍。

由降水造成的空气污染物向地面的通量为

$$F_{湿沉积} = F_0 J_0 \qquad (4.205)$$

这里 J_0 是等价降水率,单位毫米/小时。如果 ω_r 已知,而且空气里污染物的浓度 q_0 可测定或者由烟流扩散模式计算,那么,有

$$F_{湿沉积} = q_0 \omega_r J_0 \qquad (4.206)$$

类似于干沉积的处理,也可用清洗比来定义一个湿沉积速度

$$v_{\omega} = \frac{F_{湿沉积}}{q_0} = \omega_r J_0 \qquad (4.207)$$

然后,就像 v_d 那样对湿沉积过程建立模式。

理论上说,清除系数 Λ 应是水滴谱、粒子或气体的物理特性、化学特性以及降水率的函数,野外试验的测量结果给出中值 $\Lambda = 1.5 \times 10^{-4}$/秒,而其值范围在:$0.4 \times 10^{-5} \sim 3 \times 10^{-3}$/秒。还发现,当粒子尺度或雨的特征改变时,没有什么系统的差异。对 SO_2,得出的中值 $\Lambda = 2 \times 10^{-5}$/秒或者也有的实验结果为:$17 \times 10^{-5}$/秒,这里 J_0 是雨量(毫米/时)。Λ 值的范围:$10^{-5} \sim 10^{-4}$/秒,意味着湿清除的半生命期为 2 小时到 1 天。

可以通过测量空气中和雨水里的污染物浓度来确定清洗比 ω_r。它是随降水量增大而减小的,一般认为这是由于污染物质云变稀释的缘故。就平均情况而言,雨量每增加一个数量级,ω_r 减小两倍。试验结果表明,半数以上情形里 ω_r 的值落在 $3 \times 10^5 \sim 10^6$ 范围。随着空气污染物种类的不同,ω_r 会有变化。通常认为清洗比的处理方法最适合于长时间估算用。这时,一些单个事件,如雷暴雨造成的变化会经多次累积而被平滑掉。

3. 降水清除率的实验测量

可以采用以下方法简便地测量近似的清除系数 Λ。设立一塔,在 z 高度置一示踪剂发生器,并在以该点为中心的一定距离弧线上均匀布置降水收集器。有降水时,施放示踪剂并向下风方飘移达到采样弧线,由降水收集器采集降水并测定其中示踪剂的总量。这个总量应是降水清洗和干沉积两种作用对示踪剂总量的贡献。于是,再用补充测量估算干沉积量,以便将其从总量中扣除,这样便可得因降水而被清除的示踪剂量 M_s。

由降水清除方程(4.197)式,将其指数部分展开并保留一价项近似有

$$Q_t = Q_0(1 - \Lambda t) \qquad (4.208)$$

或

$$\Lambda = \frac{Q_0 - Q_t}{Q_0 t} \qquad (4.209)$$

设降水收集器的收集表面积为 A,收集到示踪剂的弧线宽度为 y,取纵向距离为 $x = \bar{u}x$,则

$$Q_0 - Q_t = \frac{M_s}{A} \cdot xy \qquad (4.210)$$

代(4.210)式入(4.209)式,可得 Λ 的近似测定值为

$$\Lambda = \frac{M_s \bar{u} g}{Q_0 A} \qquad (4.211)$$

对连续点源,Q_0 为初始施放率,M_s 为单位时间内的清除总量;对瞬时源,Q_0 为施放总量,M_s 为清除总量。McMahon(1979)的降水清除测量结果表明 Λ 量值在 $10^{-4} \sim 10^{-5}$ 秒$^{-1}$。它随降水强度 p_0 有关系

$$\Lambda \propto p_0^b \qquad (4.212)$$

其中 b 值落在 $0.5 \sim 1.0$ 间。

5.2.5　化学转换和空气污染物的滞留与迁移

排放进入大气层的烟流中,各种化学物质和大气成分混合输运,在适当的气象条件下,如辐射、温度、湿度和降水等,会发生化学反应以致变性或生成二次污染物,经过在大气层中一定时间的滞留而后迁移。对于空气质量影响的模拟,最普遍并具典型意义的此类变化与迁移的例子有如:① 由煤的燃烧和其他工业源排放 SO_2 和 NO_x 初级空气污染物氧化生成硫酸盐、硝酸盐和臭氧等二次污染物,对区域性在大气酸性和降水酸化以及臭氧成分的变化有重大作用;② 城市汽车废气排放和其他工业源排放的 HC 化合物和 NO_x 等初级空气污染物在太阳辐射作用下生成光化学烟雾的过程,其中主要组成成分有臭氧和过氧乙酰硝酸酯(PAN)等二次污染物,对城市区域空气质量和人体健康有重要影响;③ 放射性污染物质的衰变与迁移,如燃料中含有一定放射性物质,核反应设施的裂变产物的泄漏或废弃物中的微量残留物等;④ 粒子和气体污染物在干湿清除过程中的化学反应和各种途径的迁移,例如,上节所述气体向水滴输送以及在水滴中可能发生的一些化学反应,生成的二次污染物质被清除到地面,影响地面空气污染物浓度的分布并造成危害。所有这些都涉及十分广泛的大气化学、降水化学、放射性化学以及地球化学和生物化学的研究领域,这里只拟就烟流排放及其对空气质量影响的模拟处理中的有关问题予以简要介绍。由于大多空气污染物在大气中均有一定的滞留时间,因此,其作用影响主要着眼于长期效应。也就是说,对于较短的输运距离,例如小于 20～50 千米范围,通常采用十分简化的处理方法,只有在较大范围的区域乃至全球范围的远距离输送扩散和全球环境与气候变化的空气污染气象学研究领域,如酸雨、微量气体与温室效应以及臭氧层变化等课题中,必须对此作深入细致的模拟处理。

1. 一般考虑

图 4.22 示意工业烟囱排放烟流的物理过程和相应发生化学过程的各阶段情形。

通常,采用最为简单的处理方式,即假设一个随时间常数 T_c 变化的污染物浓度指数化学衰减率,即有

$$\frac{q(t)}{q(0)} = \exp\left(-\frac{t}{T_c}\right) \tag{4.213}$$

例如,SO_2 转换成硫酸盐(SO_4^{2-})的过程就往往被当作一个指数过程来处理。只是对时间常数 T_c 的取值有不少争议,因为其实验基础常不充足,它与气象条件的关系不甚清楚,它与化学反应速率以及催化剂作用的关系亦不确切。例如,对 SO_2 的时间常数测到的从几小时到几天都有。这种处理方式适于高斯型烟流模拟。

化学迁移也可采用分子运动方程来研究。例如,假设有以下两个化学分子运动方程式成立:

$$A + B \xrightarrow{k_1} D \tag{4.214}$$

$$D + E \xrightarrow{k_2} A$$

式中 k_1 和 k_2 是化学反应速率常数(浓度$^{-1}$时间$^{-1}$)。于是,物质由于化学反应造成的浓度变

化率由下式表达

$$\frac{\mathrm{d}q_D}{\mathrm{d}t} = k_1 q_A q_B - k_2 q_D q_E \tag{4.215}$$

将此式加到普遍形式的湍流扩散方程中去,便可通过数值求解方式得出引入化学转化后的污染物浓度变化。这种处理途径常被用于有较为复杂的多级化学反应的污染模拟处理中,例如分析光化学烟雾的问题。这方面目前正处在发展的阶段。

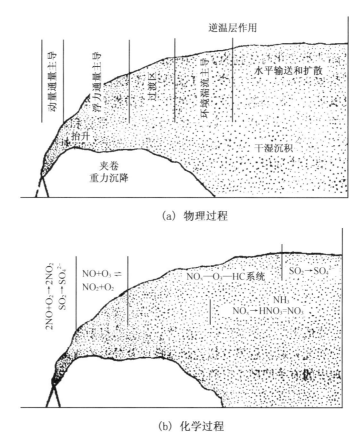

(a)　物理过程

(b)　化学过程

图 4.22　工业烟囱排放烟流的物理过程与化学过程

2. 放射性衰变

放射性衰变亦是能影响污染物(其中含有放射性物质)迁移的一种简单的清除过程。例如,燃料煤和其他工业矿物原料的燃烧都排放含有一定量的放射性物质,如镭(Ra),它们被引入城市大气层等等。显然,它们的浓度通常都很低,而且都遵循日渐降低的简单衰变规律

$$q_t = q_0 \exp(-\beta t) \tag{4.216}$$

这里 q_0 为初始浓度,β 即为衰变系数,不同物质差别很大。这参数通常可从有关化学物理手册中查到。

3. 污染物滞留时间

空气污染物滞留时间亦称居留时间(residence time),是表征空气污染物在一定时期,一

定空间范围里的寿命的一个特征量。它定义为这样一个时间,即假定没有污染物补充,没有污染物穿过区域边界,该区域大气里污染物随时间减少至原来的 $\frac{1}{e}$ 倍所需的时间。显然,污染物在大气中的滞留时间的长短综合反映了包括干沉积、湿沉积和化学变换诸清除过程的作用。因此,凡支配这些过程的因子亦必将影响到滞留时间的长短。不同污染物质具有不同特征的滞留时间,不同季节、不同地点、不同下垫面条件和不同气象条件下都会有不同的污染物滞留时间。

为计算污染物滞留时间,假定污染物在整个混合层里呈均匀分布,顶上没有散逸,边界上湍流扩散造成的输入输出是平衡的,考虑干沉积和降水清除以及一阶化学反应。于是可有

$$\frac{\mathrm{d}q}{\mathrm{d}t} = -(\lambda_d + k_p + \lambda_c)q$$

$$q = q_0 \cdot \exp[-(\lambda_d + k_p + \lambda_c)t]$$

滞留时间定义写成

$$T = \frac{1}{k_t} = \frac{1}{\lambda_d + k_p + \lambda_c} = \frac{1}{\frac{1}{t_d} + \frac{1}{t_p} + \frac{1}{t_c}} \tag{4.217}$$

这里 q 是污染物浓度,k_t 是总衰减率,λ_d 是由于干沉积造成的衰减率,k_p 是由于降水清除造成的衰减率,λ_c 是化学变换率。如果仅有一种清除机制起作用的话,那么,t_d,t_p 或 t_c 都可认为是滞留时间。

考虑干沉积速度 v_d 与以下因子有关,即地面粗糙度、大气稳定度、污染物的化学性质以及植被覆盖的生物学性状,由野外测量给出 v_d 的值,便可得出由干沉积造成的衰减率:

$$\lambda_d = \frac{v_d}{z_i} = \frac{1}{t_d} \tag{4.218}$$

式中 $\overline{z_i}$ 为平均混合层高度。

考虑降水清除作用,假设:① 混合层里云下的空气直接被输送进入云中,是由大尺度垂直运动和对流运动造成的;② 空气污染物受云中雨洗过程和云下清除过程清除;③ 含有污染物的降水落到与污染空气被夹卷进云的共同区域。于是,平均清除系数 $\bar{\lambda}$ 和降水衰减率 k_p 为

$$\bar{\lambda} = \frac{\overline{v_d}}{z_i}, k_p = \overline{p_0 \bar{\lambda}} \tag{4.219}$$

式中 $\overline{v_d} = \left(\frac{K}{q}\right) \cdot \overline{p_0}$ 为清除速度,这里 K 为雨水中污染物浓度,q 为空气污染物浓度,$\overline{p_0}$ 为平均降水速率。取 $\frac{K}{q} = 5 \times 10^4$。

考虑化学变换的迁移作用,采用化学变换率 $\lambda_c = 1 \times 10^{-6}$ 秒$^{-1}$。

于是,根据(4.217)式便可计算确定滞留时间 T。

4. 污染物在大气中的物理 – 化学衰减

综合考虑上述所有导致空气污染物可能被清除或迁移的物理和化学过程,滞留时间或居留期反映了空气污染物衰变的快慢。实际的空气污染物浓度,在综合了各种清除机制后,仍假定它是随时间呈指数形式变化:

$$q = q_0 \cdot \exp(-\lambda t) \tag{4.220}$$

这里 q_0 是未经清除时的空气污染物浓度,λ 即考虑了各种清除因子后的综合衰减系数。

为了表征空气污染物的被清除的快慢,可以定义一个半衰期或称半生命期($T_{\frac{1}{2}}$)的特征时间,意即由于清除或迁移作用使空气污染物浓度衰减为原来浓度的一半所需的时间。令 $t = T_{\frac{1}{2}}$ 时,$q = \frac{1}{2}q_0$ 并代入(4.219)式,有

$$\frac{1}{2}q_0 = q_0 e^{-\lambda T_{\frac{1}{2}}}$$

即

$$\lambda = \frac{0.693}{T_{\frac{1}{2}}} \quad 或 \quad T_{\frac{1}{2}} = \frac{0.693}{\lambda} \tag{4.221}$$

故有

$$q = q_0 \cdot \exp\left(-\frac{0.693}{T_{\frac{1}{2}}}\right) \tag{4.222}$$

式中 $T_{\frac{1}{2}}$ 为空气污染物的半衰期,λ 为综合衰减系数。

将(4.220)式写成微分形式

$$dq = \lambda q_0 \cdot \exp(-\lambda t)\,dt$$

在 t 至 $t + dt$ 时段被清除的污染物质的量 dq 就是寿命为 t 的污染物质的量。这些污染物的寿命为 $t\lambda q\,dt$,而所有污染物 q_0 的寿命总和为 $\int_0^\infty t\lambda q\,dt$,于是平均寿命

$$\tau = \frac{1}{q_0}\int_0^\infty t\lambda q\,dt = \frac{1}{q_0}\int_0^\infty t\lambda q_0 e^{-\lambda t}\,dt = \frac{1}{\lambda}$$

代此结果入(4.220)式可得

$$q = q_0 \cdot \exp\left(-\frac{t}{\tau}\right) \tag{4.223}$$

至此,可知空气污染物在大气中的平均寿命,即居留期为 $\tau = \frac{1}{\lambda}$,而且综合衰减系数 λ 愈大,污染物在大气中的居留时间愈短。或者只要知道污染物的居留期 τ(或半衰期 $T_{\frac{1}{2}}$),便可由初始浓度 q_0 估算出任意时间的浓度 q。

实际应用中,经考虑了本节所述的各种清除或迁移机制的作用,运用综合衰减系数和半衰期的概念,便容易处理得到对高斯烟流扩散公式的修正形式,这在空气污染气象学的实际应用中是很有用的。

§6 小 结

本章论述了自二十世纪五六十年代创建的一套实用处理局地空气污染物散布的计算处理方法的原理和实用处理。在二十世纪数十年里曾经一度有很好的发展和进展,无论在工业工程建设和电力、交通运输建设、核工程安全防护和城镇建设环境规划影响与评估等许多领域实施了大量应用,取得良好效果,起了很大作用。但实际应用毕竟受制于它的水平均匀和准定常的两个基本假设的局限。为适应大量运用需求并改进效果,学术界致力于在诸多应用领域的条件下,发展建立了各种条件下的大气扩散应用计算,这些包括,如:封闭型扩散计算;熏烟型扩散计算;长期平均浓度计算;箱体模式与窄烟流处理;多源高斯模式处理;对流边界层扩散处理;稳定边界层扩散处理;局地建筑物条件下的扩散处理等等。

在空气污染气象学学科进一步发展的推动下,大气扩散高斯模式的修正发展还在以下几类复杂地面条件下,建立了许多修正计算处理方案,拓展了空气污染气象学的应用能力。这些主要在非均匀下垫面条件下空污染物散布特征及其高斯模式的修正处理,包括例如:山地地形条件下,水陆交界下垫面条件下和城市下垫面条件下的空气污染物扩散计算与大气环境影响评估。

水陆交界下垫面条件是指一些大水体,如海、湖与其岸边陆地交界地区非均一的不连续下垫面。这里由于水面和陆面不连续下垫面的动力学特性和热力学特性的明显差异,而且这些差异往往具有强烈的局地特征或日变化特征,使得水陆交界地区上方的气流系统和湍流边界层有其特定的分布形式和变化规律。由下垫面特性的差异诱生的一些特殊大气现象,如最为人们熟悉的海/湖风环流和热力内边界层结构,必然会支配并确定局地大气输送与扩散特性。从而影响排放在这些地区的空气污染物的散布规律。对所有这些现象及其影响的研究,为空气污染气象学开辟了一个专门的重要研究学科分支,即沿岸空气污染气象学。

山地地形地物的存在,一方面作为障碍物由机械强迫作用而改变边界层气流分布;另一方面由于下垫面热力性质的变异而诱生一些局地热力环流。总之,由于地形地物的存在改变了气流输运的规律,形成一些特殊的大气现象,这些都会直接影响到空气污染物的散布。因此,为正确预测地面空气污染物浓度,必须清楚了解由地形地物引起的这些变化规律,建立合理的大气扩散模式,发展建立了复杂地形或专门的山地空气污染气象学学科分支。

由城市的特殊下垫面条件,决定了其地面动力学粗糙度增大,地面热容量和热释放量也都比非城区条件下明显增加。于是,形成了具有明显特征的城市边界层及其边界层气象学特征,构成对大气输送与扩散过程的重要影响。另一方面,城市人口密集,工业商业发达,交通运输繁忙,总之,由人为活动造成城市空气污染排放具有多源、多样性和密集型的特点,对大气扩散和大气环境的影响极其深广,颇具特点。城市空气污染气象学专门学科发展也日趋成熟。

所有这些都对大量复杂条件下的实际应用处理的实施有了很大推动,而且在学科发展进程中也起到了非常有力的促进作用。

第五章　城市尺度空气污染气象学问题

§1　城市空气污染气象学问题

　　城市空气污染问题与其他区域的空气污染问题不同,它有着许多特殊性。这是由城市复杂的下垫面结构特征所决定的。城市是人类活动的中心,在这里人口和建筑物密集,下垫面特性极其复杂,同时伴随有活跃的人类活动。城市地区工商业集中,交通运输繁忙,能源消耗巨大,并且将大量人为热源、人为水汽源、尘粒和各种微量气体及空气污染物排放至大气中。因此,城市地区的大气输送与扩散是典型的多维、多尺度问题。城市环境通过多变的风、温、湿、湍流和地表能量收支来影响大气边界层和天气过程。城市下垫面由大量的人为材质构成,例如:混凝土、沥青、钢铁等,它们导致热量的存储和释放过程与乡村的植被下垫面上发生的过程有所不同。建筑物是城市中最主要的下垫面粗糙元,建筑物改变了风场,产生湍流涡,建筑物造成阴影和陷阱效应影响了能量传输。城市也是人类活动活跃的地区,包括与家庭和生产场所有关的加热、冷却的能量消耗,生产和交通对城市环境产生废热排放等。城市地区不透水面增加导致城市地表的蒸散发送减少,从而形成城市干岛。若是在干燥的环境中,由于城市地区人员密集,人为的用水和绿化等活动明显增多,用水量增大,城市的环境会比周围湿润等。以上机制的共同作用及其与周边地区之间的差异,可以导致局地环流发生。

　　城市气象条件及其特征会明显地影响或改变城市地区空气污染物的浓度及其分布,例如城市热岛等局地环流可能改变污染物扩散的烟流轨迹,由于城市建筑物引起的拖曳等可能减小输送速度,局地环流和建筑物产生的湍流可以增加垂直混合等。建筑物和城市下垫面可以有效地改变微尺度和中尺度流场,其对大气动力学和热力学的影响在很多方面都有重要的作用。

　　在数值模式中,对城市效应的参数化可以用来体现城市建筑物和下垫面引起的拖曳、湍流产生、不均匀加热以及对地表能量收支的影响等。针对人们关心的问题,如城市光化学烟雾的出现、城市污染物输送与扩散、建筑物风载和地表粗糙度等,数值模式在城市规划和能源利用研究,人体舒适度水平的评估,全球变暖估计等领域都有重要的应用。由于城市问题的多尺度特点,在不同尺度上各种过程的重要性和处理方法也不同。

1.1　城市地区的主要大气物理过程

与自然下垫面上的边界层相比,城市边界层内部物理过程的特征主要表现在以下几个方面:

① 由于自然下垫面被人为下垫面取代,自然地表的辐射平衡也随之被破坏,两者的辐射特性差异非常明显。如城市水泥、砖石等材料的反照率等辐射特征不同于植被覆盖的地表。随着城市建筑密度的增加,辐射传输过程也变得较为复杂,如在城市冠层内部出现的多次反射、散射等现象。

② 在城市区域,自然地表变为干燥的人为下垫面,扰乱了城市中的水汽平衡。由于城市区域不透水面积的增大,以及植被覆盖面积的大幅减少,使城市下垫面的储水能力比自然下垫面小很多。此外,地表蒸发、植被蒸腾、地表径流、地下水分布和空气湿度结构的改变,都对城市地表与大气之间的水汽交换过程产生明显影响。

③ 由于建筑群的存在,城市下垫面粗糙度增大、零平面位移抬高,从而增大了地面摩擦力,使城市区域近地层风速减小,风向复杂多变;城市下垫面较大的粗糙度,还使得城市上空湍流交换能力增强;此外,城市热岛效应会引起局地气流的辐合辐散,这些都使城市和郊区的流场分布存在差异。

④ 由于人类生产和生活对能源物质的消耗,大量的人为热释放在大气中。这部分热量对城市区域的气象环境产生重要影响,主要表现在气温、湍流动能增加、大气不稳定度增加、混合层高度抬升以及热岛环流加强。

⑤ 在城市区域,由于大面积的水泥、柏油、砖石等物质材料替代了植被,使城市下垫面具有较小的热容量和较大的导热率。下垫面热力性质差异使城市下垫面增温比农村下垫面要快;而城市的立体建筑物增大了受热面积,使城市下垫面总的热容量比农村的大,使得城市下垫面热量容易聚积。

⑥ 城市地区的大气运动是不同尺度物理过程共同作用的结果,存在多种反馈机制,涉及水圈、土壤-岩石圈、大气圈、生物圈等系统的相互作用,相互影响,相互制约,且具有很强的局地性。

1.2　城市边界层大气过程的多尺度特征

城市区域的环境往往由于复杂地形和复杂城市结构而形成不均匀下垫面性质,它会对风场、温度场和水汽及物质分布造成多种影响,城市化发展进程会加剧此类不均匀性。城市的发展使不渗水的水泥道路和建筑材料取代天然的土壤与植被,改变了地表径流与地下水、蒸发与空气湿度分布以及地表和建筑材料的反照率和辐射特性,改变了热传导和热容量,这些都形成城市区域特殊的气-地-水文的动态平衡,进而影响到地表辐射平衡、水分和物质循环与通量特性,使城市边界层特征迥异于一般地表的大气边界层。

在无背景风影响下,城市边界层会呈现于城市穹窿中,而当有区域背景风时,自上风向的城乡边界开始形成一个向下风向延伸的城市边界层(UBL),如图 5.1 示意。城市烟流能维持城市的热力、水汽和动力影响达几万米,甚至可以把大气污染物传输到下风向几十万米远。在城市群或者城市带,在合适的背景风情况下,几个城市的烟流可以排列到一行,就形成了超大城市烟流。在城市边界层的近地层,城市建筑物的影响例如加热、冷却、粗糙度的作用更显著,同时下垫面的摩擦力激发了大部分混合过程。

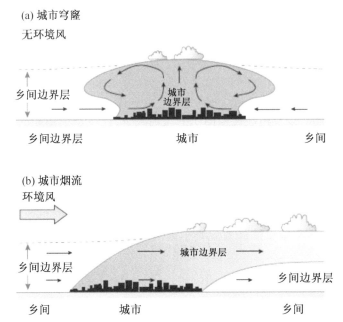

图5.1 城市边界层(UBL)的典型形式:(a) 静风时的城市"穹窿";(b) 有背景气流时的城市内边界层和下风方向"烟流"(引自 Oke,2017)。

在城市地区,近地层可以被进一步细分(图5.2)。惯性子(次)层则是城市近地层的上

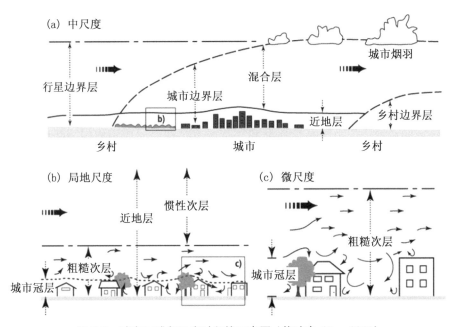

图5.2 城市区域多尺度过程的示意图（修改自 Oke,2017）

层部分,在此处大气对城市下垫面的总体效应产生响应。在较为均匀的城市地表上,水平变化较小,则惯性子层可以看作一维的。由于湍流通量随高度变化较小(<5%),因此惯性子层也被称作"常通量层"。在惯性子层内最常见的关系是风速随高度的对数律变化。粗糙子层出现在惯性子层之下,在这里区域城市单个粗糙元对气流特性的影响明显,并导致风向出现偏转。在建筑物周围存在气流上升、下沉和回流等现象。各个建筑物的组成面的状态也可能比城市的平均态更暖或更冷,更湿或更干,更清洁或者更容易出现污染。建筑物组成面也可能在局地导致烟流形成。粗糙子层的状况不能简化为一维的,需要从全三维的视角来描述。粗糙子层一般从地表向上延展到 1.5 到 3 倍的城市粗糙元(建筑物和树木)的高度,其中对数风廓线率等常见关系无法适用。粗糙子层的上边界被称作掺混高度(z_r)。

在城市里,惯性子层的存在需要两个条件:其一,惯性子层必须在粗糙元个体影响之上,即高于单个城市元一起组成的均匀混合结构形成的掺混高度(Blending Height, z_r),其二,它的下垫面过程处于相对平衡状态。城市中建筑物和树木的高度通常在 5 ~ 10 m,有的建筑物甚至可达百米。第一个条件意味着粗糙子层至少在地面以上掺混高度 10 ~ 20 m 处,因为在城市中心有些元素可以达到 100 m 甚至更高,因此掺混高度可能到几百米。惯性子层存在的第二个条件是局地地表的平衡。一般需要至少 1 到 3 km 才能发展出一个平衡层,有时甚至需要 30 km 以上。在真实城市里物理结构的变化和斑块状分布,很难保证惯性子层在每个城市都存在。

在城市粗糙子层的底层,主要城市元高度 z_H 以下的层次被称为城市冠层(Oke,1976)。城市冠层是密集的人类活动和能量、动量、水分交换和转换的地方。城市冠层的顶一般定义为城市元-建筑和(或)树木的高度。城市冠层的顶部即屋顶处有强烈的风切变和混合。而进入到城市冠层内的街道时,情况完全不一样,街谷使得这里的风速变小且受外界的影响弱。另外,它对太阳辐射和天空视角限制的增加,也会破环到对辐射交换的影响。

§2　城市冠层对气象场的影响

城市冠层对局地天气气候的影响作用主要分为两个方面:一是动力作用,二是热力作用,如图 5.3 示意。动力作用主要体现在人为下垫面对平均气流场的拖曳作用和对城市湍流的增强作用,进而影响地气之间的能量和物质交换;热力作用主要体现在具有三维结构的城市建筑群对大气向下短波辐射的遮蔽效应和多次反射的吸收效应,以及对地面向上长波辐射的截获效应。此外,人类活动直接排放的热量对冠层大气具有加热效应。

2.1　城市冠层风场特征

城市域下垫面远比乡间粗糙,当气流自乡间平坦地面吹向城市时,风场结构必然会发生变化。一方面城市地区很大的粗糙度使得市区上空的平均风速大致比乡间上空的风速小30% ~40% 。而 10 米高度处的平均风速则更可能减小至50% 。这种风速减弱现象还随着

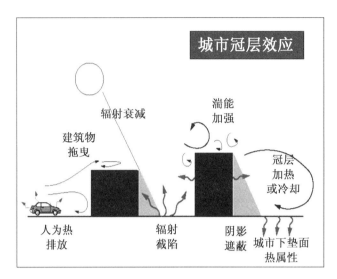

图 5.3　城市冠层效应概念图

大气层结稳定度增加而增强。另一方面,城市的存在会导致风向的改变,在地面处可达 ±30 度,即使在 200 m 的上空,风向改变亦可达 6～10 度。而且不同风向情况下,气流的弯曲和速度减小的程度亦不同,这显然是与城市结构有关。一般来说,平坦地面上边界层内风的分布在中性条件下主要由地转风速、柯氏参数和粗糙度长 z_0 等变量决定。如果地面粗糙元密集,城市地区的状况还需加一个参量,即位移高度 d。对非绝热气流,还需要加上热量输送的特征量。

城市下垫面的动力学效应主要是由建筑物造成的,它不仅在总体上减小风速,改变气流方向,而且在局部形成气流结构,使得城市边界层风场分布显得更不规则,也使边界层湍流结构更加复杂,这些都会影响到城市大气输送与扩散过程。

城市地区近地面层内,大气总是处于充分混合状态。一方面,由于地面粗糙度增大,另一方面,城区热容量和热释放量增大,于是,机械湍流和热力湍流显著增强。对城市边界层里湍流分量 $\sigma_u^2, \sigma_v^2, \sigma_w^2$ 的观测结果表明,尽管气流自城市周围乡间流向城区时,风速约减小 30%,但这些风速分量的脉动量仍维持不变,从而使最终的湍流强度 $\frac{\sigma_u}{\bar{u}}$、$\frac{\sigma_v}{\bar{u}}$、$\frac{\sigma_w}{\bar{u}}$ 净增 40% 左右。这意味着城区的扩散速率比乡间增大,尤其是垂直混合加剧。

2.2　城市冠层对辐射的影响

城市冠层的热力学影响除了人为材质导致的比热和储热等过程的变化外,主要体现为冠层对辐射过程的影响。这其中既有材料的辐射特性变化也有城市冠层结构的影响。城市表面中街区尺度的辐射特性之所以有别于简单的均匀平坦下垫面,主要有三个原因:其一,街区是由多种具有不同反射率和发射率的物质组成的;其二,具有三维结构的街区有无数不同坡度和形态的组成面;其三,这些组成面会发射或彼此反射辐射或阻碍辐射交换。低发射率意味着同样低的长波吸收率。从城市冠层以上往下看,城市下垫面是由屋顶面和屋顶之间的空间组成的,后者的辐射环境很复杂,包含了阴影和建筑高度以下组成面之间多次辐射交换的混合效应。建筑元素形态的复杂性导致可视表面面积增加。在城郊,可视表面的面积增加为 30% ~ 80% ,而在城市建筑密集地区则为 50% ~ 100% ,在高层建筑区域其值可以超过 100% 。可视表面的面积增加改变了吸收、反射和发射辐射的表面面积,使得到达城市区域的短波辐射或者城市建筑物等表面发射的长波辐射难以离开城市下垫面,这就是城市冠层对辐射的"陷阱"效应。它对城市区域反射率有明显影响,使城市区域反射率低于城市单个地表物质的反射率。图 5.4 是通过在城市道路上的鱼眼镜头拍摄的天空和云况,说明了城市冠层内辐射过程的复杂性。

图 5.4　在城市街道中心从地面垂直往上拍摄的描绘半球视野的垂直鱼眼照片,大量天空视野被建筑所占据。(图片由深圳国家气候观象台提供)

2.3　城市温度场与城市热岛

大量观测事实表明,城市温度场与开阔乡间地区的温度分布状况有明显不同,即城市地区存在有明显的热岛效应,表现为城市地面和其上的空气温度比同时的周围乡间开阔地区要高。尤其在夏季晴朗夜晚,微风情况下更甚,并能导致城市热岛环流。这种城市与周围乡村之间的气温差称为城市热岛强度。

图 5.5 是利用苏州城区自动气象站网获取的 2008 年夏季气温分布,在城市中出现气温高值中心,高值区主体呈西北—东南走向,随着向郊区拓展温度逐渐降低,城市热岛强度最高的值为 1.1 ~ 1.3 ℃。有观测表明,穿过大城市的最大温差可达到 10 ~ 12 K(Oke,2017)。

通过卫星遥感数据获取的地表温度也可以用来估算城市表面热岛强度,长时间的观测资料也进一步体现了我国热岛的快速增强趋势。仍以苏州地区为例,从 20 世纪 80 年代到

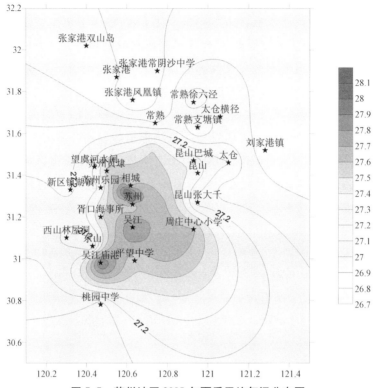

图 5.5　苏州地区 2008 年夏季平均气温分布图

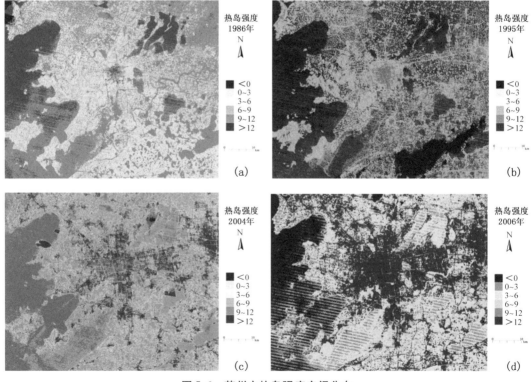

图 5.6　苏州市热岛强度空间分布

（a 1986 年，b 1995 年，c 2004 年，d 2006 年）

90 年代再到 21 世纪初,苏州城市地表热岛效应总体布局发生了很大的变化。1986 年苏州的城市热岛范围非常小,仅仅集中在老城区范围以内;到了 1995 年,除了主城区的热岛范围显著扩大以外,东部和南部的城镇体现出了强烈的热岛效应;而在 2004 年,热岛效应的影响范围进一步扩大。热岛强度最高的量值与城镇的空间分布基本吻合。城市热岛也具有垂直结构,常显示为在近地几百米层内,大气为充分混合状态。在纽约、蒙特利尔等城市观测到的城-乡温差(平均)垂直廓线则表明,增热区可自地面伸展到城市上空 300 ~ 800 米之间(图 5.7)。

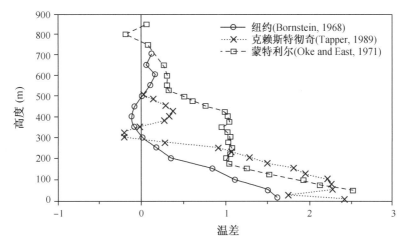

图 5.7 三个城市,日出前后,城乡温差(平均)垂直分布
(取自 Tapper, N, 1990)

关于城市热岛强度的观测事实也是十分有意义的。一般认为,其城乡间最大温差与该城市居民人口量有关。不仅如此,而且还与城市区的建筑物的高度和密集程度有关。图 5.8

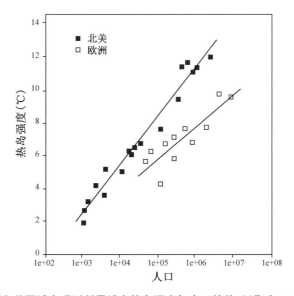

图 5.8 欧洲和美国城市观测所得城市热岛强度与人口的关系(取自 Oke, T., 1981)

和 5.9 分别给出了两个观测事实,一个是城市热岛强度与人口的关系;另一个是城市热岛强度与建筑物形态(通常使用建筑物高度与街道宽度之比来表征)的关系。

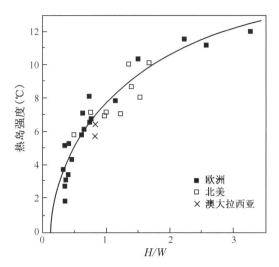

图 5.9　观测所得城市热岛强度与建筑物高宽比的关系(取自 Oke,T.,1981)

这些观测事实都是在静风和无云条件下获得的,至于热岛强度与风速关系的观测事实则如图 5.10 所示。图示事实表明,热岛强度与风速的关系十分密切。如果风速太大,热量则会很快被平流输送走,而城市则来不及补充。事实上 Oke 和 Hennell(1970)认为存在一个形成热岛的临界风速,并发现满足以下经验关系:

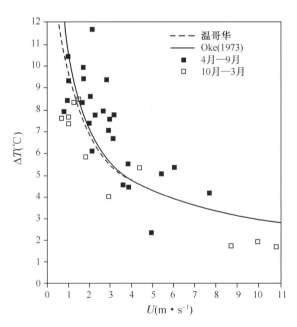

图 5.10　热岛强度与风速的关系

$$U_{临界} = 3.4\log P - 11.6 \tag{5.1}$$

式中，$U_{临界}$为临界风速，单位为 m/s；P 为人口数量。图 5.9、图 5.10 和经验关系式可用于中尺度气象模式的模拟结果的直接验证，并可间接供城市参数化试验用。

城市热岛现象形成的原因主要有：① 城市工业和居民的生产和生活释放热量大增；② 城市地面为建筑物所覆盖，热容量大，同时城市地面水域少，相变消耗的能量减少，热量大部分以湍流输送方式传给大气层，极大改变了城区热力状况；③ 城市空气污染物吸收地面长波辐射，产生温室效应等。总之，热岛使城市边界层的低层温度增高。夜间，当乡间较冷的空气流入城区时，由于城市热岛效应，致使近地层对流活跃，发展成为夜间城市混合层。

一般来说，城市上方的温度分布会呈现三种形式：其一，晴朗大风天气条件下，日间城乡温差不大，这是因为强平流输送作用所致；其二，风速中等的夜间，城市上方会形成混合层，而乡间则为稳定层结，从而形成城乡差异；其三，夜间静风条件下，城市区会生成对流活动。显然，这些分布的形式是由城市下垫面的动力和热力性质决定的。

§3 城市陆面过程的参数化

在当今城市发展规模和发展趋势下，对城市大气环境研究和预测预报服务的需求也日益增加，因此必须建立具备能充分体现城市大气环境时空多尺度特性和城市下垫面复杂特征的城市多尺度数值模式系统。这些空气质量模型系统要能够刻画出研究对象由大到小、由粗到细的环境信息，从而掌握城市周边地区、城区到城市小区甚至街区内、建筑物间的大气环境特征。而且还要能满足不同尺度模式系统对不同物理过程的引入与处理所需的特定要求。在城市边界层和中尺度模型中，我们需要考虑城市下垫面的特征，也就是城市建筑物的总体效应的模式，即城市冠层模式。而且对于城市小区、街区和建筑物尺度，则更需要求考虑各个建筑物的个体影响。

3.1 城市冠层模式

为了能更精确地模拟发生在城市冠层内的物理过程，Masson(2000)以图 5.3 所示城市街谷中发生的物理过程为基础，提出了城市冠层模式(UCM)的概念，认为可将其作为中尺度甚至大尺度模式中新的城市陆面过程参数化方案。他们用 1973 年 9 月在温哥华某南北走向街谷内的外场观测获得的数据验证了这套离线方案。所建 UCM 考虑了建筑物三维几何形态，对屋顶、墙壁、街道分开考虑地表能量平衡关系。由于同时包括了水平面和垂直面的处理，所以可以捕捉到建筑物冠层内一些特有的现象和能量储存方式。这个 UCM 方案和前述传统的中尺度模式中的城市参数化方案具有较大差异，最重要的一点是 UCM 考虑了建筑物细微的物理过程，并以此将最终结果在每个格点上做权重。而传统方案考虑的则是格点上的综合效应，却未考虑这些细微物理过程。

在中尺度气象模式中，对城市冠层影响有几个不同处理方法。按总体和区域平均进行参数化,则区域平均的概念通常是很重要的。当然,城市参数化的应用依赖于模式及所用模式的物理性质,有些参数化的方法是不带有普适性的。例如,风场诊断模式不能直接用来处理由建筑物引起的风速减小,对于湍涡扩散率使用的经验方程也不能与湍流动能产生方程一起用等等。下面我们将分别说明其在动量、湍流输送、热量、地表能量收支方程中的作用。

当已知大气条件时,可以对地表能量平衡方程进行数值求解。在求解地面能量通量时要求知道粗糙度长度、地面反射率、土壤热容量、土壤导热率、相对湿度等相关物理量。利用简单的模式可以模拟合理的昼夜温度差,发现在城市中增加的粗糙度和减少的水蒸气,城市物质的热力性质中,风速是决定城市热岛强度的主要因子。没有大气动力学的预报方程,就无法看到流场和地表能量收支的反馈机制。需要将城市对地表能量收支的影响引入包括阴影,地表和墙壁反射的长波和短波辐射,以及来自建筑物内部的热通量等。人们发现建筑物的尺寸(宽长比)和城市冠层的热力性质是支配城市热岛强度的重要变量。

很多研究者在二维和三维的中尺度大气模拟中采用地表能量收支方程和粗糙度长度方法处理城市问题。Atwater 和 McElory(1972)首先将大气流场和地表能量收支方程联系在一起作模拟。尽管模式采用的是二维平稳状态,没有包含平流的作用,但却显示了地表能量收支与风场的相互作用。在两个敏感性试验中,在地表能量收支中人为地加入了热通量项,定义了城市特有的反射率、粗糙度长度、热扩散率、密度、热容量。城市诱发的拖曳和混合则由粗糙度参数来定义。模式计算边界层热结构与观测的相一致并发现地表的物理特征在产生城市热岛方面非常重要;Sorbjan 和 Uliasz(1982)将城市冠层引起的拖曳和湍流引入到流体动力学方程中(与粗糙度方法相反,它是将城市冠层的影响作为边界条件引入)。他们在水平动量方程中引入了拖曳项,在涡扩散率公式中引入了湍流产生项。

3.2　城市冠层动力学效应参数化

在城市冠层内,由于建筑物和其他障碍物的影响产生城市街谷效应、气流尾流效应和阻挡效应,其中城市冠层的拖曳作用导致动量在整体流中的输送和平均风速的减小。参照植物林冠的概念,有多种在中尺度和边界层模式中表征拖曳作用的方案。泰勒(1916)认为,速度平方定律可以用来描述大气克服地面的曳力,用 u_*^2 作为与曳力有关的地面切应力的变量并得出:

$$u_*^2 = C_D \bar{V}^2 \tag{5.2}$$

对于动量输送,C_D 称为曳力系数,有时在文献中把它写成 C_M。$\bar{V}$ 是地面以上高度 z 处平均水平风速大小,即 $\bar{V} = \sqrt{\bar{u}^2 + \bar{v}^2}$,地面切应力的各分量可以相应地用曳力定律表示为:

$$\overline{(u'w')}_s = -C_D \bar{V} \bar{u}$$
$$\overline{(v'w')}_s = -C_D \bar{V} \bar{v} \tag{5.3}$$

类似的表达式可以用来参数化地面热通量和水汽通量:

$$\overline{(w'\theta')}_s = -C_H \bar{V} (\bar{\theta} - \theta_G)$$

$$\overline{(w'q')}_s = -C_E \bar{V}(\bar{q} - q_G) \quad \overline{(w'\theta')}_s = -C_H \bar{V}(\bar{\theta} - \theta_G)$$

$$\overline{(w'q')}_s = -C_E \bar{V}(\bar{q} - q_G) \tag{5.4}$$

式中下标 G 表示地面或水面。参数 C_H 和 C_E 分别表示热量和水汽的总体输送系数。它们的量值范围是 $1 \times 10^{-3} \sim 5 \times 10^{-3}$（无量纲）。下标 G 和 s 之间存在着细微而重要的差异,下标 s 表示近地面空气值,通常指高于地面 2~10 m;下标 G 表示地面或海面上方 1 mm 处的值,间或代表地面或海面上方的表层值。粗糙表面可能产生较强的湍流,这就增加了曳力和通过表面的输送率。当空气遇到建筑物时减速所产生的动力压力差是形成曳力的主要原因。由于波动与气压扰动能够输送动量而不能输送热量或污染物,所以动量曳力系数与热量或水汽的总体输送系数是不同的。而城市建筑物对湍流影响的处理则依赖于湍流闭合方案,在不同的湍流闭合方案中处理方法有所不同。

3.3 城市冠层热力学效应参数化

在城市冠层热力学效应参数化中,主要需要考虑城市地表能量平衡过程,也就是净辐射通量(Q^*)、人为热通量(Q_f)、潜热通量(Q_e)、感热通量(Q_h)、储热项(Q_s)、平流项(ΔQ_a)之间的平衡过程,即

$$Q^* + Q_f = Q_e + Q_h + Q_s + \Delta Q_a \tag{5.5}$$

由于城市化的加速,城市冠层的非均匀性影响了地表能量平衡,城市的感热通量远大于潜热通量,人为热通量已经不可忽视,城市白天储热较大,使得储热项占据净辐射较大比重,城市对净辐射的捕获作用也加大,从而会影响到城市天气及气候。城市热力学冠层模式作为一种处理城市中人为地表陆面参数化的方案,能比较细致地刻画城市下垫面的地表能量平衡参数化过程。

在城市热力学冠层模式中,需要把复杂的城市粗糙元进行简化,假定街谷是构成城市的基本单位,因而其物理过程通常是基于一个有代表性的街谷来考虑的。通常街谷中有三种表面,即屋顶、路面和墙面,根据城市各表面的几何特征细致地考虑了街谷中的各种辐射效应,如:辐射在建筑物各表面被遮蔽、吸收、反射以及多次反射吸收等过程。常用的单层城市冠层模式的运行有以下这些假设:

① 城市冠层模式内所有建筑物的宽度、高度相同。

② 相对的两排建筑物沿着一条路进行延伸,构成街谷。道路两侧建筑物构成的一排建筑群的长度与道路相同,并且建筑群总体的长度要远大于建筑物的宽度。

③ 可以考虑一个网格中的不同走向街谷的比例。默认情况为在一个网格中,各个走向的街谷所占比例相同。

④ 对建筑物两面墙壁不做区分,把它们的能量平衡作为整体考虑。虽然对三种不同的城市表面路面、墙面、屋顶的能量平衡分开处理,但是两面墙大部分过程都是一样的,比如天空可视因子、建筑物的内部温度、墙面的热力结构、对散射辐射的吸收等。接受到的太阳直

接辐射是唯一一个不同的量,但是该差异虽对建筑物的墙面温度造成差异,但当温度差传递至上部大气时却不会产生太大的变化。

在计算过程中,首先分别在三种表面上建立几何特征的能量平衡关系,算出每个面与大气的热通量交换(图 5.11)。再根据每种表面占街谷单元的面积加权,算出每个街谷单元与大气之间交换的总的热通量。由于建筑物的几何形态多变,建筑材料多样,受其影响,短波辐射会在到达建筑物表面时进行吸收、反射、折射、遮蔽、多次反射后吸收等现象。为了能够更好地描述这些过程,在建筑物的三种不同表面上的处理也不尽相同。对于屋顶,可以按照反照率来进行计算,而不必考虑多次反射和遮蔽作用。对道路和墙壁则需要进一步考虑多次反射和遮蔽作用。

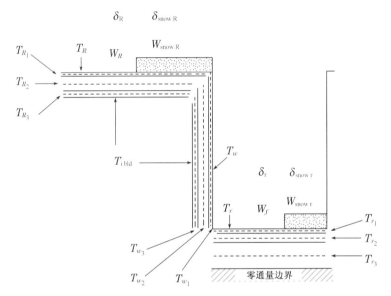

图 5.11　冠层模式示意图(Masson, 2000)

在长波辐射的计算过程中,天空可视因子(sky view factor)显得尤为重要。路面的天空可视因子是在街谷上能够看见的天空占总的天空面积的比例。总的天空面积就是在没有任何障碍物的水平面上能够看见的天空面积。相似的,墙面的天空可视因子就是在墙面能够看见的天空面积占总的天空面积的比例。路面和墙面的天空可视因子与街谷几何形状的关系很大,当街谷越高,宽度越窄时,路面和墙面可见天空的面积就越小,相应的可视因子便越小。墙面和路面除了吸收大气向下长波辐射,向外释放长波辐射之外,还吸收其他表面释放的长波辐射。在对路面和墙面的长波净辐射计算时,还需考虑到有积雪或积雨时的情况。

城市下垫面和上层大气的湍流感热通量和潜热通量交换主要有四部分,即屋顶与上方大气之间的交换、墙壁与街谷大气之间的交换、路面与街谷大气之间的交换、街谷大气与上方大气之间的交换。它们由建筑物和道路表面的温湿度与大气温湿度之间的差异所决定。

3.4 城市树木冠层效应参数化

城市中的绿化植被下垫面是城市街谷结构中重要的组成部分之一。街渠中的植被可以显著改变地表能量平衡潜热感热各项,从而对气温及湿度等气象要素产生影响。在城市气象学模拟研究领域,准确合理地引入表征其中植被影响的参数化方案,是重要的先决条件(Lee 和 Park,2008)。

城市植被主要可以通过以下三个物理过程对局地气象环境产生影响,从而有效缓解城市热岛效应:① 树木冠层的遮蔽作用可以有效减少到达地面及人体表面的太阳辐射;② 上述遮蔽效应导致的地表温度降低,因此地面向大气中发射的长波辐射能量也相应减少;③ 由于植被土壤表面较为潮湿,以及植被表面的蒸腾作用导致的蒸发(蒸腾)吸热,从而导致环境温度的下降以及空气湿度的增加。

目前城市地区植被导致周围环境气温下降的效果已经被很多观测研究所证实,但是针对不同绿化方案(包括不同植被覆盖率、不同植被种类)对城市气象特征的不同影响及其随季节变化特征的定量研究工作还相对非常缺乏。在现阶段城市尺度气象模拟研究领域,考虑植被影响的模式还比较少。Shashua-Bar 和 Hoffman(2002,2004)在 Green Cluster Thermal Time Constant(Green CTTC)模式中,引入了树木冠层对太阳辐射的遮挡作用。Lee(2011)发展了 Vegetated Urban Canopy Model(VUCM)模式,并考虑了树木和草地的存在对辐射、动力及能量平衡各项的影响。Lemonsu 等(2012)在 Town Energy Balance(TEB)模式的基础上,引入了对街渠中草地与建筑物之间相互作用的考虑,开发出了新版本的 TEB-Veg 模式。

在城市气象学的模拟研究中引入植被影响的方法主要分为两种:第一种分离条块法(Separate tile)认为每个城市网格是由不同地表类型的非均匀次网格组成的,即在每个网格风、温、湿、辐射等气象要素的计算过程中分别调用城市冠层模型和植被模型进行计算,然后根据每个网格中人为下垫面和植被下垫面的面积比例将各变量进行加权平均,得到最终的网格平均的气象要素结果;第二种方法集成法(Integrated)是把对植被作用的考虑直接加入城市冠层模型各气象要素计算的方程式中。以上两种考虑街渠中植被影响的方法主要区别在于是否考虑了每个城市网格中人为下垫面与自然植被下垫面之间的相互作用。每种方法都有各自的优点和适用范围。第一种方法可以充分利用现有的针对不同下垫面类型建立的经典参数化方案;第二种方法是物理意义最真实的方法,因为其考虑了人为下垫面和自然植被之间的相互作用关系。

3.5 显式分辨建筑物的处理

城市冠层模式所关注的是建筑物的总体作用,而当我们关注的问题是几百米到几千米尺度,数值模式的网格分辨率为 1 米到几米,甚至小于 1 米的时候,每个建筑物的"个性"就会对局地环境(特别是风场)产生明显的影响。图 5.12 所示为典型立方体建筑物周围的流场结构。这时候就需要显式地体现建筑物的作用。目前数值模拟方法中常用的处理方案有两种:第一种方法是将城市建筑物排除在计算域外,并通过不规则网格的方法对计算空间离散化来尽量逼近建筑物的外形。目前多数计算流体力学(CFD)软件通常采用此种方法。第二种方法则是将建筑物包含在数值模拟的计算域里面,并通过引入虚拟力的方法处理建筑物的影响,例如张宁、蒋维楣(2004)的大涡模式就是使用的这种方法。对贴近建筑物墙壁的网格,一般采用墙壁函数的处理,对于建筑物各墙壁切向方向的风速分量,假定它们有着类似于近地面层内风廓线一样的对数律风廓线分布。

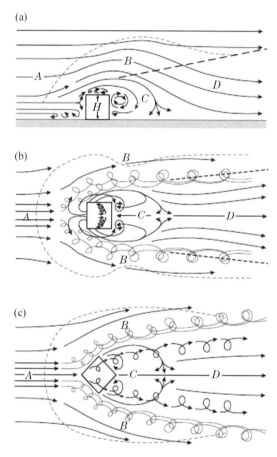

图 5.12　单个建筑物周围的流线结构（Oke,2017）

3.6　人类活动的影响

城市社会经济活动的运行需要有外部输入的资源,例如燃料、水和材料等。它们是各种各样人类活动的一部分,并最终被(经常是降级后)排出,这些资源返回环境(包括大气)时的状况在城市气候中起着重要作用。最主要的进入大气圈的三种排放是:

• 大量感热在交通燃烧、化石燃料、工业生产、工程制冷制热和建筑物内部空间空调使用中被释放,这部分又被称为人为热排放。按它的排放来源可以分为工业源、交通源、民用源和人的新陈代谢排放。

- 工业生产过程中的燃烧、空调和绿地灌溉会释放额外的气态或者液态水。
- 车辆、建筑、废物管理和工业生产过程会排放颗粒物和气态污染物。

这三种类型排放在日和周的周期内的时间变化和强度都受人类活动支配,包括通勤方式、工作时间和变化、文化习惯、假期和睡眠等。因此它们常常会有明显的日变化和其他周期变化(如周末效应、假期效应等)。

除了城市排放的气态污染物作为大气污染物的主要来源需要重点考虑外,人为热和人为水汽也对城市大气边界层过程有着直接的影响,特别是人为热目前受到了广泛的重视。人为热量受人类生产和生活活动的支配,有明显的时间变化和空间差异,不同城市的总量以及时空变化也有所不同,呈现出十分明显的非均匀性。要得到详细的人为热源的空间分布和时间变化,一种方法是对城市各区域的能量消耗进行详细的调查分析。由于人力物力的花费较大,所以进行如此大规模的能量消耗调查有时是很难以实施的。另一种方法是将人为热源看作城市地面利用状况(如工业区、商业区、居民区、交通用地、绿化用地、水体等)的函数,根据城市下垫面情况的不同来确定,以体现城市中人为热量释放的非均匀性。一般将人为热的种类按来源分为四类,即工业、交通运输、电力和空调取暖。工业产生的人为热排放基本不随时间变化,人为热源的日变化主要由交通运输、电力和空调等人为热源的日变化决定。

Sorbjan(1982)提出人为热源的空间分布为抛物线函数形式,即

$$Q_s = Q_{smax} \frac{x(L-x)}{L^2} \tag{5.6}$$

式中 L 是城市的特征长度,Q_{smax} 是经验常数。

Haan(2001)提出了人为热源的时间变化函数为:

$$Q_f(hour) = Q_f\{1 - 0.6\cos[\pi(hour - 3)/12]\} \tag{5.7}$$

式中 Q_f 为不同季节的参考值,一般冬季大于夏季。

陈燕等(2007)利用杭州地区的土地面积、人口密度、人均国民生产总值、大型企业的主要能源消费量、社会机动车辆拥有量等资料进行分析和估算,得到杭州人为热源的水平空间分布情况,并引入了人为热源的垂直空间分布,其主要是根据不同区域的建筑物高度和密度进行分层考虑。在地面,建筑物密集,人为热源释放最多;越往高层,建筑物密度越小,人为热源释放量也相应减少。

§4 城市空气质量多尺度模拟系统

4.1 城市空气质量多尺度模拟系统框架

在现今城市发展规模和发展趋势下,建立以体现城市时空多尺度特性及城市下垫面特

征为前提的多尺度数值模式系统并实施预测模拟研究,对全面、细致掌握城市大气环境影响有十分重要的作用。这样的模式系统对不同物理过程的引入与处理(如地面覆盖影响、气流过程、建筑物影响、人为热源处理等)、不同研究范围(数十万米、数万米、数千米甚至数十米)的设计、不同时空分辨率(数十小时、数小时、数十分钟\数千米、数百米、数十米)的确定,使我们能够刻画出研究对象由大到小、由粗到细的环境信息,从而掌握城市周边地区、城区到城市小区甚至街区内建筑物间的大气环境特征。为建立城市规划气象条件评估系统,调整、优化城市整体和局部规划提供科学依据。

整个大气污染预报模式系统涉及空气污染物、热量、水汽、辐射及它们的通量,大部分都来源于行星边界层(PBL, Planetary Boundary Layer)下层,这些特征量在 PBL 内的垂直切变非常明显,而且呈多极值或多中心分布。再则大气稳定度参数的垂直变化也是发生在 PBL 下层最为激烈。因此,在 PBL 内必须有高的垂直分辨率,比如,要很好地考虑生态下垫面植物冠层垂直结构与分布的影响、人群呼吸道的高度及其剧烈的垂直切变。模式系统的最低层应设计在 10 米以下,并在近地层和边界层有较密的分层,这样才算构成了一个垂直方向高分辨率的合理模式层结构。为能精细正确按时做出城市空气质量预报,如何反映城市功能区的源结构及下垫面水平非均匀性的影响也是预测成功与否的关键之一,为此,有一套高质量高分辨率的模式系统是非常必要的。这样的系统对整个边界层的模拟其水平网格应达到 1 ~ 2 km 的量级。大气稳定度的预报,要求温度有较高的精度,而温度与大气辐射又有密切关系,它们均反映出明显的日变化。典型的晴天,深夜与中午及其早上、傍晚的过渡时期,不论是气象场还是物质场均有明显差异。在同一污染源条件下,深夜与中午的地面浓度可相差数个量级。因此,高时间分辨率的模式设计也是很重要的,一般以预报每小时浓度分布为宜。城市 24 小时污染物浓度预报的空间范围一般小于 200 km。虽然城市污染预报的是中小尺度边界层范围四维的浓度时空分布问题,但它必然要涉及预报中尺度的天气过程,由于水平影响范围是天气尺度(可大于 3 000 km),其垂直尺度必须考虑到整个对流层(可大于 16 km)。预报问题与科学研究及其作诊断研究不同,它要求有充分的预报时效,即包括所有输入资料的准备时间、整个模式系统的计算机 CPU 时间及其对各种媒体公告所需时间,其总和应远远少于 24 小时。也就是说既要考虑大、中、小尺度模式之间相互耦合、相互嵌套,宏观和微观过程(物理,化学和生态)之间相互作用和影响的非线性问题,以满足浓度预报的精度,但又不能太复杂,比如小尺度湍流活动和化学转化过程必须简化或参数化。如果在预报的模式系统里包括小尺度湍流预报方程及其所有涉及的化学污染物和反应方程,按照现有的计算机能力估计,整个模式系统的 CPU 时间将会远超过 24 小时。因此,如何处理精度和计算时效之间的关系,也是衡量模式预报系统的优劣及是否具有实用价值的关键。

图 5.13 示意给出了模式系统的总体结构,系统主要由三大部分构成:模式系统 A 子模块——区域边界层气象环境模式(数十万米模拟范围)、模式系统 B 子模块——城市边界层气象环境模式(数万米水平范围)、模式系统 C 子模块——城市小区尺度模式(数千米水平范围)。各个模块有其相应的初始场处理模块,既可单独输入外部气象资料也可将上一模块的

模拟结果作为其输入。由于城市信息资料是支撑模式运行的必要条件,更能体现城市特征,因此它是影响模拟结果的重要因素,例如将模式所需的地形、土地利用类型、建筑物等资料,以及城市能源结构、能耗情况、城市污染物排放等输入各相应模块,都是给出对城市大气环境信息的模拟需要。C 模块中的模式也可以根据研究的问题或者业务服务的要求使用大涡模式或者半经验模式。

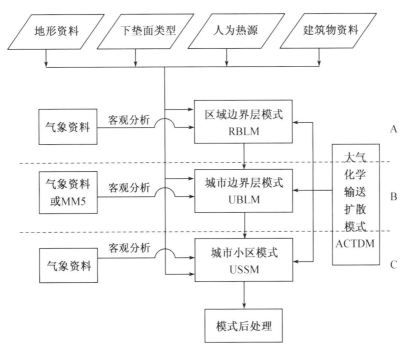

图 5.13　城市多尺度空气质量模式系统的总体结构

4.2　区域边界层气象环境模式

区域边界层气象环境模式(徐敏,2002)由区域边界层模式(RBLM)和大气化学输送扩散模式(ACTDM)共同组成,RBLM(Regional Boundary Layer Model)是南京大学发展的三维非静力区域边界层模式,该模式采用雷诺平均大气运动方程组作为动力框架包括动量方程、热流量方程、完全弹性连续方程及标量方程。采用湍能 1.5 阶和 $E-\varepsilon$ 湍流闭合方案。RBLM 模式详细考虑了城市下垫面特征及人为因素等对边界层结构的影响。徐敏等(2002)在动量方程和湍能方程中引入了城市建筑物拖曳项,使之能够更准确地模拟城市气象特征,并为城市空气质量模拟研究提供详细的气象背景场及相应的时空变化特征。何晓凤(2006)、何晓凤等(2007,2009)在模式中耦合了人为热方案和城市冠层模式(NJU-UCM-S)(Nanjing University Urban Canopy Model),完善了 RBLM 模式对城市区域陆面过程的参数化方案。Yang 和 Liu(2015)建立了城市植被冠层模式并耦合到 RBLM 模式中,研究了植被对模拟域地区气象条件的影响。Yang 和 Liu(2017)在 RBLM 基础上,耦合了大气化学输送扩散模式

（ACTDM），并建立了植被干沉降模块，将 RBLM 发展为新的区域边界层化学模式（RBLM-Chem），使之适用于城市及区域尺度的气象和大气环境高分辨率数值模拟研究。RBLM 可广泛应用于中 $-\beta$ 到中 $-\gamma$ 尺度的数值模拟研究，为大气污染扩散化学模式提供气象场。

模式中的风速分量和状态标量定义为基本状态量和偏离基本状态的扰动量之和，且假设基本状态是水平均匀、定常和准静力平衡（式中带撇号的为扰动量，"—"表征基本状态量）。

为了方便地形的引入，RBLM 采用地形跟随坐标系。模式的控制方程组转换为地形跟随坐标系方程组。模式水平方向采用等距网格，在垂直方向上模式分为 3 层，即近地层、中间层和高层。对中间层使用网格拉伸方案，RBLM 有两种网格拉伸方案，一种是使用立方函数，一种是使用正切双曲函数。模式中的主要控制方程包括：

动量方程

$$\frac{\partial u}{\partial t} = -\frac{1}{\bar{\rho}}\frac{\partial p'}{\partial x} - u\frac{\partial u}{\partial x} - v\frac{\partial u}{\partial y} - w\frac{\partial u}{\partial z} + fv + \frac{\partial}{\partial x}\left(K_{mh}\frac{\partial u}{\partial x}\right) + \frac{\partial}{\partial y}\left(K_{mh}\frac{\partial u}{\partial y}\right) + \frac{\partial}{\partial z}\left(K_{mv}\frac{\partial u}{\partial z}\right) \quad (5.8)$$

$$\frac{\partial v}{\partial t} = -\frac{1}{\bar{\rho}}\frac{\partial p'}{\partial y} - u\frac{\partial v}{\partial x} - v\frac{\partial v}{\partial y} - w\frac{\partial v}{\partial z} - fu + \frac{\partial}{\partial x}\left(K_{mh}\frac{\partial v}{\partial x}\right) + \frac{\partial}{\partial y}\left(K_{mh}\frac{\partial v}{\partial y}\right) + \frac{\partial}{\partial z}\left(K_{mv}\frac{\partial v}{\partial z}\right) \quad (5.9)$$

$$\frac{\partial w}{\partial t} = -\frac{1}{\bar{\rho}}\frac{\partial p'}{\partial z} - u\frac{\partial w}{\partial x} - v\frac{\partial w}{\partial y} - w\frac{\partial w}{\partial z} - g\frac{\rho'}{\bar{\rho}} + \frac{\partial}{\partial x}\left(K_{mh}\frac{\partial w}{\partial x}\right) + \frac{\partial}{\partial y}\left(K_{mh}\frac{\partial w}{\partial y}\right) + \frac{\partial}{\partial z}\left(K_{mv}\frac{\partial w}{\partial z}\right)$$

$$(5.10)$$

热力学方程：

$$\frac{\partial \theta'}{\partial t} = -u\frac{\partial \theta'}{\partial x} - v\frac{\partial \theta'}{\partial y} - w\frac{\partial \theta'}{\partial z} - w\frac{\partial \bar{\theta}}{\partial z} + \frac{\partial}{\partial x}\left(K_{\theta h}\frac{\partial \theta'}{\partial x}\right) + \frac{\partial}{\partial y}\left(K_{\theta h}\frac{\partial \theta'}{\partial y}\right) + \frac{\partial}{\partial z}\left(K_{\theta v}\frac{\partial \theta'}{\partial z}\right) + S_\theta$$

$$(5.11)$$

连续方程：

$$\frac{\partial p'}{\partial t} = -u\frac{\partial p'}{\partial x} - v\frac{\partial p'}{\partial y} - w\frac{\partial p'}{\partial z} + \bar{\rho}gw - \bar{\rho}c_s^2\left(\frac{\partial u}{\partial x} + \frac{\partial v}{\partial x} + \frac{\partial w}{\partial x}\right) \quad (5.12)$$

水汽等标量输送方程：

$$\frac{\partial q}{\partial t} = -u\frac{\partial q}{\partial x} - v\frac{\partial q}{\partial y} - w\frac{\partial q}{\partial z} + \frac{\partial}{\partial x}\left(K_{qh}\frac{\partial q}{\partial x}\right) + \frac{\partial}{\partial y}\left(K_{qh}\frac{\partial q}{\partial y}\right) + \frac{\partial}{\partial z}\left(K_{qv}\frac{\partial q}{\partial z}\right) + S_q \quad (5.13)$$

式中各个符号含义如下：u 为水平风速东西向分量（m/s）；v 为水平风速东西向分量（m/s）；w 为垂直速度（m/s）；θ 为位温（K）；p 为气压（Pa）；q 为水汽、云水或雨水；ρ 为大气密度（kg/m³）；f 为科氏参数；k_{mh} 为水平动量交换系数（m²/s²）；k_{mv} 为垂直动量交换系数（m²/s²）；$k_{\theta h}$ 为水平热量交换系数（m²/s²）；$k_{\theta v}$ 为垂直热量交换系数（m²/s²）；k_{qh} 为水平标量交换系数（m²/s²）；k_{qv} 为垂直标量交换系数（m²/s²）；g 为重力加速度（m/s²）；S_θ 为热量的源汇项（K/s）；S_q 为标量的源汇项；c_s 为声速（m/s）；x 为模式东西向坐标（m）；y 为模式南北向坐标（m）；z 为模式垂直方向笛卡儿坐标（m）。

模式采用 TKE 的 1.5 阶湍流闭合方案，引入湍流动能 E 的预报方程：

$$\frac{\partial E}{\partial t} = -\left(u\frac{\partial E}{\partial x} + v\frac{\partial E}{\partial y} + w\frac{\partial E}{\partial z}\right) - \frac{g}{\theta}K_{\theta h}\frac{\partial \theta}{\partial z} + K_m\left[\left(\frac{\partial u}{\partial x}\right)^2 + \left(\frac{\partial u}{\partial y}\right)^2\right] - \frac{C_\varepsilon}{l}E^{2/3} +$$

$$\frac{\partial}{\partial x}\left(K_e\frac{\partial E}{\partial x}\right) + \frac{\partial}{\partial y}\left(K_e\frac{\partial E}{\partial y}\right) + \frac{\partial}{\partial z}\left(K_e\frac{\partial E}{\partial z}\right) \tag{5.14}$$

式中：$E = 0.5(\overline{u'^2} + \overline{v'^2} + \overline{w'^2})$。在湍流耗散项中的参数 C_ε 取法参考 Moeng 和 Wyngaard (1984)：$C_\varepsilon = 3.9$（模式最低层）、$C_\varepsilon = 0.93$（模式其他层）。

湍流扩散系数 K_{mh}，K_{mv} 是湍流能量 E 和长度尺度的函数(Deardorff,1980)：

$$K_{mh} = 0.1E^{1/2}l_h \quad K_{mv} = 0.1E^{1/2}l_v \tag{5.15}$$

$$l = l_h = l_v = \Delta s \quad l = l_h = l_v = \min(\Delta s, l_s) \tag{5.16}$$

式中 $\Delta s = (\Delta x \Delta y \Delta z)^{1/3}$，$l_s = 0.76E^{1/2}\left|\frac{g}{\theta}\frac{\partial \theta}{\partial z}\right|^{-1/2}$。当水平格距和垂直格距相差很大时则取 $l_h = \Delta s_h$。

$$l_v = \begin{cases} \Delta s_v & \text{不稳定和中性层结} \\ \min(\Delta s_v, l_s) & \text{稳定层结} \end{cases} \tag{5.17}$$

以上 $\Delta s_h = (\Delta x \Delta y)^{1/2}$，$\Delta s_v = \Delta z$，

湍流 Prandtl 数等于 $\mathrm{Pr} = \dfrac{K_m}{K_\theta} = \dfrac{1}{1 + \dfrac{2l_v}{\Delta s_v}}$ \tag{5.18}

为防止湍能在积分过程中一直为零，令 $K_{mh} = \max(0.1E^{1/2}l_h, \alpha\Delta s_h^2)$

$$K_{mv} = \max(0.1E^{1/2}l_v, \alpha\Delta s_v^2) \tag{5.19}$$

模式采用 Kessler 暖云雨参数化方案(Wilhelmson,1978；Soong 和 Ogura,1973)。该方案考虑三种水物质，即水汽、云水和雨水。每一种水物质由滴谱分布隐性表征。当空气达到饱和出现凝结时，小云滴首先生成；如果云水的混合比超过一定的阈值，通过云滴的自动转化形成雨滴，雨滴在下落并达到终极速度过程中，收集一些小的云滴而增长。如果云滴在不饱和的空气中，它们会不断的蒸发，直到周围空气达到饱和或者云滴被消耗完。雨滴在不饱和的环境中的蒸发速率取决与本身的质量和空气不饱和的程度。

模式中地表与大气之间的动量、热量、水汽通量根据 Businger(1971) 和 Byun(1990) 的方案计算。地表通量作为湍流动量扩散项，热量扩散项和水汽扩散项的下边界条件引入模式。

u 方向动量通量：　　　　$-\bar{\rho}\overline{u'w'} = \bar{\rho}C_{dm}\max(V, V_{\min})u$ \tag{5.20}

v 方向动量通量：　　　　$-\bar{\rho}\overline{v'w'} = \bar{\rho}C_{dm}\max(V, V_{\min})v$ \tag{5.21}

热量通量：　　　　$-\bar{\rho}\overline{\theta'w'} = \bar{\rho}C_{dh}\max(V, V_{\min})(\theta - \theta_s)$ \tag{5.22}

水汽通量：　　　　$-\bar{\rho}\overline{q'_v w'} = \bar{\rho}C_{dq}\max(V, V_{\min})(q_v - q_{vs})$ \tag{5.23}

式中 C_{dm}，C_{dh}，C_{dq} 分别是地表动量、热量、水汽的拖曳系数。V 是地表总风速，$V_{\min}$ 取 1 m/s。根据 Monin-Obukhov(1954) 相似理论可以得到：

$$C_{dm} = c_u^2, \ C_{dh} = c_u c_\theta, \ c_u = \frac{\kappa}{\ln\left(\frac{z}{z_0}\right) - \psi_m\left(\frac{z}{L}, \frac{z_0}{L}\right)}, \ c_\theta = \frac{\kappa}{\Pr\left[\ln\left(\frac{z}{z_0}\right) - \psi_h\left(\frac{z}{L}, \frac{z_0}{L}\right)\right]} \quad (5.24)$$

式中 c_u, c_θ 分别是速度和温度交换系数, κ 是卡门常数, L 是 Monin-Obuhov 长度, $\Pr$ 是 Prandtl 数, z_0 是地表粗糙度, Ψ_m, Ψ_h 是稳定度函数。

在不稳定层结条件下, 根据 Byun(1990) 可以得到稳定度函数的形式:

$$\psi_m = 2\ln\left(\frac{1+\chi}{1+\chi_0}\right) + \ln\left(\frac{1+\chi^2}{1+\chi_0^2}\right) - 2\arctan\chi + 2\arctan\chi_0 \quad (5.25)$$

$$\psi_h = 2\ln\left(\frac{1+\eta}{1+\eta_0}\right) \quad (5.26)$$

式中 $\chi = (1-15\zeta)^{1/4}, \eta = (1-9\zeta)^{1/2}, \zeta$ 是稳定度:

$$\zeta = \frac{z(z-z_T)\left[\ln(z/z_0)\right]^2}{(z-z_0)^2\ln(z/z_T)}\left[-2\sqrt{Q_b}\cos(\theta_b/3) + \frac{1}{45}\right]Q_b^3 - P_b^2 \geqslant 0 \quad (5.27)$$

$$\zeta = \frac{z(z-z_T)\left[\ln(z/z_0)\right]^2}{(z-z_0)^2\ln(z/z_T)}\left[-\left(T_b + \frac{Q_b}{T_b}\right) + \frac{1}{45}\right]Q_b^3 - P_b^2 < 0 \quad (5.28)$$

式中: $Q_b = \left(\frac{1}{225} + \frac{9}{5}s_b^2\right)/9, \theta_b = \cos^{-1}\left[P_b/\sqrt{Q_b^3}\right], s_b = \frac{R_{ib}}{\Pr}, R_{ib}$ 是总体理查森数, $T_b = \left(\sqrt{P_b^2 - Q_b^3} + |P_b|\right)^{1/3}, P_b = \left(\frac{-2}{3\,375} + \frac{36}{25}s_b^2\right)/54$。

在中性层结下, 根据 Monin-Obukhov(1954) 相似理论可以得到:

$$(c_u)_{neu} = \frac{\kappa}{\ln\left(\frac{z}{z_0}\right)}, \ (c_\theta)_{neu} = \frac{\kappa}{\Pr\left[\ln\left(\frac{z}{z_0}\right)\right]} \quad (5.29)$$

在自由对流情形(极不稳定)下, 根据 Deardorff(1972):

$$c_u = \min\left[c_u, (c_u)_{neu}\right], \ c_\theta = \min\left[c_\theta, (c_\theta)_{neu}\right] \quad (5.30)$$

在稳定层结时:

$$c_u = (c_u)_{neu}\left(1 - \frac{R_{ib}}{R_{ic}}\right), \ c_\theta = (c_\theta)_{neu}\left(1 - \frac{R_{ib}}{R_{ic}}\right) \quad (5.31)$$

式中 $R_{ib} = 0.25$ 是临界总体理查森数, $R_{ic} = 0.25$ 为总体临界理查森数。

模式采用 Pleim 和 Xiu(1995) 提出的土壤 – 植被模式。为适应城市地区的模拟, 在地面温度预报方程中加入人为热源项 $Q_{anth} = (N_c\eta_c + N_E\eta_E)/\Delta s$。其中 Δs 是网格面积, N_c, N_E 分别是网格中单位时间消耗的煤和电的量, η_c, η_E 分别是网格中单位量的煤和电消耗释放到大气的热量。假定这部分热量只加到地面温度的预报方程中, 即人为热加到地面能量平衡中, 而不是加入到大气的温度方程中。

城市中建筑物的存在使其明显有别于均匀平坦下垫面, 增加了城市地表的粗糙度, 从而对气流产生相应的拖曳作用。RBLM 模式中对于城市建筑物这种动力学效应的考虑, 参考了国内外的相关研究工作, 将城市结构视作气流可以穿透的多孔介质, 根据 Sorbjan 和 Uliasz

（1981），Uno（1989）和 Urano（1999）的工作，将网格内建筑物的迎风面积与网格内空气体积之比定义为城市建筑物表面积指数 $A(z)$，$A(z)$ 会随高度而变化，定义为：

$$A(z) = \frac{\text{网格内垂直于风速的总表面积}}{\text{网格体积}} \tag{5.32}$$

具体参数化方案为同时在 u,v 方向的动量方程、湍流动能方程以及耗散率方程中引入城市建筑物阻尼及扰动影响项：

$$F_{bu} = -\frac{1}{2}\eta C_d A(z) u(u^2 + v^2)^{1/2} \tag{5.33}$$

$$F_{bv} = -\frac{1}{2}\eta C_d A(z) v(u^2 + v^2)^{1/2} \tag{5.34}$$

$$P_{Eb} = \frac{1}{2}\eta C_d A(z)(|u|^3 + |v|^3) \tag{5.35}$$

$$P_{\varepsilon b} = \frac{3}{4}\frac{\varepsilon}{E}\eta C_d A(z)(|u|^3 + |v|^3) \tag{5.36}$$

式中，η 为每个网格内建筑物的面积比例，C_d 为拖曳系数，基于 Raupach（1992）风洞试验的研究结果，C_d 取为 0.4。

模式通过分离条块法（参见本章 3.4 节）考虑了城市中植被下垫面的影响。城市树木冠层模式所用到的植被和土壤特征参数主要包括：植被高度、叶面反射率、地表反射率、植被长波放射系数等。表 5.1 给出了这些基本特征参数的取值。

表 5.1　城市树木冠层模式主要输入参数

参数名称	参数值
植被高度（h）	10 m[a]
叶面反射率（α_l）	0.2[a]
地表反射率（α_g）	0.08[a]
植被长波放射系数（ε_v）	0.96[a]
地表长波放射系数（ε_g）	0.94[a]
最小气孔阻力（R_{smin}）	150 sm^{-1}[a]
叶面积密度最大值（μ_m）	1.06 m^{-1}[b]
叶面积密度最大值对应的高度（Z_m）	0.7h[b]

[a] Lee 和 Park（2008）；[b] Lalic 和 Mihailovic（2004）

设植被冠层顶部接收到的直接太阳短波辐射通量为 S_{down}，则其中被植被系统吸收而产生热效应的部分（S_v）为

$$S_v = V_{eg}(1 - \alpha_l)S_{down} \tag{5.37}$$

式中 V_{eg} 为植被覆盖率，α_l 为叶面反射率。S_{down} 中另一部分被地面吸收并产生加热效应的短波辐射通量 S_g 为

$$S_g = (1 - V_{eg})(1 - \alpha_g)S_{down} \tag{5.38}$$

式中 α_g 为地表反射率。

大气发射的向下长波辐射通量 L_a 为

$$L_a = \varepsilon_a \sigma T_a^4 \tag{5.39}$$

式中，ε_a 为大气长波放射系数，σ 为斯蒂芬-波尔兹曼常数 $(\sigma = 5.68 \times 10^{-8}\ \mathrm{W \cdot m^{-2} \cdot K^{-4}})$，$T_a$ 为参考层大气温度。

植被层发出的向上 $(L_{v\uparrow})$ 和向下 $(L_{v\downarrow})$ 长波辐射通量分别为

$$L_{v\uparrow} = L_{v\downarrow} = V_{eg} \varepsilon_v \sigma T_v^4 \tag{5.40}$$

式中下标 v 代表植被子系统。T_v 为植被层的平均温度，ε_v 为植被层的长波放射系数。

地面发出的长波辐射通量为

$$L_g = \varepsilon_g \sigma T_{gs}^4 \tag{5.41}$$

式中 T_{gs} 为地面温度，ε_g 为地面长波放射系数。

不考虑植被及地表对长波辐射的反射，则可以得到地表及植被层对长波辐射的吸收，L_{gin} 和 L_{vin} 分别为

$$L_{gin} = (1 - V_{eg}) \times L_a + L_{v\downarrow} \tag{5.42}$$

$$L_{vin} = V_{eg} \times (L_a + L_g) \tag{5.43}$$

结合以上各式，植被层净辐射通量 (Rn_v) 为

$$Rn_v = S_v + L_{vin} - (L_{v\uparrow} + L_{v\downarrow}) \tag{5.44}$$

地面净辐射通量 (Rn_g) 为

$$Rn_g = S_g + L_{gin} - L_g \tag{5.45}$$

植被冠层向大气输送的感热通量 H_v 表达式为

$$H_v = \int_0^h \frac{V_{eg}\mu(z)\rho_a c_p (T_v - T_a)}{R_a}\,\mathrm{d}z \tag{5.46}$$

式中，h 为植被冠层的平均高度，ρ_a 为空气密度，R_a 为植被表面空气动力学阻尼项，$\mu(z)$ 为叶面积密度，$\mu(z)$ 随高度垂直分布的计算可参考文献（Lalic 和 Mihailovic，2004）：

$$\mu(z) = \mu_m \left(\frac{h - z_m}{h - z}\right)^n \exp\left[n\left(1 - \frac{h - z_m}{h - z}\right)\right] \tag{5.47}$$

式中 μ_m 为叶面积密度的最大值，z_m 为 μ_m 对应的高度，n 为经验参数：

$$n = \begin{cases} 6 & 0 \leqslant z < z_m \\ 0.5 & z_m \leqslant z \leqslant h \end{cases} \tag{5.48}$$

植被冠层向大气中输送的潜热通量 (LE_v) 为

$$LE_v = \lambda \int_0^h E_v \,\mathrm{d}z \tag{5.49}$$

式中 λ 为液态水的蒸发潜热 $(\lambda = 2.5 \times 10^6\ \mathrm{J \cdot kg^{-1}})$，$E_v$ 为叶面蒸腾总量，其表达式如下

$$E_v = V_{eg}\mu(z)\rho_a \frac{q_{sat}(T_s) - q_a}{R_a + R_s} \tag{5.50}$$

式中 $q_{sat}(T_s)$ 为植被表面温度为 T_s 时的饱和比湿,q_a 为大气水汽压,R_s 为植被系统的表面阻尼项,其计算式可表示为

$$R_s = R_{smin}F_R F_T F_V F_\psi \tag{5.51}$$

式中 F_R,F_T,F_V 及 F_ψ 分别为太阳辐射、叶面温度、水汽压差及土壤含水量的调节因子 (Avissar 和 Mahrer,1988;Park,1994);R_{smin} 为最小气孔阻力。

结合植被表面感热及潜热通量各项的表达式,可以得到植被表面的能量平衡方程如下

$$C_v \frac{\partial T_v}{\partial t} = Rn_v - H_v - LE_v \tag{5.52}$$

式中 C_v 为植被系统的热容(等效于单位叶面积指数上 1 mm 厚度水层的热容),其表达式如下(Garratt,1992)

$$C_v = 4\ 186 \times LAI \tag{5.53}$$

地面子系统向大气中输送的感热通量为

$$H_g = \rho_a c_p K_{\theta V} V_a (T_{gs} - T_a) \tag{5.54}$$

式中 c_p 为干空气的比热容,$K_{\theta V}$ 为热量的湍流交换系数。

地表水汽通量的表达式为

$$E_g = \rho_a K_{qv} V_a [h_u q_{sat}(T_{gs}) - q_a] \tag{5.55}$$

式中 h_u 为地表相对湿度,K_{qv} 为水汽的湍流交换系数,$q_{sat}(T_{gs})$ 为地面温度为 T_{gs} 时的饱和比湿。根据 Teten 方程,

$$e_s(T_s) = 6.1\exp\left(17.269 \times \frac{T_s - 273.16}{T_s - 35.86}\right) \tag{5.56}$$

$$q_{sat}(T_s) = 0.622 \frac{e_s(T_s)}{p - 0.378 e_s(T_s)} \tag{5.57}$$

综合以上表达式,可得地表子系统的能量平衡方程为

$$C \frac{\partial T_{gs}}{\partial t} = Rn_g - H_g - \lambda E_g \tag{5.58}$$

通常将大气中气态污染物的干沉降机制类比为电流通过电路的欧姆定律,将可能对物体干沉降过程产生影响的各阻尼项类比为电路中的电阻。据此,气态物质的干沉降速率可以被认为是大气及下垫面整体阻尼系统的倒数,即

$$V_d = \frac{1}{R_a + R_b + R_c} \tag{5.59}$$

式中 R_a 为空气动力学阻尼项,R_b 为片流层阻尼项,R_c 为下垫面整体阻尼项(如图 5.14 所示)。

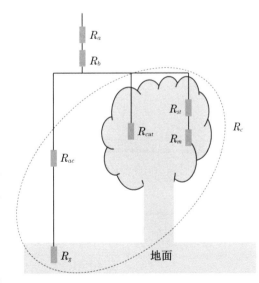

图 5.14 气态物质干沉降模型示意图

稳定层结下,

$$R_a = 0.74(\kappa u_*)^{-1}[\ln(z/z_0)/L] \tag{5.60}$$

中性层结下,

$$R_a = 0.74(\kappa u_*)^{-1}\ln(z/z_0) \tag{5.61}$$

不稳定层结下,

$$R_a = 0.74(\kappa u_*)^{-1}\left\{\ln\left[\frac{(1-9z/L)^{0.5}-1}{(1-9z/L)^{0.5}+1}\right]-\ln\left[\frac{(1-9z_0/L)^{0.5}-1}{(1-9z_0/L)^{0.5}+1}\right]\right\} \tag{5.62}$$

式中 z_0 为地表粗糙度, κ 为冯-卡门常数($\kappa=0.4$), u_* 为摩擦速度, L 为 Monin-Obuhov 长度。

根据 Wesely 和 Hicks(1977),

$$R_b = 2(\kappa u_*)^{-1}(S_c/\mathrm{Pr})^{2/3} \tag{5.63}$$

式中 S_c 为 Schmidt 数, Pr 为 Prandtl 数。

目前关于 R_a 及 R_b 计算方法的讨论已经比较成熟,不确定性也相对较小,而有关 R_c 的计算是整体阻尼模型中最复杂、最重要的部分。不同模式之间关于干沉降速率模拟结果的误差也主要来源于 R_c 计算部分的误差。根据 Zhang 等(2003)的参数化方案

$$\frac{1}{R_c} = \frac{1-W_{st}}{R_{st}+R_m} + \frac{1}{R_{ns}} \tag{5.64}$$

式中 R_{st} 为气孔阻尼项; R_m 为叶肉阻尼项,其取值只与化学物种的不同有关(Zhang 等,2002); R_{ns} 为非气孔阻尼项; W_{st} 为冠层较潮湿时,叶面截留水的覆盖率(对于冠层较干燥的情况, $W_{st}=0$)。

$$W_{st} = \begin{cases} 0, & \mathrm{SR} \leqslant 200 \text{ W} \cdot \mathrm{m}^{-2} \\ \dfrac{SR-200}{800}, & 200 < \mathrm{SR} \leqslant 600 \text{ W} \cdot \mathrm{m}^{-2} \\ 0.5, & \mathrm{SR} > 600 \text{ W} \cdot \mathrm{m}^{-2} \end{cases} \tag{5.65}$$

由上式可知,只有当太阳辐射(SR)较强,且冠层潮湿的条件下,才考虑叶片表面截留水的覆盖率(即 $W_{st}>0$)。本文参考 Janssen 和 Romer 等(1991)提出的方法,当满足以下关系时,认为冠层为潮湿状态

$$u_* < C_0 \times \frac{1.5}{(q(T_2)-q(T_d))} \tag{5.66}$$

式中 $q(T_2)$ 和 $q(T_d)$ 代表当气温为 T_2 及露点温度 T_d 时的饱和比湿; C_0 为与云量有关的经验常数。气孔阻尼项 R_{st} 的表达式为

$$R_{st} = \frac{1}{G_{st}(\mathrm{PAR})f(T)f(D)f(\varphi)D_i/D_v} \tag{5.67}$$

式中 $G_{st}(\mathrm{PAR})$ 为叶面气孔传导率

$$G_{st}(\mathrm{PAR}) = \frac{F_{sun}}{r_{st}(\mathrm{PAR}_{sun})} + \frac{F_{shade}}{r_{st}(\mathrm{PAR}_{shade})} \tag{5.68}$$

$$r_{st}(\mathrm{PAR}) = r_{stmin}(1 + b_{rs}/\mathrm{PAR}) \tag{5.69}$$

这里 F_{sun} 和 F_{shade} 分别为叶面积指数(LAI)中接受太阳辐射和被阴影遮挡的部分;PAR_{sun} 和 PAR_{shade} 分别为叶面阳光直射部分及阴影遮挡部分接收到的光合作用有效辐射(PAR);r_{st} 为非应力叶面气孔阻尼项;r_{stmin} 为叶面气孔阻力的最小值;b_{rs} 为经验参数。参考 Norman(1982) 的研究工作,可以得到 F_{sun},F_{shade} 以及 PAR_{sun} 和 PAR_{shade} 的表达式:

$$F_{sun} = 2\cos\theta\left[1 - e^{-0.5\text{LAI}/\cos\theta}\right] \tag{5.70}$$

$$F_{shade} = \text{LAI} - F_{sun} \tag{5.71}$$

当叶面积指数 $\text{LAI} < 2.5$ 或太阳辐射通量 $< 200\ \text{W}\cdot\text{m}^{-2}$ 时有

$$\begin{cases} \text{PAR}_{shade} = R_{diff}e^{(-0.5\text{LAI}^{0.7})} + 0.07R_{dir}\times(1.1 - 0.1\text{LAI})e^{-\cos\theta} \\ \text{PAR}_{sun} = \dfrac{R_{dir}\cos\alpha}{\cos\theta} + PAR_{shade} \end{cases} \tag{5.72}$$

其他情况下,

$$\begin{cases} \text{PAR}_{shade} = R_{diff}e^{(-0.5\text{LAI}^{0.8})} + 0.07R_{dir}\times(1.1 - 0.1\text{LAI})e^{-\cos\theta} \\ \text{PAR}_{sun} = \dfrac{R_{dir}^{0.8}\cos\alpha}{\cos\theta} + \text{PAR}_{shade} \end{cases} \tag{5.73}$$

式中 θ 为太阳天顶角;α 为太阳辐射与叶面之间的角度(为简化处理,本文中 α 统一设为 $60°$);R_{diff} 和 R_{dir} 分别为向下太阳短波辐射中散射和直接辐射的分量(Weiss 和 Norman, 1985)。$f(T)$、$f(D)$ 及 $f(\varphi)$ 分别代表气温 T、水汽压差 D 及叶面水含量 φ 导致的叶面气孔传导率减小效应:

$$f(T) = \frac{T - T_{\min}}{T_{opt} - T_{\min}}\left[\frac{T_{\max} - T}{T_{\max} - T_{opt}}\right]^{b_t} \tag{5.74}$$

其中:

$$b_t = \frac{T_{\max} - T_{opt}}{T_{opt} - T_{\min}} \tag{5.75}$$

$$f(D) = 1 - b_{vpd}D \tag{5.76}$$

$$D = e^*(T) - e \tag{5.77}$$

$$f(\psi) = (\psi - \psi_{c2})/(\psi_{c1} - \psi_{c2}) \tag{5.78}$$

$$\psi = -0.72 - 0.0013SR \tag{5.79}$$

(5.74)式中,$T_{\min}$ 和 $T_{\max}$ 分别代表叶面气孔打开的最低气温和最高气温,即当环境气温低于 $T_{\min}$ 或高于 $T_{\max}$ 时,叶面气孔将完全闭合;T_{opt} 代表叶面气孔打开程度达到最大时的环境温度;b_{vpd} 为与水汽压差有关的经验参数;$e^*(T)$ 为气温为 T 时的饱和水汽压;e 为周围环境水汽压;ψ_{c1} 及 ψ_{c2} 分别为与叶面水含量有关的经验参数(见表 5.2)。夜间当太阳辐射为零时,叶面气孔完全闭合,此时认为(5.67)式中 R_{st} 取值为无穷大。非气孔阻尼项 R_{ns} 可以进一步分解为冠层内空气动力学阻尼 R_{ac}、地表阻尼 R_g 以及植被表皮吸收阻尼 R_{cut}:

$$\frac{1}{R_{ns}} = \frac{1}{R_{ac} + R_g} + \frac{1}{R_{cut}} \tag{5.80}$$

(5.67)式和(5.80)式只适用于植被覆盖的下垫面,而对于没有植被覆盖的地表(如水面、沙漠、城市混凝土地表等),(5.67)式和(5.80)式不再适用。此时,认为 R_{ac} 值等于零,而 R_{st},R_m 及 R_{cut} 取一无穷大值(如 10^{25} s·m^{-1})。冠层内空气动力学阻尼项 R_{ac} 只与下垫面粗糙度及叶面积指数等特征参数有关,而与污染物自身化学性质无关,其表达式为

$$R_{ac} = \frac{R_{ac0} \mathrm{LAI}^{1/4}}{u_*^2} \tag{5.81}$$

式中 R_{ac0} 为 R_{ac} 的一个参考值(详见表5.2),该值会随着一年中植被的不同生长阶段而变化,对于落叶植物,R_{ac0} 的最小值对应植被的落叶期(一般为冬季),而最大值对应植被的茂盛期(一般为夏季)。对于(5.80)式右边的阻尼项,R_{ac} 的取值与气体自身化学性质无关,只与下垫面特征有关,而 R_g 和 R_{cut} 的取值则取决于具体的化学物质种类。Wesely(1989)在其研究工作中给出了针对 SO_2 及 O_3 两种气体物质各自 R_g 及 R_{cut} 的取值,而对于其他气态物种,可利用下式推导出其 R_g 及 R_{cut} 的值:

$$\frac{1}{R_x(i)} = \frac{\alpha(i)}{R_x(SO_2)} + \frac{\beta(i)}{R_x(O_3)} \tag{5.82}$$

式中 R_x 代表 R_g 或 R_{cut},i 代表各种不同的气体种类;参数 α 和 β 是两个与不同气体可溶性及氧化还原反应活性有关的经验比例系数(Zhang 等,2002)。

地表阻尼项 R_g 的计算根据下垫面性质的不同可分为三种情况:水面、冰面和陆地。对于水体表面:

$$R_g(SO_2) = 20 \tag{5.83}$$

$$R_g(O_3) = 2\,000 \tag{5.84}$$

对冰面:

$$R_g(SO_2) = 70(2 - T) \tag{5.85}$$

$$R_g(O_3) = 2\,000 \tag{5.86}$$

对陆地下垫面,根据 Wesely 和 Hicks(2000)的研究工作,对于植被下垫面,$R_g(O_3)$ 的取值可设为 200 s·m^{-1};对于非植被下垫面,$R_g(O_3)$ 可设为 500 s·m^{-1}。与 O_3 相比,SO_2 对于环境湿度较为敏感,因此关于 SO_2 地表阻尼项 R_g 的计算相对较为复杂。总体而言,冠层湿度越大,则 $R_g(SO_2)$ 的值就越小。当冠层较为潮湿时,$R_g(SO_2)$ 的取值设为 100 s·m^{-1}。而当冠层较干燥时,表5.2 给出了不同下垫面 $R_g(SO_2)$ 的参考值。植被表皮阻尼项 R_{cut} 的计算也依据冠层是否潮湿,分为以下两种表达式:

对干燥冠层:

$$R_{cut} = \frac{R_{cutd0}}{e^{0.03RH} \mathrm{LAI}^{1/4} u_*} \tag{5.87}$$

对潮湿冠层:

$$R_{cut} = \frac{R_{cutu0}}{\mathrm{LAI}^{1/2} u_*} \tag{5.88}$$

式中 RH 为环境相对湿度；R_{cutd0} 和 R_{cutu0} 分别为干湿冠层 R_{cut} 的参考值，表 5.2 中分别给出了不同下垫面 $R_{cutd0}(O_3)$，$R_{cutu0}(O_3)$ 以及 $R_{cutd0}(SO_2)$ 的取值。根据 Zhang 等（2003）的研究工作，对于所有植被下垫面，$R_{cutu0}(SO_2)$ 的值统一设为 100 s·m^{-1}。此外，当冬季气温下降至 -1 ℃ 以下时，参考 Erisman 等（1994）的工作，对 SO_2 气体的地表阻尼项 R_g 和植被表皮阻尼项 R_{cut} 做出如下修正：

$$R_g(T < -1\ ℃) = R_g e^{0.2(-1-T)} \tag{5.89}$$

$$R_{cut}(T < -1\ ℃) = R_{cut} e^{0.2(-1-T)} \tag{5.90}$$

表 5.2　RBLM 模块中与干沉降过程有关的关键参数的取值

	LUC	R_{ac0}	R_{cutd0} (O_3)	R_{cutw0} (O_3)	R_{cutd0} (SO_2)	R_{gd} (SO_2)	r_{stmin}	b_{rs}	T_{min}	T_{max}	T_{opt}	b_{vpd}	ψ_{c1}	ψ_{c2}
		(s·m^{-1})					(W·m^{-2})		(℃)			(kPa^{-1})	(MPa)	
1	沙漠	0	—	—	—	700	—	—	—	—	—	—	—	—
2	苔原	0	8 000	400	2 000	300	150	25	−5	40	20	0.24	0	−1.5
3	草地	20	4 000	200	1 000	200	150	50	5	45	25	0	−1.5	−2.5
4	灌木覆盖的草地	10 ~ 40	4 000	200	1 000	200	100	20	5	45	25	0	−1.5	−2.5
5	树木覆盖的草地	60	6 000	400	2 000	200	150	40	0	45	30	0.27	−2	−4.0
6	阔叶林	100 ~ 250	6 000	400	2 500	200	150	43	0	45	27	0.36	−1.9	−2.5
7	针叶林	100	4 000	200	2000	200	250	44	−5	40	15	0.31	−2	−2.5
8	雨林	300	6 000	400	2 500	100	150	40	0	45	30	0.27	−1	−5.0
9	冰面	0	—	—	—	(5.85) 式	—	—	—	—	—	—	—	—
10	农田	10 ~ 40	4 000	200	1 500	200	120	40	5	45	27	0	−1.5	−2.5
11	灌木	40	5 000	300	2 000	200	250	44	0	45	25	0.27	−2	−3.5
12	短灌木	40	5 000	300	2000	200	150	44	−5	40	15	0.27	−2	−4.0
13	半沙漠	0	—	—	—	700	—	—	—	—	—	—	—	—
14	水面	0	—	—	—	20	—	—	—	—	—	—	—	—
15	城市	40	6 000	400	4 000	300	200	42	0	45	22	0.31	−1.5	−3

模式考虑了颗粒物干沉降速率随自身密度、尺度以及环境气象要素的变化，并包含了影响颗粒物干沉降过程的六种主要机制，包括：重力沉降，布朗扩散，碰并，湍流输送，颗粒物到达地面后的弹回效应以及潮湿状态下颗粒物尺度的吸湿性增长机制。颗粒物的干沉降速率可以表示为：

$$V_d = V_g + \frac{1}{R_a + R_s} \tag{5.91}$$

式中 V_g 为颗粒物由于重力沉降作用而产生的沉降速度；R_a 为空气动力学阻力；R_s 代表整体地表阻尼项。

颗粒物的重力沉降机制对于尺度在 $10~\mu m$ 以上粒子的干沉降过程起决定性作用，重力沉降速率 V_g 的表达式为：

$$V_g = \frac{\rho d^2 g C}{18 \eta} \tag{5.92}$$

式中 ρ 为颗粒物的密度；d_p 为颗粒物直径；g 代表重力加速度；η 为空气的黏性系数；C 是针对细颗粒物的修正因子，其表达式为：

$$C = 1 + \frac{2\lambda}{d_p}(1.257 + 0.4 e^{-0.55 d_p / \lambda}) \tag{5.93}$$

式中 λ 为空气分子的平均自由程，λ 是空气温度、气压及动力学黏度的函数（Pruppacher 和 Klett，1997）。

整体地表阻尼项 R_s 的表达式为：

$$R_s = \frac{1}{3 u_* (E_B + E_{IN} + E_{IM}) R_1} \tag{5.94}$$

式中 E_B、E_{IN} 及 E_{IM} 分别为布朗扩散、截留及碰并作用导致的收集效率。R_1 代表颗粒物到达地表后被直接吸附的比例，也就是说，$(1 - R_1)$ 代表颗粒物到达地表后又弹回空气中的部分，即颗粒物的弹回效应，弹回效应只对直径大于 $5~\mu m$ 的粒子影响比较显著。根据 Slinn（1982）和 Giorgi（1988），R_1 可定义为：

$$R_1 = \exp(-St^{1/2}) \tag{5.95}$$

式中 St 为 Stokes 数，对于植被地表（Slinn，1982）：

$$St = V_g u_* / gA \tag{5.96}$$

对于其他（非植被）地表（Giorgi，1988）：

$$St = V_g u_*^2 / \nu \tag{5.97}$$

A 为接收表面的特征半径（表5.3 中给出了不同季节不同下垫面类型参数 A 的取值）；ν 代表空气的动力学黏度（Pruppacher 和 Klett，1997）。

布朗扩散只对尺度小于 $0.1~\mu m$ 颗粒物的干沉降过程影响比较显著，布朗扩散导致的收集效率 E_B 可定义为：

$$E_B = Sc^{-\gamma} \tag{5.98}$$

式中 Sc 为 Schmidt 数，Schmidt 数定义为空气的动力学黏度 ν 与颗粒物的布朗扩散系数 D 之比。γ 为经验参数，下垫面越粗糙对应的 γ 值也越大。表5.3 中给出了所有下垫面类型分别对应的参数 γ 的取值。

碰并和截留作用对于直径介于 $2 \sim 10~\mu m$ 之间的颗粒物干沉降过程影响较大。由截留作

用导致的颗粒物收集效率 E_{IN} 是颗粒物直径(d_p)与接收表面特征半径(A)的函数:

$$E_{IN} = \frac{1}{2}\left(\frac{d_p}{A}\right)^2 \qquad (5.99)$$

由碰并过程引起的吸收效率 E_{IM} 表达式为:

$$E_{IM} = \left(\frac{\mathrm{St}}{\alpha + \mathrm{St}}\right)^2 \qquad (5.100)$$

这里 α 是一个与地表类型有关的经验常数(见表5.3)。

表5.3　颗粒物干沉降模块所需特征参数的取值

LUC	A(mm)				α	γ
	春季	夏季	秋季	冬季		
1	—	—	—	—	50.0	0.54
2	—	—	—	—	50.0	0.54
3	2.0	2.0	2.0	5.0	1.2	0.54
4	10.0	10.0	10.0	10.0	1.3	0.54
5	10.0	10.0	10.0	10.0	1.3	0.54
6	5.0	5.0	5.0	10.0	0.8	0.56
7	2.0	2.0	2.0	2.0	1.0	0.56
8	5.0	5.0	5.0	5.0	0.8	0.56
9	—	—	—	—	50.0	0.54
10	2.0	2.0	2.0	5.0	1.2	0.54
11	10.0	10.0	10.0	10.0	1.3	0.54
12	10.0	10.0	10.0	10.0	1.3	0.54
13	—	—	—	—	50.0	0.54
14	—	—	—	—	100.0	0.50
15	10.0	10.0	10.0	10.0	1.5	0.56

此外,在相对湿度较高的环境下,颗粒物的尺度会因为对水汽的吸收而出现一定程度的增长,也就是所谓的吸湿性增长效应。在 Zhang 等(2001)的参数化方案中,对于颗粒物吸湿性增长效应的考虑是基于 Gerber(1985)提出的方案,即对于海盐气溶胶和硫酸盐气溶胶:

$$r_w = \left[\frac{C_1 r_d^{C_2}}{C_3 r_d^{C_4} - \log \mathrm{RH}} + r_d^3\right]^{1/3} \qquad (5.101)$$

式中 r_d 和 r_w 分别为干颗粒半径以及环境相对湿度为 RH(%)时的粒子半径;C_1,C_2,C_3 及 C_4 都是经验参数(Gerber,1985)。图5.15 中给出了基于 Gerber(1985)方案得到的颗粒物吸湿性增长因子($\mathrm{GF} = r_w/r_d$)随环境相对湿度变化的曲线(如图中黑色虚线所示)。但是通过文

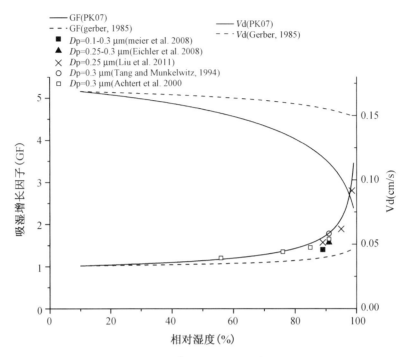

图 5.15　不同方案模拟得到的 $SO_4^{2-} - NO_3^- - NH_4^+$ 颗粒物（$D_p = 300\ nm$）吸湿

性增长因子及干沉降速率随环境相对湿度的变化趋势比较

献调研发现,很多观测试验得到的吸湿性增长因子会明显高于基于 Gerber(1985) 方案理论推导的结果,特别是在高相对湿度条件下(如 RH > 90% 时),这种差异非常明显。例如,Liu等(2011)进行的观测研究发现,在相对湿度达到 98.5% 的条件下,硫酸铵的粒子尺度可以增长 2.1 ~ 2.8 倍。类似的,Tang 和 Munkelwitz(1994)通过观测试验认为硫酸盐颗粒在相对湿度为 91% 的条件下,其吸湿性增长因子 GF 应为 1.78。以上结果及其他相关观测试验得到的 GF 值也同时在图 5.15 中被标注出来,以验证颗粒物吸湿性增长方案的可靠性。从图中可以明显看出,基于 Gerber(1985)方案得到的颗粒物吸湿性增长曲线系统性地低估了颗粒物的吸湿性增长,特别是在高相对湿度条件下(如 RH > 90% 时),这种误差更加显著。Meier等(2009)在其研究工作中指出,准确地表征潮湿条件下颗粒物尺度的吸湿性增长现象,对于更好地描述粒子的尺度分布及其相关的光学、动力学特征具有重要的意义。针对这一问题,Petters 和 Kreidenweis(2007)提出的颗粒物吸湿性增长方案(为简化起见,下文中称为 PK07方案)对原 Gerber(1985)方案进行了改进,具体表达式如下:

$$\frac{RH}{\exp\left(\dfrac{4\sigma_{s/a}M_w}{RT\rho_w D_0 GF}\right)} = \frac{GF^3 - 1}{GF^3 - (1 - \kappa)} \tag{5.102}$$

式中 κ 为吸湿性增长参数,其值与颗粒物的化学物种有关;$\sigma_{s/a}$ 代表溶液-空气间界面的表面张力($= 0.0728\ N \cdot m^{-1}$);M_w 为水分子的分子量($= 0.018\ kg \cdot mol^{-1}$);R 是通用气体常数

（ ＝8.314 J·mol^{-1}·K^{-1}）；ρ_w 代表水的密度（ ＝1 000 kg·m^{-3}）；D_0 为干燥粒子的直径。Liu 等（2011）在其研究工作中给出了适用于不同颗粒物种类的参数 κ 的值：

$$\kappa = \begin{cases} 0.65, & \text{硫酸盐、氨盐} \\ 0.1, & \text{二次生的有机气溶胶} \\ 0.001, & \text{初生的有机气溶胶} \\ 0, & \text{炭黑} \end{cases} \tag{5.103}$$

结合上述参数 κ 的取值，以及环境相对湿度的观测结果，即可以通过（5.103）式推导出不同颗粒物在特定相对湿度条件下的吸湿性增长因子 GF 的结果。图 5.15 中的黑色实线给出了基于 PK07 方案计算得到的 SO_4^{2-} – NO_3^- – NH_4^+ 颗粒物（D_p ＝300 nm）GF 值随相对湿度变化的曲线。从图中可以看出，新的吸湿性增长方案（PK07 方案）对 GF 值的模拟结果与观测值符合的较好，尤其是在高相对湿度条件下（RH > 90% 时），可以真实地还原颗粒物尺度的迅速增长，而原始的 Gerber（1985）方案则无法模拟出这一现象，反而出现了明显的低估。此外，图 5.13 中还给出了基于 Gerber（1985）和 PK07 两个不同吸湿性增长方案模拟得到的颗粒物干沉降速率随相对湿度变化的结果（如图中红色虚线及实线所示）。如图所示，颗粒物的干沉降速率对自身尺度的变化非常敏感，特别是当相对湿度达到 90% 以上时，两个不同方案模拟得到的颗粒物干沉降速率相差可达 40% 以上。在两个方案中，PK07 方案得到的干沉降速率模拟结果在高相对湿度条件下出现了明显的减小。造成这一现象的原因可能是，对于尺度在 1 μm 以下颗粒物的干沉降过程主要受布朗扩散作用的影响，而布朗扩散的效率随颗粒物尺度的减小而增大。也就是说，对于直径 1 μm 以下的细颗粒物，颗粒物的吸湿性增长会导致粒子的尺度增加，干沉降速率减小。Achitect（2009）在其研究工作中也指出，颗粒物的吸湿性增长特性会通过对粒子尺度的影响，而对其动力学相关过程（如干沉降过程）进行的速率产生重要影响。而另一方面，Gerber（1985）方案由于对颗粒物尺度的吸湿性增长因子 GF 存在明显的低估，最终得到的干沉降速率模拟结果几乎不随相对湿度变化。

　　基于改进后的颗粒物吸湿性增长方案，我们可以进一步得到不同相对湿度条件下的颗粒物半径 r_w：

$$r_w = r_d \cdot \text{GF} \tag{5.104}$$

　　利用（5.104）式中得到的 r_w 替换（5.92）、（5.93）及（5.99）式中与粒子尺度有关的量（即 r_d 和 d_p），即考虑了颗粒物干沉降过程中吸湿性增长机制的影响。

　　图 5.16 所示为 RBLM-Chem 3.0 模式系统的总体框架结构图。

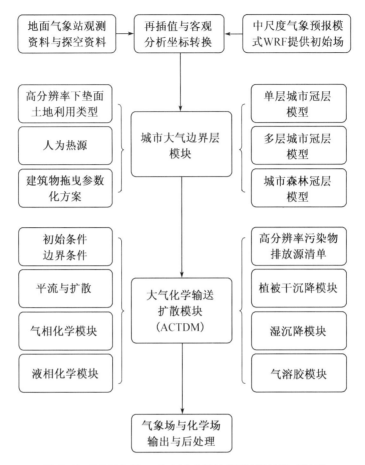

图 5.16　**RBLM-Chem3.0 模式系统框架**(杨健博,2016)

4.3　城市尺度边界层数值模式

城市尺度边界层数值模式(UBLM)是针对城市尺度的一个高分辨率边界层模型(Fang, 2004),它的主要控制方程与 RBLM 类似,这里主要阐述两个模式的不同之处。UBLM 采用了 1.5 阶的湍流 $E\text{-}\varepsilon$ 闭合方案,即引入了湍能(E)和耗散率(ε)的方程。

$$\frac{\partial E}{\partial t} + u\frac{\partial E}{\partial x} + v\frac{\partial E}{\partial y} + w^*\frac{\partial E}{\partial z^*} = J_3^2 K_{mz}\left[\left(\frac{\partial u}{\partial x}\right)^2 + \left(\frac{\partial v}{\partial y}\right)^2\right] - (1 - C_{3\varepsilon})J_3\frac{g}{\theta}K_{\theta h}\frac{\partial\theta}{\partial z} + \frac{\partial}{\partial x}\left(K_{mh}\frac{\partial E}{\partial x}\right) +$$

$$\frac{\partial}{\partial y}\left(K_{mh}\frac{\partial E}{\partial y}\right) + J_3^2\frac{\partial}{\partial z^*}\left(K_{mz}\frac{\partial E}{\partial z^*}\right) - \varepsilon + P_{bE} \quad\quad (5.105)$$

$$\frac{\partial\varepsilon}{\partial t} + u\frac{\partial\varepsilon}{\partial x} + v\frac{\partial\varepsilon}{\partial y} + w^*\frac{\partial\varepsilon}{\partial z^*} = C_{1\varepsilon}\frac{\varepsilon}{E}\left\{J_3^2 K_{mz}\left[\left(\frac{\partial u}{\partial x}\right)^2 + \left(\frac{\partial v}{\partial y}\right)^2\right] - (1 - C_{3\varepsilon})J_3\frac{g}{\theta}K_{\theta h}\frac{\partial\theta}{\partial z}\right\} +$$

$$\frac{\partial}{\partial x}\left(K_{mh}\frac{\partial\varepsilon}{\partial x}\right) + \frac{\partial}{\partial y}\left(K_{mh}\frac{\partial\varepsilon}{\partial y}\right) + J_3^2\frac{\partial}{\partial z^*}\left(K_{mz}\frac{\partial\varepsilon}{\partial z^*}\right) - C_{2\varepsilon}\frac{\varepsilon^2}{E} + P_{b\varepsilon}$$

$$(5.106)$$

垂直方向上的湍流扩散系数可取为:

$$K_{mz} = C_\mu \frac{E^2}{\varepsilon} \tag{5.107}$$

式中,P_{bE},$P_{b\varepsilon}$分别为建筑物对湍能及湍能耗散率的影响项。湍能和耗散率方程中的参数 $C_{1\varepsilon}$,$C_{2\varepsilon}$,$C_{3\varepsilon}$,C_μ等取值比较复杂,根据前人的经验(Rodi,1985;Beljaars,1987)以及王卫国和蒋维楣(1994,1996)的处理,在本模式中分别取为1.44,1.92,1.0(稳定)或0.0(不稳定)和0.09。城市下垫面是一个特殊而复杂的地表,它强烈地受到人类活动的影响,同时对城市生活环境质量具有重要的影响。在 UBLM 模式中,主要考虑城市区的建筑物对城市低层风场的阻尼和扰动作用。在动量方程中的 u 和 v 分量方程和湍能方程中加入考虑城市建筑物阻尼和扰动作用的项,参见公式(5.33)~(5.36)。针对城市中的人类活动影响,主要考虑人为热源排放的影响,考虑了汽车尾气排放的废热、工业生产的能源消耗以及城市居民生活的各种能量的消耗,由城市年鉴、中国能源统计年鉴及人口年鉴等资料,利用土地面积、人口密度、总能源消耗、居民生活能源消耗、工业能源消耗及社会机动车辆拥有量进行分析和估算。假设居民生活排放人为热与建筑物高度及密度有关,则可由建筑物高度及密度确定城市密度等级对人为热进行加权分配;交通排放人为热则根据道路在网格内的密度进行分配。

4.4　城市小区建筑物系统模式

城市小区(urban neighborhood),作为人类生活的聚居地和主要的活动场所,其气象条件和大气环境质量与人们的健康密切相关。小区的规划又直接改变和影响着小区内的气象条件和小区内污染物的扩散。小区气象与污染扩散的数值模拟就成为了解小区内气象条件和污染物扩散规律的一种有效工具,并且可以通过对小区规划的气象与大气环境影响评价,来选择较合理的城市小区规划方案,以达到改善人们生活质量的目的。这个尺度上的空气质量模式分辨率要求高,影响因子多,例如,小区内建筑物较多,小区内土地利用类型较复杂,有水泥柏油路、草地、树木、水面、裸土等。

城市小区尺度模式(CSSM)主要针对发生在城市小区中的气象和污染物扩散问题,水平尺度为1~2千米。模式是一个三维非静力 $E-\varepsilon$ 闭合城市冠层(建筑物冠层)模式,考虑了建筑物的朝向以及建筑物对短波辐射的遮蔽,用强迫-恢复法计算地面温度,同时加入了污染物平流扩散方程。该模式可以模拟实际城市小区中的气象和污染扩散特征,并可以考虑由于建筑物遮蔽造成的温度差异以及不同地表土地利用类型上的温度变化;能够较好地模拟实际天气条件下的气象要素场特征。模式能够直接反应不同建筑物布局和地表土地利用类型条件下的气象要素场特征并能够模拟 NO_x 等空气污染物的输送扩散。

CSSM 模式和 UBLM 均采用了 $E-\varepsilon$ 闭合方案,因此控制方程类似,但 CSSM 模式详细地考虑了城市建筑物的坡度、坡向及遮蔽对太阳辐射的传输和分布的影响。考虑了坡度、坡向的太阳高度角 h 公式为:

$$\sin h = l\sin\delta + n\cos\delta\cos\omega + \sin\beta\sin\alpha\cos\delta\sin\omega \tag{5.108}$$

式中

$$l = \sin\varphi\cos\alpha - \cos\varphi\sin\alpha\cos\beta \qquad (5.109)$$

$$n = \cos\varphi\cos\alpha + \sin\varphi\sin\alpha\cos\beta \qquad (5.110)$$

其中 φ 是地理纬度, δ 是太阳赤纬, ω 是太阳时角, α,β 分别为坡度和坡向。于是,太阳短波辐射 R_s 为

$$R_s = S_0(1-A)\left(\frac{a^2}{r^2}\right)p^m\sin h \qquad (5.111)$$

式中 S_0 为太阳常数, A 为地表短波反射率, $\dfrac{a^2}{r^2}$ 为日地距离因子,并有

$$\frac{a^2}{r^2} = 1.000\,110 + 0.034\,221\cos d_0 + 0.001\,280\sin d_0 + 0.000\,719\cos 2d_0 + 0.000\,077\sin 2d_0$$

$$(5.112)$$

式中 $d_0 = 2\pi\,\text{noday}/365$,noday 为一年中的天数(从 1 月 1 日为 0 到 12 月 31 日为 364)。p 为大气透明度系数,与地理纬度有关。m 为大气光学质量,当太阳高度角 $h > 15°$ 时, $m = \sec(90° - h)$;当 $h = 15°$ 时, $m = 10.316\,775$;当 $h < 15°$ 时, $m = 36.254\,64$。

若地面被建筑物遮蔽或建筑物被自身遮蔽,则其太阳辐射量取为没有被遮蔽处到达地面的短波辐射的 0.6 倍,即认为被遮蔽处所得到的散射辐射和反射辐射为短波辐射的 0.6 倍。建筑物坡度、坡向的计算公式为

$$\alpha = \arctan\left[\left(\frac{\partial H}{\partial x}\right)^2 + \left(\frac{\partial H}{\partial y}\right)^2\right]^{1/2} \qquad (5.113)$$

$$\beta = \pi - \arctan\left(\frac{\partial H}{\partial x}\bigg/\frac{\partial H}{\partial y}\right) \qquad (5.114)$$

式中 H 是建筑物高度(m)。对建筑物遮蔽处理的基本思路是根据某时刻的太阳高度角和时角求得该时刻的太阳方位角,以 B 表示

$$\cos h\sin B = \cos\delta\sin\omega \qquad (5.115)$$

求得太阳方位角 B 后,将求得的此方位上的遮蔽角与该时刻的太阳高度角相比较,以确定遮蔽状况。若某点的遮蔽角大于此时的太阳高度角,则判断其被遮蔽。对于城市小区地面,在 φ 方位上周围建筑物的遮蔽角即该方位上的射线与横、纵网格线交点处的建筑物高度对计算点形成仰角的最大值。地面和建筑物表面温度的计算也同 UBLM 一样采用强迫-恢复法。

4.5　大涡数值模式

湍流运动是由许多大小不同的旋涡组成的。那些大涡旋对于平均流动有比较明显的影响,而那些小涡旋通过非线性作用对大尺度运动产生影响。大量的质量、热量、动量、能量交换是通过大涡实现的,小涡的作用表现为耗散。流场的形状、阻碍物的存在,对大涡旋有比较大的影响,使它具有更明显的各向异性。小涡旋则不然,它们有更多的共性并更接近各向同性,因而较易于建立有普遍意义的模型。大涡模拟技术就是基于上述物理基础构建的。

大涡模式通过直接模拟湍流中占有大部分湍能的大涡,而对次网格的小涡采用参数化,能较真实地反映湍流运动,从而对气流运动的热力和动力作用、污染物扩散等有较好的模拟效果。大涡模拟技术的优势在于:(1) 可以模拟大气运动的瞬时状态,即可以模拟大气运动的固有不确定性;(2) 可以提供高精度、高分辨率的大气运动数据库,部分地代替外场观测试验,为其他数值模式的检验、比较提供基础数据。特别是在城市冠层区域内,由于建筑物的机械作用导致湍流强度大、湍涡尺度小,使用大涡模拟技术可以更好地捕捉湍流场的状态。

模式的基本方程组由连续方程、动量方程、热流量方程组成:

$$\frac{\partial \bar{U}}{\partial X} + \frac{\partial \bar{V}}{\partial Y} + \frac{\partial \bar{W}}{\partial Z} \tag{5.116}$$

$$\frac{\partial \bar{U}}{\partial t} = -\frac{\partial \overline{P^*}}{\partial X} - \bar{U}\frac{\partial \bar{U}}{\partial X} - \bar{V}\frac{\partial \bar{U}}{\partial Y} - \bar{W}\frac{\partial \bar{U}}{\partial Z} - \frac{\partial \tau_{XX}}{\partial X} - \frac{\partial \tau_{XY}}{\partial Y} - \frac{\partial \tau_{XZ}}{\partial Z} \tag{5.117}$$

$$\frac{\partial \bar{V}}{\partial t} = -\frac{\partial \overline{P^*}}{\partial Y} - \bar{U}\frac{\partial \bar{V}}{\partial X} - \bar{V}\frac{\partial \bar{V}}{\partial Y} - \bar{W}\frac{\partial \bar{V}}{\partial Z} - \frac{\partial \tau_{XY}}{\partial X} - \frac{\partial \tau_{YY}}{\partial Y} - \frac{\partial \tau_{YZ}}{\partial Z} \tag{5.118}$$

$$\frac{\partial \bar{W}}{\partial t} = -\frac{\partial \overline{P^*}}{\partial Z} - \bar{U}\frac{\partial \bar{W}}{\partial X} - \bar{V}\frac{\partial \bar{W}}{\partial Y} - \bar{W}\frac{\partial \bar{W}}{\partial Z} - \frac{\partial \tau_{XZ}}{\partial X} - \frac{\partial \tau_{YZ}}{\partial Y} - \frac{\partial \tau_{ZZ}}{\partial Z} + \frac{\bar{\theta}}{\theta_0}g \tag{5.119}$$

$$\frac{\partial \bar{\theta}}{\partial t} = -\bar{U}\frac{\partial \bar{\theta}}{\partial X} - \bar{V}\frac{\partial \bar{\theta}}{\partial Y} - \bar{W}\frac{\partial \bar{\theta}}{\partial Z} - \frac{\partial \tau_{\theta Y}}{\partial Y} - \frac{\partial \tau_{\theta Z}}{\partial Z} \tag{5.120}$$

式中,$\bar{U},\bar{V},\bar{W}$为可求解速度在 X, Y, Z 方向上的分量;$\bar{\theta}$为可求解位温;t 为时间。在垂直运动方程中为扣除静力运动,其右边减去了右端项的水平平均值(Deardorff, 1974)。式中

$$\tau_{ij} = R_{ij} - \frac{R_{kk}\delta_{ij}}{3} \tag{5.121}$$

$$R_{ij} = \overline{U_i U_j} - \bar{U}_i \bar{U}_j \tag{5.122}$$

$$\tau_{i\theta} = \overline{U_i \theta} - \bar{U}_i \bar{\theta} \tag{5.123}$$

$$\bar{P}^* = \frac{\bar{P}}{\rho_0} + \frac{R_{kk}}{3} + \frac{\overline{U_k U_k}}{2} \tag{5.124}$$

模式采用笛卡儿坐标系,模拟域中的建筑物等障碍物被看作是嵌入到模式的边界中,建筑物对气流运动的影响是通过其对风速的逐步衰减和削弱处理的。在城市微尺度气象环境中,模拟域最大为几百米(建筑群、城市小区),最小为几米(室内),为了能准确描述建筑物,模式网格分辨率一般在 $0.1 \sim 5$ 米之间,采用非均匀网格系统,一般在建筑物周围,网格划分比较细,以捕捉高分辨率的湍流信息,而在远离建筑物的区域,网格划分比较粗,以减小计算量。为了体现大涡模式能够模拟瞬时流场的优势,得到高时空分辨率的风速和湍流资料,模式的积分时间步长一般在 $0.1 \sim 0.5$ 秒之间。

本模式中次网格闭合模式采用 TKE 闭合模式(Deardorff,1980)。Deardorff(1973)首次提出 TKE 闭合模式并于 1980 年应用于层积云覆盖的混合层的大涡模拟研究。Moeng(1984)在其 LES 模拟中也采用了这种方法。

在这种方法中仍假设了应力的梯度扩散形式,不同的是次网格应力扩散系数为:

$$K_m = C\lambda e^{1/2} \tag{5.125}$$

式中,C 为一系数,λ 为次网格湍流长度尺度,e 为次网格湍流动能,其表达方程如下:

$$\frac{\partial e}{\partial t} = -\bar{U}_j \frac{\partial e}{\partial X_j} - \overline{U_i' U_j'} \frac{\partial \bar{U}_i}{\partial X_j} + \frac{g}{\theta_0} \overline{W'\theta'} - \frac{\partial [\overline{U_i'(e + P'/\rho_0)}]}{\partial X_j} - \varepsilon \tag{5.126}$$

式中,湍能耗散率 ε 简单表示为

$$\varepsilon = \frac{C_\varepsilon E^{3/2}}{\lambda} \tag{5.127}$$

式中,C_ε 为一系数。Moeng 和 Wyngaard(1988)由谱分析得出 $C = 0.10$,$C_\varepsilon = 0.93$。此处取 $C = 0.10$,$C_\varepsilon = 0.19 + 0.74 \frac{\lambda}{\Delta}$;其中,$\Delta$ 为网格特征尺度,$\Delta = \left(\frac{3}{2}\Delta_x \frac{3}{2}\Delta_y \Delta_z\right)^{1/3}$。对不稳定和中性条件,取 $\lambda = \Delta$;对稳定层结,取

$$\lambda = \min\left[\Delta, 0.76e^{1/2}\left(\frac{g}{\theta_0}\frac{\partial \theta}{\partial z}\right)^{-1/2}\right] \tag{5.128}$$

式中 min 表示取较小值;次网格热量扩散系数 K_h 取为

$$K_h = (1 + 2\lambda/\Delta)K_m \tag{5.129}$$

大涡模拟技术本身的计算量较大,需要对每个时步的模拟结果进行存储并分析其各部分的可求解湍流项。在建筑物对城市微尺度气象环境尤其是风环境影响的模拟中,模拟域一般为几米到几百米,典型现象的时间尺度一般在几分钟到一个小时。在积分中,在空间的网格上,对任一个变量 A,可得到它在每一个积分时间 t 时的网格空间的平均值 $\langle A \rangle$,时间平均流 $\overline{\langle A \rangle} = \frac{1}{n}\sum_{t=1}^{n}(\langle A \rangle_t)^2$ 和脉动方差 $\overline{A'^2} = \frac{1}{n}\sum_{t=1}^{n}(\langle A \rangle_t - \overline{\langle A \rangle})^2$,其中上划线“—”表示用来分析的时间序列资料的时间长度,n 为该时间序列的样本数,$\langle A \rangle$ 为被存储的瞬时值。

4.6　半经验方法模型

城市空气污染问题研究中,常常会涉及突发性的污染物排放,例如气体有毒物质泄露等情景,在这种环境应急事故发生后,决策者往往需要在几分钟内对此类事故进行全面准确的评估,需要对污染安全区域进行划定,综合评定之后快速下达合理的疏散、援救指令。同时在实际运用过程中对模拟计算时间有严格限制要求,这是这类问题的应用特点之一。此时对全套的 N-S 控制方程和相关的化学过程进行全面的求解是不现实的。半经验方法模型基于较少的物理约束,模式运用显式的建筑物参数化方案快速诊断建筑周围风场结构,可避免大量的运动学方程的求解耗时,能大大减少模式的模拟时间。

南京大学城市微尺度污染扩散模式(UMAPS, Zhang et al, 2016b)是为应对城市突发性环境污染等应急事故响应而开发。其模式对风场的模拟过程分为风场参数化插值和风场连

续方程调整过程两部分。本模式采用参数化诊断的方法模拟建筑物区域的初始风场,考虑到建筑物的存在对大气运动的影响较大,风场插值不满足质量守恒的物理约束,需运用不可压大气运动连续方程对初始插值场进行质量守恒调整,以求得较为合理的建筑物三维风场。模式的初始风场通过插值获取。在建筑密度较小的城市区域,可以用幂指数廓线代替城市近地层风速廓线。幂指数廓线插值方程如下:

$$u_0(z) = u_0(z_{ref}) * \left(\frac{z}{z_{ref}}\right)^p \tag{5.130}$$

式中 $u_0(z_{ref})$ 为参考风速大小,z_{ref} 为参考风速所在的参考高度,p 为幂指数因子;z 为插值高度,$u_0(z)$ 为插值高度处插值风速大小。

然而,在建筑物密集的城市区域,幂指数廓线往往在位于城市建筑物平均高度以下的冠层内对城市平均风场有过高估计的趋势,为此可采用城市冠层廓线插值方案,提出插值方程如下:

$$u_0(z) = u_{can}\ln((z-d)/z_0)/\ln(H_{can}/z_0) \quad z > H_{can}$$
$$u_0(z) = u_{can}\exp(\alpha(z)(z/H_{can}-1)) \quad z \leqslant H_{can} \tag{5.131}$$

式中 H_{can} 为冠层高度,在城市区域可用区域内建筑物平均高度代替,u_{can} 为冠层顶处的风速值,d 为位移高度,约为 $0.7H_{can}$,z_0 为粗糙参数,为 $(0.1\sim0.2)H_{can}$,$\alpha(z)$ 为 e 指数衰减因子,此参数被认为是高度与建筑密度的函数。城市冠层中,一般取 $\alpha=1\sim3$,本模式中,选取 $\alpha=1$。针对单体建筑周围的关键区域分别给出风场的经验函数。这些关键区域包括迎风位移区、迎风涡旋区、背部空腔区、背部尾流区、顶部涡旋区(图 5.17)。

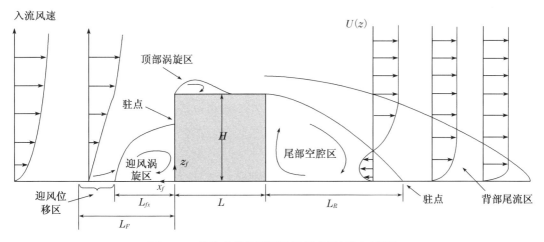

图 5.17 单体建筑物附近流场示意图(垂直剖面)

当风向垂直于建筑迎风墙面时(如图 5.17),将会在迎风区域内形成迎风位移区和迎风涡旋区,迎风位移区的长度 L_F 采用经验公式给出

$$\frac{L_F}{H} = \frac{2(W/H)}{1+0.8W/H} \tag{5.132}$$

迎风位移区插值空间区域则由一个椭球方程确定。椭球长以 L_F 为半长轴、$0.5W$ 为半短轴,椭球区域垂直剖面如图 5.17 所示,椭球表面满足椭球方程公式:

$$\frac{X^2}{L_F^2(1-(Z/0.6H)^2)} + \frac{Y^2}{(0.5W)^2} = 1 \tag{5.133}$$

迎风位移区风速参数化公式则将初始入流廓线风速乘以一个衰减因子 C_{dz},即 $u_0(z) = C_{dz}u_0'(z)$,式中 $u_0'(z)$ 为初始垂直廓线插值风速。

迎风涡旋区也类似于迎风位移,涡旋区三维空间区域为一个半长轴为 L_{fx}、半短轴为 $0.5W$ 的椭球区域(公式(5.133)),其中 L_{fx} 的计算公式(5.134)给出如下

$$L_{fx} = \frac{0.6(W/H)}{1+0.8(W/H)} \tag{5.134}$$

迎风涡旋区内部风速插值 u_0, w_0 分别满足公式(5.135)和公式(5.136):

$$\frac{u_0(x_f, z_f)}{u_0(H)} = \left(0.6\cos\left(\frac{\pi z_f}{0.5H}\right) + 0.05\right) * \left(-0.6\sin\left(\frac{\pi x_f}{L_{fx}}\right)\right) \tag{5.135}$$

$$\frac{w_0(x_f, z_f)}{u_0(H)} = -0.1\cos\left(\frac{\pi x_f}{L_{fx}}\right) - 0.05 \tag{5.136}$$

式中 x_f, z_f 如图 5.17,π 为圆周率,L_{fx} 由公式(5.134)计算得到,v 方向风速满足 $v_0(x_f, z_f) = 0$。当风向与墙面法线的夹角在 $10° \sim 15°$ 时,迎风涡旋区插值才有意义;当入流夹角过大时,不考虑迎风涡旋区插值。

背部空腔区和背部尾流区的半长轴 L_R 的计算公式:

$$\frac{L_R}{H} = \frac{1.8W/H}{(L/H)^{0.3}(1+0.24W/H)} \tag{5.137}$$

背部空腔区及背部尾流区三维空间区域均满足半长轴为 L_B、半短轴为 $0.5W$ 的椭球方程,椭球方程如公式(5.138)

$$\frac{X^2}{L_B^2(1-(Z/H)^2)} + \frac{Y^2}{(0.5W)^2} = 1 \tag{5.138}$$

插值背部空腔区时取 $L_B = L_R$;插值背部尾流区时则取 $L_B = 3L_R$。两个区域内分别设定 v, w 方向分量风速满足 $v_0(x_b, z_b) = 0, w_0(x_b, z_b) = 0$,$u$ 分量风速插值公式满足公式(5.139)和(5.140):

空腔区:

$$u(x_b, z_b) = -u(H) \cdot \left(1 - \left(\frac{X}{d_N}\right)\right)^2 \tag{5.139}$$

尾流区:

$$u(x_b, z_b) = u(z) \cdot \left(1 - \frac{d_N}{X}\right)^{1.5} \tag{5.140}$$

其中参数 $d_N = L_R \sqrt{\left(1-\left(\dfrac{Z}{H}\right)^2\right)\left(1-\left(\dfrac{Y}{W}\right)^2\right)} - 0.5L$。

　　相比于单体建筑而言,多体建筑物相互作用时流动形态就变得比较复杂。Oke(1988)对建筑物不同布局的街谷流动型态和流动分型做了汇总讨论(图5.18)。根据建筑高度 H 与建筑之间距离 S 的形态比例参数 S/H,将街谷建筑物的流动型态分为以下三种情况:① 当两个建筑物距离相隔较远,即 $S/H>2.5$,两单体建筑物之间的流场相互影响非常微弱,可以忽略不计,这时将两个单体建筑物当作孤立建筑处理,此情形称之为情形 Ⅰ,也称为孤立粗糙流(Isolated roughness flow);② 当两个建筑物之间的距离逐渐减小,即 $1.4<S/H<2.4$,单体建筑物流场相互影响逐渐增大,流场的接触区内风速干扰增强,此情形称之为情形 Ⅱ,也称为尾流干扰流(Wake interference flow);③ 在情形 Ⅱ 的基础上,当 $S/H<1.4$ 时,单体建筑流场干扰区域进一步重叠。此时在建筑物之间的狭窄间隙处形成稳定的街谷涡旋,而街谷顶部的环境流场则不会影响到街谷内部的涡旋流动,形成滑越建筑顶部的光滑流动,称之为情形 Ⅲ,亦即爬越流(Skimming flow)或者街谷流(Canyon flow)。

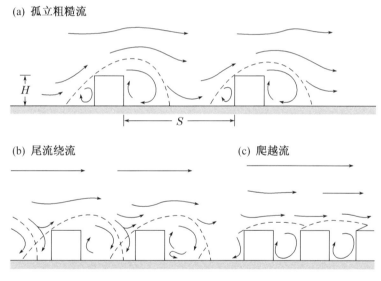

图5.18　二维城市街谷中的流动分型(Oke et al. ,2017)

　　针对情形 Ⅱ,流场接触区气流风速变化剧烈,目前没有成熟的参数化方案给出风速的插值,常常将其近似为单体粗糙流处理。目前滑越流流型的研究较多,有较成熟的参数化方案。Kaplan 和 Dinar(1996)采用空间间距参数 S^* 与建筑街谷形态比例参数 S/H 来确定建筑物街谷流场分型,S^* 由公式(5.141)计算得到

$$S^*/H = \begin{cases} 1.25+0.15S/H & S/H<2 \\ 1.55 & S/H\geqslant2 \end{cases} \tag{5.141}$$

　　当建筑间距 $S<S^*$ 即为爬越流型,在建筑街谷内形成一个顺时针的涡旋(如图5.18),u, w 速度插值公式为公式(5.142)和(5.143)。

$$\frac{u_0(z)}{U(H)} = -\frac{x_{\mathrm{can}}}{0.5S}\left(\frac{S - x_{\mathrm{can}}}{0.5S}\right) \qquad (5.142)$$

$$\frac{w_0(z)}{U(H)} = -\left|\frac{1}{2}\left(1 - \frac{x_{\mathrm{can}}}{0.5S}\right)\right|\left(1 - \frac{S - x_{\mathrm{can}}}{0.5S}\right) \qquad (5.143)$$

式中 S 为两个建筑物之间的距离，x_{can} 为点到上风建筑物墙面的距离，u,w 是水平、垂直风速分量，$U(H)$ 为上风向建筑物屋顶的风速。

当风向与墙面法线的夹角 θ 大于零时，只需将迎风面的来流风速分解为平行迎风面分量 $u_0(z)_\parallel$ 和垂直迎风面分量 $u_0(z)_\perp$。建筑区域插值时，插值方法与单体建筑物及建筑街谷插值方案相同，需要用 $u_\perp$ 代替入流风速进行插值，而插值点的 $u_0(z)_\parallel$ 保持不变(图 5.19)。

由于采用经验的参数化插值方法，初始风场 $U_0(u_0,v_0,w_0)$ 不能直接体现建筑物对气流的作用，插值区域(特别是在建筑物周围)不满足质量守恒连续方程的约束，即 $\nabla \cdot U_0 \neq 0$。

Sasaki(1958)提出运用变分方法来求解满足连续方程的最终风场 $U(u,v,w)$。随后此方法被大量运用于复杂地形的三维风场插值调整中，并取得了满意的结果。变分方法的优点在于:1,能够使计算的最终风速 $U(u,v,w)$ 在整个区域内满足质量守

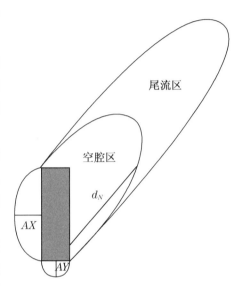

图 5.19　夹角入流建筑物插值区域示意
(摘自 Kaplan and Dinar, 1996)

恒的连续方程约束，即 $\nabla \cdot U = 0$;2,最终风场 $U(u,v,w)$ 与初始插值风场 $U_0(u_0,v_0,w_0)$ 的偏差尽可能小，最大可能地保留插值速度场的流动特点。

以初始风场 $U_0(u_0,v_0,w_0)$ 和最终风场 $U(u,v,w)$ 构建三维流场的变分函数公式(5.144):

$$E(u,v,w) = \int\{\alpha_1^2(u - u_0)^2 + \alpha_1^2(v - v_0)^2 + \alpha_2^2(w - w_0)^2\}\mathrm{d}V \qquad (5.144)$$

变分方程的求解条件为 $\nabla \cdot U = 0$，即

$$\nabla \cdot U = \frac{\partial u}{\partial x} + \frac{\partial v}{\partial y} + \frac{\partial w}{\partial z} = 0 \qquad (5.145)$$

式(5.144)中 α_1 和 α_2 定义为高斯精度模(Gauss precision moduli)，两者可以分别支配变分方法对水平 u,v 和垂直 w 风速分量的调整力度。值越大，则表示对该分量速度调整幅度较小，即相对初始风速改变越小。因此，如果初始插值场与真实风场场存在较大的误差，可以适当地减小高斯精度模的值，增大调整力度。

引入拉格朗日乘数 λ 将变分函数(5.144)与连续方程(5.145)联立，得到方程(5.146)

$$F(u,v,w,\lambda) = E(u,v,w) + \lambda \int \nabla \cdot V \mathrm{d}V$$

$$= \int \left\{ \alpha_1^2 (u - u_0)^2 + \alpha_1^2 (v - v_0)^2 + \alpha_2^2 (w - w_0)^2 + \lambda \left(\frac{\partial u}{\partial x} + \frac{\partial v}{\partial y} + \frac{\partial w}{\partial z} \right) \right\} \mathrm{d}V$$

$$(5.146)$$

当 $F(u,v,w,\lambda)$ 取极值时,$U_0(u_0,v_0,w_0)$ 和 $U(u,v,w)$ 满足欧拉方程组公式(5.147),为变分方程的解

$$2\alpha_1^2 (u - u_0) = \partial \lambda / \partial x$$

$$2\alpha_1^2 (v - v_0) = \partial \lambda / \partial y \qquad\qquad (5.147)$$

$$2\alpha_2^2 (w - w_0) = \partial \lambda / \partial z$$

将欧拉方程组(5.147)与质量守恒约束方程联立,得到关于拉格朗日乘数 λ 的泊松方程(公式 5.148),即

$$\frac{\partial^2 \lambda}{\partial x^2} + \frac{\partial^2 \lambda}{\partial y^2} + \left(\frac{\alpha_1}{\alpha_2} \right)^2 \frac{\partial^2 \lambda}{\partial z^2} = -2\alpha_1^2 \nabla \cdot U_0 \qquad\qquad (5.148)$$

为简单起见,令 α_1 和 α_2 取常数值,记 $\alpha = \alpha_1 / \alpha_2$,$\alpha_1 = 1.0$,式(5.148)可以简化为:

$$\frac{\partial^2 \lambda}{\partial x^2} + \frac{\partial^2 \lambda}{\partial y^2} + \alpha^2 \frac{\partial^2 \lambda}{\partial z^2} = -2 \nabla \cdot U_0 \qquad\qquad (5.149)$$

运用超松弛迭代快速收敛方法求解关于 λ 的泊松方程的解,带入欧拉方程组(5.149)中,给定 $\alpha = 1.0$,求得调整风场 $U(u,v,w)$:

$$u = u_0 + 1/(2\alpha_1^2) \partial \lambda / \partial x \quad v = v_0 + 1/(2\alpha_1^2) \partial \lambda / \partial y \quad w = w_0 + 1/(2\alpha_2^2) \partial \lambda / \partial z \quad (5.150)$$

$U(u,v,w)$ 即为满足质量守恒连续方程约束的建筑区域最终风场。

§5　城市空气质量多尺度模拟系统的应用

5.1　城市热岛环流对污染物扩散的影响

在大型城市中,有大量建筑物以及频繁的人类活动,因此热传导率和热容量高于郊区和农村,造成城、郊之间的温差,通常称为城市热岛效应。

由于下垫面的热力差异,形成加热的热岛中心上空空气变热,郊区的空气比市中心冷,这样必然形成一由城郊的冷空气向市中心或热岛中心的暖空气流动,也就是形成近地面流向热岛中心的辐合上升气流,在热力差别变小或消失的高度有一补偿的辐散下沉气流,这样形成一典型的城市热岛环流。

城市热岛的形成与盛行风的风速和天空状况有密切的关系。在出现热岛的时候,如果风速较大,热量将随盛行气流带向下风方向。当风速大到一定值,由于在强风条件下,热量很快被带走,加上动力作用增大,会使得热岛强度减弱以至消失。城市热岛的强弱还受地形的影响。有地形坡度条件下热岛强度比平坦地形时强,随着地形坡度的增加,这种现象尤为

显著;另一方面,地形坡度的存在增强了低层风的切变,加强了热岛上下之间的湍流混合,会削弱城市热岛环流的强度。徐祥德等(2004)根据在北京实施的 BECAPEX 综合观测试验,提出城市"大气穹面(dome)"三维大气污染结构物理图像,指出城市边界层结构不仅影响了城市局地大气污染物时空分布,而且还可通过城市群落间复杂的动力、热力结构形成区域大气污染。城市热岛对城市污染物的扩散也有重要影响(徐祥德,2006)。

　　城市气象对空气污染影响的机制主要包括动力机制和热力机制。动力机制指的是城市建筑对风的阻碍拖曳作用,使城市风速衰减,不利于污染物扩散。热力机制指的是城市地表热力性质的改变和人为热释放所产生的城市热岛现象对空气污染的影响。大量的研究显示了城市的综合效应对空气污染的影响,王雪梅等(2019)研究了珠三角城市扩张对二次有机气溶胶(SOA)的影响,发现城市扩张可以使珠三角主要城市 SOA 增加 3% ~ 9%。刘红年等研究了杭州市近十年来城市化发展对城市气象以及污染扩散的影响,发现城市化发展使杭州市大气扩散能力下降,城区污染物浓度上升,城市 $PM_{2.5}$ 平均浓度增加 2.3 $\mu g \cdot m^{-3}$;最大增加可达约 30 $\mu g \cdot m^{-3}$,污染物"自净时间"平均增加 1.5 小时(Liu,et al.,2015)。这种城市化发展导致的空气污染物浓度的变化是城市温度上升、风速下降等气象条件改变的综合效应。

　　下面是一个利用南京大学城市空气质量模式进行的数值敏感性试验,将城市的热力作用与动力作用进行区分。图 5.20 所示是存在城市热岛影响和模拟消除城市热岛影响两种情况下的市区平均位温廓线、垂直风速和水平风速廓线。城市热岛使市区气温上升,相应地使市区位温高于郊区,市区位温的增加在地面最显著,在没有城市热岛时,在 200 米高度以下,位温随高度缓慢增加,这时平均状态的大气层结是稳定的,总体上不利于污染物的垂直扩散,在有城市热岛时,200 米高度以下,位温廓线显示大气总体上是不稳定的,城市热岛使低层增温高于高层,增加了大气的不稳定性。消除热岛影响时,市区垂直风速很小,不超过 0.02 m/s,微弱的抬升运动可能是由城市建筑引起的总体的气流"爬越"效应;有城市热岛时,在城市形成热岛环流,市区为上升气流,平均垂直速度为正值,随高度增加,垂直速度也增加,在 800 米高度,垂直速度达到 0.14 m/s。在 100 米高度以下,有无城市热岛对风速的影响很小,因为在有无热岛的敏感性试验中,都考虑了城市建筑的动力学效应,即对风的拖曳阻尼作用。在近地层,这种动力学作用远高于热岛环流的影响;在高层,有热岛时风速明显低于没有热岛时的风速,这是因为城市区内热岛环流和城市建筑物的阻挡作用增加了垂直速度,使气流的水平动能转变为垂直动能,使水平风速减小。

　　总体而言,城市热岛效应增加了大气不稳定性,产生了向市区辐合的热岛环流,加大了市区上空的垂直速度,这种影响实际上增强了城市大气的垂直扩散能力。城市建筑的动力效应大幅度降低市区风速,使大气扩散能力减弱,热岛作用(热力作用)和建筑的动力作用相反,城市化发展(动力学效应 + 热力学效应)使大气扩散能力减弱,因此可以认为热岛的热力学效应小于建筑的动力学效应。

　　图 5.21 是显示城市热岛对市区 PM_{10} 和 $PM_{2.5}$ 垂直分布的影响,在大约 180 米高度以下,城市热岛使 PM_{10} 和 $PM_{2.5}$ 浓度下降,而在 180 米高度,使 PM_{10} 和 $PM_{2.5}$ 浓度上升,这是因为城

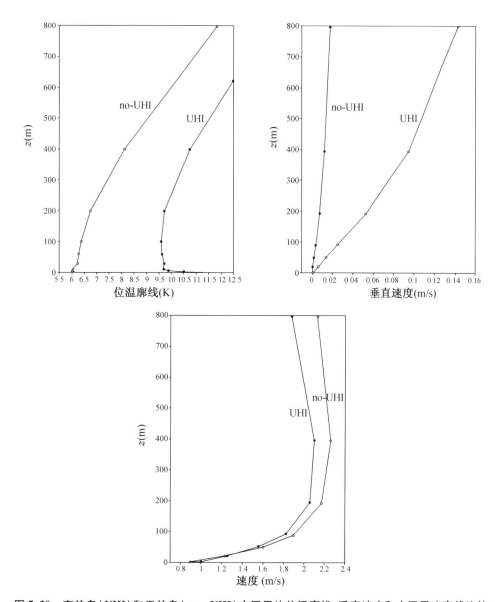

图 5.20　有热岛(UHI)和无热岛(no‑UHI)市区平均位温廓线、垂直速度和水平风速廓线比较

市热岛环流以及大气不稳定性增加使得污染物垂直扩散增强,使地面污染物向高空输送,因此使低层浓度下降,高层浓度上升。

　　在这个算例中,城市热岛增加了大气不稳定性,产生了向市区辐合的热岛环流,加大了城市上空的垂直速度,增加了城市大气的扩散能力,总体上使地面污染物浓度下降,而在高层浓度上升。城市建筑的动力效应则会大幅度降低市区风速,使大气扩散能力减弱,污染程度上升。城市热岛的热力作用与建筑的动力作用影响正相反,而且动力作用大于热力作用。

　　关于城市动力作用与热力作用对空气污染物浓度分布的影响相比较哪个更加显著,目前尚没有一致的定论,这是因为城市环境中影响空气污染物浓度分布的各种影响因子错综

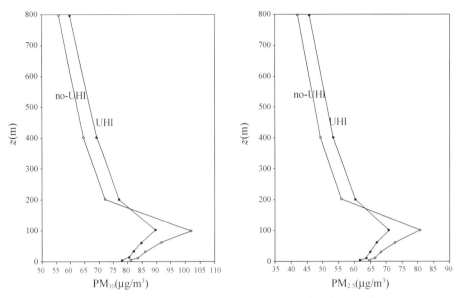

图 5.21   热岛对市区 PM_{10} 和 $PM_{2.5}$ 垂直分布的影响($\mu g/m^3$)

复杂,与各城市具体的城市形态、气候背景等多种因子有关。例如 Chen(2018)利用 WRF-Chem 模式研究在北京目标区有无城市存在对空气质量的影响,发现有城市时 $PM_{2.5}$ 在夏季和冬季分别下降 16.2 $\mu g \cdot m^{-3}$ 和 26.2 $\mu g \cdot m^{-3}$,表明这是城市边界层高度增加造成的垂直扩散增强的效应超过城市对水平输送的阻碍所致。

5.2   城市扩张对城市空气质量的影响

城市发展扩张带来了城市下垫面的变化,密集建筑物覆盖的下垫面出现,同时伴随着剧烈的人为活动。由于建筑物对城市低层风场的阻尼和扰动作用,使城市区内风速衰减;同时,城市群的发展使城市面积迅速扩大,对周围的影响也增强,导致低风速的范围扩大,使污染物易集中在城市地区,并使城市下风向区域的污染物浓度降低。经济的发展和人口的增加使得白天城市地区产生更多的热量,地面温度增加。以珠三角地区为例,对比 1993 年和2000 年的城市化程度对空气质量的影响,可以发现城市群的发展使得城市地区风速减小,在重污染情况下更加明显。重污染气象条件下广州小风区面积约增加 28% ,佛山约增加45.2% ,轻污染气象条件下则增加较小。城市增温效应导致的热量向上输送,一般影响到200 米高度左右。夜间地面降温,高空气温也在降低,但由于有白天热量的积累,故降温比地面较缓,这样地面和高空的温差就增大,逆温现象增强。

城市发展造成能源消耗增加和下垫面类型改变,使得逆温的强度增强。同时,建筑物分布范围和密度的增大使得市区内风速减小的趋势明显,这也使逆温层结构增强,持续时间延长,从而在城市上空形成更明显的"空气穹隆"效应。该效应使低层大气更加稳定,大气垂直交换减弱,稀释扩散能力减小,污染物不易向外扩散,使得本地源对当地的影响更大(图 5.22)。在重污染气象条件算例中,广州本地源对广州市的贡献率增加了 10.48%(图 5.23)。以上工作系陈燕(2005)利用南京大学城市空气质量模式针对广州地区进行的数值敏感性试验。

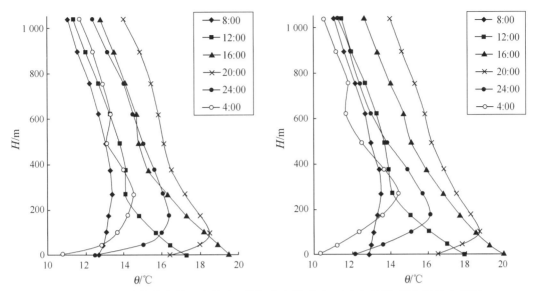

图 5.22　重污染气象条件下广州地区的温度廓线:(a) 1993 年情景;(b) 2000 年情景

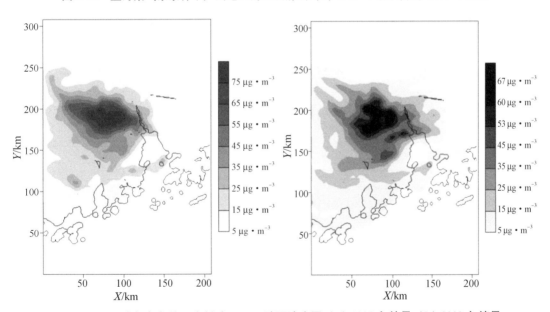

图 5.23　重污染气象条件下广州地区 SO_2 地面浓度图:(a) 1993 年情景;(b) 2000 年情景

5.3　人为热对城市空气质量的影响

　　城市人为热作为城市地区人类活动的主要产物之一,它一方面有助于加强城市热岛效应,另一方面也会对臭氧等空气污染物的化学反应过程产生影响。选取南京地区 2017 年夏季一次高温热浪过程开展了数值模拟试验,并通过对比不加人为热的基准算例(CTL)与加人为热的 AH 算例的差异来体现人为热的影响。在算例 AH 中,对低密度、高密度和商业区分别施加 20.0 W/m²,50.0 W/m²,90.0 W/m² 的人为热。模式模拟结果显示,人为热在南京主城区能够产生大约 1 ℃ 的增温(图 5.24),并且市中心的增温幅度相对郊区更加明显,夜间 20 点城市近地层的风速也有较大的增大,而郊区的气温和风场变化不大。

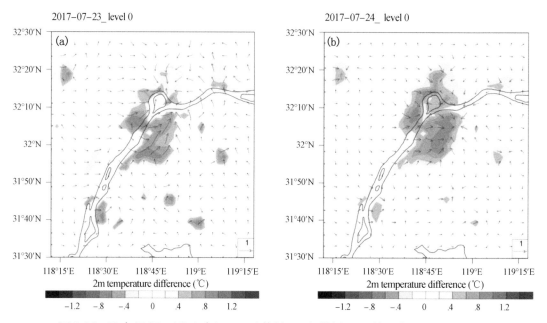

图 5.24　20 点(LST,a)和 9 点(LST,b)算例 AH 与算例 CTL 的温度差异和风场变化

温度的升高会影响到大气的光化学反应过程,20 点和 9 点(LST)的模拟结果显示,近地面臭氧浓度的上升区(图 5.25)与同时刻的人为热引起的温度升高区域(图 5.24)对比可见,

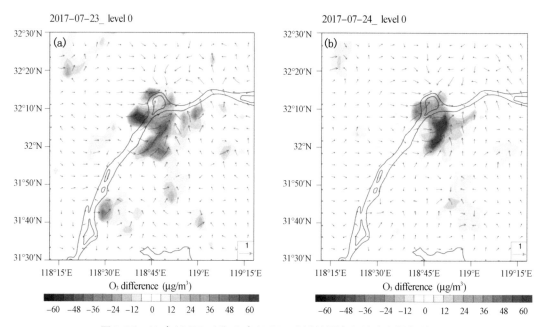

图 5.25　20 点(LST,a)和 9 点(LST,b)近地面臭氧浓度和风场差异

由图结果显示南京主城区位置近地层有大约 60 μg/m³ 的臭氧增加。同时,由于夜间人为热有助于加强城市热岛环流,图 5.25 显示南京主城区近地层可形成大约 2 m/s 的风速差异。对比图 5.25a 和图 5.25b,发现臭氧正差异高值区有向下风向移动的趋势,说明人为热增加引起的城市近地面风变化会对污染物的输送起作用。另外关注到臭氧的最大正差异区与风的辐合带有一定的对应关系,并且位于辐合带后,表明近地面风的增强有利于城区辐合带臭氧的积聚。

PM$_{2.5}$ 和 SO$_2$ 同样会受到人为热增加的影响,9 点(LST)的模拟结果(图 5.26)显示,由于城市人为热的影响,城区的 PM$_{2.5}$ 浓度减少幅度在 15 μg/m³ 左右,SO$_2$ 减少约 30 μg/m³。并且注意到 PM$_{2.5}$ 和 SO$_2$ 负差异区域分布较为接近,表明两个物种对人为热的敏感性相似。近地面 PM$_{2.5}$ 和 SO$_2$ 浓度的降低主要是由于大气边界层高度的增加引起的。人为热对污染物浓度变化影响的高值区出现在近地面,而在高层的影响则较小。

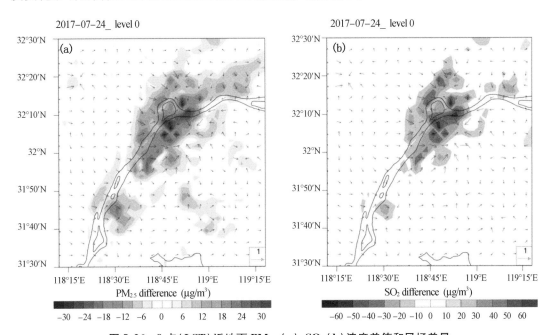

图 5.26　9 点(LST)近地面 PM$_{2.5}$(a)、SO$_2$(b)浓度差值和风场差异

5.4　城市建筑特征对城市空气质量的影响

城市发展会导致城市下垫面发生极大改变,农田、绿地面积减少,建筑增多且高度及密度增加,致城市风速衰减。这里主要考虑风速衰减对城市灰霾的影响。周淑贞等(1988)对上海市多年风速资料的研究表明,由于城市化的高速发展,建筑群增多、增密和增高,导致城区下垫面粗糙度增大,因而使得城区的地面风速减小。彭珍等(2006)统计分析了北京 325 m 气象塔 1994 年和 1997—2003 年夏季平均场观测资料,发现在受下垫面影响最为剧烈的近地层,风向逐年趋于紊乱,而且距离地表越近,平均风速逐年递减的趋势也越为显著。

利用城市边界层模式对苏州地区城市扩张和城市建筑物形态变化对空气质量的影响进

行了分析。如图 5.27 所示,分别针对 1986、1995 和 2006 年的城市化状况进行了模拟。1986 年和 1995 年城市面积分别约为 40 km² 和 229 km²,2006 年城市面积增加到约 680 km²。同时将城市划分为低密度、中密度和高密度建筑物区域。

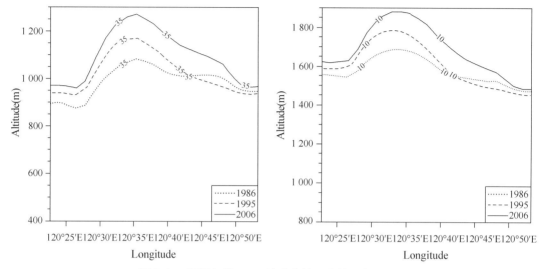

图 5.27　不同年代 PM$_{2.5}$ 浓度和能见度的垂直剖面图

通过对苏州不同天气背景下的模拟结果进行平均,发现苏州城市热岛强度为 1.2 ℃,城区和郊区相对湿度分别为 69.9% 和 71.9%,风速分别为 3.2 m·s⁻¹ 和 3.8 m·s⁻¹,城区下风向(城区西部)为静小风区,且呈辐合状。北部郊区局地 PM$_{10}$ 和 PM$_{2.5}$ 严重超标,硫酸盐、硝酸盐等二次污染物浓度高值区位于主城区西部;城区 PM$_{10}$ 和 PM$_{2.5}$ 高出郊区约 30%,有机碳、硝酸盐和炭黑高出郊区 1~2 倍。城区和郊区都是硫酸盐对大气消光贡献率最高,分别为 39.11% 和 52.13%,城区的硝酸盐、炭黑、有机物的贡献率分别为 15.6%、18.3% 和 10.0% (明显高于郊区),这反映了城乡的能源消耗结构差异。和中等建筑密度及较低建筑密度状况相比,高密度城区风速分别衰减约 0.15 m·s⁻¹ 和 0.30 m·s⁻¹,但风向基本不变,建筑对郊区风速影响很小;城市面积越大,城区风速衰减越明显,最大衰减可达到 0.6 m·s⁻¹。此外,新增加的城市区域以及近郊的风向有较大改变。建筑高度和密度加大可使城区 PM$_{2.5}$ 平均浓度增加 0.4~0.8 μg·m⁻³,局地增加 6~12 μg·m⁻³,平均能见度降低 0.1 km,局地降低 0.3~0.6 km;城市面积扩张可导致城区 PM$_{2.5}$ 平均浓度增加 3~4 μg·m⁻³,局地增加 6~12 μg·m⁻³,平均能见度降低 0.3~0.4 km,局地可降低 2~3 km。

城市化发展对局地污染物浓度影响较大,城市面积对城市霾的影响远大于建筑影响。随着城市面积扩张,城市"浑浊岛"、"霾线"的高度在升高(图 5.27);城郊浓度差异越来越突出,城市区扩散能力在不断下降。随着城市面积扩张,城市日平均霾小时数增加 0.3~0.5 h,局部地区霾小时数增加可达 5 h,主要是轻微霾时间增加;模拟区域霾面积增加约 170 km²,主要是轻微霾面积增加。城市面积扩张和高度、密度加大对轻微霾的影响较大,对中度和重度霾的影响很小。

5.5 城市绿化对城市空气质量的影响

利用 RBLM-Chem 模式模拟了苏州城市地区有无植被以及不同绿化方案(不同植被覆盖率、不同植被类型以及外围郊区绿化方案)对市区空气质量的影响(见图 5.28、图 5.29)。研究分析表明城市地区植被下垫面的污染物干沉降过程对大气污染物浓度也会产生重要影响。苏州市现有植被分布特征使市区主要空气污染物浓度都会出现不同程度的下降,在冬、夏季节,污染物浓度的下降幅度有些差异。夏季,SO_2、NO_2、O_3、PM_{10} 和 $PM_{2.5}$ 日平均浓度的下降幅度分别为 8.1%、7.1%、5.6%、4.7% 和 4.4%。冬季,上述主要污染物日平均浓度的下降幅度分别为 4.6%、5.5%、4.5%、3.6% 和 3.7%。在苏州市现有植被分布特征条件下,夏季植被对空气质量的改善作用明显强于冬季。从污染物浓度的空间分布来看,考虑城市植被的作用后,模拟域内所有城市地区主要空气污染物浓度都会出现不同程度的下降,且浓度降幅较大的区域主要集中在植被覆盖率相对较高的昆山市区。

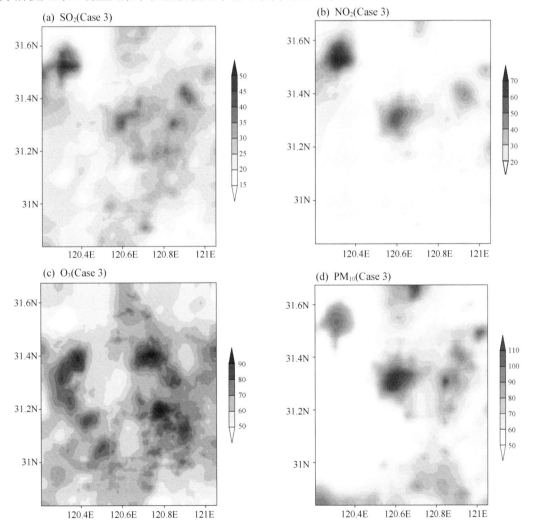

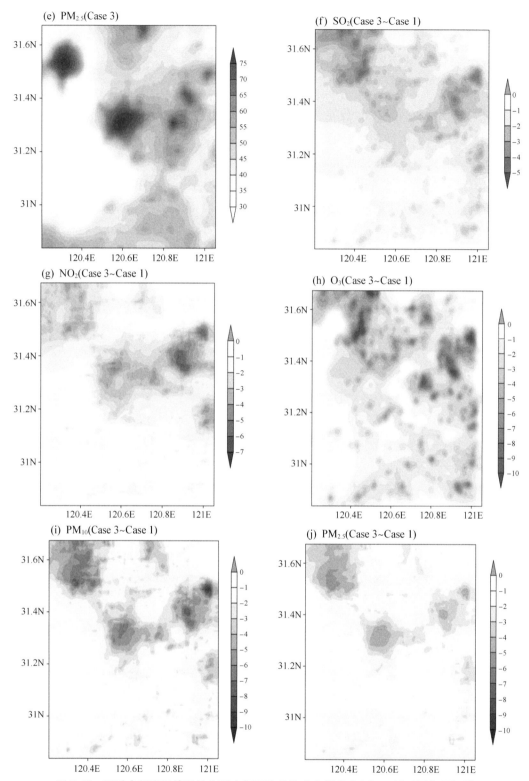

图5.28   夏季个例实况情景的主要大气污染物浓度空间分布(Case 3)以及与干沉降
过程的差异模拟结果差值(Case 3 ~ Case 1)图,右列)(单位:μg·m⁻³)

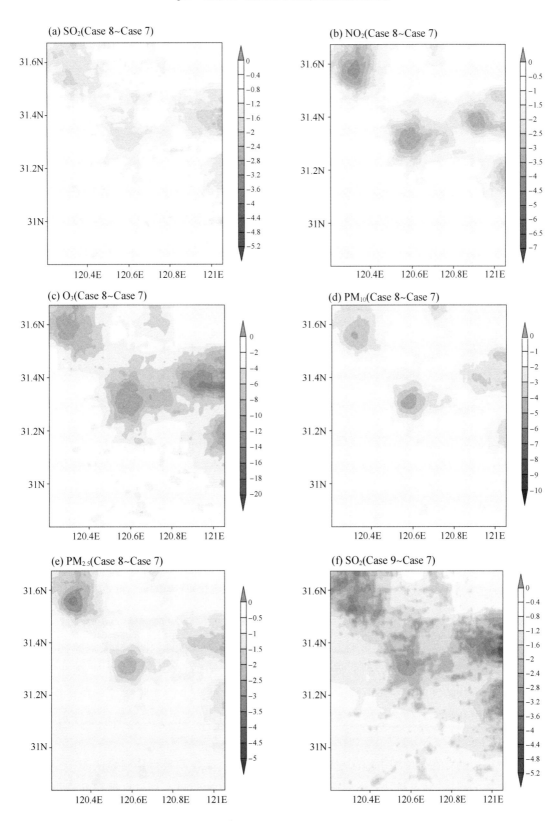

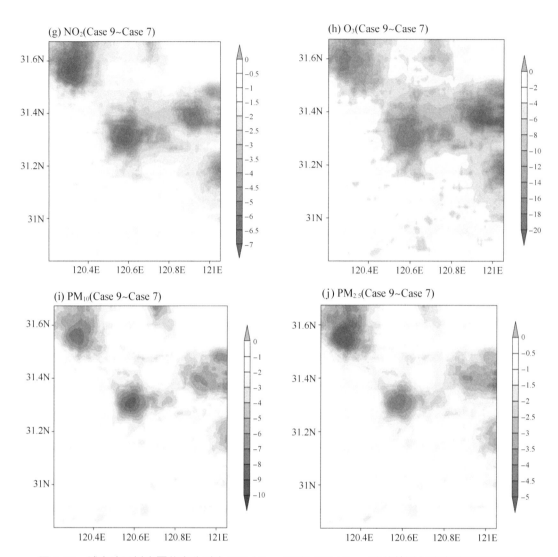

图 5.29　城市地区树木覆盖率分别为 20%(Case 7)和 40%(Case 9)的情景与代表城市地区树木
覆盖率为 0 的情景对主要污染物浓度模拟结果的差值比较(单位:$\mu g \cdot m^{-3}$)

在城市地域现有植被覆盖率不变的条件下,夏季城市绿化树种的改变(阔叶林或针叶林),对市区主要污染物浓度的影响差异很小。但是在冬季,城市绿化树种由阔叶林改变为针叶林后,由于叶面积指数的增加,促进了植被表面空气污染物的干沉降过程,因此会导致市区主要污染物浓度的进一步下降。与城市地域以阔叶林为主的实际植被分布特征相比,采用针叶林绿化方案可使冬季城市地区主要空气污染物日平均浓度的模拟结果分别下降约 1.9%(SO_2)、2.0%(NO_2)、2.3%(O_3)、2.6%(PM_{10})和 1.7%($PM_{2.5}$)。

城市植被的存在可使城市地区空气污染物浓度下降,空气质量得到明显的改善,且随着树木覆盖率的提高,城市植被对空气质量的改善效果也更加明显。与没有植被的城市相比,当城市树木覆盖率达到 20% 时,市区各主要空气污染物的日平均浓度分别下降约 5.0%

(SO_2)、6.1%（NO_2）、7.5%（O_3）、2.9%（PM_{10}）以及 2.1%（$PM_{2.5}$），而当城市树木覆盖率达到 40% 时，市区各主要空气污染物的日平均浓度下降幅度可达 9.7%（SO_2）、11.6%（NO_2）、14.0%（O_3）、5.5%（PM_{10}）以及 4.0%（$PM_{2.5}$）。

由于城市空间有限，市区植被覆盖率的提高有一定限制。基于此，进一步探讨了郊区森林生态系统的引入对城市空气质量的影响，结果表明：无论夏季和冬季，在城市外围郊区引入森林生态系统的作用，都会使市区空气质量得到比较明显的改善。夏季，除 O_3 外，郊区不同绿化树种的选取可导致市区其他主要污染物日平均浓度的下降幅度基本相同，分别为 10.1%（SO_2）、8.4%（NO_2）、3.4%（PM_{10}）和 2.9%（$PM_{2.5}$）。对于 O_3，阔叶林植被对其清除作用强于针叶林植被，夏季采用阔叶林植被的郊区绿化方案可导致市区 O_3 日平均浓度下降约 12.6%，而针叶林植被的郊区绿化方案可导致市区 O_3 日平均浓度下降约 9.3%。冬季，由于阔叶林植被叶面积指数的明显减小，采用针叶林植被的郊区绿化方案对市区污染物浓度的降低效果更加明显，市区主要污染物日平均浓度分别可下降约 7.7%（SO_2）、12.2%（NO_2）、17.2%（O_3）、8.3%（PM_{10}）和 7.9%（$PM_{2.5}$）。而采用阔叶林植被的郊区绿化方案在冬季对市区污染物浓度的降低作用只有 3.9%（SO_2）、6.0%（NO_2）、9.5%（O_3）、2.3%（PM_{10}）和 2.7%（$PM_{2.5}$）。

城市植被的间接环境效应体现在植被释放的 BVOC 可以成为 O_3、PAN 等二次污染物生成的前体物，积极参与大气的光化学氧化过程，从而导致 O_3 等污染物浓度的增加。植被 BVOC 的排放过程具有明显的年变化和日变化特征，且阔叶林表面 BVOC 的排放强度要大于针叶林。一年中夏季植被 BVOC 的排放强度最大，夏季阔叶林 BVOC 排放强度约为 0.3 g·m^{-2}·day^{-1}，冬季 BVOC 的排放强度很小。一天中 BVOC 的排放强度在中午达到最大，此时阔叶林 BVOC 的排放强度约为 1.0×10^4 μg·m^{-2}·h^{-1}，夜间植被 BVOC 的排放量趋近于 0。单位面积阔叶林表面的 BVOC 年排放总量约为 33.9 t·km^{-2}·a^{-1}，针叶林约为 11.8 t·km^{-2}·a^{-1}。苏州市区范围内的树木 BVOC 年排放总量约为 3 290 t·a^{-1}，约占区域总 VOC 年排放量的 3.82%。夏季，当城市树木覆盖率达到 40% 时，所释放出的 BVOC 可导致苏州市区 NO_x 的日平均浓度下降约 3.2%，O_3 的日平均浓度升高约 2.3%。BVOC 对 NO_x 和 O_3 浓度的影响在中午时段最为明显，可使该时段苏州市区 NO_x 的平均浓度下降 9.7%，而 O_3 的平均浓度升高约 7.1%。城市中的树木能增大空气污染物干沉降速度，因而是城市污染物的汇。其吸收清除空气污染物的能力要超过其作为 BVOC 的排放源间接导致 O_3 浓度增加的能力，即城市中植被对区域空气质量的积极影响（直接环境效应）要大于其不利影响（间接环境效应）。

§6　小区尺度空气污染物扩散的数值模拟

6.1　城市街谷与实际小区中的空气污染物扩散

城市街道峡谷或简称街谷是城市的基本构成单元之一，不同的城市建筑物形态对城市街谷内的大气环境会有更直接的影响。利用建筑物可分辨的数值模拟方法,针对理想的典型城市街谷内的空气污染物扩散展开模拟。街谷取高宽比都为 $H/W=1$, $H=30$ m,街谷根据屋顶形状分为"平顶形","圆顶形"和"三角形"三种类型,对街谷中交通排放的空气污染物扩散进行模拟。算例中来流风速为 5 m/s。地面交通面源,污染物为 CO,源强为 0.5 mg/m^2 · s。三角形屋顶的街谷中地面污染物浓度最高,为 5 mg/m^3,方顶形次之,为 4 mg/m^3,圆顶形最小,为 3 mg/m^3。污染物主要分布在街谷的迎风面墙壁处和地面源附近,背风面的浓度比较小。从污染物分布的范围来看(以浓度 >1 mg/m^3 的区域为准),方形屋顶的街谷内污染物分布的范围最大,圆顶形次之,三角形最小(图 5.30)。

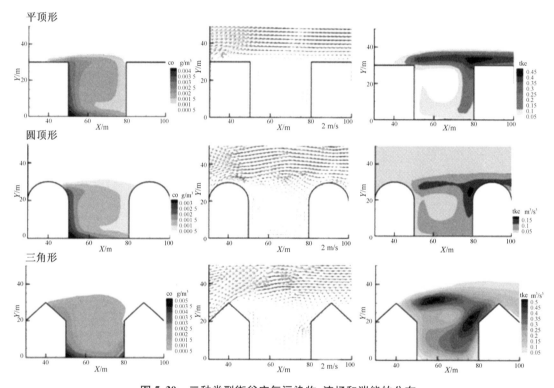

图 5.30 三种类型街谷空气污染物、流场和湍能的分布

影响街谷内空气污染物浓度分布的重要因素包括:平均风和湍流对污染物的输送和扩散。平均风对污染物的输送是影响街谷里污染物分布的主要因素。街面墙角处往往是风速死角区,由于污染物主要是在地面排放,地面处的风向为迎风面指向背风面,所以三种类型街谷的污染高值区总是出现在背风面的墙角处;而三角形屋顶街谷墙角的风速低值区范围最大,风速最小,所以其地面浓度最高,圆顶形街谷比较倾向流线形,便于风吹入街谷内输送污染物,其地面浓度最低。湍流对空气污染物有扩散作用,三角形屋顶的街谷内湍能最大,湍能高值区分布范围也最广,所以其污染物分布的范围最小。平均风和湍流对空气污染物的输送和扩散作用效果还与其相对于污染源区的位置有关。虽然三角屋顶街谷的湍能是最大的,但是湍能的高值区离地面源比较远,所以湍流对空气污染物的扩散作用不明显。

　　高架桥是城市中的重要交通方式之一。存在高架桥的街谷,桥下的风速和湍能减小,从而不利于污染物扩散;同时高架桥阻挡了地面源排放的污染物向街谷外扩散稀释;高架桥作为一个污染源所排放的污染物有可能被局地环流带到地面从而加重地面的污染。

　　由数值模拟结果(图5.31)发现:在高架桥低于街谷高度并且桥的宽度较宽时,地面空气污染物浓度最高,达 7.5 mg/m³,随着高架桥高度的增加和桥面宽度的减小,地面污染物浓度也随之减小到 4.5 mg/m³。高架桥相对于街谷两侧建筑物的高度不同,导致街谷内的风速和湍能的大小和分布存在很大的差异,同时高架桥作为一个污染源对桥下污染的贡献也存在很大的差异。当高架桥低于街谷两侧建筑物的高度时,街谷内的风速、湍能都比较小,而且桥面产生的污染物会被局地环流输送到桥下,地面污染浓度最高;当高架桥和街谷两侧建筑物高度等高时,街谷内的风速、湍能衰减到最小,此时最不利于地面空气污染物的扩散,但是桥面产生的污染物被街谷外的风直接输送到下游位置,不加重街谷内的污染;当高架桥高于

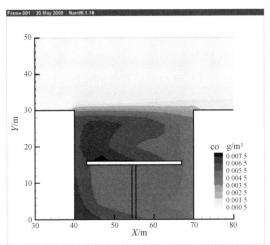
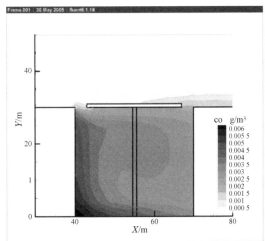
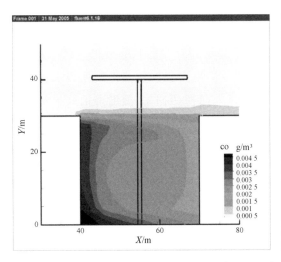
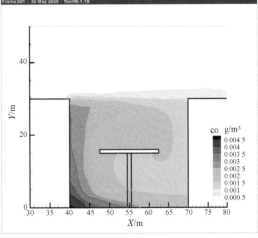

图5.31　含有不同高度和宽度高架桥的街谷污染物浓度分布

街谷两侧建筑物的高度时,高架桥对街谷内风速、湍能的衰减作用,以及对污染物的阻挡作用随着高架桥高度的增加而减弱,同时桥面产生的污染物并不加重街谷内的污染,污染程度最轻。在相同高度上,高架桥的宽度越小,高架桥对地面污染物的阻挡作用越小,桥下风速和湍能越大,更利于地面空气污染物的扩散;同时桥面作为一个污染源的源强也降低了,对地面污染的贡献减小了。

随着环境风速的增大,街谷内的风速和湍能都会增大,空气污染物的浓度降低(图5.32)。但是风速、湍能、污染物的浓度分布状况不随来流风速的大小而变化。室外风速的增大引起街谷里风速增加的幅度变得很小,但是引起街谷里湍能增加的幅度却很大,引起街谷里污染物减小的幅度很小,这也表明了平均风对空气污染物的输送相对于湍流对污染物的扩散作用更为重要。

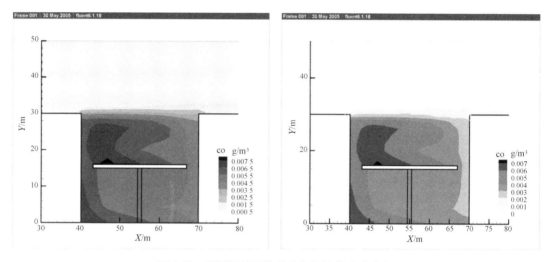

图 5.32   不同风速下街谷空气污染物浓度分布

利用城市小区模式对某一实体小区的气象场和交通污染物扩散情况进行的模拟结果表明:小区模式可以精细地体现建筑物高度、地表利用类型及 NO_x 交通源分布的影响。小区中温度差异较大,由于水泥柏油路面及建筑物对其上空及周围空气的加热作用使得水泥柏油路面上空及建筑物周围的气温最高。温度分布与风速风向密切相关,温度等值线显示向下风方倾斜。春天,建筑物较少风速较大处温度较低;夏天,建筑物对其周围空气的加热作用最为明显;秋天,建筑物对短波辐射的遮蔽作用较为突出;冬天,由于太阳高度角较低,短波辐射较弱,所以水平温差较小。其温度差异主要是由于地表利用类型(下垫面性质)不同、建筑物的高度及分布、风速风向以及建筑物对短波辐射的遮蔽造成的。

从风场来看,气流比较复杂,例如在建筑物附近气流有较明显的绕流现象。在建筑物背风侧,气流方向改变较大,几乎与来流垂直,有逆于来流方向的气流出现。在小区内,建筑物密集区气流的改变较大,建筑物较少或者没有建筑物的区域,受附近建筑物的影响,气流也有一些改变。由多个相邻或相近的建筑物组成的建筑物群对气流的影响范围较大。由水平总风速分布可以看出,在建筑物附近有很明显的小风区(风速 < 1.0 米/秒),建筑物越高,其造成的小风区的范围就越大,建筑物群附近形成了一些较大范围的小风区。在河流及小区东南方和东北方向建筑物较少的区域风速均较高(风速 > 1.5 米/秒)。

由地面 NO_x 浓度分布(图 5.33)可以看出,在道路附近 NO_x 浓度较高,以道路为中心向周围(下风方向)扩散。小区内 NO_x 浓度均较低,基本没造成污染,这与小区内的建筑物分布有关。小区内道路边的建筑物多数与道路平行,并且高度均在 50 米左右,对气流形成明显的阻挡作用,使气流携带污染物绕流或爬升,而不进入小区内部。浓度分布与风向风速对应关系较好,NO_x 由源向下风方向扩散,风速较低处浓度较高。

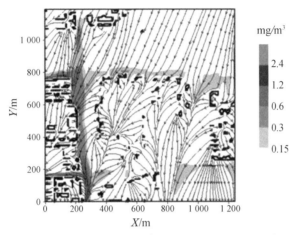

图 5.33　实际小区个例中 10 m 高度处流线及地面 NO_x 浓度分布

6.2　建筑群对风场影响的大涡模拟分析

城市地表通常由大规模的建筑群组成,当这种复杂的地表与大气相互作用时,会使得风和湍流的分布和结构变得复杂。特别是在大城市中心,由于不规则的建筑物几何特征各异以及建筑物间距、高度和排列的不均匀分布,很难准确描述城市风和湍流的特征。在不考虑建筑物外形差异的前提下,城市建筑群的特征可以从三个方面进行描述,即建筑群的密度、高度和排列。这种特征可以用三个无量纲参数表达,即用建筑物迎风面积密度 λ_f,建筑群高度起伏度 σ_h 和建筑群排列交错度 r_s 来分别表征建筑群的密度、高度和排列。这三个参数分别定义如下:

$$\lambda_f = \frac{d \times H}{L_x \times L_y}$$

$$\sigma_h = \sqrt{\frac{1}{n}\sum_{i=1}^{n}\left(\frac{h_i - H}{H}\right)^2} \qquad (5.151)$$

$$r_s = 2 \times \frac{l}{L}$$

式中 d 是建筑物的宽度，H 是建筑群的平均高度，L_x，L_y 是一个建筑单元在来流方向和横风向所占的尺度，h_i 是每一个建筑的高度，n 是建筑群中建筑的总个数，L 是同一排中相邻建筑之间的距离，l 是前后两排中相邻建筑物之间的最短距离(图 5.34)。

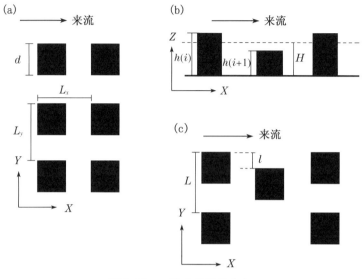

图 5.34　三类建筑群的分布

利用大涡模拟方法可以得到高时空分辨率的气流特征，并分析建筑群间的瞬时流场。图 5.35 为算例 D3 中两建筑物之间瞬时流场随时间的演化，相邻两图之间的时间间隔为 6 s。

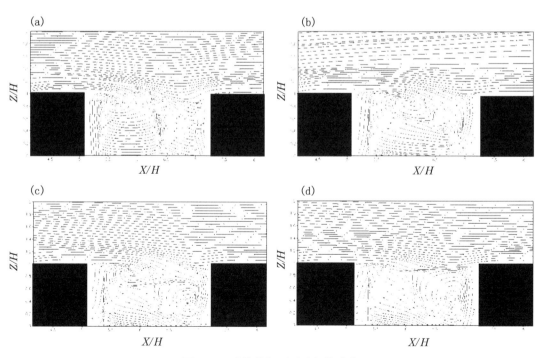

图 5.35　建筑物间瞬时流场的演化

由图可以见到,在建筑物后出现一个巨大的顺时针涡旋,涡旋的中心比较靠近背风墙。上述涡旋随时间逐渐减弱,而在建筑物迎风墙前出现了一个新的闭合环流。而后,该迎风闭合环流逐步扩大,背风面的涡旋逐渐缩小减弱,两者的强度和尺度基本相当。最后,背风面的涡旋基本消失,迎风面的涡旋成为建筑物之间的主要环流。采用大涡模拟手段能够很好地模拟研究建筑物之间环流的生消,湍流的瞬时变化。

Oke 等(1988),Hunter 等(1992)和 Zhang 等(2004)系统总结了不同街谷形态比例 H/W 和 L/H,(这里 H 为建筑物高度;W,L 为街谷宽度和长度)所形成的三种典型街谷流,包括"爬越流"、"尾流绕流"和"孤立粗糙流"。但是在真实的城市中,由于建筑物尺度和分布的不规则性,很难准确地描述某一城市内实际的街谷形态比例以及三个参数(H,W 和 L),而却比较容易得到城市地区的建筑物分布密度 λ_f。由于建筑物密度的不同,街谷中也出现三类不同的典型街谷流。如图 5.36(a)所示,当 $\lambda_f = 0.25$ 时,由于建筑物排列非常紧密,建筑物间不能出现两个完整对称的闭合环流,此时为"爬越流"。如图 5.36(b)所示,当 $\lambda_f = 0.11$ 时,建筑物间出现两个完整对称的闭合环流,涡旋中心靠近上游建筑物的背风墙,下游建筑物对双

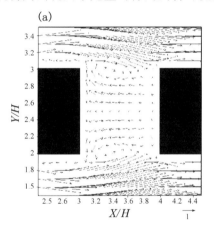

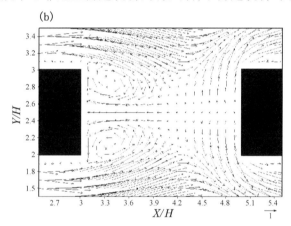

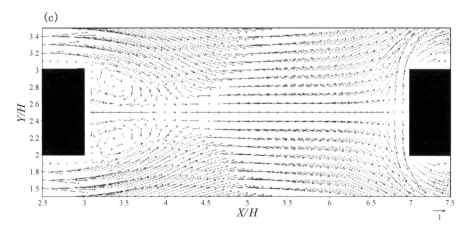

图 5.36　不同 λ_f 下的流矢图

涡也有扰动作用,此时为"尾流绕流"。如图5.36(c)所示,当$\lambda_f = 0.04$时,建筑物分布得非常稀疏,以至气流在遇到下游建筑物前,又恢复到初始的来流情况,下游建筑物对双涡环流不造成影响,此时为"孤立粗糙流"。

街谷流的类型随着城市建筑物密度的变化而有规律的演化。街谷流从"爬越流"演变为"尾流绕流"的λ_f临界值为0.18,街谷流从"尾流绕流"演变为"孤立粗糙流"的λ_f临界值为0.06。可见通过城市建筑物密度这一个参数来区分城市某地区的主要街谷流类型的办法比前人通过街谷形态比例来区分街谷流类型更具有实用性和空间代表性。

图5.37为不同σ_h下建筑物间的流矢图。当建筑物的高度一致的时候($\sigma_h = 0$),街谷间出现形状和大小相近的顺时针闭合环流(图5.37(a));随着σ_h的增加($\sigma_h = 0.5$),低矮建筑前的涡旋逐渐破碎,而高建筑物前的涡旋逐渐加强并扩大,在低矮建筑物前的下沉气流转变为上升气流,建筑物之间的风速也加大(图5.37(b));假如σ_h足够的大($\sigma_h = 0.83$),在低矮

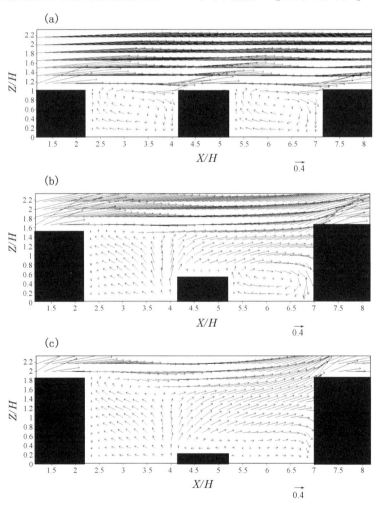

图5.37　不同σ_h下的流场分布

建筑物前的顺时针环流完全消失并且低矮建筑物对气流的扰动作用也可以忽略不计,此时在两个高建筑物之间形成了一个新的环流形式,在建筑物背风墙高层后面出现一个顺时针涡旋,在建筑物迎风墙低层前面也出现一个顺时针涡旋,此时虽然城市建筑物密度不变,但是随着建筑群起伏度的变化,建筑物之间的流场形式已经由原来的"尾流绕流"(图5.37(b))变为典型的"孤立粗糙流"(图5.37(c))。

图5.38给出了图5.34所示意的不同建筑物排列情况下局部的风场结构模拟结果。如图5.38(a)所示,当建筑物排列整齐时,在两列相邻的建筑物阵列之间出现了比较明显的街谷效应,街谷风比较大。在建筑物背风侧分布着比较整齐的双涡环流,沿着建筑物阵列,出现了比较整齐的低风速带。如图5.38(b)所示,随着r_s的增加,两列相邻的建筑物阵列之间的街谷效应和沿着建筑物阵列的低风速带被破坏。如图5.38(c)所示,当r_s足够大,建筑物阵列完全交错时,街谷效应完全消失,整个建筑物阵列区域为大片的低风速带。

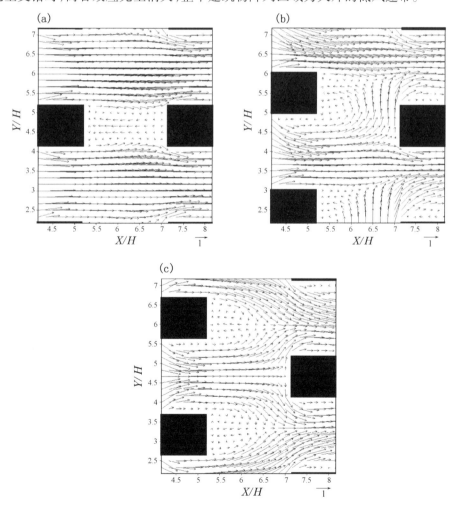

图 5.38　不同 r_s 下的水平流场分布

图 5.39 为建筑物单元内各点的风速廓线,其中点线为该建筑单元内水平平均的风速值。由图 5.39 可见,城市建筑群之间的气流空间分布极不均匀,在建筑物前气流为下沉气流,垂直速度为负;在建筑物背风侧,气流为上升气流,垂直速度为正;在建筑物低层,由于回流,风速为逆来流方向;在建筑物高层,风速为顺来流方向,因此建筑单元内的风速廓线也比较杂乱。在同一高度,水平风速的最大差异为 5 m/s,垂直速度的最大差异为 1.8 m/s。各格点上的风速廓线大概在 2~4 倍建筑物高度处逐渐汇合,可以认为这一高度为惯性子层,气流的空间差异性不大。

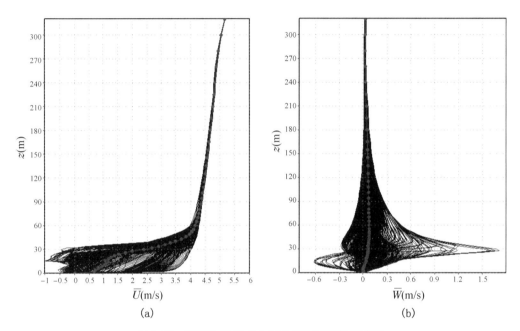

(a)　　　　　　　　　　　　　　(b)

图 5.39　建筑物单元内水平风速和垂直风速廓线

由于建筑物对风速的阻碍,在建筑群内,风速衰减很大,并且 λ_f 越大,风速越小;然而在建筑物群以上,风速与 λ_f 是正相关的关系,不同建筑物密度的风速廓线与来流廓线在 2.5 倍建筑物高度处汇合。如图 5.40 所示,平均风速对 σ_h 非常敏感,σ_h 越大,阵列内的高建筑物越高,矮建筑物越矮,这使得冠层上层的风速越小,而冠层下层的风速越大。其原因是,σ_h 越大,较高的建筑物将在更高的高度拖曳风速,而低矮的建筑物对风速的拖曳作用不明显。Cheng 等(2002)认为具有不一致高度的建筑物群对风速的阻碍作用要远高于相同高度的建筑群,本文的结论与其一致。风速的衰减强度也随着 r_s 的增加而增加,Cheng 等(2002)的研究也表明交错排列的建筑物群,其风速拖曳效率也要高于整齐排列的建筑物群。

MacDonald 等(2000)认为在城市冠层内的水平平均风速应该遵循指数递减率。他将 Cionco(1972)等通过植被冠层总结得到的一个风速廓线公式进行修正,用来模拟城市建筑群中水平平均风速分布,该公式如下:

$$u(z) = u_H \exp\left(a\left(\frac{z}{H} - 1\right)\right) \tag{5.152}$$

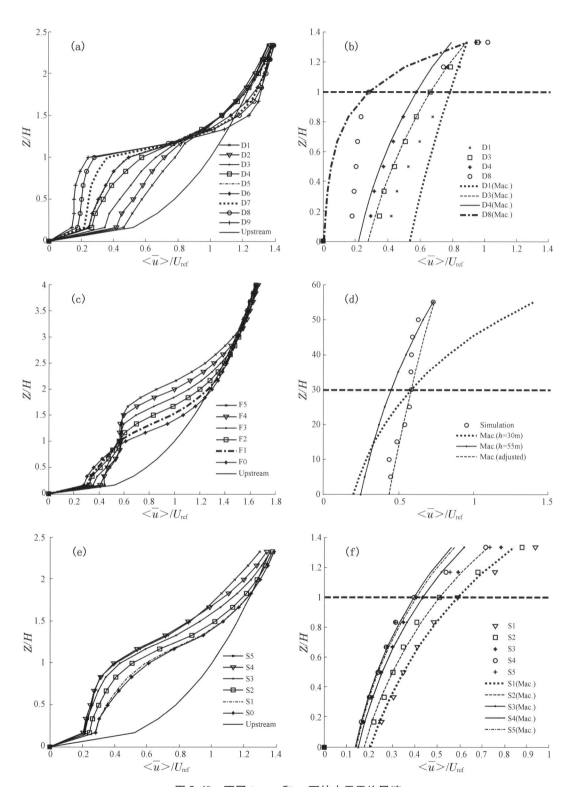

图 5.40 不同 λ_f, σ_h 和 r_s 下的水平平均风速

式中 H 是城市冠层高度,u_H 是冠层高度处的风速,a 是衰减系数,根据风洞资料,对于建筑物高度不变的整齐或交错阵列,他给出的衰减系数 $a=9.6\lambda_f$。本文利用该公式去检验设计的模拟算例,发现对于不太密集或不太稀疏的阵列,结果都符合得很好(图 5.40(b),(f))。而对于高度出现变化的建筑物阵列,对该公式需要引入 σ_h 做出修正如下:

$$u(z)=u_H\exp\left(a_*\left(\frac{z}{H}-1\right)\right) \quad a_*=a\times(1-\sigma_h) \tag{5.153}$$

修正后的公式能够很好地描述高低起伏的建筑物阵列内的平均风速(图 5.40(d))。

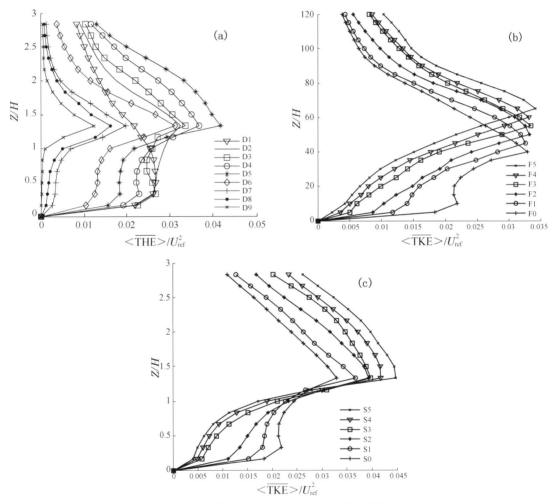

图 5.41　不同 λ_f,σ_h 和 r_s 下的水平平均湍能

　　如图 5.41(a)所示,除了算例 D1 外(建筑物密度太小,排列过于稀疏),湍能的最大值总位于建筑物高度的 1.2 倍高度处。湍能廓线的形态与流场形式相对应:对于"爬越流"($\lambda_f=0.56\sim0.25$),由于建筑物密度非常大,建筑物之间的风速比较小,湍能的量值也比较小;对于"尾流绕流"($\lambda_f=0.18\sim0.11$),湍能在建筑物冠层内随着建筑物密度加大而增加;对于

"孤立粗糙流"（$\lambda_f = 0.08 \sim 0.04$），湍能垂直廓线的形态有很大的改变，特别是 D1 算例在 0.5H 处存在一个拐点。如图 5.41(b) 所示为不同起伏度的建筑物阵列的湍能垂直廓线，不同算例，湍能的最大值基本相同，且都位于阵列里较高建筑物的 1.2 倍高度处。在较矮建筑物高度以下，湍能随着起伏度 σ_h 的增加而减小，但是在较高建筑物高度以上，湍能随着起伏度 σ_h 的增加而增加，出现这种情况主要与不同高度处的风速大小有关。如图 5.41(c) 所示为不同起伏度的建筑物阵列的湍能垂直廓线，湍能的最大值也基本位于建筑物的 1.2 倍高度处，在建筑物高度以下，湍能随着交错度 r_s 的增加而减小，但是在建筑物高度以上，湍能随着起伏度 σ_h 的增加而增加。

6.3　半经验模型在城市建筑物群情景下的应用

在本小节中，利用 UMAPS 模式对一个真实小区建筑物条件下，理想的地面点源排放的空气污染物扩散过程进行了模拟研究。模拟试验建筑物数据资料选用北京某小区建筑数据（图 5.42），建筑平均高度约为 30 m，模式中建筑物布局如图 5.42 示意。模式模拟域为 $X \times Y \times Z = 1\,000$ m $\times 1\,000$ m $\times 300$ m 立方体区域，X, Y, Z 方向分辨率为 5 m，5 m 和 3 m，坐标系为笛卡儿直角坐标系。垂直方向为 z 坐标方向。模拟区域足够大，以避免模式边界对风场计算的影响。模式入流风速处理采用幂指数插值方案，插值公式为 $u(z) = 3.0 \times \left(\dfrac{z}{100.0}\right)^{0.21}$，本

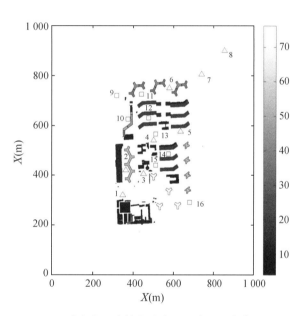

图 5.42　城市小区建筑物分布及污染物垂直廓线位置

文中选取模拟风向为西南风向 225° 和西北风向 315°，进行两个算例的模拟。在每个算例中，小区内设置一个圆形连续排放源，西南风、西北风排放源坐标分别为 (350,320) 和 (320,720)，源高均为 0.5 m，排放半径为 0.5 m，排放速率为 1.2 m/s，源强为 1 g/s。假定污染物排放为常温常压下进行，温度 298 ℃，压强 1 013.25 Pa。模拟试验时，污染源释放随机游动粒子 10 万个进行计算，污染物浓度散布模拟结果用质量浓度 μg/m³ 表示。

由于建筑物的阻挡，在建筑物的迎风面风速较小。在建筑物的背部空腔区有涡旋存在，风速较小，而建筑物尾流区风速逐渐增大。在建筑物的侧面，由于绕流气流的加速，风速增大明显。两种风向情形下，街谷内部风速均较小，且有街谷入口的涡旋存在。街谷内水平流场主要沿着街谷走向。高大建筑周围主要表现为风向改变的绕流风场，风速增大也很明显。

对处于小区上游方向的污染物排放，由图 5.43 中可以看出，在各高度层的近源区域中，

污染物浓度均很高。3 m 高度处近源区域浓度达到 10 000 μg/m³,随着高度增加,近源区域污染物的浓度迅速下降,18 m 高度处仅约为 100 μg/m³。从 18 m 层风矢量和浓度场的分布可以看出,大多数区域内建筑物比较低,风场平滑均匀,而污染物随着风场迅速扩散到下游区域。同时,与高斯型扩散分布类似,污染物向扩散中心轴两侧呈扇形散布开来,浓度高值区位于扩散中心轴近源区域。小区内存在的少数高大建筑物对 18 m 高度层污染物散布也有明显影响。具体来看,图 5.43 中,排放源背面的南北向高大建筑物对污染物的横向扩散有明显的阻挡作用,导致污染物在西北方向扩散受阻,同时由于在建筑物尾部形成回流,污染物在此区域内堆积形成浓度高值区。图 5.44 中,小区东南角南北排列的四栋单体高大建筑物位于下游的西北风向的下游,在每栋单体建筑周围均有气流的绕流和风向的变化,因此在建筑物的尾部形成局地的浓度高值中心。同时源区附近的两排高大建筑物对污染物的横向扩散也有减弱作用。从 3 m 和 9 m 建筑物低层来看,小区建筑物的影响比较明显。流场上来看,

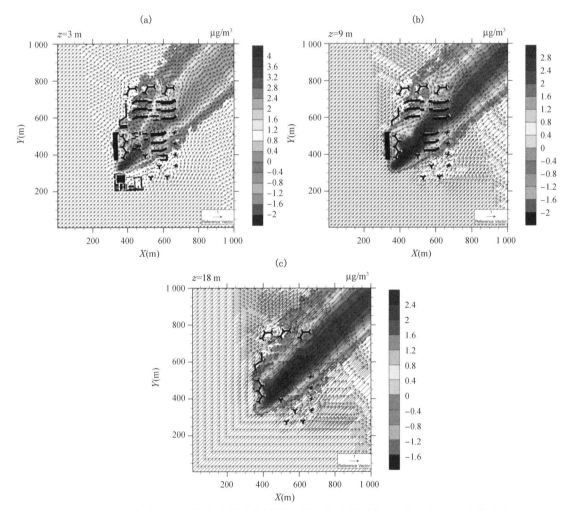

图 5.43　西南风向(225°)不同高度模式模拟风矢量和浓度场分布,其中 a,b,c 对应的高度分别为 3 m,9 m 和 18 m。等值线为浓度值的常用对数值,黑色区域为建筑物。

在建筑物前部有较明显的气流绕流的存在,风速一般较大;建筑尾部形成涡旋回流,风速一般较小,风向反吹;街谷内部,形成独立的水平回流涡旋,风向沿街谷走向,在建筑物之间的狭小通道内,则形成风速极值区域。从污染物的散布来看,浓度场受建筑物影响明显。图5.44 中,源区下游区域建筑物矮小,污染物主要顺风平流输送到小区中央地带,风向与污染物分布相当吻合。然而在经过小区中央开阔地带之后,两排东西走向的高大建筑物阻挡气流和污染物的输送。从图中可以明显看出,在 9 m 高度层的建筑物迎风面有污染物的堆积,浓度值较高。此时,建筑物走向是沿扩散中心轴发生偏移,污染物浓度极值区沿建筑物迎风面呈东西走向。建筑物街谷内,浓度值较高,表明模式能够反映街谷增长污染物滞留时间的观测事实。街谷内部,污染物顺街谷气流分布,在街谷的背风面形成浓度高值区。在下游高大建筑物的背风面,有浓度的低值区域存在,主要是由于此时污染物已经被上游建筑物动力抬升至一定高度,扩散到下游建筑物背风面概率减小。图5.44 中,近源区有高大建筑物阻

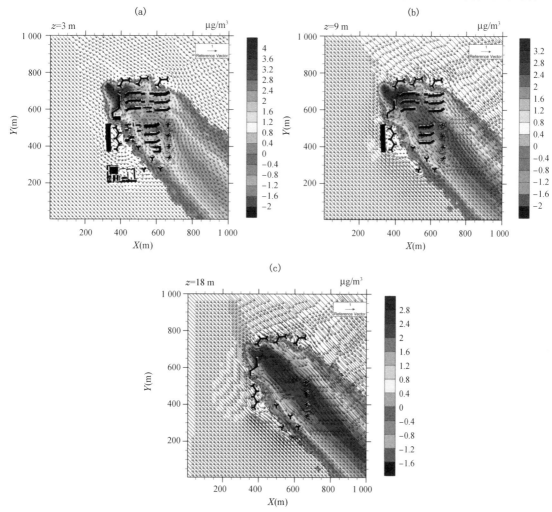

图 5.44 西北风向(315°)不同高度模式模拟风矢量和浓度场分布,其中 a,b,c 对应的高度分别为 3 m,9 m 和 18 m。等值线为浓度值的常用对数值,黑色区域为建筑物。

挡,"L"形建筑物迎风面凹面有污染物的堆积。由于两栋高大建筑物的阻挡,横向扩散缓慢。污染物从两建筑物之间的狭窄通道顺风输送到"V"形建筑物的尾部空腔区和下游的东西向街谷中,由于建筑物很密集以及建筑物阻挡、反射影响的共同作用,两区域均为浓度的高值区域。污染物抬升爬越建筑物之后顺着高空的平直气流迅速输送到下游区域。

从整体看,UMAPS 半经验模式模拟的三维小区风场能够充分考虑建筑物效应,建筑物对风场的动力阻挡和抬升作用之间影响到污染物的输送扩散。低层区域内,在不利扩散的建筑物凹面、街谷内部、背部空腔涡旋区和建筑物迎风面均有污染物的堆积。建筑物对污染物的横向扩散也有明显的阻挡和反射作用,在源区附近形成高浓度区。随着高度的增加,建筑物的作用减弱,气流均一稳定,有利于污染物的迅速扩散输送,不易在高层形成高值区。模式模拟污染物分布趋势合理,有较强的可信度。

图 5.45 展示有不同取样点布置方案,在两个算例中分别取出八组污染物浓度廓线。图中可以看出,源区域附近,污染物浓度随高度呈幂指数衰减。西北风向时,由于源区下游高大建筑物的阻挡作用,浓度值较西南风向要高。No. 2,No. 11 和 No. 12 取样点位于两个算例排放源附近的街谷内部,污染物随着气流卷入街谷内部,而街谷内部风速较小且有局地涡旋存在,污染物难以扩散出去。在近地层,浓度值较高,街谷顶部以上,污染物随着建筑物屋顶气流迅速扩散,浓度值迅速降低。No. 11 和 No. 12 的低层浓度比 No. 2 高出 100 左右,而 No. 12 甚至比 No. 2 距离排放源的距离还要远。分析建筑物布局可以发现,主要是因为西北风向源区下游的建筑密度较大,建筑物也比较高,污染物在源区附近逐渐积累,从而造成位于较远的街谷内部的 No. 12 采样点的低层浓度值也非常高。

采样点 No. 3,No. 4,No. 13 和 No. 15 位于小区中央位置,此区域建筑物较矮小。从图中可以发现,两个算例中,浓度廓线的变化非常接近。30 m 高度层以下,采样点 No. 4 和 No. 13 的浓度值稳定在 $100~\mu g/m^3$ 左右,No. 3 和 No. 15 的低层浓度分别略微偏高和偏低,这是由这两个采样点分别距离排放源更近和更远造成的。而小区建筑物的平均高度约为 30 m,可将建筑物平均高度替代城市冠层高度。由此可以看出,污染物在扩散过程中,冠层内部的浓度垂直分布较为均匀。30 m 高度以上,污染物浓度随高度增加迅速降低,西南风和西北风的安全高度临界值分别为 70 m 和 60 m,此高度约为小区建筑物平均高度的两倍。

采样点 No. 5 和 No. 10 为高大建筑物的迎风面,在底层区域的建筑物墙体附近均有污染物的堆积。No. 6 采样点位于下游区域两栋高大建筑物之间的狭窄管道区域,风速较大。从图 5.45(a)中可以看出,该采样点的浓度为廓线中最低,浓度随着高度衰减很快,并在 20 m 以下达到安全高度临界值,远小于其他廓线的安全高度。另外,图 5.45(b)中发现,No. 10 采样点由于靠近西北风向排放源,10 m 以下的最大浓度与排放源采样点浓度接近,10 m 以上高度,浓度迅速降低,这是高层风速的动力抬升作用增强而更有利于污染物的扩散的结果。No. 5 采样点距离排放源较远,但 30 m 以下的建筑物前部区域有浓度高值区,10 m 以下区域的浓度也与排放源采样点浓度接近。建筑物高度 30 m 以下浓度廓线较稳定,建筑物以上,浓度值也迅速降低,在 60 m 高度达到安全高度临界值。No. 7,No. 8 和 No. 16 采样点为远离排

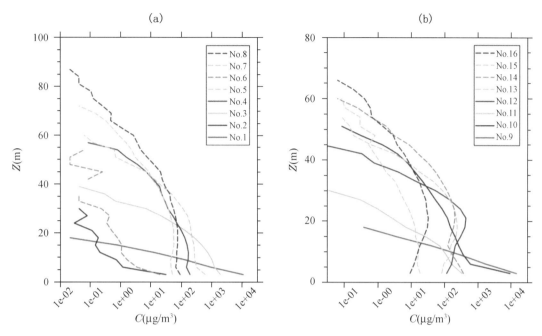

图 5.45 西南风和西北风取样点浓度廓线，X 坐标取常用对数 log10 作图。

放源的下游区域的浓度中轴线上。总体上看，三条廓线变化趋势相似。40 m 以下污染物浓度相差不大，以上浓度值迅速降低。比较 No.7 和 No.8 两条廓线可知，下游扩散中轴线上距离排放源的距离并不影响到污染物的垂直分布。三条廓线大体均表现为冠层高度以下浓度廓线变化不大，冠层以上迅速变小。

§7 小 结

本章重点讨论了城市这种特殊而复杂的下垫面上的空气污染物散布状况问题及其模拟处理。由于城市下垫面本身的复杂性、城市边界层过程的多尺度性和城市人类活动和污染物排放特征等问题，使得城市下垫面对平均风场、湍流特征、辐射过程和温度场有着直接的影响，并形成具有多尺度特征的城市气象与环境现象。针对不同尺度的城市下垫面过程特点，可以通过城市冠层模式或显式求解建筑物影响的方法在数值模式中体现与城市相关的过程，主要包括城市冠层的动力过程、热力过程和城市树木冠层的影响等。

在城市冠层内，由于建筑物和其他障碍物的影响产生城市街谷效应、气流尾流效应和阻挡效应，其中城市冠层的拖曳作用导致动量在整体气流中的输送及平均风速的减小。当气流遇到建筑物时减速所产生的动压差是形成曳力的主要原因。由于波动与气压扰动能够输送动量而不能直接输送热量或污染物，所以动量曳力系数与热量或水汽的总体输送系数是不同的。而城市建筑物对湍流影响的处理则依赖于选取相应的湍流闭合方案，在不同的湍流闭合方案中处理方法也会有所不同。

在城市热力学冠层模式处理中,需要把复杂的城市粗糙元进行简化,假定街谷是构成城市的基本单元,是基于一个有代表性的街谷来考虑其物理过程的影响。通常街谷中有三种表面,即屋顶、路面和墙面,根据城市各表面的几何特征,细致地考虑街谷中的各种辐射效应,如:辐射在建筑物各表面被遮蔽、吸收、反射以及多次反射吸收等过程。城市植被主要可以通过以下三个物理过程对局地气象环境产生影响,如树木冠层的遮蔽作用可以有效减少到达地面及人体表面的太阳辐射;这类遮蔽效应导致的地表温度降低,由此地面向大气中发射的长波辐射能量也相应减少;由于植被土壤表面较为潮湿,以及由植被表面的蒸腾作用导致的蒸发(蒸腾)吸热,从而导致环境温度的下降以及空气湿度的增大等等。目前对城市树木冠层的参数化方法主要有分离条块法和集成法两种。

针对城市空气质量问题的多尺度性,需要有针对性地研发多尺度城市空气质量数值模型,通过在模型中对城市冠层过程和人类活动等进行合理的处理,能够提升数值模式对城市影响的表征能力。基于多尺度城市空气质量模式的研究成果表明,在城市边界层尺度上,城市热岛环流、城市扩张、城市下垫面的建筑物特征、城市绿化和人为热排放等均对城市空气质量有着直接的影响。而在城市微尺度上,具体建筑物的形态学特征和城市街谷结构等的改变也会明显地带来局地风场和湍流场的变化,并在局地形成明显的空气污染物散布特征。

第六章　中尺度大气扩散与空气污染气象学研究

§1　中尺度气象学基本特征

1.1　中尺度大气流动及其尺度特征

大气运动的尺度范围很广,从几毫米(湍流)到数千米(行星波),见表6.1,所有这些尺度都在某种程度上影响大气污染物的输送与扩散。因此,我们需研究的不仅是小尺度气流流动发展与演变的特征,而且也要研究它们与更大尺度流动之间的相互作用。

表 6.1　典型时间和空间尺度

(摘自 Orlanski,1975)

	1 个月	1 天	1 小时	1 分	1 秒	
2 000 千米	锋、飓风					中−α 尺度
200 千米		锋线、惯性波、云团				中−β 尺度
20 千米		惯性重力波、城市作用、雷暴				中−γ 尺度
2 千米			龙卷、对流	微−α 尺度		
200 米				热力尾流	微−β 尺度	
20 米				烟流、湍流	微−γ 尺度	
2 米						

在中尺度传输过程中,烟流相对于它们的环境不再是局地的,而是受到比其自身尺度更大尺度流动的影响。在大气中,中尺度气流动力学性质是相当复杂多变的。从大于分子耗散的尺度到小于科氏力纬向变化的尺度都能对中尺度环流从而也就对扩散起作用。中尺度气流流动可以是静力的,也可以是非静力的,非静力运动则可能对空间尺度从几米到几十千米,而时间尺度为几分钟到几小时的尺度范围,其特性具有重要意义。静力运动中则也镶嵌有非静力运动,其运动尺度的幅度量级则比非静力运动大。

总之,大气运动的空间尺度决定于它们的特征尺度与波长,时间尺度决定于它们的特征寿命和周期,很多中尺度流动有广域的空间和时间尺度。当研究中尺度大气扩散时一定要考虑中尺度流动尺度和流动结构及其特征。

1.1.1　中尺度时间尺度

对流层中最低的一层大气边界层是直接受地表影响最强烈的垂直气层,并在太阳辐射和地面影响下有着明显的日变化。大气是流动在粗糙的地面上方,加之地面与气层间的温度差造成的大气温度层结,使得这一层的湍流发展十分活跃。

从空气动力学的视点来看,边界层就是发生动量被筛取并被用来克服地面摩擦这一过程的气层。这一层在厚度和混合效率上是十分重要的,由密度层结来控制垂直输送。边界层的高度随天气条件、地表特征而变,它依赖于地面处空气混合的强度。白天当地面被太阳加热,有向上的输送进入较冷的大气。这个有力的热混合可以使边界层厚度达到 1 ~ 2 km。边界层之上,往往形成一个稳定的自由大气,在那里湍流运动受到抑制。相反,在夜间,当地表冷却的速度快过大气,有一个向下的热输送,这趋向于抑制混合,边界层厚度比白天浅。

在边界层内,垂直稳定度和垂直混合的变化的发生源自于昼夜的热力环流变化,同时受风速、风向和湍流廓线的影响。关于这个问题,一个典型的例子就是晴朗夜晚近地面低空急流的形成。尽管夜间急流形成的时间和随后的破坏由昼夜环流所控制,但就急流本身而言可以看成是惯性振荡。因此,必须考虑两个超过 1 小时的中尺度时间尺度,即 24 小时昼夜周期和惯性周期 $2\pi f$,这里 f 是科氏参数。根据纬度的不同,惯性周期可以大于、等于或小于昼夜周期。

对于热力中尺度环流,自然环流时间尺度是所受力的时间尺度,也就是说加热或冷却的持续时间。这个时间尺度依赖纬度与季节可以在 1 ~ 24 小时内变化。持续时间长的力更容易产生中尺度大气现象。然而,一些浅的环流例如拖曳风也可以在较短的 1 或 2 小时内形成。相反由地形机械力所引起的中尺度环流也会有较大尺度流动的时间尺度。其他的中尺度时间尺度与内在的中尺度强迫现象有关,例如锋、急流、潜热驱动现象(也就是中尺度对流或中尺度雨带)。这些时间尺度通常与惯性或昼夜周期相当或更长些,但是当惯性重力波占主要地位时它们的时间尺度也可能较短。

1.1.2　中尺度空间尺度

大气流动在中尺度周期上很少是稳定的。因此在中尺度距离上很少是水平均匀的。很多中尺度环流对应于外部的边界强迫,例如山、高原、谷地。这些地形特征的出现可以导致中尺度流动现象,例如:山风、背风波、上游阻塞、渠道流、坡风、山谷环流等。粗糙度长度或地表温度的水平不均匀可以产生内边界层和中尺度大气环流,例如:海陆风、城市热岛环流。

这些由地表强迫产生的中尺度环流包含了许多自然空间尺度。在机械强迫环流中,水平和垂直尺度依赖于阻塞高度 h、阻塞宽度 l、水平风速 V、由 Brunt-Vaisala 频率 N 表示的垂直层结、以及密度尺度高度 $H = \rho_0 (\partial \rho_0 / \partial z)^{-1}$,这里 $\rho_0(z)$ 是基态密度。总之,机械强迫的中尺度环流的垂直尺度在阻塞高度和密度尺度高度之间,水平尺度在阻塞水平尺度和基于阻塞高度的 Rossby 变形半径 Nh/f 之间。在热力强迫中,中尺度环流通常比较浅,以行星边界层高度 z_i 为相关的垂直尺度,Rossby 变形半径 Nz_i/f 为限制尺度。然而,由于地表非均匀性而引起的地表加热的不同可以激发深度对流和中尺度对流云。在这种情况下,对流趋向于积云尺度,可以发展到整个对流层范围。

大气场的空间变化也可由内部气流动力学和不稳定性引起。中尺度大气环流可以由天气尺度动力或热力强迫引起。这样的环流系统,例如,包括锋面环流、密度流、飑线、急流和中尺度重力波等。除了地转调整和流经地形外,还可由 Kelvin-Helmholtz 不稳定性,锋面气压波以及对流活动等过程产生,水平波长从几百米到数十万米的重力内波。来自内部流动动力学的中尺度垂直运动或天气尺度的垂直运动可以使污染物在近地面集聚,或者也可以把它们带出边界层以外。显然,中尺度空间尺度的复杂性,可以直接影响中尺度扩散。

1.2 中尺度大气流动不同尺度的相互作用

中尺度气象学基本特征之一是多种尺度共同作用,例如:对城市区域的中尺度流动,其特征尺度由小的米量级的街区建筑物小尺度流动,大至气旋尺度对城市环境的影响。因此不同尺度之间的相互作用与影响成为研究中尺度问题的重要环节。事实上,"尺度相互作用"一词是气象学文献中最常见的词汇之一。在行星尺度气象学中,尺度相互作用通常是指纬向气流和波动之间相互作用。按照湍流理论,也意味着有湍涡的连续谱尺度之间的相互作用。在中尺度气象学中,尺度的相互作用是指有限几个离散的尺度段之间的相互作用,例如中-γ、中-β 和中-α 尺度间的相互作用。

在一个扰动微弱、变化缓慢的平均流的非常简单的系统中,主要尺度的相互作用可以认为是平均流对扰动的影响。当扰动变得比较重要时,它又会增加对平均流的影响,这就产生了其他尺度运动并导致次生不稳定现象。于是,尺度的相互作用越来越频繁而且更加无序。

中尺度运动无序的程度是中尺度气象学家所面临的一个严峻问题。中尺度运动中的波动存在彼此间的相互作用,它们与平均流之间也有相互作用。中尺度流动中涡旋活动具有连续谱。按照 Lilly(1983)的理论,中尺度是一个充斥无序波的区域,而且在其间涡旋起着将积云尺度能量和气旋尺度能量做出再分配的作用。中尺度运动可以以局地方式发生并且在这个尺度以间隙方式将潜能转化为动能。

1.3 中尺度环流

中尺度环流通常有三种类型:① 地形诱生的中尺度环流;② 内部产生的中尺度环流;③ 中尺度对流系统。这一节里我们主要讨论对污染物输送和扩散有重要直接影响的地形诱生的中尺度环流和内部产生的中尺度环流。

1.3.1 地形诱生的中尺度环流

大气有一个自然的边界,也就是地球表面,在那里大气与地面进行动量和能量的交换。两种类型中尺度大气环流(热力环流和机械环流)是由大气和地面相互作用产生的。这些环流与固定的地表特征有关而且不会离初始点太远。它们是不同的地表结构对空气流动的影响,例如海陆、城市和周围的裸露地区、山谷。

地形诱生中尺度环流的第一种类型是热力强迫的环流。这种环流的产生主要是由于地面热量的差异。由地面热量的水平梯度引起的中尺度系统强迫是最直接的物理过程之一。经典的热力强迫中尺度系统包括海陆风、城市热岛、山谷风。这些环流的水平和垂直的延伸与季节和天气条件有关。第二种类型的环流是机械强迫环流。这种大气环流主要是由于稳定的大气层结流和地形阻塞相互作用而产生的。经典的机械强迫中尺度系统包括背风波、上坡和下坡风、山谷尾流。这些环流的水平和垂直延伸与强迫阻塞的高度、坡度和形状以及环境大气条件有关,例如风和大气稳定性。

1. 海陆风

海陆风是由水陆热力差异引起的。水的热容量大,一日之内海水表面的温度变化不会超过 2 ℃;而陆地白天增温很快,夜间又很快冷却,尤其在无云晴朗天气伴随有弱的大尺度流的天气条件下,这种昼夜变化更加明显,在海岸地区可以观测到地表空气温度的昼夜变化达 10 ℃ ~ 20 ℃。结果引起了海陆的温度差异,这种温度差异诱生中尺度环流,我们称之为海陆风环流。海陆风环流影响范围局限于沿海,风向转换以一天为周期。白天,陆地增温比海面增温快,陆面气温高于海面气温,较暖的空气在陆地上升,较冷的空气在海面下沉,在近地面较冷的空气从海面吹向陆地,为海风,上层则有较暖的空气从陆地流向海洋;夜间,海风耗散,由于陆地冷却,海面降温缓慢,海面气温高于陆面,海岸和附近海面间形成与白天相反的环流,气流由陆地吹向海面,为陆风。通常陆风比海风弱。

相同的热力环流在足够大的湖泊周围也会发生。白天,风从湖面吹向内陆为湖风;夜间,风从内陆吹向湖面为陆风。湖风进入内陆的距离通常为几千米,它们的厚度与海风相比较小。但这些较小的热力环流对大湖周围的局地环境有重要的影响。海陆风环流由于引起大气稳定度、湍流和输送类型的一系列改变从而对中尺度扩散过程十分重要。由于在较暖的季节,这种环流在海边几乎每天都会发生,导致在较短的距离内其扩散气候学有明显的不同。它们往往会抑制烟流抬升,在海风锋附近会发生污染物下洗,造成下风向几万米的地面高浓度。

2. 城市热岛环流

城市热岛环流与海陆风环流类似,由于城市和乡村之间加热和冷却不同而产生和维持城市热岛环流。在城市及其郊区,下垫面的改变和人为热的释放,扰动了自然的辐射平衡,例如沥青和水泥路面替代了乡间地面上的植被,改变了地表收支和热通量强度。大量观测事实证明,存在弱的大尺度流和晴朗无风天气时,在大城市和周围乡村会产生较大温度差,从而产生城市热岛环流。城市热岛环流是暖空气从城市上升,较冷的空气在乡村下沉。近地面空气由乡村向城市辐合,上层由城市向周围辐散。这个环流可以达到逆温层底的高度,在城市中心形成馒头型的最大混合层高度。城市与乡间的温差称为城市热岛强度。最大差异通常发生在夜间,城市热岛的强度取决于很多因素,例如:城市尺度和能量的消耗、地理位置、昼夜和季节时间变化、天气条件(环境大气稳定度和风速)。对于一个给定的城市,最大的热岛强度发生在冬季晴朗无风的夜间,一般是太阳落山后的几小时。

城市热岛环流对中尺度扩散有影响。这些影响可以归纳为:增加垂直扩散、增加混合层厚度、增加对流降水的概率、增加描述风速和湍流强度的困难性。由于混合发生在逆温层以下,由城市排放的污染物在稳定的条件下累积,在小风的情况下会加剧污染。在城市,尘粒子在夜间累积,白天由于混合强烈而扩散。结果,在夜间由地表和建筑物表面释放的热量被粒子吸收导致温度进一步上升。

3. 山谷风环流

由于不规则地形,局地风类型由于山坡昼夜加热和冷却不同而发展。在山地区域,日出以后山坡受热,其上空气增温很快。而山谷中同一高度上的空气,由于距地面较远,增温较慢,因而产生由山谷指向山坡的气压梯度力,风由山谷吹向山坡,这就是谷风。夜间,山坡辐射冷却,气温降低很快,而谷中同一高度的空气冷却较慢,因而形成与白天相反的热力环流,下层由山坡吹向山谷,这就是山风。通常在大尺度梯度流较弱的情况下,山谷风发展得较充分。在这些条件下,污染物沿着局地环流运动。例如,夜间由于强的下坡风导致在山顶或下风向的污染源排放的污染物充分扩散。另一方面,由于谷地逆温的存在抑制了污染物的扩散,导致高浓度,这对人、动物和植被是很有害的。

4. 背风波

在过山气流或其他障碍物的稳定层结流里经常能够观察到的现象是背风波,它是由于障碍物在垂直方向对稳定层结流的扰动产生的。空气块遇障碍物被迫抬升,因为重力的作用,气块有回到原来初始状态的惯性力,气块在稳定气流中有垂直振荡。

山地背风波的存在依赖大气稳定度和环境风速。在山的高度上存在强的稳定层结是背风波发展的必要条件。然而,背风波的特性很大程度上也由风速控制。例如,在与山正交的小风情况下,山脊上气流由浅的孤立波所控制;在大风情况下,在山的背风坡下面会形成较大振幅的孤立波;风随着高度更进一步的增强,在大振幅背风波的顶部下边界会有转子(反向旋转)形成。

在某些条件下在山地背风坡会产生气流分离。这个气流的分离事实上是与背风波和近地面反转涡旋相关的。尾流区是由弱的多变的风速和高湍流强度所控制的。它们的下风距离为几倍山的高度。在流动分离区由于气流反转和再循环,如果污染源位于这个区域,会在背风坡和山脚形成高浓度的污染。在较高层背风波可发生破碎而产生湍流引起有效的混合。

1.3.2 内部产生的中尺度环流

大气运动是惯性力、气压梯度力、科氏力、摩擦力平衡的结果。由于在中尺度气流中不存在简单的地转平衡(像大尺度气流那样),大气惯性模型是发展中尺度环流的重要机制,例如重力波、锋和急流、浮力不稳定、天气不稳定、Kelvin-Helmholtz不稳定波、水平滚动涡、准静力对流、飓风中尺度环流。这里对重力波、中尺度不稳定、水平滚动涡旋等作一简要说明,因为它们对中尺度大气扩散十分重要。

1. 重力波

在中尺度时间和空间距离内,大气密度层结在流体动力学和污染物扩散方面起着非常重要的作用。例如,很多过程(如过山气流、对流体抬升、切变不稳定和锋面系统)由于密度层结而产生内部重力波。大气重力波是中尺度最简单、最基本的运动,当大气是稳定层结(以致于流体气块在垂直方向会产生浮力振荡)时它就存在。在没有上边界的流体中,如大气,重力波可以在水平和垂直方向传播。

重力波可以输送动量和能量。重力波是晴空湍流的主要原因。一些晴空湍流是局地产生的,一些是由下面的对流风暴产生的。重力波可以引发中尺度不稳定,从而导致灾害性天气。它们可以彼此相互作用,进行能量输送。

重力波可以在几个方面影响大气扩散。例如:重力波的存在导致中尺度风速脉动,风向依赖于重力波的传播方向,这种周期性的风向变化可以导致烟流的弯曲。这些波可以引起流动不稳定,例如 Kelvin-Helmholtz 不稳定和对流不稳定。即使在稳定气流的内部,这些中尺度不稳定也可以产生孤立湍流气块,有利于污染物的扩散。

2. 中尺度不稳定

在中尺度时间和空间尺度上,风切变的存在使得流体动力学和污染物扩散变得更加复杂。很多流体不稳定性的产生是由于风切变的存在。这些中尺度不稳定通过增加湍流强度而影响污染物的扩散。

第一种不稳定类型是浮力不稳定。在稳定层结大气中,流体块相对其平衡状态的绝热振荡称为浮力不稳定。第二种不稳定类型是惯性-浮力类,也称为对称不稳定。对称不稳定在湿的状态下,其范围有数千千米,通常与暖的锢囚锋有关,是产生雨雪的直接原因。第三种不稳定类型是切变不稳定。大部分的晴空湍流和近地面的湍流运动来自于小尺度的波动,当水平流动的垂直切变超过临界值时这种不稳定就会自动产生。与这些波的发展有关的过程我们称之为切变不稳定或 Kelvin-Helmholtz 不稳定。

风切变或浮力在边界层湍流的产生方面起了非常重要的作用。例如:在夜间稳定条件下,由于长波辐射冷却,夜间逆温的形成减弱了在白天产生的边界层厚度。夜间边界层风速减小,由于气压梯度力、科氏力和弱的摩擦力之间新的平衡而造成风向的改变。风速和风向的改变导致污染物输送方向和速率的变化。

3. 水平滚动涡旋

在地表加热和强风的情况下,在边界层里可以产生弱的螺旋状的环流。这些环流叫做水平滚动涡旋,它们是顺时针和逆时针成对出现的,其轴与平均风的方向平行。这些滚动涡旋的厚度与边界层的厚度相当,其侧边界与垂直方向比值为3:1。涡旋的切变速度通常小于 1 m/s。如果有足够的水汽,这种涡旋产生的强上升气流会形成排成长条状的云街。水平滚动涡旋可以在冷空气流经暖水面的时候观察到。

1.4 中尺度对流系统

中尺度对流系统的形成或多或少地随机来自加热的地面和水面的对流,或者来自大的风暴和天气系统。它们随着大尺度流和风暴源一起运动。这些移动的中尺度系统包括:锋面环流、单体对流云、外雹线、中尺度对流复合体、热带气旋、中尺度雨带、龙卷。通常,中尺度对流系统对边界层的影响很大,它们代表了正常结构的破碎。一般边界层与自由大气层的强烈交换就发生在这些系统中。这不仅表明边界层中的污染物可以向其他层快速输送,也表明污染物由湿清除过程而迁移。换句话说,污染物会由于深的穿透对流而被带出混合层,同时由于中尺度对流系统而向上运动。在行星边界层之上的自由大气层内的垂直输送和混合被限制在相当有限的区域内,在这里向上的运动与湍流和中尺度对流系统有关。同时,污染物可以被云雨冲刷,最终到地面上。这样由天气诱生的中尺度对流系统可以将污染物迁移出大气从而降低浓度。另一方面,大尺度天气系统例如锋、气旋、反气旋以及天气尺度诱生的中尺度系统对在大气低层释放的污染物的扩散有重要影响,时间尺度为 1 天或更长的大尺度系统会将污染物扩散到比它们的环流更远的水平距离。

1.4.1 对流云

在温暖和湿润地区,对流云发展成为雨水的重要来源。对流云发展的主要驱动能量是浮力。近地面气层强烈受热,造成不稳定的对流运动,使气块强烈上升,气温急剧下降,水汽迅速达到饱和而形成云滴粒子,过冷水滴以及水汽在冰晶上沉积。当上升气流从云底上升到某一高度时,其上升的强度振幅很大程度上取决于总的浮力。气团受到的总的浮力叫对流位势能。通常对流位势能越大,对流云中的上升气流越强。

当污染物在混合层底排放时,它们迅速被上升气流的辐合带所夹卷。在近地面层之上排放的污染物一般会向下运动,因为此时下沉气流占主要地位,最终造成污染物在垂直方向均匀地混合。污染物由热力作用从地面向上输送在逆温层底受到抑制。某些对流云通过稳定的环境时发生破碎,也可以将污染物和水汽带出边界层进入自由大气。

1.4.2 锋面环流

天气尺度的锋系在热量和风场传输中被定义为一个倾斜带。它们具有较大的水平温度梯度、静力稳定、水平风切变和垂直风切变。它们直接与大气中某一个厚度层平均温度梯度有关(例如:1 000 ~ 850 hPa,1 000 ~ 500 hPa)。

当与锋系有关的水平位势厚度梯度在一个相当长的时间相对平稳,风场近似与梯度风相平衡,这些锋不具有中尺度的特征。当水平位势厚度梯度随时间变化时,作为对新的平衡的调整,会产生非梯度风,形成锋面环流。

1.4.3 飑线

飑线是带状雷暴群所构成的风向、风速突变的狭窄的强对流天气带。飑线过境时,风向突变、风速急增、气压骤升、气温剧降,同时伴有雷暴、暴雨,甚至冰雹、龙卷风等天气现象。

因而飑线是一种很具破坏力的严重灾害性天气。

飑线的水平范围很小,长度由几十千米到几百千米,一般为 150 ~ 300 千米。宽度从 500 m 到几千米,最宽几十千米。垂直范围只有 3 千米左右。维持时间多为 4 ~ 10 h,短的只有几十分钟。

飑线通常同积雨云集合体相伴出现,是在气团内有深厚不稳定层、低层有丰富水汽以及有引起不稳定能量释放的触发机制的条件下产生的,大多发生在暖湿的热带气团内。同时还同一定的天气形势相关,例如高空槽后、冷锋前常有飑线出现。雷暴高压前缘下沉的强冷空气与其前方暖湿气流间的强辐合带上也可形成飑线。

1.4.4　对流复合体

在中纬度地区经常能够观测到长生命期的对流天气系统,这些系统被定义为中尺度对流复合体(MCCs)。一些 MCCs 初始时是飑线,随着尺度的增长,具备了 MCC 的形成条件。这种情况在南方经常发生,主要由山地地形生成。MCCs 在夏季夜间经常会带来大雨天气和范围较广的破坏性强风。

§2　中尺度大气扩散与空气污染气象学研究基本问题

2.1　中尺度空气污染气象学问题

大气运动的范围从几毫米(湍流)到数千千米(行星波),所有这些气流尺度都能在某种程度上影响到空气污染物的输送与扩散。因此,我们所要掌握的不仅是小尺度气流特性的发展和演变,而且也要研究它们与大尺度气流特性的相互作用以及它们对大尺度气流流动特性的影响。

为了更好地研究大气流动的复杂现象,根据大气流动固有结构的物理尺度特征,可以将大气流动尺度分为天气尺度、中尺度和局地尺度。这种分类在某种程度上将大气运动尺度离散化,而实际上大气运动是连续的。图 6.1 中给出了两种气象条件下近地面动能谱的分

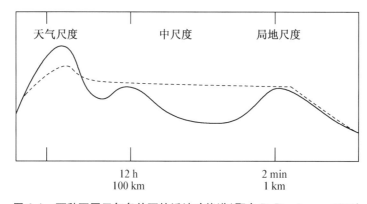

图 6.1　两种不同天气条件下的近地动能谱(取自 D. Randerson,1984)

布,纵坐标为湍流动能。实线显示了两个峰值,分别在 4 天周期和 1 分钟周期上,在两个峰值之间动能减少的部分有一个中尺度谱窗的存在。在小峰值右边叫惯性子区,在大峰值左边是天气尺度区。相反,虚线的能量谱并没有显示出中尺度谱窗的存在。这表明在这种天气条件下能量是由中尺度运动产生的或是由较大尺度运动在中尺度上破碎产生的。

中尺度可以被定义为在天气尺度和局地尺度之间的部分。进一步,中尺度也可被分为三个空间尺度:中 $-\gamma$ 尺度(2 ~ 20 km),中 $-\beta$ 尺度(20 ~ 200 km),中 $-\alpha$ 尺度(200 ~ 2 000 km)。大气中,中尺度流动动力学是相当复杂的,很多尺度的运动对中尺度能量都有贡献,中尺度大气运动既包括静力运动也包括非静力运动,非静力运动尺度可以从几米到几十千米,时间尺度可以从几分钟到几小时。静力运动尺度的幅度其量级比非静力运动大。在中尺度距离,烟流对其环境而言不再是相对局地的了,中尺度大气扩散被定义为空气污染物在水平尺度 2 ~ 2 000 km 以及 1 ~ 48 h 时间尺度内的大气输送与扩散。另外密度层结对流体动力学和污染物扩散十分重要。风切变的存在会增强流体动力和污染物的扩散作用,它的存在使得流体动力学和污染物扩散间的关系变得更加复杂。许多气流流动不稳定性部分是由于大气存在风切变而造成的,它可以通过增强湍流强度来增强空气污染物的扩散。

总之,很多中尺度流动有较宽的时间尺度和空间尺度,对污染物的输送与扩散的作用和影响也有较多的形式,中尺度空气污染气象学就是研究空气污染物在中尺度距离上的输送与扩散。因此,研究中尺度空气污染气象学必须首先对中尺度大气运动特性有所了解,然后才能更好地认识大气扩散过程。影响中尺度空气污染物扩散的主要因子可以归纳为:

① 由中尺度地形非均匀性引起的热力和动力因子可以产生中尺度运动非均匀性外部力,例如上坡降雨、背风环流因子、海陆风、山谷风以及城市热岛环流。

② 内部环流,例如:锋面、急流、浮力不稳定、天气不稳定、K – H 不稳定波、水平涡动、准静力对流事件、飓风中尺度结构。

③ 湿度过程产生的中尺度对流系统,例如:积云尺度对流、雹线、中尺度对流团、中尺度单体对流、热带气旋、中尺度雨带、龙卷。

④ 天气尺度的波-波相互作用可以产生较高波数的环流或流动特征。这些广域的中尺度环流以及与之相关的中尺度垂直上升和下降对污染物的扩散有很重要的影响。

⑤ 大气中密度层结在流动的动力方面和污染物的扩散方面起着重要的作用。风切变进一步使得流动的动力性质和污染物的扩散变得更加复杂。很多流动不稳定性的发生大部分是由于风切变的加入,提高了湍流强度而增强了湍流扩散。

2.2　中尺度空气污染气象学研究

中尺度大气流动包括各种时间尺度和空间尺度,这些尺度来自昼夜循环、大气惯性、中尺度地形非均匀性以及天气尺度非线性相互作用。中尺度环流以及与之相关的中尺度上升和下沉气流对空气污染物的输送与扩散有很大影响。空气污染物的输送和扩散可以受各种变化的影响,如水平风、水平和垂直风切变引起的差分平流、垂直混合等。另外,行星边界层结构的变化、不同纬度以及不同下垫面会对大气污染物的输送和扩散有重要影响。因此,当研究中尺度扩散过程时,上述中尺度时空尺度需要精确的描述,否则将会忽视由中尺度气流所引起的输送和扩散的作用及影响部分。可见对中尺度系统的了解对空气污染气象学家来说是十分必需的。

2.2.1　中尺度空气污染气象学的研究内容

中尺度空气污染气象学研究中尺度大气污染问题与气象学的相互关系,运用气象学的原理和方法研究气象因子对中尺度空气污染物散布的支配作用和在各种条件下的影响,预测空气污染物的散布及其变化规律,其核心问题是中尺度大气输送与扩散,其主要的研究内容为:

① 各种中尺度天气条件下,空气污染物的散布规律,包括输送、扩散、抬升和各种转化、迁移与清除过程以及这些条件下对空气污染物浓度的定量估算;② 不同下垫面条件以及中尺度与其他不同尺度相互作用过程中,空气污染气象学散布规律及其定性和定量的预测分布;③ 各种中尺度数值模式以及物质迁移模式的建立与发展;④ 各类试验方法的应用与发展。

鉴于中尺度气象学问题的复杂性和技术处理的难度,使得由它支配的中尺度大气扩散问题尤显复杂,这是因为:① 中尺度运动涉及下垫面地形和热力结构特征,难以精确定量模拟;② 中尺度运动难于用气象观测结果来分析,因为时空分辨率明显不够;③ 属于中尺度环流运动的海陆风环流、城市环流、地形环流和锋面系统等均有十分复杂的结构和变化特性,尽管它是当今大气模拟研究的前沿和热门领域,但还不很成熟。

2.2.2　中尺度空气污染气象学的研究意义和应用

中尺度空气污染气象学是一门具有较强实验性,并具有广泛应用面的新兴学科。随着城市和超高烟囱造成的中远距离污染越来越明显,近几十年来中尺度空气污染气象学得到了很大发展,尤其是计算机技术的提高,使得中尺度数值模拟技术得到了长足的进展。当前中尺度扩散模拟的主要研究方向是,将支配中尺度扩散的气象学系统,包括气流系统和各种物理因子,引入扩散模式,构成一个完整的模拟系统。目前中尺度空气污染气象学研究的应用领域主要包括:

① 城市空气污染预报,预测尺度在 10 ~ 100 km,预测时间从数小时至 1 ~ 2 天,预测城市空气质量状况。由于城市条件各异,问题复杂性各异,对模式所需分辨率要求很高;

② 中尺度环流造成的空气污染问题,目前研究较为成熟的是海陆风环流影响下的空气污染物散布,以及其他的包括山谷风、城市热岛环流等引起的空气污染物散布规律。

③ 环境规划决策与空气污染管理控制和治理

2.3　中尺度大气扩散

如果污染源足够强、足够多而且排放的持续时间相当长,或者污染物本身在某种程度上具有足够的活性,那么,即使在经过中尺度气流稀释之后形成的近地面层污染物浓度仍然会很高。例如,一些核电站在发生核事故期间,产生的核辐射会在多个城市之间带来的污染就是一个例子。其他,如区域尺度的酸雨、火山烟灰喷发扩散、城市光化学烟雾等都是进行中尺度大气扩散研究的一些重要课题。

中尺度大气扩散比短距离扩散更加复杂,因为在中尺度的时空尺度上平均风很少可以认为是水平均匀和稳定的。例如风切变在中尺度很重要,由于垂直风切变的作用水平扩散会加强,而垂直风切变则是由一个或一个以上的24h周期水平平流和垂直混合相互作用造成的。

大气扩散是一个十分重要的过程,污染物或者痕量气体的云团(这里的云团指的是污染物或痕量气体的团块而不是由水滴或冰晶形成的云)由于大气运动而扩散、混合和稀释。这可以认为是两部分过程作用的结果,即平流和扩散。平流或输送部分又可以进一步分成两个子部分,即整体平流,它决定了痕量气体云团质量中心的轨迹;部分平流,由于水平和垂直切变的作用使痕量气体云团变形甚至破碎。差动平流(differential advection)或漂移会使得云团和周围大气界面间的区域的范围增大。例如图6.2显示了一个二维天气尺度移动的例子。扩散或混合对界面区域的浓度梯度的形成起着十分重要的作用,以致会减弱浓度梯度并降低浓度极大值。这里对属于不可分辨或次网格运动所产生的污染物扩散则仍沿用湍流扩散一词。

大气扩散本身是一个宏观的概念,是不可分辨的小尺度平流输送的统计描述。我们现在所用的许多湍流理论都基于与统计力学和气体运动学理论相类似的处理。早期大多数的大气扩散问题的处理多限于局地尺度,也就是讨论离源几千米内的扩散,大气湍流的时间尺度定义在30~60分钟的平均时段。近年来,大量研究处理空气污染物在区域尺度、天气尺度乃至全球尺度范围的远距离输送与扩散。天气尺度"涡"(eddies),例如温带气旋对于这些尺度扩散会起重要的作用。中尺度大气扩散则落在这两个体系共同作用之中。因为,小尺度湍流扩散对中尺度大气扩散有贡献,而由于地表特征变化、昼夜强迫和大尺度大气动力学的作用和影响,会引起平均风场的中尺度时空变化,以至对中尺度大气扩散的作用也很强。

在试图将小尺度大气湍流扩散理论和分析体系应用于处理中尺度大气扩散问题时会产生一个根本问题,即原来的体系在实际应用中通常是假设定常的、水平均匀的平均流以及统计学稳定的水平均匀的湍流,而水平均匀的湍流所定义的时间尺度为30~60分钟和空间尺度为5~20千米。由于在大部分较长时间和较大空间尺度上大气流动很少是定常和水平均匀的,而且中尺度能量谱与小尺度能量谱是不同的,关于哪些理论以及小尺度大气扩散隐含的和显式的一些假设有多少能适用于中尺度还不是很清楚。如果小尺度湍流对小尺度湍流扩散有贡献,那么很自然会问到是否还存在中尺度湍流以及它是否对中尺度大气扩散起作用,它是否能被参数化并模拟?所有这些问题表明在考虑中尺度大气扩散时有时需要考虑的一些基本的原理性的问题,例如:对中尺度大气扩散而言的平均算子和尺度;中尺度流在不稳定流中如何定义系综平均;在中尺度大气扩散中,排放时间、扩散时间、采样时间、平均时间的作用以及中尺度相对扩散和绝对扩散的差别问题等等。

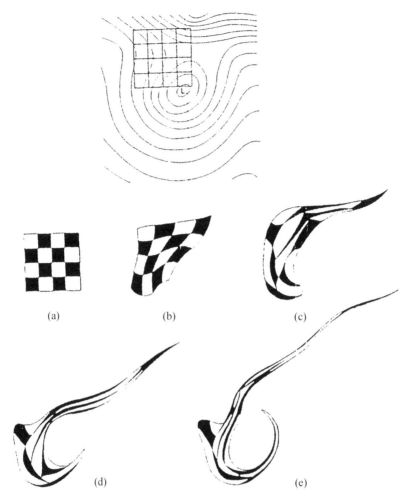

图 6.2　正压数值模式预报所得的 500 hPa 二维不可压流大尺度气块水平形变

（a）0 h；（b）6 h；（c）12 h；（d）24 h；（e）36 h。顶部为初始流型,有色方块为 300 km 长

（取自 Welander,1955）

2.4　中尺度大气扩散的观测研究

2.4.1　中尺度大气扩散的观测事实

　　最早的大气扩散试验研究是第一次世界大战之后,主要针对局地污染物扩散进行的,其研究发展的推动力是产业革命后工业经济的发展中产生的工业废气以及烟尘对公众健康的影响以及毒气(生物、化学武器)在战场上的影响。传统的观念认为大气容量是无限的,空气污染气象学家只关心距源点较近区域,如一二十千米范围最大地面浓度及其起伏变化。而对污染物在中尺度距离或更大距离上的输送和扩散总存有异议,认为到那里会发生足够的稀释,污染物浓度不会有什么实际意义。

近几十年,人们逐渐认识到那些污染源排放强度大、数量多,排放持续时间长加之污染物本身毒性大、活性强,即使离源较远其浓度也必须考虑。和平利用原子能事业的发展,如核电站的建立,对可能发生的核泄漏事故的大气污染风险预测促进了中远距离空气污染物输送与扩散的研究。

区域尺度(中-α尺度,200~2 000 千米)酸雨、臭氧、霾或烟雾事件是许多大大小小的污染物排放源排放的化学混合物在长距离上输送和混合的结果。甚至在平坦且并没有局地源的僻远地区也有污染物影响。例如:近期空气污染对北极和南极的影响包括冬季霾事故,极地平流层臭氧的减少,在北极杀虫剂和其他化学品的累积影响等。另外,大工业城市下风向城市尺度烟流的行为也是中尺度大气扩散的另一个例子。再则,由火山爆发、森林火灾、沙尘暴等现象产生的自然尘和气溶胶,生物有机物包括花粉、种子、细菌、孢子、病毒等事件,它们通常都会在中尺度或更远的距离上输运,以致带来重大影响。

2.4.2 观测研究

众所周知,中尺度大气扩散的观测试验对促进空气污染气象学理论和数值研究很有帮助。在中尺度大气扩散的观测试验中通常采用一系列拉格朗日型标识系统,如采用气球或示踪气体试验技术。由于经费和技术条件的限制中尺度大气扩散的观测试验较少。以气球作为观测试验的途径可有以下几种:① 作为拉格朗日型标识物,研究复杂地形上气流或远距离输送孤立源排放污染物的轨迹;② 在连续施放中,估算单个粒子的扩散;③ 作瞬时施放,研究相对扩散。

施放示踪气体的方法比施释放气球的方法有一定优越性,主要是对中尺度大气扩散来说可作直接测量。一种是在中尺度扩散试验中设置可控制地施放示踪粒子的装置如采样网点进行扩散试验;另一种是以已建的大型工业点源、城市烟源或一些自然发生的火灾、火山爆发和意外的核泄漏的源进行示踪物采样分析,进行中尺度大气扩散的观测试验。

2.5 中尺度大气扩散基本特征

通常,中尺度大气扩散比局地扩散更为复杂,这是由于对不同的特征时间和空间尺度起支配作用的物理过程不尽相同造成的。

2.5.1 平均流的不稳定性

在近源或局地扩散中,空气污染物的稀释主是由湍流扩散支配的。取一级近似,尽管水平输送风和湍流在垂直方向会有变化,也可认为是稳定的、水平均匀的。在这样的大气条件下,简单的半经验扩散模式例如高斯烟流模式和相似性理论模式可以成功地应用在平坦下垫面的小尺度扩散处理中,而对复杂地形则很难取得成功。到了中尺度的时间和空间尺度,稳定、水平均匀的近似就不再适用。

2.5.2 水平扩散与垂直扩散的相对重要性

水平扩散与垂直扩散的相对重要性是中尺度大气扩散和近距离扩散的重要差异之一。

在近距离内,如小于 10 km,在中性和不稳定状态下,垂直和水平扩散是相当的。一旦痕量气体在整个边界层厚度内混合,则进一步的稀释只能是由水平扩散增强或者由于一些中尺度天气过程如:云系、锋面系统的移动或者其他中尺度对流系统以及大尺度辐合过程和地面沉积等的输运所改变。而在稳定层结条件下,垂直运动则会被浮力所抑制,而水平运动则没有这种抑制。因此在稳定层结条件下近距离扩散和中尺度大气扩散中水平扩散都占了主导地位。

2.5.3   切变增强扩散的重要作用

由于地面摩擦和天气尺度水平温度梯度,大气低层总是存在垂直切变的。由于地形或天气尺度的强迫而诱生的中尺度环流可以产生垂直切变或水平切变以及不同的平流输送。水平扩散可以由垂直切变而增强。而在近距离扩散中这种由于切变而增强的扩散往往可以忽略不计。以致在中远距离的扩散中,可认为切变过程往往可以是水平扩散的主导物理过程。

2.5.4   垂直平流的贡献

在近距离扩散的处理中,垂直平流的贡献通常是可以忽略不计的。因为在这样的尺度垂直平流输送比水平平流输送要小的多。而在中尺度距离范围,会存在一些较大尺度的垂直运动,它们是由水平风场中发生的辐散、辐合过程形成的,这些垂直运动对中尺度大气扩散起重要作用。对于天气尺度而言,平均垂直速度的量值自 1 厘米/秒(下沉运动)到数厘米/秒(亚热带气旋中的上升运动)。在雷暴和中尺度对流系统中则会出现较大的垂直运动速度。因此,在中尺度空气污染气象学研究中,研究分析垂直运动对中尺度输送和扩散的作用和影响往往是一个重要课题。

2.5.5   地面浓度分布型不同

在近距离扩散处理中,通常以理想化的高斯型浓度分布形式处理。而与之不同的是,在中尺度大气扩散问题中,经常观测到横侧风向浓度分布的非高斯型的多种形式。例如图 6.3 所示的那些形式,图中明显显示了中尺度烟流的横侧风向的分布形式。同样,在中尺度大气扩散运行距离范围,不仅在横侧风向而且在顺风向上也能观测到上述非高斯型的多种形式的浓度分布。

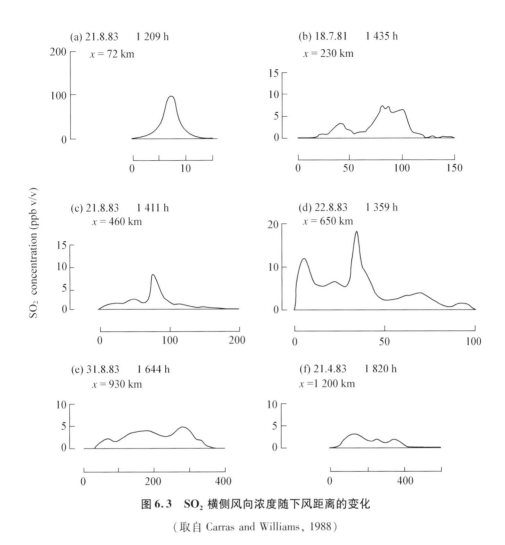

图 6.3　SO₂ 横侧风向浓度随下风距离的变化

（取自 Carras and Williams, 1988）

2.5.6　关于拉格朗日积分时间尺度

泰勒统计理论处理的一个重要结果是,对于统计平稳和均匀湍流,连续点源总体平均烟流的横侧风向浓度标准差 σ_y 开始随运行时间(T)呈线性增长的,之后,到大于 $5T_L$ 的时间之后,则渐近于满足随 $T^{1/2}$ 变化。

而对于中尺度烟流,一些观测事实表明:对于水平横侧向烟流扩散的上述线性变化可以应用到大于 500 千米以上范围。许多学者认为,对于中尺度大气扩散,T_L 则比近距离扩散处理中估计的量值要大一个量级,即中尺度大气扩散的拉格朗日积分时间尺度要比近距离扩散的拉格朗日积分时间尺度大。图 6.4 给出了三组中尺度烟流的观测数据,表明了这些特性。

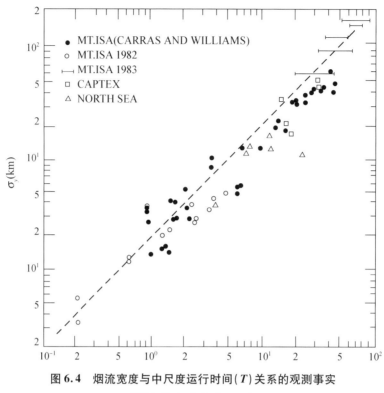

图 6.4　烟流宽度与中尺度运行时间（T）关系的观测事实

（摘自 F. A. Gifford，1986）

2.6　湍流与中尺度大气扩散

2.6.1　湍流

在一种尺度认为是平均运动的，对另一种尺度则可被认为是湍流。对于已经习惯了的在小尺度近距离扩散中起支配作用的湍流，对中尺度大气扩散是怎么样的情况呢？这就是本节要简要叙述的内容。

1. 二维湍流

通常，由于水平尺度≫垂直尺度，就一级近似而言，较大尺度大气流动可以认为是准水平的。这个特性表明在年平均时间量级上，大尺度大气环流、天气尺度气旋和反气旋涡旋都可以认为是准二维湍流。一方面，湍流的随机性和非线性这两个特征对于二维湍流和三维湍流同样存在，另一方面，有证据表明：二维湍流不像三维湍流那样，它有自己的守恒区域范围，因而，不可能对相对扩散有重大贡献。这就是处理中尺度大气扩散时需注意的二维湍流特性问题。

2. 地转湍流

虽然二十世纪五六十年代大气环流的研究推动了二维湍流的发展，但是由于斜压不稳定性的存在，二维湍流对大尺度大气能量学研究而言并不是一种最好的模式。大尺度能量

源要求三维运动,于是有人研究提出的一个地转湍流的概念(Charney,1971;Bder,1974 等)
并得到观测事实的支持。

3. 层结湍流

呈层结状态的大气流动包括重力内波和多种中尺度涡变形式。重力内波是中尺度大气
自由振荡,也是中尺度最简单最基本的运动形式,它们与湍流有着非常不同的输送和混合特
性。重力内波是非局地的、传播的、长寿命的、相干的,具弱线性、弱耗散性的;而湍流是局地
的、非传播的、短生命的、非相干的,具强非线性和强耗散性的。

对稳定层结流研究的一个重要问题是能够将湍流运动与重力内波区分到什么程度。因
为它们通常是同时存在于层结气流中的,而且总处于相互作用和相互影响的状态。

4. 湍流涡旋

在分析湍流谱时,通常用湍涡表示具有特征时间和特征长度尺度的傅里叶分量,事实
上,很多大气流动尺度可以反映湍流行为,由于浮力的作用,大气湍流的几何学、运动学和动
力学行为可以发生显著变化,而且稳定层结流体中湍流经常和其他流动形式同时存在,它们
的一些特性也是相似的。观测事实表明,湍流运动的基本特性是能够使污染云团散布开来。
事实上,湍流的一个有用的定义就是可以把它作为一种能够造成相对扩散的气流运动。

2.6.2　中尺度谱

图 6.5 显示了水平范围在 5 到 10^4 千米以上的水平动能波数谱的构成。在这张图中所

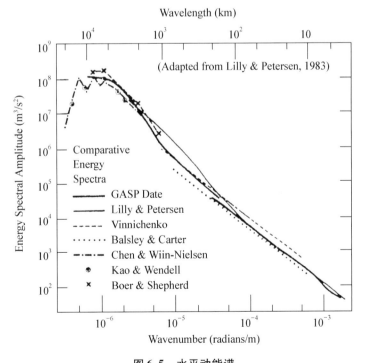

图 6.5　水平动能谱

(摘自 Nastrom and Gage,1985)

给出的数据是全球大气监测计划（GASP）所观测得到的水平风、温度、水汽、臭氧和一氧化碳浓度，观测时间是 1975—1979 年，位于对流层上部。籍助 GASP 数据，第一次计算获得了"气候学"的中尺度空间能量谱。

在图 6.5 中显示了两个重要的谱区。从 5 000 千米到 500 千米波长范围（图的左边），谱曲线的斜率为 -3，而波长小于 500 千米的斜率大约为 $-5/3$。

Gifford 等（1988）用简单的能谱模式和相似性理论给出对流层湍流能谱。在涡度串级谱区的特征时间尺度为：$2\pi f^{-1}$ 和 f^{-1}，这表明从大尺度斜压不稳定波数到涡度串级谱区的过渡时间是一天，而从 κ^{-3} 到 $\kappa^{-5/3}$ 谱区的过渡则大约为 3 小时。

中尺度动能谱中的 $\kappa^{-5/3}$ 斜率区是很有意义的，首先这表明在较高的中尺度波数区（或者说在较小的波长区）有很大的动能；第二，它显示了较多中尺度波和湍流动力学的特性；第三，它可以描述中尺度变化和测量；最后，从预报能力和次网格参数化的角度来看，其对数值天气预报有重要意义，例如，谱中不存在宽阔的"中尺度谱窗"（mesoscale gap）。另外还发现，由三种大气微量气体（臭氧、水汽和一氧化碳）计算所得的水平方差能谱都遵循 $\kappa^{-5/3}$ 的规律（波长在 500~800 千米范围）。

图 6.5 显示的事实，包含了对于中尺度大气扩散的许多特征含义，主要有以下几点：

① 显示的谱是基于许多样品平均的一种总体平均谱；

② 中尺度大气扩散在涡度拟能串级区与逆向能量串级区其性质有所不同；

③ 由于涡旋的时间尺度和空间尺度通常是相关的，因此，为了估算中尺度总体平均，平均时间要比中尺度涡旋的特征时间尺度（数小时到数日）要长得多。对于中尺度大气扩散来说，这意味着，中尺度脉动形式是多样的，而且是以直接显现的方式影响大气扩散。

2.7　切变与中尺度大气扩散

在平均气流流动中，不论对哪一种尺度的运动，如果存在速度梯度，通常称作风切变。它会使得对气流流动的动力学和扩散的处理变得复杂化。例如，许多平均流动不稳定的发生是由气流流动的切变所致，而且速度梯度的存在亦使得大气扩散问题的处理需要考虑引入不均匀平流因子。气流切变会增加湍流强度，因而增强湍流扩散。另外，对大气扩散而言速度梯度还会产生湍流扩散与平流不均匀性之间的相互作用。在大气边界层里，水平气流的垂直切变会使得污染物在不同层上以不同的速度（即速度切变）或不同方向（即风向切变）平流输送，于是，垂直扩散将使得污染物在更大范围（比不存在切变时）混合。

图 6.6 是一个观测事实的例证。由激光雷达探测出稳定层结条件下，一股高架烟流受风向切变的影响并发生烟流抬升的变化。观测同样注意到，晨后至日间，大气边界层开始重新增长，受切变扰动的烟流重新又在垂直方向混合，形成一个较宽的近地面层烟流轨迹。Pasquill 和 Smith（1983）根据观测事实和理论分析，认为当烟流运行距离达到 10km 量级的情况下，切变使得扩散增强的作用尚不是主要的。事实上，无论是烟团还是烟流的变形，都会从一个高度输运到另一个高度上，而在某个高度层明显增强扩散。可见，风切变对于中尺度

大气扩散问题的处理是十分重要的。

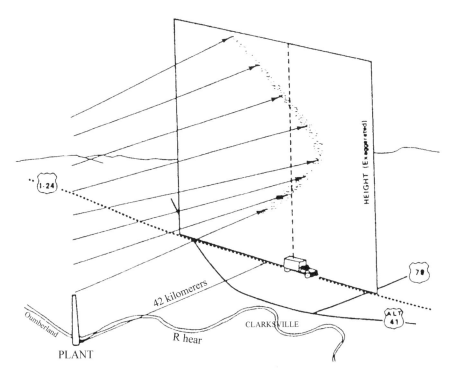

图 6.6 观测事实的例证

(取自 E. E. Uthe 等,1980)

2.7.1 同时的与滞后的切变增强

湍流混合与不均匀平流的相互作用可以发生在同一个时间也可以发生在一定滞后时间内。不均匀平流同时产生混合作为一种机制增强湍流活动。

白天与夜间垂直切变对湍流扩散的贡献是不同的。在白天不稳定条件,垂直向的湍流混合趋于使垂直风切变减弱,然而由于地表摩擦、斜压性和其他因子的作用垂直切变是始终都存在的,而且它与垂直扩散间的相互作用会造成同时的混合过程和切变对侧向扩散的增强。在夜间稳定条件下,可能有较强的垂直切变,但垂直向湍流强度都较弱,导致潜在的或滞后的切变增强扩散的过程。也就是说,污染物的不均匀平流伴随垂直混合和稀释作用。这种机制也将用于处理平流从稳定到不稳定状态 PBL 过渡的问题,就如在冬天从冷的陆面到暖的水面或在夏季从冷的水面到暖的陆面平流流动。

2.7.2 日变化和低空急流

加热与冷却的日变化在中尺度大气扩散时间尺度上为垂直风切变提供了常规的动力,包括时有发生的夜间低空急流。夜间低空急流对于污染物的中尺度输送非常重要,而且它还可能通过上述滞后混合机制对中尺度大气扩散起非常重要的作用。

夜晚,由于长波辐射冷却近地面层逆温的形成,将夜间边界层与其上日间混合边界层隔开,在残留层产生惯性振荡导致形成夜间低空急流。通常,低空急流位于地面以上 100～300 m,最大风速为 10～20 m/s。已有正式记录的风速极大值可达 30 m/s,峰值所在高度有时可达到地面以上 900 m。急流范围有数百千米宽,数百千米长,在某些情况下,它更像层状而不像狭带状。

夜间稳定大气必然抑制湍流的发展,而夜间低空急流的形成会由于惯性振荡而加强风向和速度切变,导致水平平流发生垂直变化,使得污染物云团发生形变,有利于夜间大气污染物的扩散。

§3　中尺度环流对污染物扩散的影响

3.1　山谷风环流对空气污染物扩散的影响

地形风包括坡风、山谷风(反山谷风)、大尺度地形风(大山风、大坡风),后者也称山平原风。局地风系是按风的发源地命名的:山风是从山顶或山坡向下流动,谷风是从谷底或山坡向上流动。

日出后,太阳加热使接近谷壁的空气变暖,形成暖的上坡风。这种谷风一般是非常微弱的,其发展条件要求区域气压梯度很弱。这些微风沿大的谷壁抬升,最后消失在山脊顶部。在谷中被加热的空气,沿着主谷底流动的同时,发展出由于谷的两侧加热相比大于谷底所引起的上坡风,这些坡风抬升到山脊以上,并进入一沿谷线的高空反气流,以对谷风的补偿,这类风是由沿谷底分量和一沿山脊顶部的上倾斜气流分量组成。冷而慢的高空返回气流被称为反谷风。

夜间,冷池以上维持较暖空气,在冷池上面形成一温度逆温盖子。冷空气从较高的山脊沿山坡一直向下流到它的温度与谷中气温相同的高度。最冷的空气汇合到冷池底,同时较冷的空气流到冷池的较高处。其结果冷池的整个厚度内常常是一稳定层结,通常被称为谷逆温。当污染物排放到逆温层内,由于它们只在谷壁之间流动,使污染物浓度增高,可对山坡上的人类、动物、植物造成严重危害。谷逆温以上的地方有相应的辐合和下沉气流。

有研究发现,北京地区山谷风环流影响 $PM_{2.5}$ 浓度的空间分布,在两者转换期所形成的气象条件对 $PM_{2.5}$ 浓度具有重要影响。北京位于华北平原北端,城区范围地势平坦,但其周围地形极为复杂。其南、东南方向地势平坦,东临天津、塘沽沿海城市;西部和北部是高达数百米到一千米的山区,北部主要为东西走向的燕山山脉和东北至西南走向的太行山脉,二者相连组成弧形山地,山地中高峰林立,沟谷盆地交错,作为上述二山系余脉或其一部分的军都山和西山山地与北京的高度差约为 500～1 500 m,距北京城区只有 30～40 km。北京地区最主要的局地环流为山谷风。当背景风不大,天气晴朗,辐射起主要作用时,在无云或少云的弱天气系统控制下(地面风速<3级),在北京地区经常形成山谷风,白天是偏南的谷风,夜间是

偏北的山风,削弱了该地区秋冬季盛行西北季风的作用。"弱风区"特征明显,污染物扩散条件较差。在当前高强度的污染物排放背景下,一旦出现近地面风速小于 2 米/秒、相对湿度高于 60%、边界层高度低于 500 米、逆温等不利气象条件,极容易产生本地积累型污染。有研究发现,北京地区 $PM_{2.5}$ 的浓度会随着区域内风场的变化而变化,北京的地方性山谷风对城郊浓度日变化有明显影响,当谷风加强时,郊区的浓度会接近城区并有可能高于城区浓度,即谷风有对城区重污染向郊区输送的作用,一般情况下,区域内 $PM_{2.5}$ 的浓度会在谷风的影响下逐渐上升,而在山风的影响下逐渐下降。

3.2　海陆风环流对污染物扩散的影响

海陆风环流影响范围局限于沿海,风向转换以一天为周期。对沿海城市地区的污染物扩散有重要影响。

这里给出一个由区域大气边界层模式计算所得的海陆风算例。它是处在复杂下垫面条件的香港地区(60 km×48 km 范围),以 $\Delta x = 2$ km 的水平网格模拟所得的理想的海陆风环流结构的实例。采用模式是一个使用湍能 – 湍流耗散率($k - \varepsilon$)闭合方案的区域大气边界层模式,取非静力平衡方案求解,有很高的空间分辨率。模式引入了精细的地形处理和下垫面辐射处理与陆面过程的处理,同时亦引入了水汽方程。

图 6.7(a) 是 14:00 垂直剖面上垂直速度等值线,可以看到白天地面加热较大导致的水面上的辐散下沉气流和陆地的辐合上升气流,海面上的下沉气流速度大约为 0.1 m/s,陆地上由于地形作用,上升和下沉气流比较强,垂直速度最大可达 0.4 m/s。从图 6.7(b) 的垂直位温等值线图可以看出,在水陆交界处位温等值线呈明显的"舌"状分布,这种特殊的边界层结构通常称为热力内边界层。因此,可以看出,利用中尺度模式可以很好模拟出海陆风局地环流现象。

通常认为海陆风期间海风能将相对清洁的海洋大气吹向沿海地区,有利于沿海地区空气质量的改善。另外陆风向海风转向阶段会使得陆上空气滞留,形成污染物积累。海风条件下,对应的臭氧浓度明显高于陆风条件下,而陆风对应的前体物浓度均明显高于海风条件下。研究表明(孟丽红,2018),天津市地处渤海湾西岸,常年受到海陆风影响,海陆风对沿海 $PM_{2.5}$ 扩散作用最为明显,它们会使冬、秋两季 $PM_{2.5}$ 浓度分别下降 20.2% 和 7.9%;使秋、夏两季 O_3 分别升高 39.8% 和 16.2%。

研究结果表明海陆风对沿海地区污染物浓度变化的影响作用受到背景风的作用。陈训来等(2008)研究了离岸型背景风和海陆风对珠江三角洲地区灰霾天气的影响,发现由于离岸型背景风与陆风风向一致,在陆风维持的情况下,内陆源区的 PM_{10} 被输送到沿海地区,导致沿海城市和海面上 PM_{10} 浓度比较高;而在海风维持的情况下,海风与离岸型背景风方向相反,造成海风较小,致使整个珠江三角洲地区灰霾天气都比较严重。敏感性试验结果表明离岸背景风和海陆风的相互作用对灰霾天气的生成与分布有重大的影响。研究还表明,白天的海风在沿海区域对 500 米高度以下的近地面大气起到了清洁作用,但海风环流上支离岸气

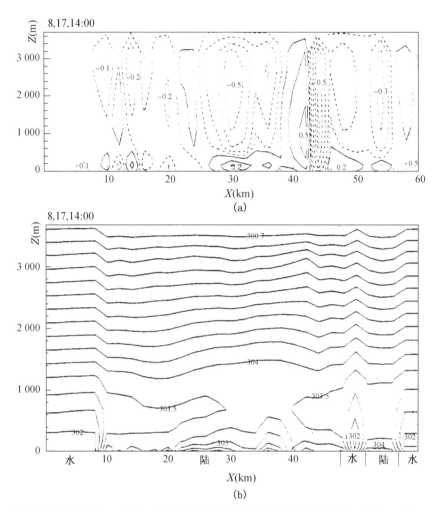

图 6.7 （a）14:00 $y = 28$ km 处的垂直剖面上垂直速度等值线；（b）14:00 $y = 28$ km
处的垂直剖面上位温等值线

流也会将海风辐合带的高浓度臭氧输送回到近海的边界层中上部,同时海风环流和热岛环流的加强效应有助于臭氧前体物（VOC 和 NO_2）在辐合带和近海边界层中上部的聚集,从而加快生成臭氧的光化学反应,进一步地加剧臭氧高值区的臭氧污染（钟天昊和张宁,2019）。

　　图 6.8 ～ 6.9 是 WRF-Chem 模式模拟的海风环流对上海一次臭氧污染过程的影响。图 6.8 展示的是模拟的上海地区 2017 年 7 月 24 日 13 点和 14 点（LST,当地标准时间）近地面臭氧浓度和风场情况。可以看到,臭氧浓度分布大致呈现陆地高、海洋低的特征,但是在临近海岸线的区域,近地面臭氧浓度远低于其他陆地区域的臭氧浓度。从风场的特征来看,上海地区北岸主要为东北风,南岸主要为偏南风,均与海岸线几乎垂直,风速大约为 4 m/s,体现出较明显的海风特征。在北纬 31.1°左右的范围,也就是上海的主城区位置,南北两支海风在此汇聚,形成了一条海风辐合带。进一步结合海风与臭氧浓度的对应关系,发现南北岸

臭氧浓度远低于内陆很有可能是海风将海洋表面较清洁的空气输送到沿岸导致的,另外,在上海主城区近地面的臭氧高值区与海风辐合带对应明显,推测海风的辐合有助于臭氧的汇聚。通过对比两张图也可以得出臭氧浓度分布的变化特征,14 点(LST)相对于 13 点(LST),臭氧高值区进一步收窄,峰值浓度进一步升高,而上海南北海岸的臭氧低值区也进一步向内陆移动,范围也有所扩展。说明这段时间海风存在持续作用,推动上海主城区臭氧的汇聚和沿岸臭氧的消散。

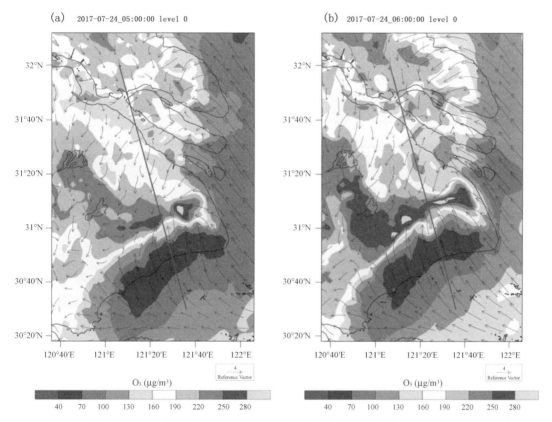

图 6.8　模拟的 **13 点(LST,a)** 和 **14 点(LST,b)** 近地面臭氧浓度和风场(填色代表臭氧浓度($\mu g/m^3$),箭头代表风矢量(m/s),实线代表选取的剖面

　　为了进一步分析海风环流和城市热岛环流在其中所起的作用,以及臭氧在辐合带汇聚后是否会受环流上升的影响,沿图 6.8 中的实线,取垂直于上海南海岸且经过上海主城区辐合带的竖直剖面(高度为 4 km)。图中南部海岸线位置大约为 30.7°N,主城区大约为 31.2°N,选取的时间为 13、14、16、17 点(LST),可以体现臭氧污染的变化特征和上海地区南海岸海风的发展特征。

　　13 点(LST,图 6.9a)在城市近地面开始出现臭氧浓度高值区,此时上海南岸 500 米以下的高度已经有较显著的海风形成,与同经纬度较高高度的风向相反;上海主城区上空的主导风向仍是偏北风,与背景风场相近,但是由于城市热岛上升气流的影响,可见气流到达主城

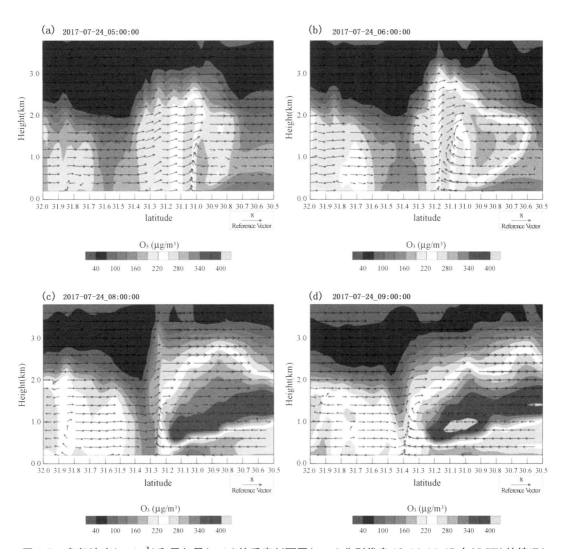

图 6.9　臭氧浓度($\mu g/m^3$)和风矢量(m/s)的垂直剖面图(a～d 分别代表 13、14、16、17 点(LST)的情况)

区后有一定的抬升;海风辐合带位于 31°N 附近,伴随较强的上升气流,此时的臭氧高值区主要在辐合带的北部,而南部海岸线位置(30.7°N 左右)已出现臭氧的低值区,推测可能是海风的清洁作用导致的。之后一小时的分布特征如图 6.9b 所示,海风辐合带位置相比之前北移到了 31.2°N,同时南岸海风的范围延申到了约 800 米的高度,风速也有所提高,环流特征已经非常明显,近地面为向岸风,而 1 km 以上的高度为离岸风。臭氧浓度高值区的分布范围有明显的扩展,30.7°N～31°N 500 米至 2 km 的高度臭氧浓度升高明显,峰值浓度超过 280 $\mu g/m^3$,结合风场的特征,推测这片臭氧高值区的形成与海风环流的上支离岸气流的输送有关。16 点(LST,图 6.9c)相比之前的情况,可见臭氧高值区的范围和峰值浓度进一步增加,海风辐合带进一步北移,而到了 17 点(LST,图 6.9d),海风辐合带移动到 31.4°N,即接近主城区的北边界,此时上海的主导风向已被南支的海风控制,城市近地面(500 m 以下高度)

的臭氧浓度相比之前有所缓解,证明了海风的清洁作用。但是与此形成鲜明对比的是,上层(500~2 000 m高度)的臭氧高值区的范围和峰值浓度一直在增加,最高浓度已达到400 μg/m³,另外值得注意的是,整个过程由于海陆温差的持续作用,海风一直在发展,到17点(LST)时,海风已扩展到1 km的高度处,而地表臭氧的高值区也转移到了海风的锋后。

综合以上的分析,认为对海风的"清洁"作用需要辩证地认识,一方面对近地面500米以下高度的沿海区域,海风确实能够将海表面较低浓度的臭氧带来产生稀释作用从而缓解地面污染;另一方面,由于海风环流上支为离岸风,这有助于海风辐合带的高浓度臭氧及其前体物输送回到近海的边界层上部(500~2 000 m高度),进而加重这一位置的臭氧污染。而上海地区另一特点是城市化程度较高,伴随而来的热岛升温作用对臭氧的形成也有一定的促进作用。同时城市热岛环流的存在在白天会促进海风的发展和辐合带向内陆的延申,城市主城区的上升气流也会促进臭氧及其前体物向高层输送。可以认为,白天上海地区城市热岛环流和海风环流的存在非常密切地协同作用,并且都会对臭氧的聚集和消散产生影响。

海陆风、山谷风、城市热岛环流都是重要的局地大气环流,在其影响范围内对污染物浓度会产生一定影响。由于城市所处位置的不同,城市空气污染可能受到一个或多个局地环流的共同作用。刘树华等(2009)研究了京津冀地区大气局地环流耦合效应对空气污染的影响。发现在弱天气系统控制下,该地区大气边界层中可同时存在海陆风、山谷风和城市热岛环流,同时三者还存在明显的耦合效应:海陆风环流极盛时可深入陆地200 km左右,山谷风环流的影响最大可覆盖北京区域内的平原地区,而城市热岛环流则发生在城市中心数十千米范围内,并对前两个环流起明显的削弱作用。上述三种环流的耦合在该地区西北部山地与平原的交接地带形成一条大致沿地形等高线走向的风场辐合带,即所谓的污染物汇聚带。这条水平风辐合带几乎常年存在,其下端一直向西南方向延伸直到和另一条平行于太行山走向的水平风辐合带汇合,从而对北京地区大气污染物的积聚与输运可能产生重要影响。

§4　中尺度天气过程与大气污染

天气与空气污染存在着复杂的相互作用,一方面天气影响空气污染物质的输送、扩散、沉降和光化学过程,另一方面,空气污染成分(主要是颗粒物)通过对辐射过程和云微物理过程的影响还能改变天气。

4.1　天气过程对污染物扩散的影响

在大气污染与天气的关系中,天气影响空气污染是主要方面。污染天气的形成是内因和外因共同作用的结果,内因是污染物的排放超出了环境容量,外因是不利的气象条件使大气对污染物的稀释能力减弱,致使污染物不断积累从而形成污染天气。

在一个污染物排放量较大的地区,在较短的时期内,污染源的变化不是很大,此时气象条件的变化就是污染天气形成的决定性因素。"静稳天气"是典型的不利于污染物扩散的天气,"静"指的是水平风速较小,污染物的水平输送能力弱;"稳"指的是大气层结比较稳定,此时,污染物垂直扩散能力弱,且稳定边界层高度比较低,污染物排放出来以后,水平和垂直输送扩散能力受到抑制,污染物在稳定边界层内持续积累,最终形成污染天气。任阵海等(2005)分析发现,持续的晴天和大范围高压均压场条件下容易使重污染区边界层逆温厚度增大,从而形成局地严重污染的天气条件。王喜全等(2006)研究发现北京地区的重污染是由稳定持续的中尺度天气系统造成的,例如河套倒槽、东北低压槽、东北地形槽、华北地形槽以及华北低压等。

不同的天气类型有不同的环流特征,对当地污染物浓度的影响也是不同的,目前已有大量的关于天气类型和空气污染关系的研究。一般而言,寒潮、台风等能带来大风、降雨天气现象的天气类型有利于污染物的清除,使污染物浓度下降,高压控制型天气风速较小、有下沉气流,容易带来污染天气。天气和空气污染的关系因时因地而异,如台风过境时使污染物浓度下降,但在广州等地,台风到来之前外围的下沉气流经常会造成臭氧浓度升高;大风天气有利于污染物的输送,但北方部分地区,大风天气会带来沙尘污染。

图6.10是2006—2010年福建沿海北部、中部、南部三个城市群大气污染物在各种天气形势下的浓度值(郑秋萍等,2013)。北、中、南部城市群在变性冷高压、高空槽和暖区辐合三种天气形势影响下,相应的PM_{10}浓度明显高于平均值,NO_2和SO_2浓度也高于平均值,尤其在暖区辐合系统影响下,污染事件的出现率(1.21%)远高于平均出现率(0.38%),因为在暖区辐合控制下,高低空受一致的西南暖湿气流影响,气温上升,湿度增大,地面存在弱辐合场,风速较小,不利于大气污染物的扩散。变性冷高压包括高压底部和高压后部,高压底部控制下,冷空气势力减弱,大气层结稳定,不利于大气污染物的垂直输送和水平扩散;高压后部控制时高压主体入海,风向以偏南风为主,天气回暖,易造成大气污染物浓度升高。在高空槽控制下,地面气压场较弱,风速较小,850 hPa主导风向为西南风,西南暖湿气流控制下,不利于污染物的扩散。因此,在这三种天气形势影响下,大气污染物浓度较高。在福建地区,在冷高压脊天气形势影响下,相应的PM_{10}浓度和SO_2浓度与平均值相当,NO_2浓度比年平均浓度略低。受冷高压脊控制时,一般有北方冷空气入侵,地面偏北风较大,有利于大气污染物的水平扩散,但同时有可能带来北方的浮尘污染天气。福建地区,在低涡切变、副热带高压及边缘、台风(热带辐合带)、台风(热带辐合带)外围影响下,大气污染物浓度均低于平均值。低涡切变影响下容易出现降水,对大气污染物有清除作用。在副热带高压控制下,天气晴热,湿度小,大气热力和动力条件有利于空气污染物垂直输送;而处于副热带高压边缘时,高空西南气流加强,大气层结不稳定,易出现午后热雷雨天气,大气污染物容易被清除。台风或热带辐合带影响下,易出现强降水,这种天气形势最有利于大气污染物的清除,主要出现在夏季。而在台风或者热带辐合带外围易出现大风天气,则有利于污染物的水平扩散。在福建地区,根据各种天气形势对污染物浓度的影响特点将变性冷高压、高空槽、暖区辐合三种天气形势归纳为不利于大气污染扩散的天气形势,其中暖区辐合天气形势为最不利于大气污染物扩散的天气型;将冷高压脊、低涡切变、副热带高压及边缘、台风(热带辐

合带)和台风(热带辐合带)外围五种天气形势归纳为有利于大气污染物扩散的天气型。但处于同类天气形式的不同部位或者受相应时节主导风向等影响,也可能出现对污染物浓度影响效果相反的情况。

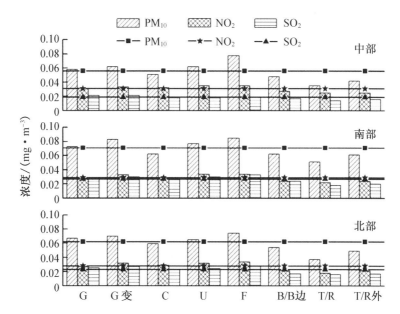

图 6.10 福建沿海城市群不同天气形势下的大气污染物浓度值(天气形势符号:G.冷高压脊,G 变.变性冷高压,C.低涡切变,U.高空槽,F.暖区辐合,B/B 边.副热带高压及边缘,T/R.台风(热带辐合带),T/R 外.台风(热带辐合带)外围;图中直线是污染物在所有天气形势下的平均浓度)(郑秋萍等,2013)2013 年 11 月 28 日至 2013 年 12 月 12 日华东地区发生一次大范围长时间严重灰霾污染,在污染过程中 $PM_{2.5}$ 浓度最高达 590 $\mu g/m^3$,极大影响了居民的身体健康和日常生活。

图 6.11 为利用 WRF-Chem 模拟的 11 月 28 日至 12 月 11 日 08:00 期间长三角一次污染过程中的模拟的 $PM_{2.5}$ 浓度和近地面风场,图 6.12 则为相同时刻的近地面相对湿度和能见度。此处,将长三角东北部标记为区域 A,南京-苏州-上海及周边地区为区域 B,这两个区域的具体范围如图 6.11f 所示。

在污染前期长三角地区盛行西北、西南风,$PM_{2.5}$ 浓度相对较低(图 6.11a 和 6.11b),相对湿度接近 50%,长三角大部分地区的能见度都在 10 km 以上(图 6.12a 和 6.12b)。在区域 B 的一些大城市中,$PM_{2.5}$ 浓度已经超过了 180 $\mu g/m^3$,能见度也相应降至 7 km 以下。在污染期(图 6.11c ~ f 和图 6.12c ~ f),近地面风速出现了较大幅度的下降,空气质量迅速变差。在 12 月 4 日和 6 日,长三角大部分地区的风速都在 3m/s 以下,区域 B 的风速则在 1 m/s 以下。此外,在 12 月 4 日 $PM_{2.5}$ 浓度也达到第一个高峰,人口密度极高的长三角中心区(区域 B)受到了严重的颗粒物污染($PM_{2.5}$ 浓度 >400 $\mu g/m^3$),高相对湿度中心(>80%)也在区域 B。因为较高的相对湿度和 $PM_{2.5}$ 质量浓度,区域 B 的能见度降至 4 km 以下。

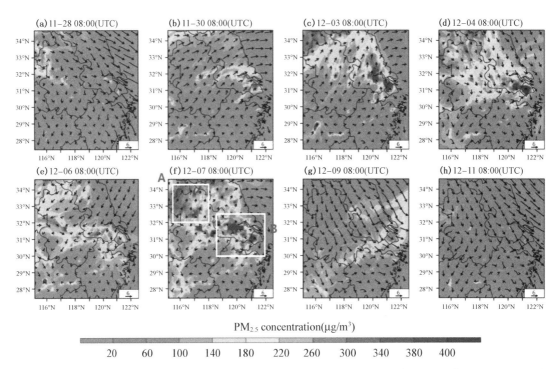

图 6.11 **2013 年 11 月 28 日至 12 月 11 日 08：00（世界时）模拟的地面 PM$_{2.5}$ 浓度（μg/m³）和风场（m/s）的 空间分布；区域 A 和区域 B 在图 f 中用白色矩形标出**

在 12 月 6 日早晨,长三角的盛行风向变为了东北风,将海洋上干净的空气带到了长三角 地区,短暂减轻了沿海岸线地区的空气污染（图 6.11e）。虽然在此时 PM$_{2.5}$ 浓度出现了下降, 但能见度几乎没有上升,甚至有些地区还出现了下降（例如安徽北部地区）,这可能与海洋上 的气团较为潮湿导致沿海陆地相对湿度上升（>80%）有关。当盛行的风向重新变回西北或 者西南风,风速也下降到了这次过程的最低值,污染物再一次快速累积,PM$_{2.5}$ 浓度达到了污 染期的第二个高峰。在 12 月 7 日 08：00,长江三角洲大部分地区的 PM$_{2.5}$ 浓度都很高,区域 A 大部分浓度都超过了 300 μg/m³,而区域 B 的浓度超过了 400 μg/m³。同时,高相对湿度中心 （>80%）延伸到了长三角西北地区。高相对湿度和高颗粒物浓度导致了长三角绝大多数地 区的能见度低于 4 km,一些城市的能见度例如常州甚至在 900 米以下。在 12 月 9 日早上,长 三角地区盛行干冷的强西北风（>6 m/s）,PM$_{2.5}$ 浓度相应由北向南开始下降。在 12 月 11 日 08：00,此次霾完全消散,长三角大部分地区的 PM$_{2.5}$ 浓度在 100 μg/m³ 以下,能见度回到了 14 km 以上。

为了定量地分析大气的扩散能力,引入了通风系数（VC）这一量。VC 是边界层高度和水 平风速的乘积,它是大气在一个区域内扩散和稀释污染物能力的表征量。通风系数 VC 定义 如下:

$$VC = \sum_{i=1}^{n} V_h(i) \cdot h_i \tag{6.1}$$

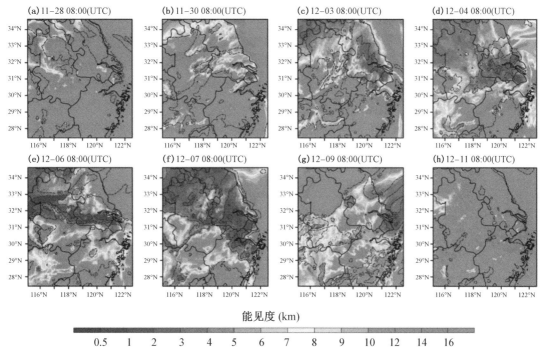

图6.12 2013 年 11 月 28 日至 12 月 11 日 08:00(世界时)模拟的能见度(km)和相对湿度(%,虚线)空间分布

式中 $V_h(i)$ 代表模式第 i 层的水平风速,h_i 是第 i 层的厚度,n 是模式在边界层高度以下的垂直层数。图 6.13 为灰霾三个阶段的平均通风系数,很明显,在污染前期和污染后期(图 6.13a 和 c),长三角中心区域的通风系数在 3 000 m²/s 以上,而到了污染期这个值下降到了 1 500 m²/s 以下(图 6.13b)。而使用 NCEP FNL 数据计算的 2008—2013 五年的长三角相同区域 12 月平均 VC 值为 2 119 m²/s。

关于空间分布,长三角南部 VC 比中心和北部要低很多,这很可能是因为该地区丘陵和山较多,起伏的地形阻挡了气流导致风速较低(图 6.13),因而 VC 也比较低。虽然长三角中心及北部区域平坦的地形带来了较高的 VC,换而言之这些地区的大气扩散能力较强,但其污染物浓度依然比长三角南部高,这主要是因为长三角中心及北部地区城市群较高的污染物排放量导致的。上海市通风系数比周围内陆地区高,这很有可能是因为上海是一个沿海城市因而在冬季有较高的边界层高度。然而由于上海较高的污染物排放量,污染依旧很严重。通过以上的分析可以发现,此次过程中盛行西北或西南风,这种风向阻止了海面上洁净的空气到达遭受严重污染的沿海城市,不利于污染物的扩散和稀释。低风速和低边界层高度即"静稳天气"是污染形成的天气背景。

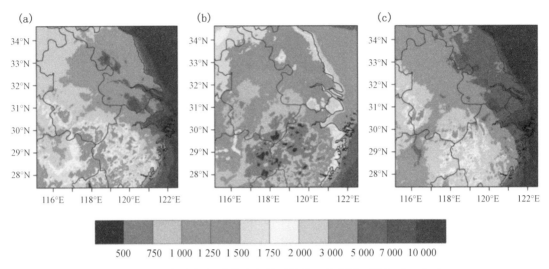

图 6.13　污染前期、污染期和污染后期的平均通风系数(VC, m²/s)

4.2　空气污染对天气的影响

影响天气的大气化学成分主要聚集于气溶胶形式中,其影响机制是通过气溶胶的直接效应和间接效应,有研究表明,长三角地区一次严重霾过程中的气溶胶辐射效应使得向下地表太阳短波辐射出现了每平方米数十瓦的下降,白天气温下降明显,边界层高度降低,大气层结变得稳定。这种天气状况的变化不利污染物的扩散,进一步增加了污染程度。另外,气溶胶会衰减入射的太阳辐射,进而对光化学过程产生影响。

针对 4.1 节中 2013 年 11 月 28 日至 2013 年 12 月 12 日的污染个例,利用 WRF-Chem 模式关于气溶胶辐射效应的敏感性试验可以得到空气污染对天气过程的影响,从而进一步对污染过程产生影响。图 6.14 为污染期气溶胶辐射效应对于过程平均气象要素和 $PM_{2.5}$ 质量浓度的影响。对于辐射量,如图 6.14a 可知平均地表向下短波辐射有较大程度的下降,长三角中心区域的地表向下短波辐射有 24~30 W/m² 的下降,是整个模拟区域下降最为严重的地区,在长三角西北地区下降也较为明显(18~30 W/m²)(注:图中向下短波辐射辐射变化为全天平均值,向下短波辐射的白天变化为全天变化的 2.2 倍);感热在长三角陆地区域普遍下降,其中长三角中心区域的降幅最大达到了 12 W/m² 以上(图 6.14b);潜热在长三角区域也都出现了下降,长三角中心及西北区域出现了 2~4 W/m² 的下降(图 6.14c)。在 $PM_{2.5}$ 浓度较高的区域对应地表向下短波辐射有明显下降,体现出气溶胶辐射效应对到达地表的太阳短波辐射产生的衰减作用较为明显。地面温度与入射短波辐射关系密切,由图 6.14e 和 f 可以看出,在长三角中心以及西北地区等入射短波辐射下降明显的地方,白天和夜间地面温度下降。

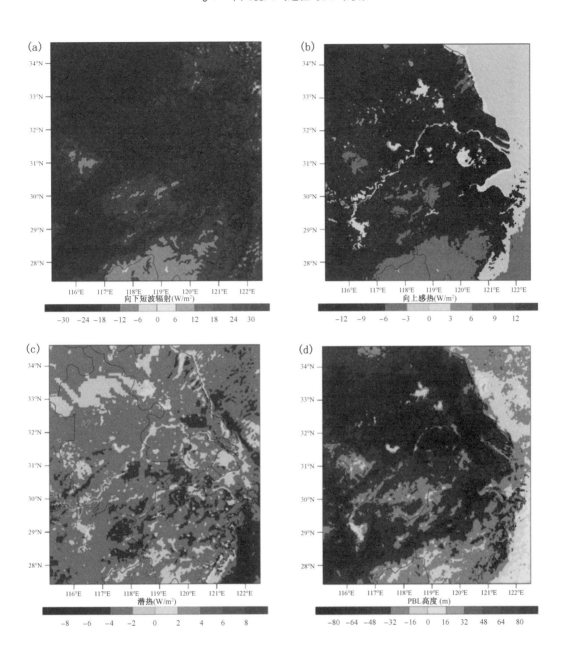

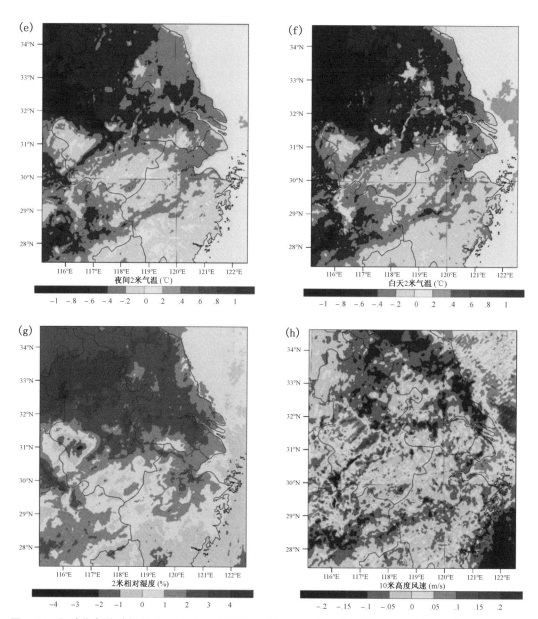

图 6.14　污染期气溶胶辐射效应对于过程平均量的影响。(a) 地表向下短波辐射 (W/m²) ; (b) 向上感
热 (W/m²) ; (c) 潜热 (W/m²) ; (d) 边界层高度 (m) ; (e) 夜间 2 米温度 (℃) ; (f) 白天 2 米温
度 (℃) ; (g) 2 米相对湿度 (%) ; (h) 10 米风速 (m/s)

　　图 6.15 是数值试验中是否考虑气溶胶辐射效应导致的 $PM_{2.5}$ 的浓度差值。可以看到,大
部分地区 $PM_{2.5}$ 浓度上升 6~24 $\mu g \cdot m^{-3}$,但与不考虑气溶胶辐射效应相比,浓度上升不超过
15% 。对于这次污染事件,"静稳"天气是主要原因,气溶胶辐射效应加剧了污染程度,但不
是形成这次污染事件的根本原因。

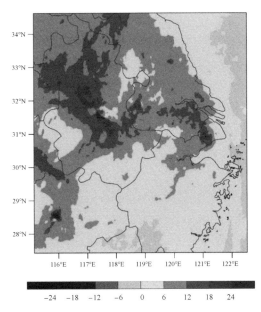

图 6.15　气溶胶辐射效应引起的 $PM_{2.5}$ 浓度变化($\mu g \cdot m^{-3}$)

总体而言,在中国东部污染源排放相对较大的地区,大范围的"静稳"天气容易形成区域尺度的空气污染事件,气溶胶和边界层的相互作用加剧了污染程度。

§5　小　结

在中尺度传输过程中,烟流将受到比其自身尺度更大尺度气流流动的影响。在大气中,中尺度气流动力学性质是相当复杂多变的。自大于分子耗散的尺度到小于科氏力纬向变化的尺度都能对中尺度环流从而也就对扩散起作用。

对于热力中尺度环流,自然环流时间尺度是所受力的时间尺度,这个时间尺度依赖纬度与季节可以在 1~24 小时内变化,而由地形机械作用所引起的中尺度环流的气流流动的时间尺度较大。大气流动在中尺度周期上很少是稳定的。因此在中尺度范围很少是水平均匀的。很多中尺度环流对应于外部的边界强迫,例如山地、高原、谷地。这些地形特征的出现可以导致中尺度流动现象,例如:山风、背风波、上游阻塞、渠道流、坡风、山谷环流等。粗糙度长度或地表温度的水平不均匀可以产生内边界层和中尺度大气环流,例如:海陆风、城市热岛环流。中尺度气象学基本特征之一是多种尺度共同作用,不同尺度之间的相互作用与影响成为研究中尺度问题的重要环节。中尺度环流通常有三种类型,即地形诱生的中尺度环流、内部产生的中尺度环流、中尺度对流系统。

影响中尺度空气污染物散布的主要因子可以归纳为:① 由中尺度地形非均匀性引起的热力和动力因子可以产生中尺度运动。② 内部环流。③ 湿度过程产生的中尺度对流系统。

④ 天气尺度的波-波相互作用可以产生较高波数的环流或流动特征。⑤ 大气中密度层结在流动的动力方面和污染物的扩散方面起着重要的作用。

中尺度环流如海陆风环流、山谷风环流等对污染物扩散有重要影响,沿海地区大城市的空气污染物的散布受城市局地环流-热岛环流和海陆风环流的共同作用,如有山地地形,则可能受海陆风、山谷风和城市热岛环流的共同作用。

天气与空气污染存在着复杂的相互作用,一方面天气影响空气污染物质的输送、扩散、沉降和光化学过程,另一方面,空气污染物成分(主要是颗粒物)通过对辐射过程和云微物理过程的影响能改变天气。其中,天气影响空气污染是主要的过程。

第七章　区域与全球空气污染气象学问题

§1　区域与全球大气环境问题

除了局地的空气污染物造成的大气环境问题外,当前,人类还面临着"温室气体"和全球增暖、南极臭氧洞、酸雨等一系列重大的区域和全球性环境问题的挑战。空气污染物可引起局地和区域性以至全球的天气和气候变化。CO_2 等温室气体和气溶胶浓度的增加可带来不同的气候变化和环境效应。

1.1　酸雨污染

1.1.1　酸雨问题的由来

产业革命给英国带来了严重的大气污染。英国科学家 R. A. Smith 于 19 世纪 70 年代观测到:在工业城市曼彻斯特市内和郊区有"三种空气",即远处田野里含碳酸铵的空气、郊区含有硫酸铵的空气和室内含硫酸或酸性硫酸盐的空气。1872 年在他的著作《Air and Rain: The Beginnings of a Chemical Climatology》(空气和降雨:化学气候的开端)一书中首次使用了"酸雨(acid rain)"一词,从此,酸雨问题引起了越来越多的注意。1956 年,瑞典斯德哥尔摩国际气象研究所主持建立了欧洲大气化学监测网,对欧洲地区降水化学进行了长期、全面的观测。观测结果表明:整个欧洲的降水都是酸性的,而且酸雨的酸度和酸雨的分布范围有逐年扩大的趋势,这引起了科学界的广泛关注。在 1972 年联合国人类环境会议上瑞典提出了题为"跨越国界的大气污染——大气中硫和降水对环境的影响"的报告。从此,酸雨成为举世皆知的污染现象,降水污染的研究在世界范围内迅速扩展开来。1975 年 5 月在美国召开的"第一次酸性降水和森林生态系统国际讨论会"认为,地球大气的酸度正在不断上升的现象可能是目前面临的最严重的国际性的环境危机之一。我国的酸雨研究始于 20 世纪 70 年代末期,在北京、上海、南京、重庆和贵阳等城市开展了局地研究,发现这些地区不同程度存在着酸雨问题,西南地区则较为严重。我国 1985—1986 年在全国范围内对降水进行了全面的系统分析,当时的研究结果表明:我国酸雨主要分布在秦岭淮河以南,而秦岭淮河以北则发生于个别地区,而在西南、华南和东南沿海一带降水年平均 pH 值则低于 5.0。

经过长期治理,中国酸雨污染有所好转,但"中国生态环境公报 2019"显示,我国酸雨区面积仍有 47.4 万平方公里,占国土面积的 5.0%。酸雨主要分布在长江以南—云贵高原以东地区,主要包括浙江和上海大部、福建北部、江西中部、湖南中东部、广东中部和重庆南部。在 496 个监测降水的城市,酸雨频率平均为 10.2%,出现酸雨的城市比例为 33.3%。

1.1.2   酸雨的成因

酸雨的形成和发展普遍被认为是人为向大气排放的 SO_2 和 NO_x 逐年增加的结果。SO_2 在大气中或在云滴、雨滴内被氧化生成硫酸或硫酸盐;NO_x 最后氧化转化为硝酸或硝酸盐,使大量降水呈现较强的酸性。降水中的酸性物质一般以硫酸为主,但随地区而不同,如美国东部,硫酸和硝酸分别占 65% 和 30%,在西部则各为 50%。而 1982 年南京地区测到降水中硫酸和硝酸之比约为 5:1。但近年来,随着 SO_2 浓度的下降,酸性降水中硫酸和硝酸的比值在下降。图 7.1 是酸雨形成的机理示意图,酸雨中酸的形成主要包括均相氧化和液相氧化两种途径:

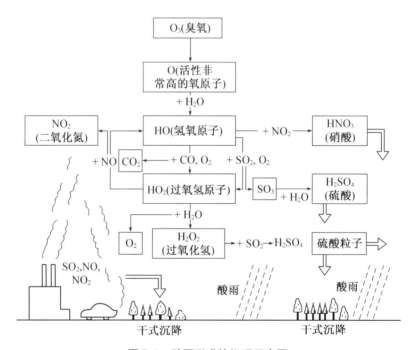

图 7.1   酸雨形成的机理示意图

1. 均相氧化

在均相氧化过程中,OH 自由基起了重要作用,OH 自由基主要由臭氧光解形成的氧原子与水汽反应生成,这一途径的主要反应如下示意:

$$O_3 + h\nu \longrightarrow O_2 + O \tag{7.1}$$

$$O + H_2O \longrightarrow 2OH \tag{7.2}$$

$$2OH + SO_2 \longrightarrow H_2SO_4 \tag{7.3}$$

在均相氧化过程中,SO_2 还会被 O_2 直接氧化,反应如下:

$$SO_2 + O_2 + h\nu \longrightarrow SO_4 \tag{7.4}$$

$$\longrightarrow SO_2 + O_2 \tag{7.5}$$

$$SO_4 + SO_2 \longrightarrow 2SO_3 \tag{7.6}$$

$$SO_3 + H_2O \longrightarrow H_2SO_4 \tag{7.7}$$

直接氧化机理变化进程比较慢,不能说明在几小时内观测到的变化,它仅仅对低浓度硫酸输送才可能是重要的。SO_2 还可能被 O_3 直接氧化:

$$SO_2 + O_3 \longrightarrow SO_3 + O_2 \tag{7.8}$$

$$SO_3 + H_2O \longrightarrow H_2SO_4 \tag{7.9}$$

硝酸是酸雨中另一种重要的酸,气态硝酸主要是 OH 自由基与 NO_2 的反应生成:

$$NO_2 + OH + M \longrightarrow HNO_3 + M \tag{7.10}$$

式中 M 为中性第三体,由氮氧分子充当。

随后,HNO_3 被降水所清除。

氮氧化物对环境的影响不仅表现在可直接形成硝酸,对酸雨有贡献,它还是对流层臭氧的前体物,在气相氧化反应和液相氧化反应中都是非常重要的。

2. 液相氧化

SO_2 的液相氧化主要包括四种途径,即溶解的 SO_2 和 O_2 的反应、与 Mn,Fe 等离子的反应、与 O_3 的反应以及与过氧化氢的反应。与 O_2 的反应机理如下:

$$SO_2(气) + H_2O(液) \longrightarrow H_2SO_3(水溶液) \tag{7.11}$$

$$H_2SO_3(水溶液) \longrightarrow HSO_3^-(水溶液) + H^+ \tag{7.12}$$

$$H_2SO_3(水溶液) + OH^-(水溶液) \longrightarrow HSO_3^-(水溶液) + H^+ \tag{7.13}$$

$$HSO_3^-(水溶液) \longrightarrow SO_3^{2-} + H^+ \tag{7.14}$$

$$SO_3^{2-}(水溶液) + O_2 \longrightarrow SO_4^{2-}(水溶液) \tag{7.15}$$

在溶液中,HSO_3^- 或 SO_3^{2-} 的氧化是迅速的。在溶液中存在 Mn,Fe 离子时,四价硫很容易被氧化成六价硫:

$$2SO_2 + 2H_2O + O_2 \xrightarrow{Mn^{2+},Fe^{3+}} 2H_2SO_4 \tag{7.16}$$

$$HSO_3^- \xrightarrow{Mn^{2+},Fe^{3+}} SO_4^{2-} \tag{7.17}$$

SO_2 在液相中被 O_3 氧化的速度比在气相氧化中更快,反应如下:

$$O_3 + SO_2 \cdot H_2O \longrightarrow SO_4^{2-} + 2H^+ \tag{7.18}$$

液相中 SO_2 与过氧化氢的反应为

$$SO_2 + H_2O_2 \longrightarrow SO_4^{2-} + 2H^+ \tag{7.19}$$

存在云雾条件时,NO_2 本身可以直接形成硝酸。云雨滴吸收 NO_2 及随后在雨滴内部的氧化作用在形成酸雨中起重要作用,有理论指出,这一过程很大程度上受水滴大小的影响。

3. 气溶胶对降水酸度的影响

除了 SO_2 和 NO_x 以外,对酸雨形成有重要影响的物质还包括气溶胶粒子。这些气溶胶主要是硫酸盐、硝酸盐、金属氯化物和地壳矿物成分。在气溶胶物质作为凝结核形成云滴或被云滴、雨滴所捕获的过程中,其中一些可溶于水的成分对降水酸性有影响,如金属氯化物在酸性水溶液中与水中的酸发生反应,会降低溶液的酸度,这类反应过程如下:

$$H^+ + Cl^- \longrightarrow HCl \qquad (7.20)$$

生成的 HCl 可能有一部分以气体形式从溶液中挥发出来而降低溶液的酸度。地壳矿物成分氧化钙(CaO)可与酸性溶液发生中和反应:

$$CaO + H_2O \longrightarrow Ca(OH)_2 \qquad (7.21)$$

$$Ca(OH)_2 + 2H^+ \longrightarrow Ca^{2+} + 2H_2O \qquad (7.22)$$

而一些酸性气溶胶如 $CaSO_4$ 溶于水后,可使水溶液呈酸性。这可以用来解释一些大城市 SO_2 浓度很高,而降水却接近中性的现象。如北京和重庆的大气污染程度相似,但重庆是中国的酸雨中心,而北京地区绝大多数降水的 pH 值在 7~7.8 之间(1982 年测量结果),这主要是由北京地区的碱性气溶胶粒子 CaO 造成的。而重庆地区气溶胶中的 Ca 多存在于 $CaSO_4$ 中,这就使重庆气溶胶的水溶液偏酸性,它不仅不能中和降水中微量气体形成的酸,反而使降水酸度更高。

大气中的液相化学过程是酸雨形成的重要机制,在云和雨中发生的液相化学过程对气相物种浓度有较大的改变。在有降水的地区,液相化学过程和湿沉积的作用是关键性的。

云滴的形成是从水汽在气溶胶粒子表面上凝结开始的。气溶胶粒子作为云凝结核(CCN)时,同时也是气溶胶粒子中可溶物质溶解过程的开始。大气气溶胶中水溶性成分的浓度与大气降水的酸度有着很密切的关系。其水溶性成分主要是硫酸盐、硝酸盐和氯化物以及小量的有机酸。气溶胶水溶液的主要离子成分有 H^+,Na^+,K^+,NH^{4+},Ca^{2+},Mg^{2+},SO_4^{2-},NO_3^-,Cl^- 等。气溶胶的重要成分硫酸盐如硫酸钙会增加降水的酸度,而其他地壳矿物成分如氧化钙则呈碱性,溶于水后将会减少降水的酸度,甚至使降水转而呈碱性,气溶胶中的氯化物溶于水,与水中的酸发生反应,降低溶液的酸度。更重要的是,气溶胶粒子中含有的一些物质如 Fe^{3+},Mn^{2+} 溶于水以后,会成为液相化学过程中重要的催化剂。大气中的液相介质是以不同尺度的气溶胶粒子的形式存在的,粒子尺度谱对液相化学过程的影响可以说是最不清楚的领域之一,所有这些使得液相化学的研究至今还远没有气相化学成熟。

总而言之,降水酸化过程中,何种因子占优势,取决于环境中污染物的种类、浓度以及气象条件等因素。因此,对酸雨形成的研究,需要把大气污染物的输送扩散、云雾物理和大气化学三种过程结合起来。

1.1.3 酸雨的危害

酸雨的危害是缓慢显现的,使人们在不知不觉中受到侵害。关于酸雨对于生态环境的作用,已进行了大量的研究,酸雨的生态环境影响主要表现在以下几个方面。

1. 酸雨对河湖的危害

瑞典科学家认为,环境酸化的警告信号首先来自湖泊,开始人们发现湖泊中的鱼类和其他水生生物发生明显的变化,然后才出现其他的特征。河(湖)水酸化对水中生物造成了重要的影响。在水体中,生物和非生物因素的相互作用是复杂的,因此水体酸化的影响包括酸化对生物的直接影响和对水中食物链的影响。在水的 pH 值低于 6 时,水中的藻类数量都会明显减少。在非酸性的湖水里,浮游植物的种类通常有 30 ~ 80 种,在酸性最大的湖里一般只有 5 ~ 10 种。酸性水体中的浮游动物,如甲壳纲动物和轮虫类,和浮游植物一样种类明显减少。由于浮游植物和浮游动物的大量减少,导致水体中的水生昆虫及其幼虫和其他底栖动物的减少,从而影响鱼类的生存。

水体酸化对鱼类还有一种间接的影响。已经观测到,随着 pH 值下降,铝的溶解度增加,这种金属在 pH 刚高于 5 时毒性最大,以氢氧化铝的形式沉积在鱼的鳃里,导致鱼类中毒死亡。一个湖或一条河不一定酸化得很厉害,就会导致鱼类铝中毒,可见水中金属污染的危害程度和水体酸化有关。

2. 酸雨对地下水和饮用水的危害

酸雨会导致地下水的酸度增加,其结果是使土壤和管道系统中的金属溶出,现已发现酸性井水中重金属含量增加。当 pH 值高于 7.5 时,镀锌水管的管壁上会形成碱性碳酸锌保护层,锌的腐蚀率较低,当 pH 值较低时,很难形成保护层,锌的腐蚀率较高。现已发现,在热水管道系统中,如 pH 值较低(5 ~ 7),将会有锈斑出现。

3. 酸雨对土壤理化特性的影响

酸雨能够影响土壤中一些小动物和微生物的生长发育,从而改变土壤的物理结构。酸性降水还能使土壤释放出某些有害的化学成分,例如 Al^{3+},从而危害植物根系的生长发育。酸性降水还能使某些植物生长所必须的养分流失,降低土壤的肥力,影响农作物生长。当然,酸雨对土壤的影响取决于土壤原有的酸碱度。土壤的化学稳定性各不相同,它对酸化的敏感性与基岩的类型、土壤的种类、土地的用途以及离大的污染源远近等条件有关。不同地区的土地,抗酸化的能力也不同,因为基岩和松散土层化学性质和物理性质不同,表层土较厚,土中石灰含量高的土壤意味着有很大的中和酸沉降的能力。

4. 酸雨对森林和农作物的影响

酸雨对森林的影响实际上是通过两种途径产生的,一是对土壤的影响,二是直接影响叶子。酸雨使土壤中蛋白酶、转化酶、接触酶活性下降,氧化还原代谢作用减退,使土壤活力减弱,酸雨还使马尾松和杉木菌根形成受阻,影响树木对营养的吸收和转化。另外,酸雨可能会增加树木受到病虫害袭击的机会,使马尾松赤落针病及腐生菌类病害加重。曾有报道说,1956—1965 年的十年间,酸雨使瑞典森林的生产力降低了 2% ~ 7%,使德国南部森林大面积死亡。

酸雨对农作物的影响,不同作物反应不一,酸性降水可能对某些作物产生不利的影响,而有些作物本身可能比较喜欢酸性土壤环境。模拟试验表明,小麦在 pH 值 3.5 的酸雨条件下减产 13.7%,pH 值 3.0 时会减产 21.6%,而水稻在 pH 值 2.5 时生长和产量正常,影响很小。蔬菜比农作物容易受到酸雨危害,萝卜和西红柿在 pH 值 4.5 酸雨作用下呈现减产趋势。另外,pH 值平均为 4.0 左右的降水可能对大麦和大豆的叶子造成危害。

然而,由于影响植物生长的因子很多,在森林和农作物受酸雨危害的同时,还伴随着其他污染物浓度的增高,这表明目前还很难确切地把酸雨影响从各种危害森林和农作物因子中完全区别出来。

5. 酸雨对建筑物、文物和金属材料的危害

有确凿证据表明酸雨对大理石建筑物和石雕文物有腐蚀作用。理论研究和实验都证明含硫酸和硝酸的降水可使大理石迅速风化。酸雨使欧洲许多大理石建筑物和石雕在近几十年的破坏超过了过去几百年。酸雨除自身能与大理石发生化学反应外,它的作用还能使光滑的大理石表面受损,加速了其他大气污染物对大理石的侵蚀。例如,被酸雨侵蚀变得不光滑的大理石表面容易吸附灰尘和 SO_2 等酸性气体,它们在空气湿度较大或有霜、露时会与大理石发生反应,使创面扩大,加速风化。

酸雨中的硫酸和硝酸可以与许多金属发生化学反应,例如铁、锌、铝等,危害金属装置如大桥等。另有报道,美国自由女神像的铜板表面也受到酸雨的侵蚀。

6. 酸雨对人体的危害

有文献报道,酸雨中可能存在一些对人体有害的有机化合物如甲醛、丙烯醛等。这些物质会刺激人的眼睛、皮肤和呼吸道。美国议会技术评价局(OTA)在 1984 年发表的"酸雨与大气污染的长距离输送"说"在美国和加拿大,每年约有 5 万人因酸雨而过早死亡",实验也表明,轻度哮喘病患者在 pH 值为 3 左右的酸雾的房间中,20% 的人很快就表现出咳嗽、气管收缩等反应。在酸化的湖河水中,溶出的铝对人体也有害,据挪威中央统计局统计,在水源中铝浓度高的地方,酸雨与老年性痴呆症等精神病类的发病率在统计学上具有相关关系。

1.1.4　酸雨的防治

酸雨中酸性物质主要来自大气中二氧化硫和氮氧化物。大气中二氧化硫除来自自然源外,主要是与人为活动有关的源,即煤燃烧。氮氧化物的人为源主要是汽车尾气和其他化石燃料高温燃烧。因此,防治酸雨的主要措施是控制二氧化硫和氮氧化物的人为排放。只要控制并减少排放量,就可以从根本上解决主要问题。在各种防治酸雨的对策中,最根本的是减少硫的排放量。具体防治措施包括减少煤的使用量、对煤进行脱硫处理、使用低硫燃料,或开发新能源以减少含硫量高的煤炭的燃烧。对氮氧化物的防治主要是改进燃烧装置,控制燃烧过程,对排放的废气进行脱硝处理,以及对汽车尾气采用催化剂氧化或改用甲醇燃料代替汽油等。对于森林、土壤和河湖的酸化,投放石灰(碳酸钙粉末)有一定效果,可使湖水的 pH 值从 4.3 提高到 7.5。

1.2　区域霾污染

霾(haze)是指大量极细微的干性尘粒、烟粒、盐粒等均匀地悬浮在空中,使水平能见度低于 10 km,空气普遍出现混浊的天气现象。由于大气中气溶胶粒子具有较强的消光作用,因

此城市大气中气溶胶浓度增加将使大气能见度下降,城市能见度与 $PM_{2.5}$ 呈负相关。可以说,霾是大气中气溶胶污染增强到一定程度时的视觉现象。根据国家标准"霾的观测识别"(GB/T 36542 - 2018),当能见度小于 10.0 km,排除降水、沙尘暴、扬尘、浮尘、烟幕、吹雪、雪暴等天气现象造成的视程障碍,相对湿度小于 80% 时,判识为霾;相对湿度为 80% ~ 95% 时,当吸湿增长后气溶胶消光系数与实际大气消光系数的比值达到或超过 0.8 时,判识为霾。

霾与雾虽然都是低能见度现象,但二者有显著的区别,雾只是水汽达到饱和凝结成液态水的天气现象。虽然城市雾中也有较大浓度的污染物,但造成能见度下降的主要是液态水滴。雾滴和霾中的粒子尺度也不相同,雾滴尺度在 3 ~ 100 微米,肉眼可见,而霾中的颗粒物尺度一般为 0.01 ~ 10 微米,肉眼不可见;雾呈乳白色、青白色,有明显的日变化,通常在夜间或凌晨产生,并在日出后消散,而霾则呈黄色、橙灰色,在白天也经常出现。

显然,霾天气与空气质量有重要关系,但也有区别。霾天气指的是大气边界层乃至对流层低层整体的由颗粒物污染造成的大气浑浊现象,而空气质量仅仅是描述近地层几米 ~ 几十米范围内污染物(包含气态污染物)的质量浓度。颗粒物的散射吸收消光和颗粒物的数浓度密切相关。虽然颗粒物的数浓度和质量浓度有很强的相关性,但二者有时也会有相当大的差异,这就会造成空气质量与人们感观上霾天的差异,即会出现空气质量达标的灰霾天气和空气质量不达标的"蓝天"。

1.2.1 中国霾污染的长期变化趋势

过去几十年,中国东部和东南部城市的霾天气明显增多,最典型的特征是中国东部地区能见度的持续下降。这种趋势和中国经济发展、能源消耗增加情况密切相关。图 7.2 是自 1960 年以来中国地区每五年的平均能见度分布(去除了降水、沙尘暴、扬尘、浮尘、烟幕、吹雪、雪暴等天气现象造成的视程障碍)(张小曳,2011),可以看出 1980 年之前由于经济发展速度尚低,只有极少的地区平均能见度在 15 km 以下;但随着八十年代后期经济的快速发展,平均能见度出现了较大的下降,尤其是我国中东部大部分能见度均低于 20 km,部分地区如京津冀、长三角城市群在 2000 年以后平均能见度甚至低于 15 km。目前,我国人口密度大、经济较发达的几大城市群,如京津冀、长三角、珠三角和成渝地区均为霾多发地区。在冬季不利于污染物输送扩散的天气条件下,更容易于发生大面积霾天气。2016 年 12 月中国发生了一次大范围持续性霾污染事件,图 7.3 是全国 AQI 的空间分布。随着污染治理力度的加大,未来霾天气将会进一步减少,预计 2030 年中国城市空气质量必将会全面提升达标。

1.2.2 霾的产生机理

城市地区较大的污染物排放量是城市霾现象多发的主要原因。城市霾的主要成分是细颗粒物 $PM_{2.5}$。车辆尾气、化石、油料及生物质燃烧等人为排放源是细粒子的主要来源。已有的研究表明,无论是在我国北方还是南方,大气中无机盐气溶胶硫酸盐、硝酸盐、铵盐和碳气溶胶,如有机碳(OC)、黑碳(BC)是 $PM_{2.5}$ 的主要成分,其质量浓度之和一般超过 $PM_{2.5}$ 的 50%;BC 对光有比较强的吸收,有机碳 OC 包括一次有机碳(POC)和二次有机碳(SOC),部

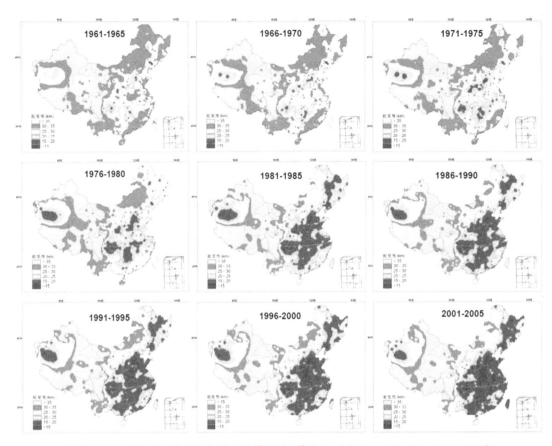

图 7.2 自 1960 年以来每五年的平均能见度(单位:km)(Zhang,X. Y. et al.,2011)

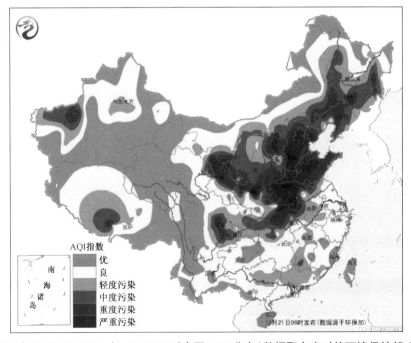

图 7.3 2016 年 12 月 20 日 20 时—21 日 05 时全国 AQI 分布(数据取自当时的环境保护部,逐时更新)

分城市大气中 OC 是 $PM_{2.5}$ 中含量最高的组分；SO_4^{2-}，NO_3^- 和 NH_4^+ 是 $PM_{2.5}$ 中三种主要的水溶性离子，其质量浓度与相应的气态前体物 SO_2，NOx 和 NH_3 的质量浓度及其在大气中生成粒子的转化率有关，不同的地区在空气污染的成分上差别不大，但是由于工业门类的组成和人为排放源的不同，在浓度及其分布上仍有一定差异。

颗粒物浓度增大，特别是细颗粒物浓度增高是霾天气形成的根本原因，大量的研究表明，低能见度和上升的硫酸盐、硝酸盐及炭黑浓度等有很好的对应关系。气溶胶的吸湿性对霾的形成有重要影响，吸湿性强的硫酸盐、硝酸盐、铵盐使粒子尺度增大，增强了对光的散射作用，同时它们对吸湿性的增强可能会加速颗粒物表面的非均相反应，从而增大颗粒物的消光系数。

在污染物排放变化不大的情况下，天气条件是霾天气发生的重要原因，这在第二章已有阐述，此处不再赘述。此外，城市化发展导致的城市空气动力学和热力学特征变化，如人为热释放、城市建筑对气流的阻尼作用等也会对城市污染物扩散及霾的形成有重要影响。随着经济的发展和城市化进程的加速，城市人口和建筑物逐渐增多，大量的人类活动不断向大气释放热量，改变了城市大气的热量平衡，对城市边界层结构产生重要影响。另外，城市下垫面的建筑群增大了地面的摩擦力，使得近地层风速减小，风向改变，城市通风能力大幅度下降。因此城市建筑密度加大、建筑高度增加必然会阻滞城市地区的污染物扩散，从而对霾的形成带来影响。

刘红年（2015）研究了杭州市城市化发展对污染扩散和城市霾的影响，在排放源不变的条件下，运用南京大学城市空气质量模式（NJU-CAQPS）以及 2000 年和 2010 年两个年代高分辨率的地表类型资料和城市建筑资料，进行了 9 种天气类型共 90 个个例的模拟分析。研究发现：杭州近 10 年城市化发展对城市气象场影响明显，使城区平均风速降低 $1.1\ m\cdot s^{-1}$；城市风速的降低使城市大气扩散能力下降，污染物浓度上升，能见度平均下降 0.2 km，最大降低达 1 km；日均灰霾小时数平均增加 0.46 h，能见度 10 km 的等值线（霾的能见度判别标准）抬高 100～300 m。

1.2.3　霾的治理

随着城市经济快速发展、机动车数量猛增及城市化进程不断加快，大气污染类型已从单一煤烟型污染发展为煤烟、机动车尾气及尘污染相叠加的大气复合型污染，且呈现出区域性特征，如京津冀、长三角、珠三角等重点城市群地区大气霾问题加剧。

霾天气的本质是细颗粒物污染，因此降低城市颗粒物浓度尤其是细颗粒物浓度是根本的治理措施，这就要从排放清单调查、气溶胶来源解析等方面入手，研究分析城市霾的主要成因是本地污染排放还是外来输送为主，以及确定本地各类排放源的贡献，在此基础上，有针对性地制定减排措施。霾治理的目标应该关注排放总量与环境质量改善相协调，进行多种污染源综合控制与多污染物协同减排，全面开展大气污染的区域联防联控。治理的措施包括产业结构调整、工厂搬迁、技术改进（降低工业能耗）、能源清洁利用、重点污染源整治、机动车尾气排放标准和油品标准提升、地面扬尘治理等措施。

　　我国许多城市的监测发现,近六年来$PM_{2.5}$污染已经从硫酸盐主导型变为硝酸盐主导型,其浓度快速上升已成为$PM_{2.5}$爆发式增长的关键因素之一。再者,有机物(OM)成分在$PM_{2.5}$中的占比持续上升,尤其是其中二次有机碳(SOC)占比迅速增长。因此,在持续开展$PM_{2.5}$一次排放来源控制的基础上,需通过大力度控制气态前体物排放来进一步降低$PM_{2.5}$中二次组分浓度。近年来京津冀、长三角、珠三角等城市群地区SO_2,NO_x(NO_2)和颗粒物(TSP、PM_{10}和$PM_{2.5}$)的质量浓度较20世纪80年代显著降低,空气质量总体好转。根据2018年《中国生态环境状况公报》,全国338个地级及以上城市中,121个城市的环境空气质量达到GB3095—2012《国家环境空气质量》二级标准,其余217个城市环境空气质量超标。338个地级及以上城市平均优良天数占比为79.3%,平均超标天数占比为20.7%。

1.3　沙尘污染

　　沙尘暴是指强风把地表沙尘卷入空中,使空气特别浑浊,水平能见度低于1千米的天气现象。沙尘暴天气不仅含有从其源头产生的大量的沙尘,而且携带大量的细颗粒气溶胶,因此沙尘暴不仅使受影响地区的能见度急剧下降,而且严重影响空气质量,使人们的身体健康受到威胁。在地质史上,沙尘暴的发生是一种较为常见的自然现象。根据深海岩石石芯和冰盖沉积物的测定,在约7000万年以前,地球上就有沙尘暴出现。我国古代学者很早就注意到沙尘暴天气现象,并作了很多记载。我国从20世纪70年代开始对沙尘暴现象进行系统性研究,1993年首次召开全国沙尘暴天气学术研讨会。由于沙尘暴天气的危害较大,对沙尘暴的研究已引起人们高度重视。

1.3.1　沙尘暴的产生

　　地表的地貌特征是形成沙尘暴天气的必要条件。地表裸露的疏松干燥的沙尘和土壤颗粒是沙尘暴的物质基础。恶劣的气象条件如大风等是形成沙尘暴的动力因素。在强冷气流的冲击下,地表上空经常会出现上升气流,将地表裸露的干燥疏松的沙尘粒子卷到空中,并被气流远距离输送,在气流沿途形成沙尘暴天气。

　　按照沙尘粒子的尺度,沙尘暴又可分为沙暴(sand storm)和尘暴(dust storm)。大风将地表粒径在1毫米左右的粗沙粒子输送到近地层空间的天气过程,称为沙暴。尘暴则是数百微米以下的粒子被大风卷入空中的天气变化过程。按照发生的强度和危害程度,沙尘暴又可以分为一般沙尘暴、强沙尘暴和特强沙尘暴。强沙尘暴发生时的空气水平能见度低于200米,风速大于20米/秒。特强沙尘暴,空气水平能见度小于20米,通常风速大于25米/秒,风力在10级以上。

　　沙尘暴的发生往往与土地沙漠化区域相联系,在沙漠及干旱地区,细颗粒物质易于在风的作用下被搬运至其他地区。全世界四大沙尘暴多发区,分别位于中亚、北美、北非和澳大利亚。我国的沙尘暴区属于中亚沙尘暴的一部分,主要发生在北方地区。我国北方的大部分地区因为气候干燥,全年少雨,以及植被稀少,再加上长期的风蚀作用,使这些地区出现了众多沙漠和黄土高原,这些沙地、沙漠和黄土高原约占我国北方总面积的 40.5%。面积如此之大为我国春季沙尘暴的发生提供了极为丰富沙尘源。蒙古国南部的戈壁地区,面积约占其国土面积的三分之一,是全球四个最大的沙尘暴源区之一。该地区在西伯利亚强冷气流的冲击下,经常出现上升气流,将地表裸露的大量沙尘粒子卷到空中,并随气流南下,导致沿途沙尘暴天气的出现。2001 年我国北方地区观测到的 32 次沙尘暴天气中有 18 次是来源于蒙古国的南部戈壁地区。

　　沙尘从源地起沙是在一定条件下发生的,影响起沙的主要因子除地表类型以外,还包括风速、降水、相对湿度等气象因子。降水较多、相对湿度较大有利于抑制地表起沙过程,大风天气有利于地表起沙。对于不同的地表类型,起沙的条件不一样。许多学者利用地面风速作为起沙的判据,每一类型的地表起沙的最小风速或最小摩擦速度称为临界风速或临界摩擦速度。当实际大气中风速或摩擦速度高于临界风速或临界摩擦速度,该类型地表即可属起沙类型。起沙机制一般表示为:

$$\begin{cases} F_a = F_a(u), u > u_* \\ F_a = 0, u < u_* \end{cases} \qquad (7.23)$$

式中 F_a 是起沙量,u 是风速,u_* 是临界风速。也有起沙机制用摩擦速度、临界摩擦速度代替风速、临界风速表述的。

　　关于起沙量的计算,Bagnold(1941)研究表明输沙量 q 与摩擦速度的三次方(u_*^3)成正比,Gillette(1974)研究存在以下关系:

$$q \in u_*^2 (u_* - u_{*th}) \qquad (7.24)$$

其中 u_{*th} 为临界摩擦速度。

　　Shinn 等(1978)对沙漠、耕地的垂直通量进行了测量,发现起沙通量和摩擦速度存在以下关系:

$$F = A \times 2.61 \times \frac{\rho_a}{g} u^{*3} \left(1 + \frac{u_0^{*2}}{u^*}\right) \left(1 - \frac{u_0^{*2}}{u^*}\right) \qquad (7.25)$$

其中 u_0 为基准速度(1 m/s),γ 在 2~7 之间,F_0 为 $u_* = u_0$ 时的起沙量。

　　Ina Tegen(1996)在 Gillette 的工作的基础上对全球起沙进行了详细的讨论。把沙尘分为 4 类:粘土($r < 1$)、细粉沙($1 < r < 10$)、粗粉沙($10 < r < 25$)和细沙($r > 25$),沙尘源区及源强由地面风速、土壤的水含量和土壤植被确定。假设沙漠、草原和裸露地为可能的起沙源区。起沙量 q_a 的计算采用 $q_a = C(u - u_{tr})u^2$ 计算,其中 u 和 u_{tr} 分别为地面风速和临界风速,临界风速取为 6.5 m/s,C 对于不同类的沙尘取为常数。黄美元、王自发等人(1998)在综合分析东亚地区起沙的下垫面条件、天气条件和气候背景的基础上,利用中国 400 个气象台站有关沙尘的观测资料,并参考国内外已有的起沙机制模型,设计出一个适用于我国北方的起沙机制新模型。该模型根据天气系统、摩擦速度及下垫面湿度状况三个指标来判断是否起沙,如果起沙再计算起沙量。目前已有许多起沙模型,这些起沙模型都是基于观测得到的经验公式,随着观测资料的丰富,起沙模型也得到不断发展。

1.3.2　沙尘暴的影响和发展趋势

沙尘暴对人类的生产生活、交通运输及国民经济都带来很大的危害,而且沙尘暴天气造成的大气污染物严重影响人们的身体健康。例如,2000 年 4 月 6 日的沙尘暴天气过程影响到华北、东北及江淮、江南地区,并波及朝鲜半岛及日本本土。沙尘暴发生时,能见度低到2 km 左右,局部地区能见度低于 1 km,持续时间达 6 小时以上,能见度最差时只有 500 ~ 600 m,造成人行困难,行车发生追尾,民航航班取消,改降多架次。由于风大,高空作业人员坠落,广告牌掉落,造成严重的人身伤害和重大经济损失。同时造成北京市严重的空气污染,大气中颗粒物浓度急剧上升,沙尘暴期间颗粒物总浓度高达 3 906.2 $\mu g/m^3$,是 1999 年同期的 30 倍以上,使 TSP 值远远超过国家标准。图 7.4 是这次沙尘暴过程中北京市 TSP 含量变化。图 7.5 是北京一次沙尘暴前后在同一地点的照片。

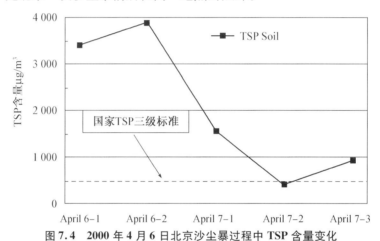

图 7.4　2000 年 4 月 6 日北京沙尘暴过程中 TSP 含量变化

20 日上午 9 点 30 分的王府井步行街　　20 日上午 11 点 30 分的王府井步行街

图 7.5　北京一次沙尘暴前后的照片

　　沙尘暴还携带大量的细颗粒气溶胶,其中主要是有毒元素和有机污染物或二次形成的硫酸盐气溶胶等。每年春季,西部和西北部地区都要爆发沙尘暴,沙尘暴在西北风带的作用下,影响我国华北和华东地区,甚至可以到达美国的阿拉斯加乃至北极圈。

　　沙尘暴除了造成直接的各种严重危害和经济损失外,由它所引发的气候学效应,对大气能见度、大气化学特性、地气辐射平衡的影响而导致生态环境的破坏,人们愈来愈认识到沙尘暴是不可忽视的大气生态环境问题之一。

　　20 世纪后 50 年,中国华北地区一般沙尘天气发生的日数呈减少趋势,例如 20 世纪 50 年代北京平均沙尘暴日数、扬沙日数和浮尘日数分别是 90 年代的 8.5 倍、14.5 倍和 3.2 倍。2000—2017 年中国不同强度沙尘天气日数也均呈减少趋势,尤其是西北、内蒙古和华北地区减少趋势明显(孔锋,2020)。沙尘暴发生频次和强度的变化主要由大气环流的变化引起,但部分地区人类活动对土地和水资源的不合理利用造成了植被破坏和荒漠化,导致地表裸露土质松散,为沙尘暴的发生提供了更丰富的沙源,加剧了沙尘暴天气的发生(张仁健,2002)。同样也有研究表明,近 30 年来我国西北等部分地区通过植树造林等各类工程方法,使得防沙治沙工作取得了明显的成效,有效地遏制了这些地区沙尘暴天气的发生频率。

1.3.3　沙尘暴研究及预测与防治

　　沙尘暴已成为我国以及全世界环境问题之一。自 20 世纪 30 年代起,国外就开始了对沙尘暴分布、形成、监测和对策的系统研究,随着沙尘问题的重视以及沙尘气溶胶观测资料的积累,20 世纪 70 年代以来,对撒哈拉沙尘暴天气的研究更加深入和全面。美国、日本、韩国等国家都在进行有关沙尘暴的监测和预报技术研究。我国早期的沙尘暴研究,主要依靠地面观测,气象资料分析,地面沙尘样品分析方法进行,不能解决沙尘高空分布和远距离输送问题。我国从 1993 年开始使用气象卫星监测沙尘暴,可以观测沙尘暴发生、发展和远距离输送的全过程,对确定沙尘暴发生源地及其输送路径,具有非常重要的意义。并于 2000 年对部分沙尘暴发生、发展和移动进行了实时监测。目前沙尘暴课题研究的内容主要涉及沙尘暴的发生源地、沙尘传输路径、沙尘沉降地区及影响范围、沙尘粒子的物理和化学性质、海上观测及海底沉降、高空探测技术以及沙尘暴对大气环境和气候变化的影响等问题。

　　为最大限度地减少沙尘暴造成的损失,认识沙尘天气的形成机制,必须充分利用新一代监测系统(气象卫星、天气雷达、自动站),提高对沙尘暴天气的实时监测能力。在此基础上,深入研究沙尘天气发生的机制,分析沙尘粒子的时空分布,建立发展适合中国地区特点的沙尘输送模式,在中尺度数值预报模式中耦合沙尘输送模式,模拟研究沙尘天气的发生、沙尘的输送等过程;同时结合大的环流形势、中尺度系统、植被状况、土壤水分等因素,做好沙尘暴的综合分析,做出预报预警,是一条可取之径。

　　沙尘暴是由天气过程和地面过程共同作用的产物。目前人类控制天气的能力是十分有限的,减缓沙尘暴灾害频率与强度的关键在于搞好生态保护与建设。沙尘暴增加与土地荒漠化是直接相关的,土地荒漠化有其自然原因,但主要是人类活动所致。人类活动如过度垦植,必然会破坏气候敏感地带的植被生态系统,造成土地荒漠化。保护地表植被,植树造林是减少沙尘暴危害的有效措施,大力实施"退耕还林(草)"计划,就是将耕地恢复成原来被恳植的草地和森林。另外,草原地区要适度放牧,不能片面追求畜牧业的发展,造成草原严重的超载放牧和草场退化。通过合理的土地利用,减少乃至遏止土地荒漠化的发展趋势能有效地减少沙尘暴的发生。总之,生态保护与建设是一项长期而艰巨的任务,必须建立和完善生态保护的法规和政策体系,停止导致生态环境继续恶化的一切生产活动。只有这样,国民经济才能获得可持续发展。

1.4　臭氧层保护与臭氧污染控制

平流层臭氧能减少到达地面的对生物有害的紫外辐射,是地球生物的保护层,也称为"好"臭氧;对流层臭氧是一种污染气体,对流层臭氧增加会加重大气污染程度。臭氧是化学活性气体,它在许多大气污染物的转化中起着重要作用,如可能使得某些地区的酸雨污染变得更为严重;另外,对流层臭氧是温室气体,对流层臭氧增加可能会加快全球增暖速度,因此对流层臭氧也称为"坏"臭氧。

1.4.1　平流层臭氧变化趋势及臭氧层保护

1. 臭氧总量变化趋势

为了研究大气中臭氧总含量,常采用"大气臭氧总量"的概念,即假定垂直气柱中的臭氧全部集中起来成为一个纯臭氧层,用这一纯臭氧层在 0 ℃和 1 个标准大气压条件下的厚度来度量臭氧总含量,厚度为 1 厘米时称为"1 大气厘米",定义 10^{-3} 大气厘米为 1 个多布森单位(Dobson 单位)。大气臭氧总量包含了平流层臭氧和对流层臭氧,但平流层臭氧总量远大于对流层臭氧总量,因此大气臭氧总量实际数值与平流层臭氧总量比较接近。

20 世纪 70 年代以来,根据世界各地地面观测站对大气臭氧总量的观测,发现 1958 年以来,全球臭氧总量有逐渐减少的趋势,尤其在 70 年代初,减少的趋势更为明显。臭氧的减少主要发生在平流层,美国宇航局 1986 年组织 10 多个国家 100 名科学家进行"臭氧趋向调查",根据全球各个地面观测站的历史记录和 1979 年以来云雨 7 号卫星的观测资料,于 1988 年 3 月公布了科学调查结果,进一步证实了大气臭氧总量减少的情况,并认为主要是由平流层臭氧减少造成的。图 7.6 是 20 世纪 80 年代全球臭氧总量下降趋势示意图。

中国的北京站和昆明站也对大气臭氧总量进行过观测,观测结果表明两个站上空的臭氧总量都呈下降趋势。北京站的纬度较高,下降趋势更明显(图 7.7)。臭氧总量的下降有明显的季节变化,北半球 30°N ~ 64°N 之间,冬春季节臭氧总量的平均值在过去 30 年里下降了 4%,夏季的臭氧总量下降了约 1%,秋季的臭氧总量没有明显的变化。

现今,一般认为是人为活动排放的污染物造成的平流层臭氧层减少。近几十年来,由于制冷工业产生的大量氟利昂(氯氟碳化合物)的排放,造成了大气中氟利昂的浓度持续上升,而氟利昂在对流层中几乎不光解,上升到平流层后,才会通过光解过程产生原子氯,原子氯

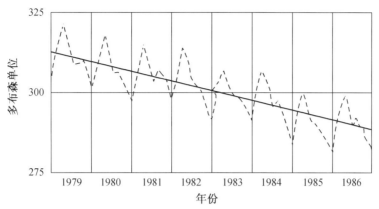

图 7.6　全球臭氧总量下降趋势

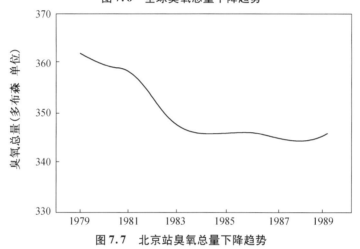

图 7.7　北京站臭氧总量下降趋势

造成大量平流层臭氧被破坏。

2. 臭氧层损耗的原因和影响

臭氧总量长期下降的趋势被认为与氟氯碳化合物有关(主要是各种氟利昂),因为氟利昂在平流层光解的产物原子氯可以破坏臭氧。在 21 世纪制冷工业发展之前,大气臭氧浓度长期保持稳定。历经几十年,由于制冷工业产生的大量氯氟碳化合物(我国俗称氟利昂,国际通称 CFC)和溴氟烷(我国俗称哈龙,主要用于发泡剂)的排放,造成了对平流层臭氧的破坏,使平流层臭氧浓度有长期下降的趋势。氟利昂在对流层大气中性质非常稳定,几乎没有汇,这使得氟利昂在大气中很快积累起来,氟利昂输送到平流层以后,可通过光解过程产生原子氯(平流层存在氟利昂光解所需要的紫外辐射)。原子氯造成大量平流层臭氧的破坏:

$$Cl + O_3 \longrightarrow ClO + O_2 \tag{7.26}$$

$$ClO + O \longrightarrow Cl + O_2 \tag{7.27}$$

由(7.26)和(7.27)式可以看到,较少量的氯原子可以破坏大量的臭氧分子。当然在实际大气中,氯原子可以和其他一些物质反应,这使得(7.26)~(7.27)式的反应不会一直进行下去。

臭氧浓度变化将对全球环境产生重要影响。臭氧总量减少的直接后果是使地面受到的紫外辐射 UV-B 增加,有很多科学家计算过臭氧层耗减使地面所受 UV-B 增加的定量关系(图7.8)。通常认为,臭氧层浓度降低1%,地面 UV-B 辐射量增加1.5%~2%。紫外辐射 UV-B 能破坏蛋白质的化学键,彻底杀死微生物,损坏其中的脱氧核糖核酸(DNA),引起遗传因子的变化。长期接受过量紫外辐射 UV-B 的照射,会使细胞修复能力减弱、免疫机能减退,使皮肤发生弹性组织变性、角化以至皮肤癌变,诱发疾病。

过量紫外线还会使农作物如大豆、玉米、棉花、甜菜等叶片受损,抑制其光合作用,导致减产;还能杀死水中微生物,破坏水生生物的食物链,导致水生物死亡。美国环保局 1986 年预测,

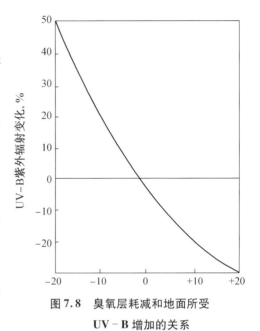

图 7.8   臭氧层耗减和地面所受
UV-B 增加的关系

如果 CFCs 的生产和消费不加控制,到 2075 年,臭氧层将比 1985 年减少 25%,全世界将有皮肤癌患者 1.5 亿人,白内障患者 1 800 万人,全世界农作物减产 7.5% 以上,鱼类水产减产 25% 以上。

3. 南极臭氧洞

臭氧总量的变化在不同地区是有差异的,在南极地区臭氧总量下降最大,形成了南极臭氧洞。南极臭氧洞是指在南极的春天(每年 10 月),南极大陆上空气柱臭氧总量急剧下降,形成一个面积与极地涡旋相当的气柱臭氧总量很低的地区。南极臭氧洞有两重含义,一是从空间分布的角度看,南极地区上空的臭氧层极其稀薄,与周围地区相比,好像是形成了一个"洞"。随着纬度增加,气柱臭氧总量逐渐增大,在南极涡旋外围形成臭氧含量极大值,进入极地涡旋后,气柱臭氧总量突然大幅度下降,形成气柱臭氧总量低值区。另一方面,是从 9 月到 10 月,南极地区气柱臭氧总量突然大幅度下降,形成季节变化中的低谷。

南极臭氧洞是由英国科学家 Faemen 等人发现的,他们于 1985 年报道:哈雷湾(Halley Bay)观测站自 1975 年起,每年早春(10 月)期间,气柱臭氧总量的减弱大于 30%,而 1957 年到 1975 年则变化很小。这一发现引起了科学家的极大关注。1986 年,Stolarski 根据云雨 7 号(Nimbus7)卫星观测资料证实了 1979 到 1984 年每年 10 月在南极地区的确出现了气柱臭氧总量减小的事实。这样显著的变化已经超出了由气候引起的自然变化的范围。目前,其他季节还没有发现类似的现象。

南极臭氧洞的形成与 CFCs 的排放和南极地区特有的大气环流结构有关。在南极地区每年 4~10 月一直盛行很强的南极环极涡旋,极地涡旋把冷空气长期阻塞在南极,使南极平流层温度极低,达 -84 ℃以下,从而形成极地平流层冰晶云。在这种温度极低的冰晶云粒子

表面,原子氯的活性大大增强,使得(7.26)~(7.27)式对臭氧的破坏更加有效,而极地平流层冰晶云所处的高度正是平流层臭氧浓度极大值的高度,因此,造成南极气柱臭氧总量大幅度下降,形成南极臭氧洞。在北极地区,没有类似南极强大的极地涡旋,平流层温度高于−84 ℃,没有平流层冰晶云,对臭氧的破坏并不突出,因此没有形成北极臭氧洞。近年来,南极臭氧洞的面积越来越大,甚至已到达南美洲国家智利的一些城市上空。

与平流层臭氧总量减少的趋势相反,对流层臭氧浓度呈现上升的趋势。对流层臭氧的来源主要有两个,一是平流层臭氧的向下输送,二是对流层中光化学反应。对流层大气中,产生臭氧的化学过程与氮氧化物、碳氢化合物以及一氧化碳等有关。最近几十年来,对流层中氮氧化物、碳氢化合物和一氧化碳的排放不断增加,使得对流层臭氧浓度上升,不仅城市空气中臭氧浓度上升,农村地区臭氧浓度也有增加的现象。

4. 臭氧层保护

为了保护环境,必须减少对平流层臭氧层的破坏,以免平流层臭氧浓度降低。控制措施包括减少对臭氧有破坏作用如氟利昂和哈龙等物质的排放,采用氟利昂和哈龙的替代品。减少对流层臭氧前体物如氮氧化物和非甲烷烃的排放。为此,1985 年 3 月,联合国环境规划署(UNEP)在维也纳召开了“保护臭氧层外交大会”,缔结了《维也纳公约》,敦促缔约国控制足以改变或可能改变臭氧层的人类活动。1987 年在 UNEP 组织下,缔结了《关于消耗臭氧层物质的蒙特利尔议定书》,规定了发达国家和发展中国家关于 CFCs 和哈龙的控制时间和控制标准。1989 年 5 月在芬兰赫尔辛基通过了《保护臭氧层赫尔辛基宣言》,发展中国家同意在 2000 年前取消 CFCs 的生产和消费。1990 年 6 月 29 日,《关于消耗臭氧层物质的蒙特利尔议定书》缔约国召开第二次全体大会,对原议定书进行了修改,通过了《关于消耗臭氧层物质的蒙特利尔议定书修正案》,扩大了控制物质范围,提前了控制时间,除原来受控的 5 种 CFCs 和 3 种哈龙外,增加控制其他全氯氟烷、四氯化碳和甲基氯仿,使控制物质总共有 5 类 20 种;并建立了基金机制,确保发达国家的控制技术向发展中国家转让。中国于 1991 年 5 月 1 日加入了修正后的《议定书》,该《议定书》于 1992 年 8 月 10 日正式生效。之后,中国政府在 1993 年 1 月 12 日批准了《中国消耗臭氧层物质逐步淘汰国家方案》,该文件成为我国为保护臭氧层,履行《议定书》缔约国义务的基本文件。

5. 臭氧层恢复

1978—1996 年全球臭氧总量呈显著下降趋势,下降幅度为 $1.037\ 4 \times 10^{-4}$ cm/月,而从 1996 则开始回升。世界气象组织和联合国环境署于 2018 年 11 月 5 日发布了《2018 年臭氧层消耗科学评估报告》,该报告证实,长期以来,在《蒙特利尔议定书》的框架下所采取的行动,已成功削减了大气中受控消耗臭氧层物质的含量,已淘汰了近 99% 的消耗臭氧层物质的生产和使用,推进了平流层臭氧的持续恢复。自 2000 年以来,分布在平流层的臭氧层以每 10 年 1%~3% 的速度恢复。按照预计的速度发展下去,北半球和中纬度地区的臭氧层有望在 2030 年之前完全愈合;在 2050 年前,南半球的臭氧层将恢复原样;截至 2060 年,极地地区的臭氧层将成功恢复。

1.4.2 对流层臭氧污染及其控制

在平流层臭氧浓度下降的同时,对流层臭氧浓度却有上升的趋势。其中,城市 O_3 的增加是最明显的。目前乡村背景点对流层平均 O_3 浓度为 30 ~ 40 ppbv,与 1930—1950 年相比增加了近两倍。观测资料表明,北半球对流层大气的 O_3 浓度正以每年 0.43 ~ 0.91 ppbv 甚至 1.0% 的速率增长,在某些工业地区增长幅度更大。对流层臭氧对环境的影响包括以下几方面:

① 对动植物的直接影响。臭氧本身是一种毒性气体,对人的呼吸系统有破坏作用,吸入人体会引起呼吸道疾病。此外,它对植物的生长也有影响。近地面臭氧能损害植物叶片,抑制光合作用,使农作物减产,森林或树木枯萎坏死,其危害比酸雨大得多。

② 对大气化学过程的影响。臭氧是一种化学活性气体,它在许多大气污染物的转化中起着重要作用。例如,在某些特定条件下臭氧在二氧化硫的均相液相氧化过程中起着决定性作用。这一过程是某些地区酸雨形成的主要原因。对流层臭氧浓度增加可能使这类地区的酸雨污染变得更为严重。光化学烟雾生成的起点是出现高浓度臭氧,因此,对流层臭氧的浓度增加可能提升城市光化学烟雾发生的频率,另外,臭氧容易和烃类发生反应产生含氢自由基(如 OH、HO_2 等)和大分子碳氢氧自由基(通常记为 RO_2),这类过程是当代污染化学的重要研究内容。臭氧光化学分解产生激发态原子氧与水汽的反应是对流层 OH 自由基的重要来源,因此,对流层臭氧浓度增加可能改变对流层大气中 OH 自由基的浓度,这将对许多大气化学过程产生重要影响。

③ 对气候的影响。臭氧在大气窗区(9.6 微米左右)有一很强的红外吸收带。因此对流层臭氧是一种重要的温室效应气体。对流层臭氧浓度增加将会引起气候变化。

鉴于对流层臭氧的环境影响,并且认为它在对流层浓度的增加主要是人为污染物,如 NO_x 和 VOC 的排放增加造成的。因此,对流层臭氧被认为是对流层中重要的污染气体。中国在 2012 年颁布的《环境空气质量标准》(GB3095 - 2012)中将臭氧增列为环境监测部门的常规监测项目,在定量反映和评价空气质量状况的指标空气质量指数(Air Quality Index,AQI)的计算中,也引入了臭氧的作用。

对流层臭氧主要来自于平流层输入和对流层光化学反应。尽管平流层中大气垂直运动很弱,平流层和对流层大气之间的交换也很慢,但是许多观测事实都证明对流层大气中的臭氧有相当一部分来自平流层。平流层臭氧向对流层输送的通量有很大的空间变化率和明显的季节变化。大气动力学研究表明,对流层顶经常是不连续的。平均而言,在纬度 60° 和 30° 附近因冷暖气团相遇而形成对流层顶裂缝,在纬度 42° ~ 45° 附近冷暖气团接触形成所谓对流层顶折叠。由气团运动产生的这些对流层顶裂缝是平流层臭氧向对流层注入的主要通道。

发生在对流层大气中的光化学过程也是对流层臭氧的主要来源。对流层大气中,产生臭氧的光化学过程与氮氧化物、碳氢化合物以及一氧化碳的光化学反应有关。大气中的 NO_2

光解过程如下:

$$NO_2 + h\gamma\,(<0.4\ \mu m) \longrightarrow NO + O(^3p) \tag{7.28}$$

$$O(^3p) + O_2 + M \longrightarrow O_3 + M \tag{7.29}$$

但产生的 O_3 很快就与 NO 反应生成 NO_2,即

$$O_3 + NO \longrightarrow NO_2 + O_2 \tag{7.30}$$

反应式(7.28)~式(7.30)是一个快速循环过程,在没有其他化学成分参与的过程中,NO,NO_2 和 O_3 之间很快达到一种稳定状态,称为光稳态关系,此时 O_3 的浓度较低。实际上,无论是清洁大气还是污染大气,对流层 O_3 的浓度都比 NO,NO_2 和 O_3 达到光稳态关系时的 O_3 浓度高,这说明,大气中必然存在着能与反应(7.30)竞争的化学反应,即其他反应物消耗NO,减少反应(7.30)中 NO 对 O_3 的破坏,使 O_3 浓度升高。这些反应主要来自非甲烷碳氢化合物(NMHC)和 CO。因此,对流层大气中,O_3 浓度不仅和 NO_x 有关,还和 NMHC 浓度以及比值 NMHC/NO_x 有关。

一般而言,在适宜的气象条件下,当 NO_x 和 NMHC 浓度较高时,O_3 浓度也较高,反之亦然。但是当 NO_x 或 NMHC 其中之一浓度较高时,O_3 浓度高低则取决于 NMHC/NO_x 比值。通常采用所谓经验动力学模拟方法(Empirical Kinetics Modeling Approach,简称 EKMA)确定。EKMA 曲线是指由光化学模式做出的由不同的 NO_x 和 HC 化合物始初浓度的混合物为起始条件所得到的一系列 O_3 等浓度曲线。对于不同情况,如不同的地理位置、辐射光强、NO_x 中 NO 与 NO_2 的比值以及 HC 中多种反应性物质之间的比值不同以及不同的化学模式,EKMA 曲线的形状也会有所不同。图 7.9 是一个 EKMA 曲线的示意图。美国最早使用了 EKMA 曲线来表征 O_3 与氮氧化物和碳氢化合物的关系,该曲线反映了在控制 O_3 生成中 NMHC 和 NO_x 的相对重要性及比值 NMHC/NO_x 对 O_3 生成的影响,这对于制定 O_3 控制对策有重要参考价值。

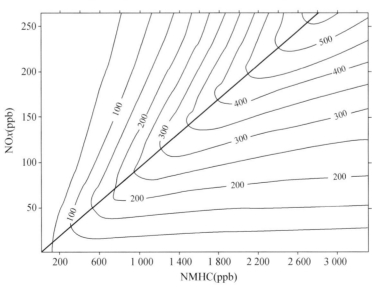

图 7.9　臭氧生成等浓度曲线(EKMA 曲线)

图7.9中各等浓度曲线的转折点连成脊线,将图分为两部分,在左上区域,当NO_x浓度固定时,NMHC浓度改变对O_3影响很小,但当NMHC固定时,NO_x增加会导致O_3浓度增加,NO_x减小也会导致O_3显著减小,即O_3的生成对NO_x很敏感,这部分区域成为NO_x控制区。脊线右侧区域称为VOC控制区,在这个区域,O_3的生成对NO_x不敏感,而对NMHC很敏感,NO_x维持不变时,降低NMHC会显著降低O_3浓度。在图中右下区域,当NMHC不变,减小NO_x,O_3会增加,即存在NO_x减小的不利效应。

显然,对流层臭氧产生率取决于大气中氮氧化物、碳氢化合物和一氧化碳的浓度以及太阳紫外辐射的强度。近来的一些观测结果发现,在污染的城市地区,臭氧浓度最高值并不出现在城区,而是在郊区,这主要是因为城区排放源中工业源和交通源NO_x的高排放量,一方面,源排放的大量NO可以直接还原O_3,而抑制城市地区O_3浓度的升高,称为"滴定效应";另一方面,高浓度的NO_2则可以通过与OH自由基反应生成HNO_3,终止OH自由基在大气中导致O_3积累的链传递反应。

在我国一些乡村地区,也观测到地面臭氧浓度增加的现象。我国部分乡村地区有较高浓度的NO_x(~ 100 ppb),如乡村缺乏NMHC,则城市输送的NMHC与当地NO_x结合可生成较高浓度的光化学臭氧。在僻远的森林地区有时观测到很高浓度臭氧,这是因为植物可排放异戊二烯、萜烯类等活性极高的NMHC物种,土壤、闪电可排放或产生一定浓度NO_x,如果再有NO_x的外来输送,两者结合,极有可能发生光化学污染。

根据2018年《中国生态环境状况公报》,全国338个地级及以上城市中臭氧超标的城市达34.6%,虽然臭氧的污染程度总体上不及颗粒物污染,但在部分大城市,臭氧超标现象比较严重,如上海市在2017年和2018年的空气质量超标日中O_3作为首要污染物的比例已达到50%及以上,比2014年和2015年增加近二倍多,O_3已超越$PM_{2.5}$成为影响上海市空气质量的最主要的污染物。且近年来臭氧污染在很多地区都有上升趋势,从2015—2018年338个地级及以上城市的主要污染物质量浓度年评价值来看,在SO_2,CO,NO_2,$PM_{2.5}$和PM_{10}都在下降的背景下,臭氧浓度却在逐年上升,超标城市数量由2015年的54个增至117个,超标天数占比由4.6%增至8.4%。从这一趋势看,未来臭氧的污染可能会更加凸显,将会成为影响我国空气质量的重要污染物。图7.10是2013—2017年中国74个城市污染物年平均浓度的变化。

造成近年来臭氧浓度上升的原因可能有几方面:

首先,可能和臭氧前体物的排放量居高不下有关,特别是VOC排放量较大,从图7.10看,全国NO_2浓度下降幅度很小,有研究表明,2013—2017年NO_x的排放下降21%(从2013年的27.7 Tg下降到2017年的22.0 Tg),但非甲烷VOC排放却仍然略有增长(从2013年的28.1 Tg增加到2017年的28.6 Tg)。这表明对VOC排放的控制仍然缺乏有效的措施。

其次,近年来臭氧浓度上升和气象条件的变化有重要关系,强烈的太阳辐射、低相对湿度、低风速、低边界层高度有利于O_3的光化学产生过程和O_3及其前体物浓度的积累。风向和风速的变化也会对O_3的区域输送产生扰动,从而影响O_3浓度。天气尺度的环流系统如

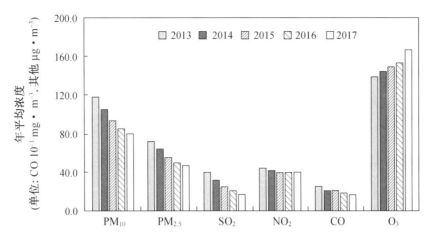

图 7.10　中国 74 个城市 2013—2017 年污染物年平均浓度（来自 Yu FU 和 Hong LIAO，2019）

（臭氧浓度为日最大 8 小时滑动平均值的第 90 百分位数）

热带气旋、反气旋（高压系统）、冷锋和西太平洋副热带高压强度的变化是影响地面 O_3 浓度的关键气象条件。大量研究表明，由气象条件引起的中国地面 O_3 浓度的年际变化在 0.5 ~ 5.0 ppbv，这种变化甚至可能比 O_3 前体物人为排放量引起的变化还要大。

人类活动驱动的土地利用的改变对臭氧浓度变化也可能有重要影响，人为的土地利用的变化，如城市化发展、农作物面积的扩张、植树造林等活动既可以改变近地面气象场，也可以改变 O_3 前体物的地表生物源排放，这两方面的作用都可能影响地面 O_3 浓度。

1.5　$PM_{2.5}$ 和臭氧的协同控制

近几年来，$PM_{2.5}$ 一直是大气污染治理的重点对象，并取得了较大的成效。几大城市群的 $PM_{2.5}$ 平均浓度都有明显下降。然而与此同时，臭氧浓度却不降反升，成为仅次于 $PM_{2.5}$ 影响优良天数比率的重要因素。2019 年，全国 337 个地级及以上城市臭氧平均浓度为 148 μg/m，同比上升 6.5%。尤其是在一些南方城市，臭氧已经超过 $PM_{2.5}$ 成为造成空气质量不达标的首要原因。另外，很多地区发现 $PM_{2.5}$ 浓度近年来的下降幅度有减缓趋势。

出现这种现象的主要原因在于，过去几年 $PM_{2.5}$ 的下降是靠 SO_2 和"一次 $PM_{2.5}$"相对大幅度的下降实现的，但相比之下，氮氧化物和 VOC 下降相对较少，这就使得以氮氧化物和 VOC 为主要前体物的臭氧浓度居高不下，同时，氮氧化物也是二次 $PM_{2.5}$ 中硝酸盐的前体物，高氮氧化物和 VOC 的排放也是近年来很多地区二次 $PM_{2.5}$ 中硝酸盐含量较高的原因之一。

本书第二章阐述了气溶胶和臭氧的相互作用，气溶胶可以通过影响辐射和非均相化学反应等过程对 O_3 浓度产生影响。从原理上讲，PM_{10}、$PM_{2.5}$ 浓度的下降对 O_3 浓度上升也有一定贡献，然而，这种影响机制和影响程度还没有完全阐明，仍然需要大量深入的研究。

总体而言，臭氧和 $PM_{2.5}$ 有一定程度的同源性，通过协同减排，有实现臭氧和 $PM_{2.5}$ 浓度同时下降的可能。$PM_{2.5}$ 和臭氧的协同治理是目前中国大气污染防治的重点目标之一，其关键就是氮氧化物和 VOC 的协同减排。

§2 远距离输送扩散与大气环境容量

2.1 污染物的远距离输送

在空气污染气象学研究的早期阶段,空气污染物及其化学反应产物的扩散输送距离仅局限于区域尺度。后来,人们发现,污染问题的空间尺度远远超出了特定的城市尺度范围。例如,在美国,尽管产生硫化物和氮氧化物的主要工业区处在美国中部,然而由这些污染物形成的酸雨的影响范围却是整个美国和加拿大。类似的情况也发生在欧洲和亚洲,在那里,一些国家的酸雨显然是由另外一些国家的工业排放造成的。20 世纪 80 年代,污染物这种全球输送的证据不断被发现,在没有人烟的北极地区每年都能观测到由欧洲和北美工业污染物形成的北极霾,其浓度甚至可以达到中纬度地区气溶胶的污染程度。在大西洋东岸和南极大陆经常监测到来自撒哈拉沙漠的尘埃,亚洲的沙漠尘埃和黄土高原的土壤尘也被证明可以散布到太平洋中部。在南极观测到的大气臭氧洞也已被证明与北半球中纬度排放的氯氟烃化合物有关(王明星,1999)。对于中尺度到大尺度范围,城市就像是一个大的"点"源,它的烟流向下游延伸几百到几千千米。这种烟流的持续性取决于它化学成分的驻留时间和烟流所经历的混合程度。如果条件适宜,独特的"城市"气团可以输送很远距离。Stohl et al.(2003)采用数值模型追踪在美国北部排放并到达欧洲的空气污染物的精确来源。该项研究确定了来自多个排放源的贡献,例如可以明显识别出来源于纽约都市区产生的城市烟流。空气污染物的远距离输送就成了目前空气污染气象学的重要研究内容。

空气污染物的输送距离与污染物成分、气象条件、地形等因素有关。对于气体污染物而言,化学性质越活泼,它们的输送距离越短,因为这些成分在大气中的寿命很短,例如自由基,其浓度基本上是由局地的化学过程决定的。寿命越长的气态污染物输送区域越广泛,例如,O_3 的寿命比 NO_2 长,其输送距离也比 NO_2 远,因此地面 NO_2 的分布和排放源分布有很好对应关系,而地面 O_3 和其前体物排放源分布的对应关系却比较弱。对于颗粒物,粒子尺度越小,寿命越长,传输距离越远,在一定的天气条件下,我国长三角和京津冀地区的排放细颗粒物可以相互影响。沙尘的输送高度较高,一般在边界层高度以上,甚至可达对流层的中高层部位,因此传输距离较远。

污染物的输送与地形有很大关系,例如,盆地会使污染物不易扩散,我国四川川渝城市群地区的高污染特征既和该地区的排放量较大有关,又和四川地区的盆地地形有很重要的关系。北京地区的空气污染也受地形影响,京津冀地区西侧是太行山脉,北侧是燕山山脉,地形条件相对闭塞,静稳天气加上偏南风气象条件,使得本地排放和外部输送来的污染物容易在山前快速堆积,导致沿山及山前地区,也就是北京地区的空气污染加重。

2.2　污染物的跨界输送

一个地区排放的空气污染物既影响当地的空气质量状况,也会因为气流输送而影响下游地区,当然也受上游地区污染物的外来输送影响。有研究表明,我国部分省市 $PM_{2.5}$ 年均浓度受外来源影响的贡献最高可达 70% 以上,而且 $PM_{2.5}$ 中各化学组份的跨区域输送特征还存在显著的差异。这种污染物的跨界输送给大气污染的治理带来种种困难,如果一个地区的空气污染主要是来自上游地区污染物的输送,即外来输送造成的话,那么,当地的大气污染治理则必需溯源,否则治无可治。因此有必要分别了解外来输送和本地排放对当地污染的贡献,这样才能有针对性地提出正确的治理措施。

例如,研究表明 2013 年 11 月 29 日至 12 月 11 日长江三角洲地区的严重大气污染事件中,长三角核心区颗粒物平均本地贡献与外来输送基本相当;而气态污染物则以本地贡献为主。但在污染最严重的时段,本地贡献可上升到 80% 左右。在北京市 2019 年 3 月 1~2 日出现的重度污染期间,空气质量模式模拟结果表明,本地积累对 $PM_{2.5}$ 的贡献约 40%,区域传输的贡献约 60%。这些研究表明外来输送有较大贡献的地区,必须加强区域环境的协同治理。判析空气污染物跨界输送的方法主要有以下几种:

1. 根据气象条件及大气化学成分观测进行定性判别

类似于利用天气图来进行天气测报,利用不同时间的污染物浓度分布资料,可以直观地"看到"污染物的输送过程。结合污染物排放清单和其他遥感资料(如气溶胶光学厚度等),可以定性分析污染物的输送通道。这种方法要求有较高时空分辨率的大气化学成分监测资料。近年来,随着环境监测站点和监测内容的增加,大气化学成分观测资料日益丰富,已经能够获取较高时空分辨率的大气化学成分的浓度分布及其演变特征。例如,根据多年高分辨率的污染物浓度数据,分析京津冀地区每一次重污染从产生到结束的演变过程,可以确定京津冀大气污染传输通道上的主要城市的分布状况。如果某一区域内污染物浓度随时间逐渐增高,但并没有明显的外来空气污染物输送过程,则污染主要由该区域的本地源产生。但如果既有污染物的外来输送,也有局地产生,利用这种分析难以区分外来输送和本地产生过程。

2. 利用数值模式进行目标区污染物的跨界输送通量分析

在数值模拟中,可以确定一个区域,计算该区域边界上污染物的净流入和净流出,进而确定该区域污染物总的净流入和净流出,一个边界的水平传输通量为污染物质量浓度、风速和边界截面积的乘积,截面的高度通常取为边界层高度。如果区域的污染物通量是负值,那么区域向外净输出污染物;如果通量是正值,那么向内净流入污染物,结合区域内污染物排放,可以定量分析外来输送和本地排放的相对大小。如果目标区域是一个行政区,其边界不是简单的直线,输送通量计算则比较复杂,需要在模式中确定目标区域(如某一城市)的边界网格,逐时输出每个交界网格处的风速分量、浓度、边界层高度等参数。目标区域的曲线边界的确定,可以利用地理信息系统(GIS)得出。

跨界输送通量比较适合一次污染物的跨界输送分析,对于二次污染物,如 O_3,则较为困难,因为既有 O_3 的输送,也有 O_3 前体物在区域内通过化学过程产生 O_3,因此难以准确判别外来输送过程对本地 O_3 的贡献。另外,这种方法难以确定不相邻的地区污染物排放的相互影响。

3. 利用数值模式进行相关污染源的敏感性试验

在数值模拟中,将考虑某区域的排放源(或某类排放源)模拟得到的结果与不考虑该排放源的模拟结果进行比较,用两次模拟结果的差值表示该地区排放源(或该类排放源)的贡献量。这是排放源的敏感性试验,也称为强力法(Brute-force method,BFM)。这种方法简便易行,各种模式都可施行,应用比较广泛。但这种方法计算量较大,且难以考虑排放源和污染物浓度之间的非线性关系,这种非线性关系在二次污染物浓度(如 O_3)与其前体物源排放之间特别显著。因此,在二次污染物的跨界输送研究中,采用排放源敏感性试验方法可能带来较大的误差。

4. 在线污染物源解析追踪方法

近年来,在线污染物源解析追踪方法在污染物跨界输送和来源识别的研究中得到广泛应用,在线源追踪与识别技术可实现在线模拟,提高了计算效率,同时能避免污染源和污染物浓度之间的非线性过程带来的误差。

Yarwood 等(1996)发展了一系列臭氧识别技术,将其建立在美国的区域空气质量模式 CAMx 中。这套技术以示踪的方式,采用过程分析和敏感性分析相结合的方法识别臭氧来源,其中,臭氧源识别技术(Ozone Source Apportionment Technology,简称 OSAT)将 O_3 来源归之于不同地区、不同类型的污染源贡献;地域臭氧评估技术(Geographic Ozone Assessment Technology,简称 GOAT)则不考虑 O_3 生成的前体物来源,而是关注 O_3 生成所在的地理区域。Cohan 等(2005)在美国 EPA 的 Models‐3/CMAQ 模式中发展了高阶去耦合直接法(High-Order Decoupled Direct Method),也可用于量化污染源对臭氧的生成贡献。Li 等(2012)在嵌套网格空气质量预报模式系统(NAQPMS)中开发了源追踪技术,通过对不同地区污染物的排放、生成进行标记,追踪污染物的平流、扩散等过程,可以从源排放开始对各种物理、化学过程进行分源类别、分地域的质量追踪,以定量分析输送过程及污染排放贡献率。

2.3   区域大气环境容量

大气环境容量是指在满足大气环境目标值的条件下,区域大气环境所能承纳的空气污染物最大允许排放量,也就是大气环境目标值与本底值之间的差值容量。大气环境容量是空气质量管理决策和空气污染物总量控制的重要参照。一个地区的空气污染物排放量超过该地区的大气环境容量,则大气中空气污染物浓度将超过大气环境目标值,从而使环境生态、人群健康受到损害。排放总量小于大气环境容量才能确保大气环境控制目标的实现。通常特定地区的大气环境容量与以下因素有关:

① 涉及的区域范围与下垫面复杂程度;

② 空气质量的功能区划分及大气环境质量控制目标;

③ 区域内污染源及其排放强度的时空分布;

④ 区域内气象条件的时空分布特征;

⑤ 特定污染物在大气中的转化、沉积、清除机理。

大气环境目标值即空气质量的控制目标,是确定大气环境容量的约束条件,通常的控制目标是使污染物浓度达到空气质量标准规定的年均值浓度。更强的约束条件,如降低空气质量标准中污染物浓度限值,或对空气质量超标天数进行限定,大气环境容量将会降低。

目前常用的大气环境容量估算方法主要有箱模型法(或称 A－P 值法)、模拟法、线性规划法等。

A－P 值法是最简单的大气环境容量估算方法,其特点是不需要知道污染源的布局、排放量和排放方式,就能粗略估算关心区域的大气环境容量,主要适用于尺度较小的区域,如工业开发区等。

模型模拟法是利用环境空气质量模型模拟判定开发活动所排放的污染物引起的环境质量变化是否会导致环境空气质量超标。如果超标可等比例或按其对环境空气质量的贡献率对相关污染源的排放量进行消减,直到大气环境的空气污染物浓度都等于或小于控制浓度为止。加和满足控制浓度的所有污染源的排放量,即可得到这个区域的大气环境容量。模拟法在大气环境容量评估工作中得到了广泛的应用,相比 A－P 值法,模型法输入要求高、计算量大。另外,在容量的区域配置方面,模拟法一般采用等比例或平方比例削减技术,不具有区域优化特性。

线性规划法用于特定的开发区,若污染源布局、排放方式已经确定,就可以建立源排放和环境质量之间的输入关系,然后根据区域空气质量环境保护目标,采用最优方法,即可计算出各污染源的最大允许排放量,将各源最大允许排放量求和,即是给定条件下的最大环境容量。但线性规划法一般不能处理非线性过程显著的二次污染问题以及污染物跨界输送作用显著且随气象条件变化的区域污染问题。

我国目前空气污染问题有两个显著特征,一是以二次气溶胶和 O_3 为代表的二次污染物是中国大多数城市的主要污染物;二是由于城市群发展导致区域大气污染问题严重。由于上述两个特征,城市群地区中城市之间的污染物及其前体物的输送作用更加凸显,基于单个城市的现有污染控制措施通常不足以解决根本问题,只有实行区域联防联控,才是控制治理区域大气环境的有效方法。这就决定了在城市群地区,需要确定以区域空间为目标区的大气环境容量。

在影响区域大气环境容量的众多因素中,气象条件是最重要的因素之一,它影响着区域的大气扩散、稀释、沉降和化学转化能力,决定了区域大气环境的自净能力,从而影响大气环境容量。冬季由于降雨少,大气边界层高度较低,不利于污染物的扩散和清除,一般而言冬季大气环境容量低于其他季节。对于年际尺度而言,亚洲季风年际变化对中国季风区大气环境容量具有重要的调制作用,通常季风弱年大气环境容量小于季风强年。

由于 A－P 值法和线性优化法不能很好考虑不同天气条件对污染物的输送与清除作用以及空气污染物的非均相化学转化等复杂的化学过程,模拟法在确定区域大气环境容量的研究中有较大的应用优势。

§3　大气污染与气候的相互作用

大气污染与气象条件间有着复杂的相互作用关系。一方面,气象条件是制约空气污染成分的输送、扩散、转化、沉降等过程的重要背景,风向、风速、气温、气压、湿度、辐射、降水等气象要素的变化都会影响空气污染物的时空分布特征;另一方面,空气污染物也会通过对辐射、云微物理等过程影响天气气候。

3.1　大气污染物的辐射效应

3.1.1　污染气体的温室效应

除温室气体的温室效应和气溶胶的气候效应外,臭氧层损耗与气候变化也有非常重要的关系。由于臭氧层能吸收太阳辐射中的紫外辐射,这是地表生物圈的保护屏障,能避免对生物有害的紫外辐射到达地面。因此,臭氧层的损耗导致地面紫外辐射增加、平流层降温,在一定程度上改变了地气系统的能量平衡过程,从而对全球气候产生影响。平流层臭氧损耗还能通过改变平流层的动力学过程,如影响极地位涡的形成来间接影响气候变化。臭氧层损耗总体上会造成地-气系统辐射能量收入减少,导致负的辐射强迫。

大气中的温室气体有 CO_2、CH_4、N_2O、O_3、H_2O、CFC_{11}、CFC_{12}(氟利昂)等。这些成分在大气中总的含量虽很小,但它们的温室效应,对地气系统的辐射能收支和能量平衡却起着极重要的作用。这些成分浓度的变化必然会对地球气候系统造成明显扰动,引起全球气候的变化。

过去 40 年人为排放的温室气体总量约占 1750 年以来总排放量的一半,最近十年是排放量增长最多的十年。化石燃料和工业过程中产生的二氧化碳是温室气体增长的主要来源,1750 年工业化之前,全球大气平均 CO_2 浓度约为 280 ppm,2018 年全球 CO_2 浓度已达到 407.8 ppm,是工业化前的 147%。温室气体浓度的增加,是近百年来全球增暖的根本原因。因此,缓解甚至逆转全球增暖趋势的根本方法是减少温室气体的排放,降低大气温室气体浓度。

全球经济和人口增长正是二氧化碳排放增长最重要的驱动因子,为了应对全球增暖,加大二氧化碳等温室气体的“减碳”力度刻不容缓。中国为二氧化碳减排进行了不懈努力,2015 年 6 月 30 日,中国向《联合国气候变化框架公约》秘书处提交了《强化应对气候变化行动——中国国家自主贡献》文件。承诺到 2030 年,中国二氧化碳排放达到峰值,之后二氧化碳的排放不再增长,达到峰值之后逐步降低,努力争取 2060 年前实现碳中和的目标。并在

2021 年中国第十三届全国人民代表大会上首次将碳达峰、碳中和写入政府工作报告中。所谓碳中和是指测算在一定时间内直接或间接产生的温室气体排放总量,然后通过植物造树造林、节能减排等形式,抵消自身产生的二氧化碳排放量,实现二氧化碳"零排放"。

二氧化碳的路径包括节能减排、清洁能源替代等方法,二氧化碳减排目标的实现同样能极大降低颗粒物、SO_2、NO_x 等气态污染物的排放,从而降低 $PM_{2.5}$、O_3 等污染物浓度,提升空气质量。

3.1.2   气溶胶的气候效应

气溶胶对气候有重要影响,一般可分为直接效应、间接效应和半直接效应。此外,炭黑气溶胶降落在冰雪表面上,可改变冰雪表面的反照率,对气候系统产生影响。

1. 气溶胶对气候的直接效应

气溶胶粒子的吸收和散射作用对入射的太阳辐射和地球发射的红外辐射均有影响,从而影响地-气系统的热量平衡。一种广泛认可的观点认为,悬浮在大气中的气溶胶粒子犹如地球的遮阳伞,能反射和吸收太阳辐射,特别是能减少紫外光的透过,使到达地表的太阳辐射减少,从而引起地面气温降低。在被污染的都市和工业区,气溶胶可削弱太阳直接辐射达 15% 左右,一般讲,气溶胶在使地表降温的同时,也使大气层自身增暖。总的来讲,全球大部分地区气溶胶的反射效应要超过其吸收效应,在高纬度地区冰雪覆盖面上气溶胶的吸收效应才是主要的。据估计,大气气溶胶的主要成分硫酸盐气溶胶引起的辐射冷却在数值上可与 CO_2 增加 25% 所引起的增热效应相抵消。20 世纪 80 年代以来,在全球气候变暖的背景下,中国南方大部分地区平均气温(特别是日最高气温和日间气温度)普遍下降,这被认为主要是工业 SO_2 排放引起的大气中硫酸盐含量增加造成的。气溶胶的直接效应与气溶胶化学成分有关,炭黑气溶胶由于对太阳辐射有较强的吸收作用,因而对全球增暖有重要贡献,其对全球增暖的贡献已超过甲烷,成为仅次于二氧化碳的人类排放的大气增温成分。不过因为气溶胶在大气中停留时间很短,空间分布很不均匀,再加上对气溶胶的辐射特性等仍有许多不清楚的地方,因此对气溶胶直接气候效应的估计有较大误差。迄今为止,对人类活动排放的气溶胶总体气候直接效应尚不能精确估计。

2. 气溶胶对气候的间接效应

气溶胶的间接气候效应指的是气溶胶充当云的凝结核(或冰核),通过改变云的微物理特征从而影响气候,又分为第一和第二间接效应。第一类间接效应(又称云反照率效应、第一效应或 Twomey 效应)是气溶胶可以成为云凝结核,增加云滴数浓度,在云总含水量不变的条件下,使云滴有效半径减少,从而增加云的光学厚度和云层反射率。第二类间接效应(又称云生命史效应或第二效应)是气溶胶可能增加云的寿命和平均云量,对于一个给定的液态水含量,云滴有效半径的减小将同时减少降水的形成,进而可能延长云的生命期。云在平均地球反射率中所起的作用约占 2/3,高云的反射作用小于温室效应,高云增多,会增高地面温度;而低云的反射作用大于温室效应,低云增多,会减少地面温度。Twomey(1974)最早提出云滴浓度因气溶胶污染而增加,结果使云的反射率增加。他随后指出(Twomey,1977)这种效应对光学厚度薄的云(卷云、层积云)影响最为重要。就全球总的气候效应而言,气溶胶使云反射率增强的效应超过了云的吸收效应。全球云反射率增加所造成的影响比云量增加相同比率的影响要大,这是因为云量增加时虽能减少入射的太阳辐射,但同时也减少了地球放射的红外辐射损失。云量增加的冷却效应和增暖效应是同时起作用的,而 CCN 增加引起云反射率增加的结果并不对红外辐射有太大影响。Herman(1980)和 Ohring(1981)认为云的反馈对局地气候或区域气候可能有重要影响,Randall(1984)指出,如果全球低云增加 40%,将会抵消大气 CO_2 加倍所引起的全球增温效应。Charlson(1992),Peenner 等(1994)亦认为人为气溶胶对云滴数浓度有重要影响。

气溶胶的间接气候效应的另一方面表现还在于非均相化学过程对二氧化硫、硫酸盐、氮氧化物、臭氧等重要微量成分浓度的影响。

气溶胶的间接气候效应的直接证据并不多,主要是一些间接的证据,如 Warner 和 Twomey(1967)发现在一些甘蔗产地区燃烧甘蔗杆的废渣,在下风向云凝结核(CCN)大量增加,积云中云滴浓度也有所增加。与上风方向相比,下风向降水减少 25%,他们认为是由燃烧形成的 CCN 及由其形成的云滴尺度较小造成的。从卫星图象上特别是 3.7 μm 的红外卫星图象有时可看到清晰的航迹,象一条亮度增加的云线。形成这种船舶航迹的流行假设是由于船上排放出大量 CCN,使云滴浓度增加,因而比周围的云反射更多的太阳辐射而显得更为明亮些。穿云观测表明,传播航迹云比周围云的云滴浓度大些,尺度小些,液态含水量也大(Radke et al.,1989),云滴数浓度大,尺度小是与上述假设一致的。至于较高的含水量,Albrecht(1989)假设云滴数浓度大,尺度小,碰并效率低,降低了雨的形成速率,结果导致航迹云中有较高的液态水含量。而 Porch 等(1990)则假设是由于船舶排放的热量和水汽使航迹云中扰动更趋活跃,从而形成更厚更湿从而更明亮的云。这从航迹云两侧有明显的晴空带也可得到佐证。

3. 气溶胶对气候的半直接效应

炭黑气溶胶对太阳辐射的吸收除了加热大气外,在有云存在的情况下,大气温度的上升还会促进云滴蒸发,造成云量和云反照率的减小,从而加剧了局地增暖效应,同时降水也随之受到抑制。此外,充当云凝结核的炭黑气溶胶在云滴内部也能够吸收太阳辐射而改变云滴的辐射特性,该效应称为炭黑气溶胶的半直接效应。

3.2 气候变化对大气污染的影响

气候变化对大气污染的影响主要体现在三方面:

1. 气候变化引起的大气环流异常对大气化学成分输送扩散和沉降过程的影响

大气环流是污染物输送扩散的背景场,季节、年际和年代际等多时间尺度上的气候变化必然引起大气化学成分的相应变化,即季节、年际和年代际等时间尺度上的输送和空间分布特征的改变。

　　局地气象条件和天气系统的变化最终影响到气候的变化。中国属于东亚季风区,东亚季风的季节变化和年际变化对污染物的季节变化和年际变化存在显著的控制作用。但这种作用在不同地区的影响不同,如在京津冀地区,冬季偏北气流通常对加速空气污染物的扩散起作用,但在长三角地区,冬季偏北气流可能带来来自京津冀或内陆地区较强的区域污染输送。夏季长三角地区盛行东南风和西南风,海洋性气团通常伴随着良好的空气质量,而京津冀地区则受来自华东地区偏南风输送的影响,高温高湿的条件会促进二次污染物的生成,这是京津冀地区夏季二次污染物的主要生成机制。季风区盛行风向的季节变化对京津冀和长三角地区污染物的输送有明显影响,季风的年代际变化也可能对中国东部地区污染物浓度的变化产生影响。例如,冬季风的减弱可能使华北地区的污染物输送过程减弱,对污染物浓度上升有一定贡献,而夏季风的增强则可能增加东南沿海地区较清洁空气的输入,使污染物浓度下降。有研究发现,中国华北黄海地区冬季霾天数在年代际尺度上的增加与冬季风的减弱密切相关。中国东部夏季气溶胶浓度与东亚夏季风强度显著反相关,即夏季风越强,气溶胶浓度越低。一般认为,东亚夏季风活动的年际变化对中国区域气溶胶浓度和空间分布有明显影响,而且近几十年季风的减弱很可能利于区域气溶胶浓度增加。研究表明,东亚太平洋沿岸近地面臭氧的季节变化主要受东亚冬、夏季风环流的季节变化控制,夏季风爆发的时间和强度以及季风环流型的年际差异是导致该地区春、夏季臭氧年际变化的主要原因。

　　一般而言,污染物排放源的年代际变化幅度大于气候的年代际变化,因此污染物浓度年代际变化的主要因子是排放源的长期变化趋势,气候条件的变化是次要原因。时间尺度越短,气象因子所起的作用越大,在几天的时间尺度上,天气系统的变化通常是主导空气污染变化的关键因素。廖宏(2013)通过模拟2000年至2050年间的气候变化及其对中国气溶胶的影响,发现即使固定人为排放,未来气候增暖也能导致中国$PM_{2.5}$的浓度增加10%至20%;通过对过去10年的模拟研究发现,年际气候变率对$PM_{2.5}$年均浓度的影响可达17%。

　　2. 气候变化会影响微量气体的生物源排放

　　海洋中硫的来源主要是海洋生物排放的二甲基硫(DMS),DMS进入大气后氧化成硫酸盐,形成气溶胶,通过气溶胶的直接和间接气候效应影响气候。全球增暖导致海洋表层水温增高,提高全球海洋浮游植物生产力,增加了浮游植物生成的DMS,即增加了散射性气溶胶的气候效应,使全球能量收入减少。

　　来源于植物VOC的排放远高于人为源的排放,生物源的排放很大程度上受气象条件影响,一方面,气候变化可能导致生态系统的改变,另一方面,气象条件变化本身即可影响生物源的VOC排放,植物排放VOC的主要成分是异戊二烯、单萜烯等,影响排放的气象因子主要是辐射和气温,研究发现,树木排放异戊二烯时,异戊二烯浓度的对数与温度之间存在比较稳定的关系。

　　3. 气候变化对大气氧化性的影响

　　在大气化学成分影响气候的同时,气候变化通过改变气温的分布、云、降水以及边界层气象学而影响对流层化学过程,如近地面O_3、酸性物种的干湿沉降、大气传输及痕量大气组分的寿命等。

气候的改变会影响水汽、CH_4、CO、NO、O_3 及对流层太阳辐射通量,从而影响相关的光化学反应速率及 OH 自由基的浓度。OH 自由基是对流层大气中重要的化学清除剂,与 OH 自由基的反应是大气 CO、CH_4 和碳氢化合物的主要汇。水汽、CH_4、CO、NO、O_3 及对流层太阳辐射通量决定对流层 OH 自由基浓度。大气 CO 和 CH_4 浓度的增加将导致 OH 自由基浓度的下降;它们与 OH 自由基的反应导致 OH 自由基转化为 HO_x,从而改变 OH/HO_x 比例。在低 NO_x 浓度的情况下,它与 CH_4 的反应是 OH 自由基主要的去除反应。水汽是 OH 自由基及其他 HO_x 的母体,其浓度的改变将导致对流层 OH 自由基浓度的改变。对流层的水汽处于海洋、土壤和植被的蒸发即降水的平衡中,因此全球气温的增加将改变对流层水汽的含量。模式计算表明,全球平均相对湿度随着全球气温的升高而保持稳定,全球气温每升高 2 ℃ 将会引起对流层含水量增加 10% ~ 30%,这意味着 OH 自由基及 HO_x 的含量也会有所上升。

O_3 与 OH 自由基及 HO_x 之间的反应如下:

$$O_3 + HO_2 \longrightarrow OH + 2O_2 \tag{7.31}$$

因此,对流层碳氢化合物、NO_x 的排放导致的 O_3 增加将导致 OH 的增加。另一个气候影响 OH 自由基浓度的机制涉及非甲烷烃化合物对 OH 自由基的去除。全球增暖导致增加生物源排放 VOC_s(挥发性有机物),而生物源 VOC_s 也是大气中 OH 自由基的汇,它们的增加也能改变 OH 的浓度,从而改变大气的化学性质。

§4　小　结

当前人类面临着"温室气体"与全球增暖、平流层臭氧减少、酸雨增加等一系列重大的区域和全球性环境问题。

酸雨的形成主要是人类活动向大气排放的酸性气体如 SO_2 和 NO_x 造成的后果。SO_2 在大气中或在云滴、雨滴内被氧化生成硫酸或硫酸盐,NO_x 最后氧化转化成硝酸或硝酸盐,使大量降水呈现较大的酸性。形成的化学过程主要包括均相氧化和液相氧化两种途径。

霾是指大量极细微的干性尘粒、烟粒、盐粒等均匀地悬浮在空中,使水平能见度低于 10 km,大气层普遍出现混浊的天气现象,这是大气中气溶胶污染增强到一定程度时的视觉现象。中国近几十年来经济高速发展,能源消耗加剧,颗粒物污染增强是霾天气增多的根本原因,"静稳"天气等不利气象条件是霾天气形成的外在原因。污染物减排是控制霾天气的"治本"的方法。

沙尘暴是指强风把地表沙尘卷入空中,使空气特别浑浊,水平能见度低于 1 千米的天气现象。地表裸露的疏松干燥的沙尘和土壤颗粒是沙尘暴的物质基础。恶劣的气象条件如大风等是形成沙尘暴的动力因素。沙尘暴发生频次和强度的变化既和大气环流的变化有关,又和部分地区人类活动对土地和水资源的不合理利用造成的植被破坏和荒漠化有关。

平流层臭氧下降是一个重要的全球性环境问题,它的减少趋势与氟氯碳化合物有关,因为氟氯碳化合在平流层光解的产物原子氯可以破坏臭氧。臭氧总量的下降在南半球春季（每年 10 月）最大,会形成了南极臭氧洞。对流层臭氧增加已经是另一个全球性的空气污染问题,它同时还增强了大气温室效应。对流层臭氧的增加主要是其前体物 NO_x 和挥发性有机物排放的增加所造成的。

　　大气污染问题的空间尺度远远超过了一定的城市尺度范围。空气污染物可以在区域以至全球范围内输送扩散,污染物的输送距离与污染物成分、气象条件、地形等因素有关。

　　大气污染与气象条件有着复杂的相互作用关系。一方面,气象条件是制约空气污染成分输送、扩散、转化、沉降等过程的重要背景,风向、风速、气温、气压、湿度、辐射、降水等气象要素的变化又会影响空气污染物的时空分布特征;另一方面,空气污染物通过对辐射、云微物理等过程影响天气气候。而重要的污染气体臭氧也是对气候有重要影响的温室气体,颗粒物通过直接效应、间接效应和半直接效应对区域气候和全球气候产生影响。气候变化引起的大气环流异常对大气化学成分输送扩散和沉降过程都会产生影响,此外,还会影响微量气体的生物源排放和大气氧化性。

主要参考书目

［1］刘红年,徐玉貌, 张宁, 等. 大气科学概论［M］.南京:南京大学出版社,2019.

［2］张宁, 刘红年,王雪梅, 等. 大气扩散与大气环境研究进展［M］.南京:南京大学出版社,
2019.

［3］T. R. Oke, G. Mills, A. Christen, J. A. Voogt. Urban Climates［M］. Oxford：Cambridge
University Press, 2017.

［4］Jordi Vlia-Guerau de Arellan, Chiel C. van Heerwaarden, Bart J. H. van Stratum, Kees van
den Dries. Atmospheric Boundary Layer-Integrating Air Chemistry and Land Interactions
［M］. Oxford：Cambridge University Press, 2015.

［5］张宏昇.大气湍流基础［M］.北京 北京大学出版社,2014.

［6］John C. Wyngaard. Turbulence in the Atmosphere ［M］. Oxford：Cambridge University
Press, 2010.

［7］D. Moreira, M. Vilhena. Air Pollution and Turbulence-Modeling and Applications［M］.
Florida：CRC Press, 2010.

［8］张兆顺,崔桂香,许春晓.湍流大涡数值模拟的理论和应用［M］.北京:清华大学出版社,
2008.

［9］孙鉴泞,王雪梅,吴涧,等. 空气污染气象学［M］.南京:南京大学出版社,2003.

［10］Richard S. Scorer. Air Pollution Meteorology［M］. Oxford：Woodhead Publishing, 2002.

［11］Micaheal B. McElroy. The Atmospheric Environmemt-Effects of Human Activity［M］.
Princeton：Prinston University Press, 2002.

［12］Z. Boybeyi. Mesoscale Atmospheric Dispersion［M］. Southampton：WIT Press, 2000.

［13］胡二邦,陈家宜.核电厂大气扩散及其环境影响评价［M］北京:原子能出版社,1999.

［14］张玉玲.中尺度大气动力学引论［M］北京:气象出版社,1999.

［15］王明星.大气化学(第二版)［M］.北京:气象出版社,1999.

［16］S. P. Arya. Air Pollution Meteorology and Dispersion［M］. Oxford：Oxford University Press,
1999.

［17］J. R. Garratt. The Atmospheric Boundary Layer［M］. Oxford：Cambridge University Press,
1999.

［18］Atmospheric Chemistry and Physics of Air Pollution. 3rd edition,1998.

[19] Martin Beniston. From turbulence to climate：Numerical Investigations of the Atmosphere With A Hierarchy of Models[J]. Springer Press,1998.

[20] A. K. Blackadar. Turbulence and Diffusion in the Atmosphere Lecture in Environmental Sciences. Springer Press, 1997.

[21] 程麟生. 中尺度大气数值模式和模拟[M]. 北京：气象出版社,1994.

[22] 蒋维楣,徐玉貌,于洪彬. 边界层气象学基础[M]. 南京：南京大学出版社,1994.

[23] Milton R. Beychok. Fundamentals of Stack Gas Dispersion. 3rd edition, 1994.

[24] J. C. Kaimal, J. J. Finnigan. Atmospheric Boundary Layer Flows[M]. Oxford：Oxford University Press, 1994.

[25] R. A. Pielke, Pearce. Mesoscale Modeling of the Atmosphere[J] AMS, 1994.

[26] 蒋维楣,曹文俊,蒋瑞宾. 空气污染气象学教程(第二版)[M]. 北京：气象出版社,2004.

[27] 桑建国,温市耕. 大气扩散的数值计算[M]. 北京：气象出版社,1992.

[28] 蒋维楣,吴小鸣. 海岸气象过程与大气扩散研究[M]. 南京：南京大学出版社,1991.

[29] 蒋维楣,吴小鸣,周朝辅. 大气环境物理模拟[M]. 南京：南京大学出版社,1991.

[30] R. B. Stull. An Introduction to Boundary Layer Meteorology Netherlands[M]. Kluwer Academic Publishers, 1988.

[31] A. Venkatran, J. C. Wyngaard. Lectures on Air Pollution Modeling. AMS, 1988.

[32] R. A. Pielke. Mesoscale Meteorological Modeling[M]. Academic Press, 1984.

[33] F. Pasquill, F. B. Smith. Atmospheric Diffusion. 3rd edition. Ellis Horword Limited, 1983.

[34] 中国科学院大气物理研究所. 山区空气污染与气象[M]. 北京：科学出版社,1978.

[35] D. H. Slade. Mereorology and Atomic Energy. 2rd edition. Silver-Spring Ma, 1968.

[36] M. E. Smith. Recommended Guide for the Prediction of the Dispersion of Airborne Effluents. 2rd edition. ASME Air Pollution Control Division N. Y. ,1968.

[37] F. Pasquill. Atmospheric Diffusion. 1st edition. D. VAN NOSTRAND COMPANY Ltd. , London,1962.

[38] O. G. Sutton. Micrometeorology. McGraw-Hill COMPANY Ltd. ,London,1953.